Access 2013 圖解與實務應用

萬能科技大學理財經營管理系

張育群 編著

作者序

於現今資訊發展快速的環境，企業必須面對目前及未來競爭激烈的經營環境，在企業中如何將大量的日常交易資料和營運資料，透過有效率的組織和管理，產生對企業有幫助的資訊，甚至提供管理者經營決策的資訊，則是一門學問。「資料庫」正是應運而生的最好的輔助工具。所以，一本內容完整，敘述簡約易懂，讓讀者在短時間內就能熟悉並輕易上手的書籍，在現階段是有其必要性，此書便是秉持著「精、簡、清楚、有條理」的原則下催生而出。

資料庫是企業e化非常重要的利器，Access 2013則是進入資料庫領域重要的軟體工具，逐步學習各種資料庫物件的使用，瞭解資料庫應用的觀念，是成功運用Access 2013的不二法門。

本書內容特色：

- 學習目標：本書各章皆提供學習目標，易於掌握學習重點。
- 圖解教學：以step by step解說加上圖例輔助，提供易學易用學習方式。
- 實務範例：各章附有豐富且易學的實務範例，內文範例檔案皆收錄於本書光碟中。
- 資料庫觀念：提供資料庫系統觀念，結合實務範例，更能輔助學習成效。
- 自我評量：各章附有實作習題，實作練習檔案皆收錄於本書光碟。

本書的編排，融合筆者多年教學心得，由淺入深，不管是在學學生，企業或政府機構等在職人員，甚至個人自修皆適用之。讀者若能按部就班，瞭解並實作練習，根基不但紮實，亦能有所俾益與實用，進而快步跟上e世代的腳步！

在此感謝全華圖書的印製和行銷，由於你們的鼎力配合，才能順利上架，否則這本書無法呈現在讀者面前！最後，衷心感謝所有讀者的支持與鼓勵，尚祈見諒與指教！

張育群 2015年6月

目錄

CH 01 Access 2013介紹

CH 02 資料表的建立

CH 03 資料工作表的使用

CH 04 資料表間的關聯

CH 05 查詢的建立

CH 06 查詢的進階設計

目錄

CH 07 資料表的進階設計

CH 08 表單的建立

CH 09 表單的進階設計

CH 10 表單控制項的應用

CH 11 報表的建立

CH 12 報表的進階設計

CH 13 巨集的建立

目錄

Access 2013介紹

本章您可學到資料庫管理系統的基本觀念、瞭解為何要使用資料庫管理系統、瞭解Access 2013版本的使用環境、重要的新功能，以及剛開始學習需要知道的相關知識。

學習目標

- 1-1　資料庫管理系統介紹
- 1-2　軟體特色
- 1-3　系統需求
- 1-4　視窗環境介紹
- 1-5　資料庫物件介紹
- 1-6　功能窗格導覽
- 1-7　資料庫檔案的操作
- 1-8　訊息列的設定
- 1-9　輔助說明

本章您可學到資料庫管理系統的基本觀念、瞭解爲何要使用資料庫管理系統、瞭解Access 2013版本使用環境、重要的新功能，以及剛開始學習，需要知道的相關知識。

1-1 資料庫管理系統介紹

1-1-1 資料與資訊

企業經常有大量的資料需要儲存和處理，處理過後的有用資訊，能幫助企業提昇經營效率。首先，先要瞭解資料和資訊的定義。「資料」是未經整理的原始數據；而資料經轉換及整理，就成爲更有價值的格式，即稱爲「資訊」。

1-1-2 傳統檔案的問題

管理大量的資料，如企業的交易資料，若未使用資料庫管理系統，就須建立傳統檔案來儲存和處理，但使用傳統檔案管理資料，會造成下列問題。

- 資料重複：數個檔案內同時儲存相同資料。如企業中多個部門內的檔案皆儲存員工的連絡電話，連絡電話須更正時，可能會因爲有些部門未更正，造成資料錯誤的現象；同時也浪費儲存空間、降低處理資料的效率。
- 程式和資料依賴性高：造成其中一方變動，另一方就需要修改。如將郵遞區號由3碼改爲5碼，則使用3碼的郵遞區號程式，也一併要做修改。
- 缺乏彈性：若企業有臨時性的資訊需求，例如：產生非例行性的報表，就需要另外設計程式，將造成較高的資訊系統成本。
- 資料安全低：因資料分散在各部門，沒有集中管理，因此較無法有效地管控資料。
- 缺乏資料分享：資料儲存於不同部門、不同資訊系統，資料難以互相取用；又因容易產生資料不一致的現象，造成資料的分享更形困難。

1-1-3 資料庫管理系統

資料庫管理系統運用資料庫來集中和管理企業的資料。如儲存員工、訂單、採購、庫存、客戶、廠商、財務和生產等資料。運用資料庫管理系統是目前解決傳統檔案儲存及應用等問題的最佳方案。

資料庫管理系統可有效改善資料重複的問題，避免造成資料不一致的現象。可使程式與資料獨立，容易提供臨時性的資訊需求，可降低資訊系統的開發和維護成本，另將資料集中管理於資料庫內，提高資料安全性的管控和資料分享。

資料庫管理系統模型分爲：

階層式資料庫模型

樹狀結構的階層式關係，記錄之間以父子關係運用指標，來建立相互的連結，是適合描述一對多關係的模型，父記錄可以有多筆的子記錄；但子記錄只能擁有一筆父記錄。資料處理速度快；但設計複雜度較高；應用上缺乏彈性；難以支援偶發性資料查詢；系統的設計和維護成本較高，爲老式資料庫管理系統。

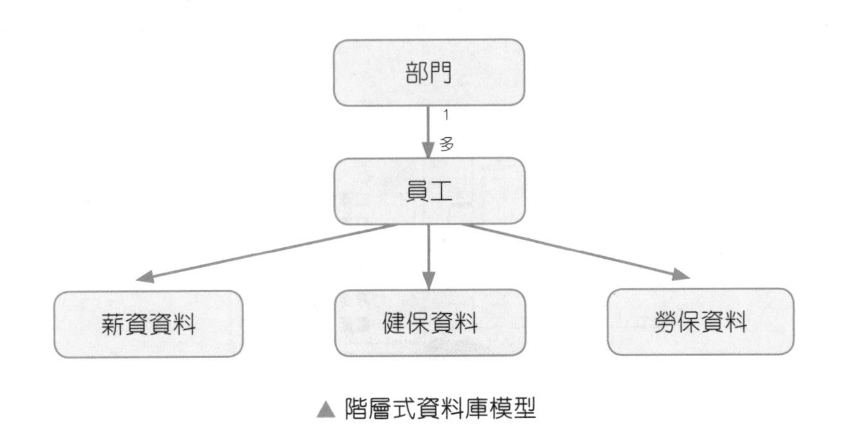

▲ 階層式資料庫模型

網路式資料庫模型

網路式資料庫模型是適合描述多對多關係的模型，記錄之間運用指標，來建立相互的連結。例如：一位學生可修多門課程；一門課程擁有多名學生，學生與課程的關係即爲多對多的關係。資料處理速度較快；但設計複雜度較高；應用上較缺乏彈性；亦難以支援偶發性資料查詢；系統的設計和維護成本較高，爲老式資料庫管理系統。

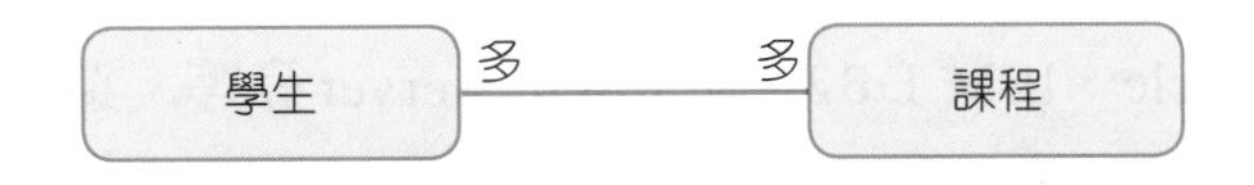

關聯式資料庫模型

資料庫中所有資料如同二維表格（Tables），在Access中稱爲資料表，表格每行稱爲欄位（Fields），每個欄位皆有欄位名稱（Field Name），實際資料列稱爲記錄（Records）。

產品

產品編號	產品名稱	型號	單價	成本
F01	三門電冰箱	FR-03	NT$20,000	NT$13,000
F02	五門電冰箱	FR-05	NT$25,000	NT$17,000
T01	32吋電視機	TV-32	NT$12,000	NT$8,000
T02	42吋電視機	TV-42	NT$25,000	NT$18,000
W01	7公斤洗衣機	WK-07	NT$9,000	NT$6,000
W02	10公斤洗衣機	WK-10	NT$18,000	NT$12,000

欄位名稱
記錄
欄位

表格之間透過相同欄位資料建立關聯，以查詢使用者需要的資訊。

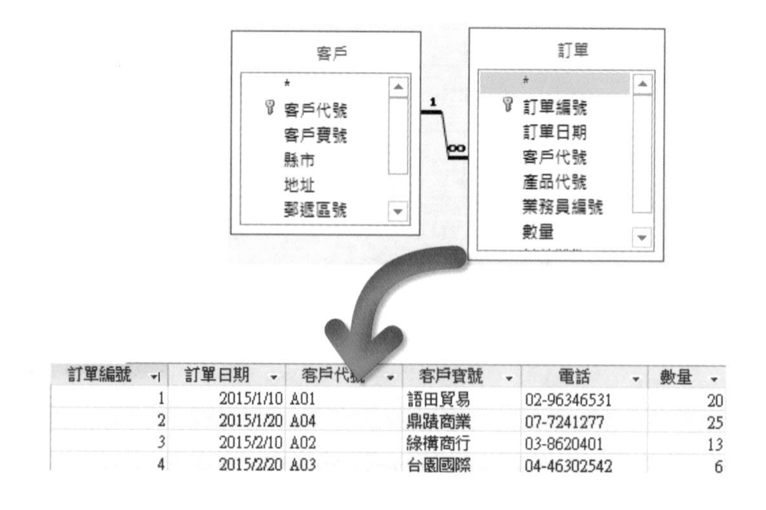

訂單編號	訂單日期	客戶代號	客戶寶號	電話	數量
1	2015/1/10	A01	語田貿易	02-96346531	20
2	2015/1/20	A04	鼎蹟商業	07-7241277	25
3	2015/2/10	A02	綠構商行	03-8620401	13
4	2015/2/20	A03	台園國際	04-46302542	6

關聯式資料庫管理系統的資料處理速度雖比不上前兩者，但設計複雜度低；能支援偶發性資料查詢；系統的設計和維護成本較低，爲目前最受歡迎、最普遍使用的資料庫管理系統。如微軟公司的Access爲適用於桌上型個人電腦的關聯式資料庫管理系統。市面上另有支援中型、大型組織的關聯式資料庫管理系統，如Oracle、IBM DB2、MS SQL Server等等。還有目前最受歡迎的開放源碼MySQL。

物件導向資料庫模型

此種資料模型以物件型式儲存，而非記錄型式儲存，每個物件擁有本身的屬性，也具繼承特性，物件導向資料模型較適合管理多媒體物件，諸如圖片、聲音、影片等物件，處理大量資料時速度較慢，是發展中的一種資料庫模型。

1-2 軟體特色

1-2-1 BACKSTAGE檢視

這是Access 2013介面的BACKSTAGE檢視組件提供了建立與管理檔案、使用範本、新增雲端位置，以及設定選項。

1-2-2 功能窗格

功能窗格會列出資料庫中的所有物件，使用者能輕易存取物件，並可以依據物件類型、資料表與相關檢視、建立日期、修改日期，或自行建立分類群組，來組織資料庫中的物件。

1-2-3 版面配置檢視

版面配置檢視提供了直覺化的表單和報表設計方式。使用者能一面檢視資料，一面調整與變更表單和報表。在設計表單和報表時，能更快速的符合使用者需求。Access 2013也針對版面配置檢視，進行改良，使能更有彈性的調整版面。

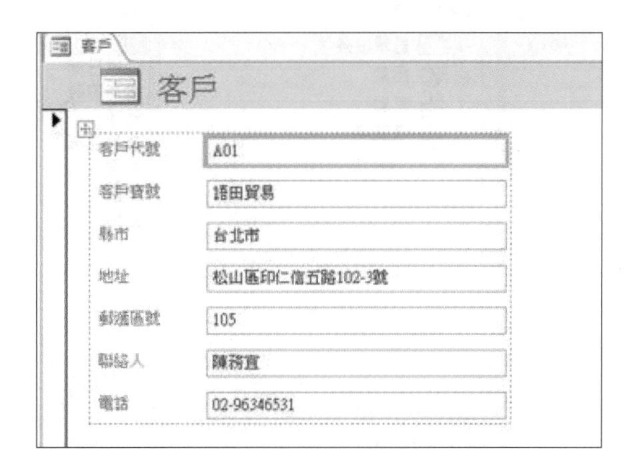

1-2-4 資料類型和工具

計算欄位資料類型

可以儲存計算的結果。並可使用「運算式建立器」協助使用者建立運算式。

運算式建立器

具有IntelliSense介面，讓使用者在輸入時顯示可能的函數與其他識別項，故能加速建立輸入運算式，並有助於確保所建立運算式的正確性。

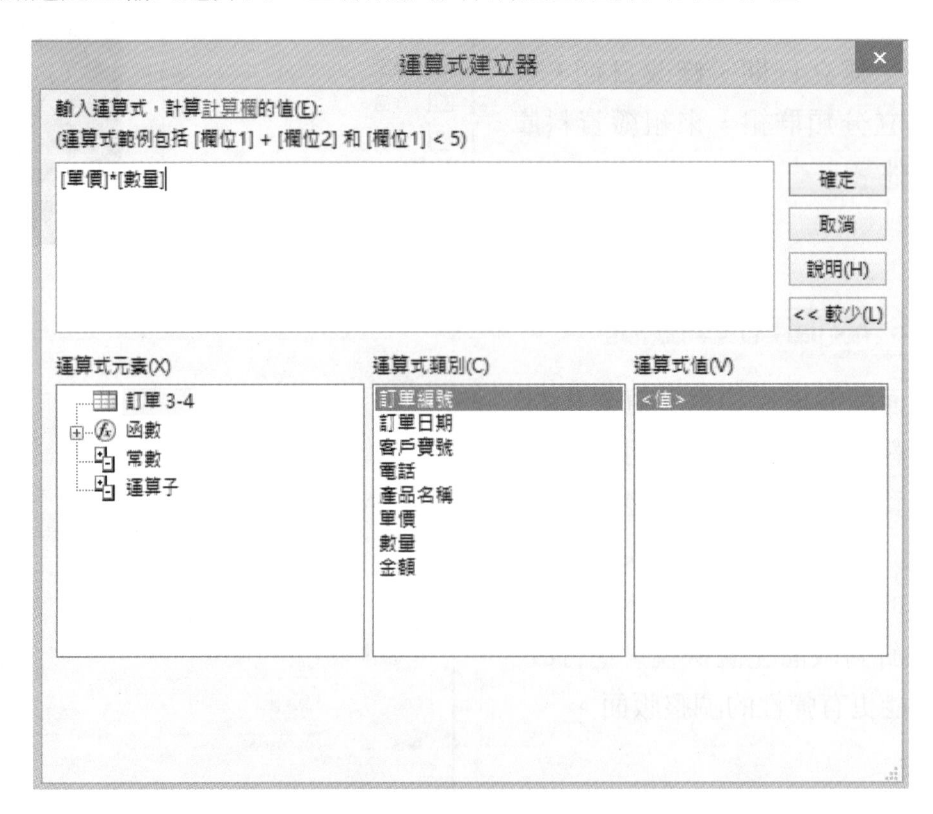

多重值欄位

資料表的欄位亦可存放多重值，如一份工作指派給一名以上的員工，則可於指派人員欄位存放多名員工。

附件欄位

附件欄位可儲存附加圖片、文件、試算表或圖表等檔案，儘可能壓縮附件檔案，使資料庫的檔案大小降到最低。一筆記錄中也可存放多個附件。

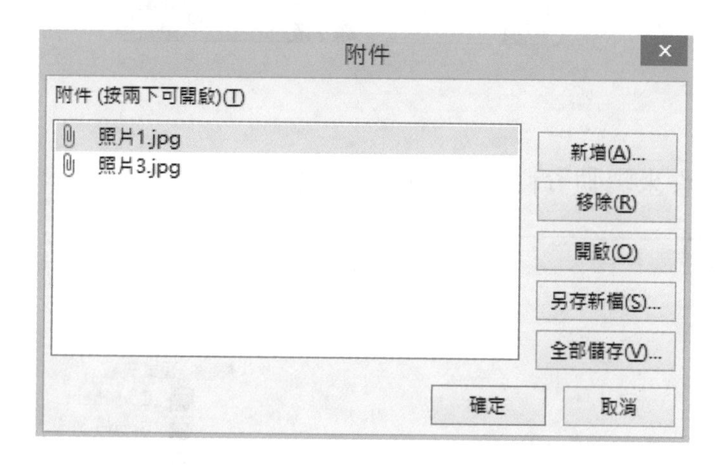

長文字欄位可儲存Rich Text

長文字欄位不只存放純文字，也可存放Rich Text，可以格式化文字（如文字加上粗體、斜體、底線或不同的字型和色彩，以及其他格式設定）。

供挑選日期的月曆

當需要輸入日期資料時，可以應用所提供的互動式月曆上點選，降低輸入錯誤日期的機率。

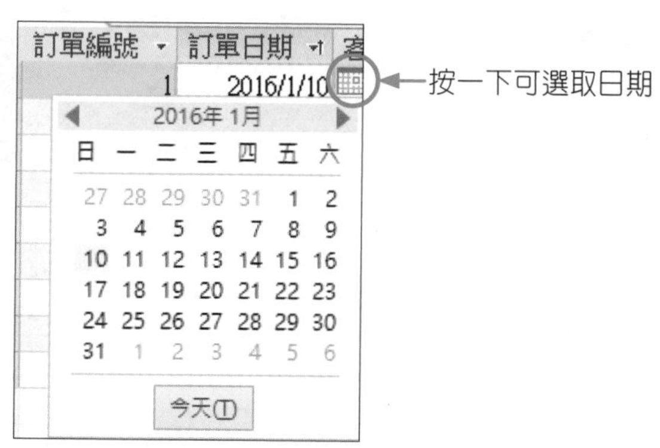

巡覽控制項

巡覽控制項可輕易新增基本瀏覽功能，使用者可更易於透過直覺式的索引標籤介面，在表單和報表之間快速切換。

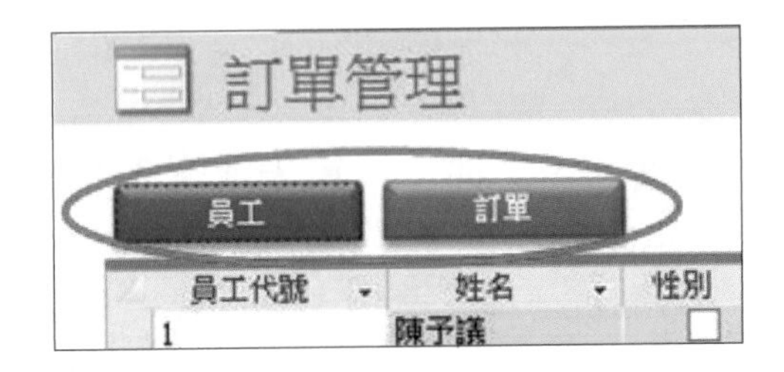

資料巨集

可根據事件來驅動資料巨集，以自動變更資料表內的資料。

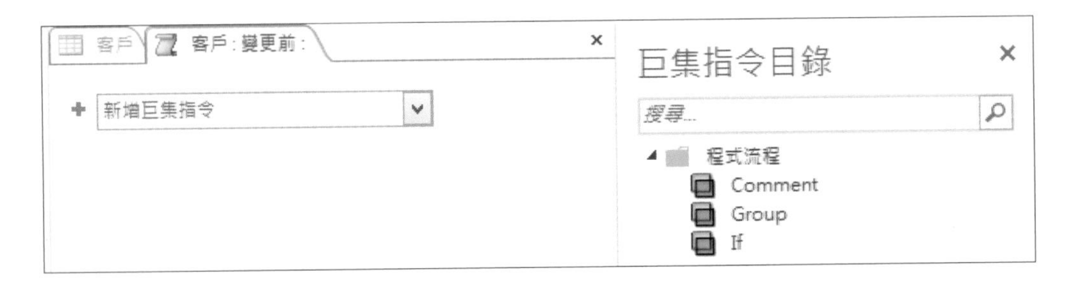

巨集建立器

巨集建立器讓使用者能輕易地建立與修改使用者介面（UI）巨集。巨集建立器包含建立巨集指令窗格和巨集指令目錄。新增巨集指令時，提供IntelliSense功能，輸入時，IntelliSense會建議可能的值，以供選取正確的值。

1-2-5 索引標籤式物件

資料表、查詢、表單、報表和巨集…等資料庫物件都可以在Access視窗中顯示爲索引標籤式物件，而不一定要重疊視窗。

1-2-6 應用程式組件

應用程式組件可爲現有的資料庫加入其他的元素，可當成資料庫的部分範本，透過應用程式組件，可讓使用者得以重複使用組件內容。

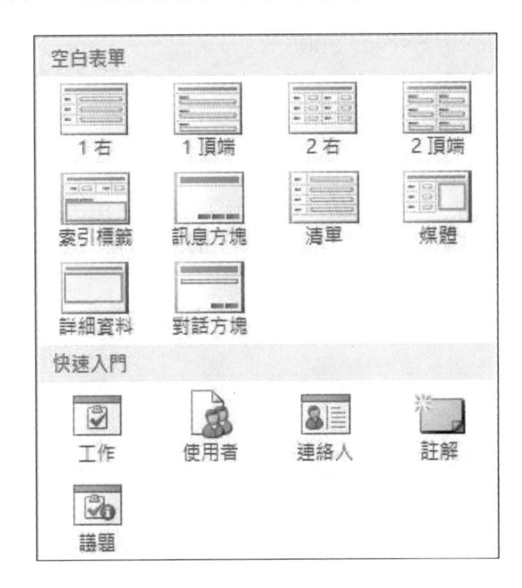

1-2-7 建置Web應用程式

使用Access 2013，除可建立桌面資料庫外，亦能建立Web App。Access Web App是一個新資料庫類型，能在Access 2013中建立，然後在網頁瀏覽器中以SharePoint應用程式形式使用並與他人共用。

建立Web App，可使用SharePoint伺服器或Office 365網站作爲主機，即可建置瀏覽器型資料庫應用程式。Access應用程式亦能使用SQL Server來提供最佳的效能和資料完整性。

1-3 系統需求

執行Microsoft Access 2013，電腦須符合以下系統需求：

➡ **表1-1　系統需求**

硬體	需求
電腦和處理器	1 GHz(含)以上x86或64位元處理器。
主記憶體	1 GB(含)以上。
硬碟	3 GB(含)以上。
顯示	1024×768或以上解析度的顯示器。
作業系統	❖ Windows Server 2008 R2 ❖ Windows 7 ❖ Windows Server 2012 ❖ Windows 8 32位元Office可以安裝在32位元或64位元的作業系統上，不過64位元Office只能安裝在64位元作業系統上。

建議使用較高的硬體規格，執行Microsoft Access 2013時會有較好的處理速度。

1-4 視窗環境介紹

1-4-1 視窗介紹

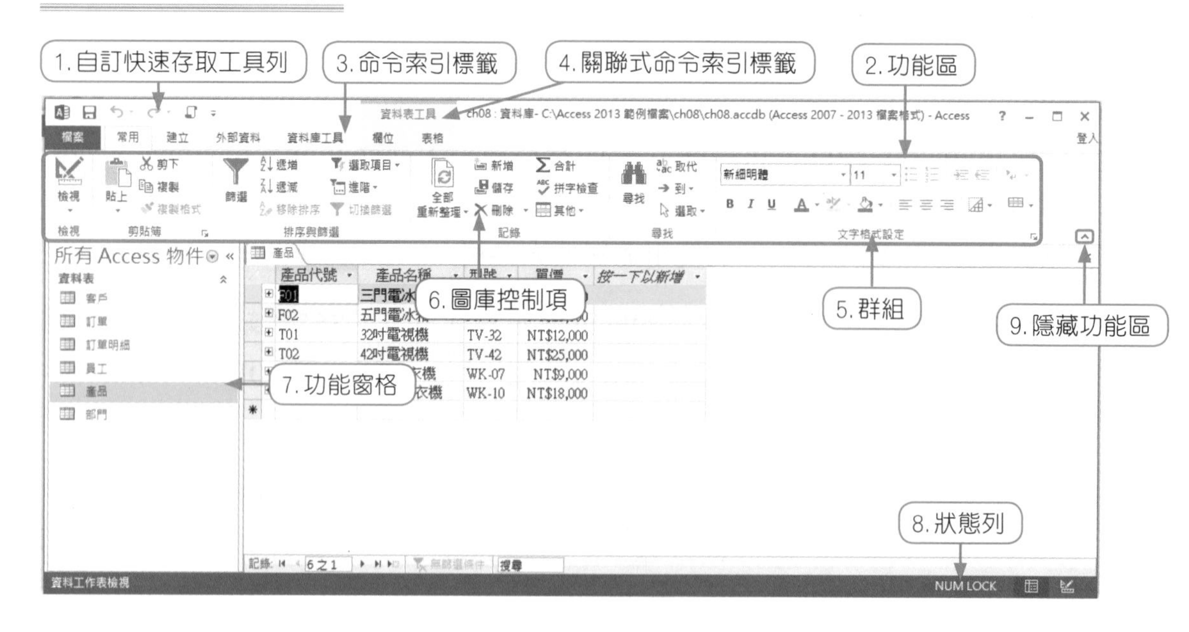

自訂快速存取工具列

快速存取工具列內的工具，可由使用者自訂最常用的工具按鈕，善用此工具列，可讓使用者在Access作業更加方便。

功能區將所有功能集中於一個地方，使用者可較方便尋找要使用的功能。如要摺疊功能區，方法如下：

- 方法1：在「命令索引標籤」上連按兩下。

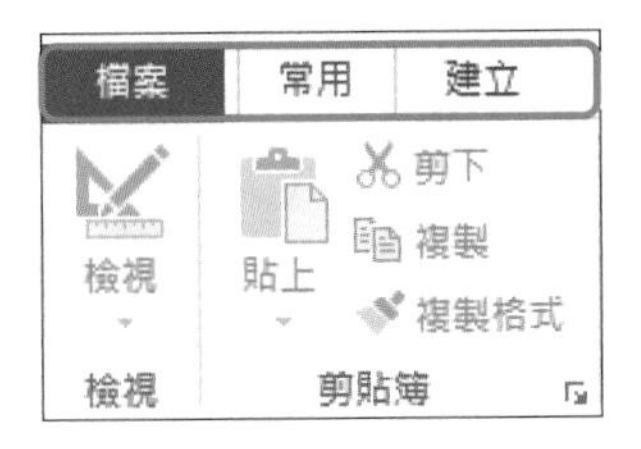

- 方法2：在功能區或自訂快速存取工具列上按右鍵，再按一下「摺疊功能區」。

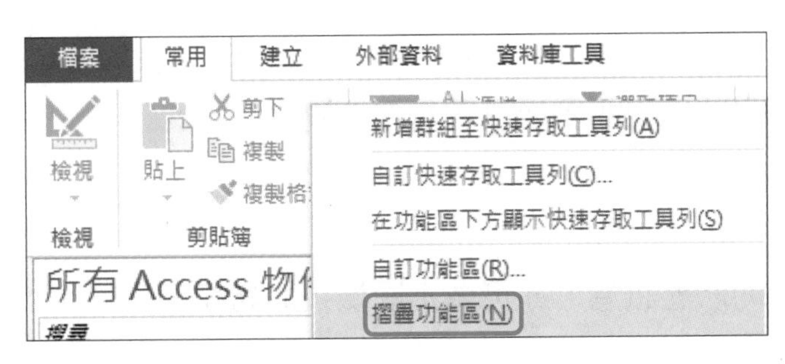

● 方法3：按一下功能區右上方，顯示／隱藏功能區切換鈕。

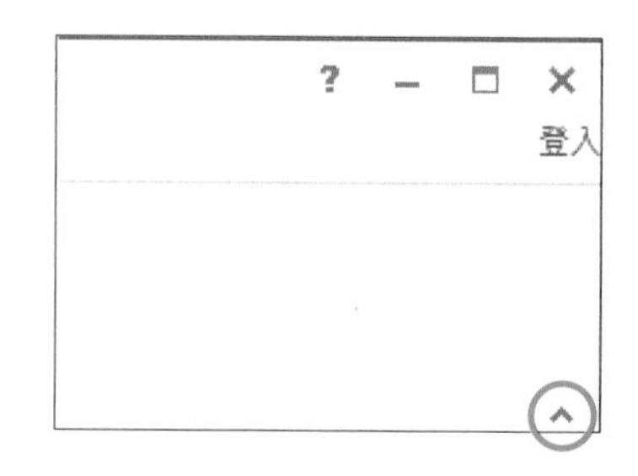

如要顯示功能區，在「命令索引標籤」上連按兩下即可。

命令索引標籤

選取命令索引標籤，如「常用」、「新增」等，即可使用此標籤內所能執行的工具。

關聯式命令索引標籤

Access 2013 會依據使用者目前正在執行的工作，在命令索引標籤上方顯示關聯式命令索引標籤。

群組

將同類別的命令集中於一群組中。

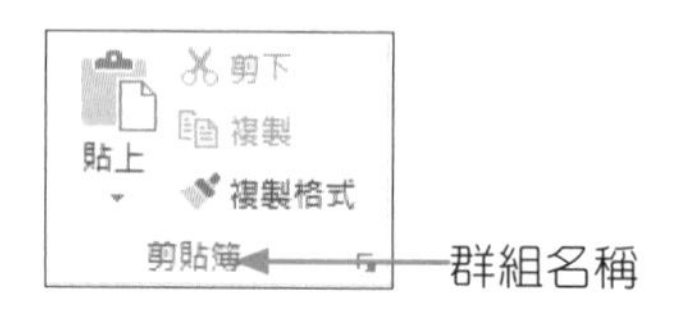

圖庫控制項

圖庫控制項提供了視覺化的瀏覽方式，與功能區搭配一起使用。

功能窗格

讓使用者可以依不同的需要瀏覽資料庫物件。

狀態列

可查看目前的狀態訊息，亦可做不同檢視的切換。

1-4-2 快顯功能表

按滑鼠右鍵，可顯示快顯功能表，列出目前狀態下常用的功能。

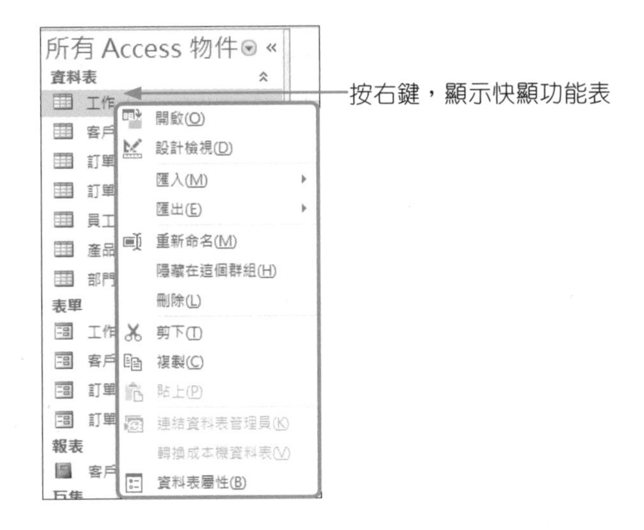

1-5 資料庫物件介紹

Access 2013提供六種資料庫物件的使用，包含資料表、查詢、表單、報表、巨集、模組。接下來針對這六種物件加以說明。

資料表

資料表是實際儲存資料的地方，資料以二維表格儲存，資料的來源可以由資料工作表或由表單輸入，也可由外部資料（如Excel工作表、文字檔匯入）或其他方式產生。設計資料表應事先規劃，避免重複資料，及造成不一致的相依性的現象。設計資料表必須定義欄位的名稱、資料類型，並視需要設定欄位屬性。

查詢

查詢物件可讓我們從資料表找出特定的資料、排序或分組合計資料，甚至於由數個相關聯的資料表取得所要的資料。也可能同時修改資料，但實際資料只儲存於資料表，故透過查詢物件修改資料時，會修改到對應資料表內的資料，查詢物件並不儲存任何記錄（資料）。

表單

表單提供資料輸入或顯示資料的格式。表單可讓使用者更方便地輸入資料或執行工作、美化資料輸入的畫面，也可降低人工輸入錯誤資料的機會。藉由各種表單控制項的使用，及控制項精靈的協助，提供了表單友善的使用介面。

報表

當我們需要顯示特定或經過分組統計的資訊，報表物件提供了相當友善的使用介面，讓我們格式化欲呈現的資訊，顯示於螢幕，也可視需要列印至印表機或匯出到其他特定程式，也可經電子郵件傳送。

巨集

巨集可集合一連串的命令，當執行某件工作需要多個命令去執行時，就可將這些命令集中儲存於巨集物件中。也可在表單中建立一個指令按鈕，當按下此指令按鈕，即可執行巨集，來自動化的完成一件工作。

模組

Access 2013也提供程式設計語言Visual Basic for Applications（簡稱VBA），可用來撰寫與執行的應用程式。

1-6 功能窗格導覽

功能窗格是提供瀏覽、存取和管理資料庫物件的地方。

在功能窗格中，可將資料庫物件分在不同性質的類別；同一類別又可分成不同群組，如「物件類型」類別中，含有資料表、查詢、表單、報表等群組；每個群組包含一個或數個資料庫物件。不同類別中含有不同項目的群組。

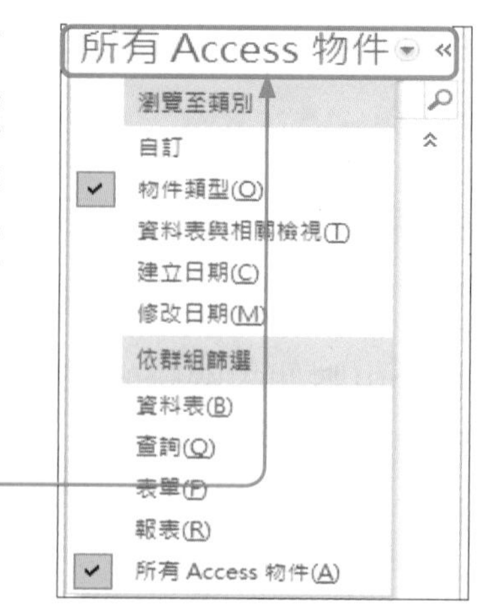

下表爲功能窗格中的類別說明：

➡ **表1-2　功能窗格中的類別說明**

類別	說明
自訂	可自訂類別，類別中也可自訂群組。
物件類型	檢視資料表、查詢、表單、報表…等資料庫物件。
資料表與相關的檢視	檢視資料表與其有關聯的物件。
建立日期	資料庫物件依建立日期分群組。
修改日期	資料庫物件依修改日期分群組。

1-6-1 改變功能窗格寬度

在功能窗格框上拖放滑鼠。

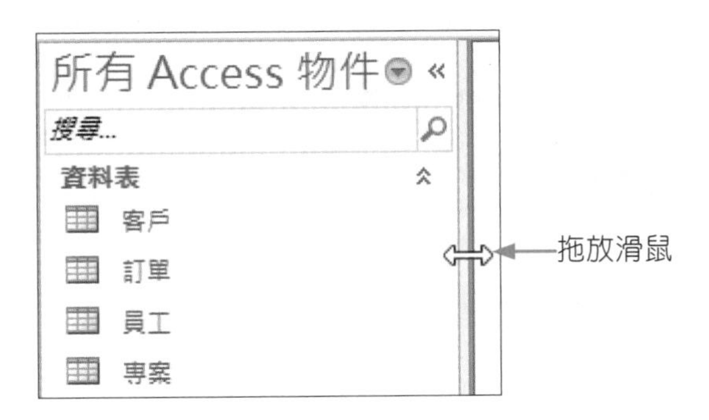

1-6-2 功能窗格摺疊與展開

滑鼠按一下快門列按鈕或按功能鍵F11。

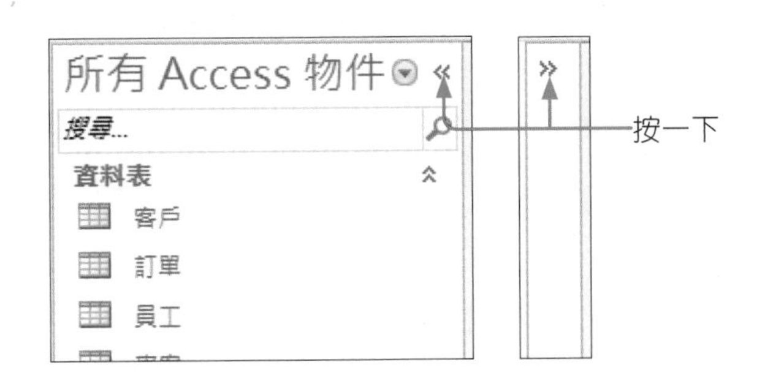

1-6-3 如何自訂類別

»STEP1 在功能窗格頂端列上按右鍵，按一下「導覽選項」。

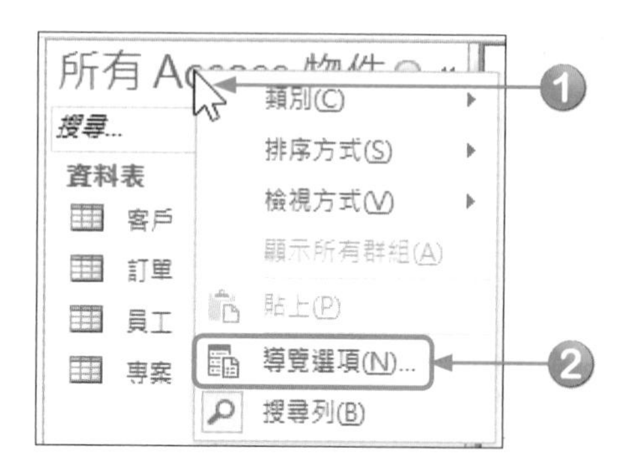

»STEP2 按一下「新增項目」，接著輸入類別名稱後，按「Enter」鍵即可。

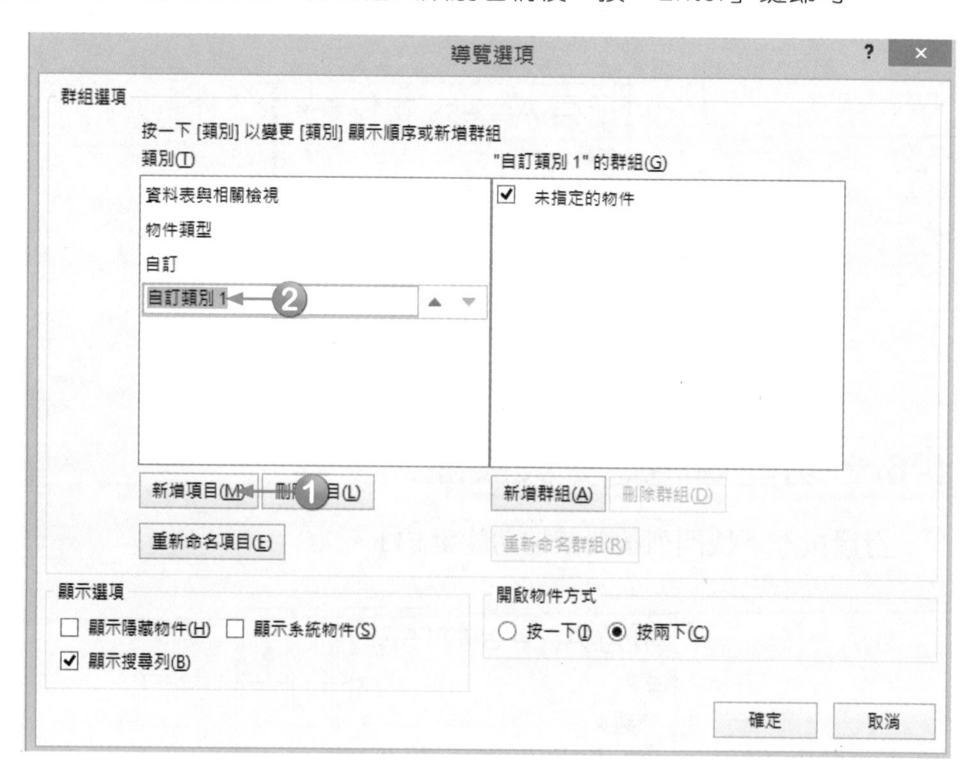

1-6-4 如何自訂群組

按一下「新增群組」，接著輸入群組名稱後，按「Enter」鍵，再按「確定」按鈕。

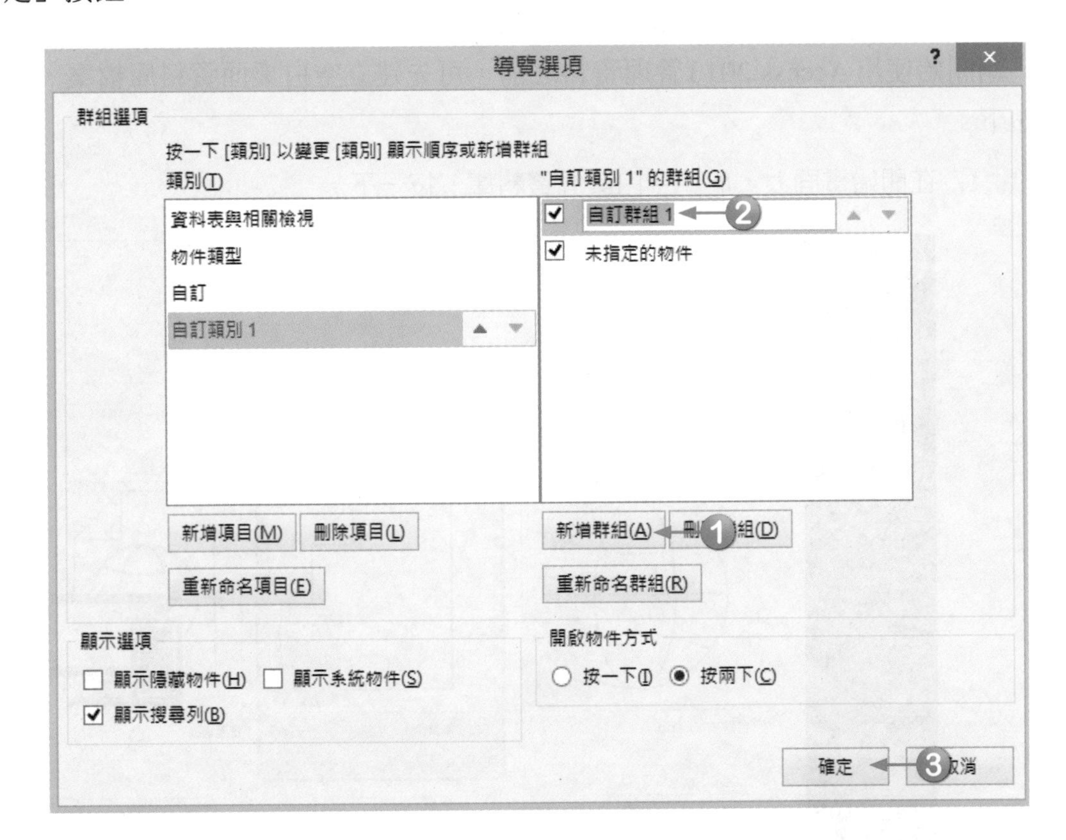

說明

隱藏功能窗格：在「檔案」/「選項」/「目前資料庫」，若清除「導覽」下方的「顯示功能窗格」核取方塊，按「確定」按鈕後，關閉資料庫，再重新開啓資料庫，將隱藏功能窗格。

1-7 資料庫檔案的操作

1-7-1 建立空白桌面資料庫檔案

剛開始使用 Access 2013 管理資料之前，可先建立空白桌面資料庫檔案，方法如下：

»STEP1 在開始畫面上，於「空白桌面資料庫」按一下。

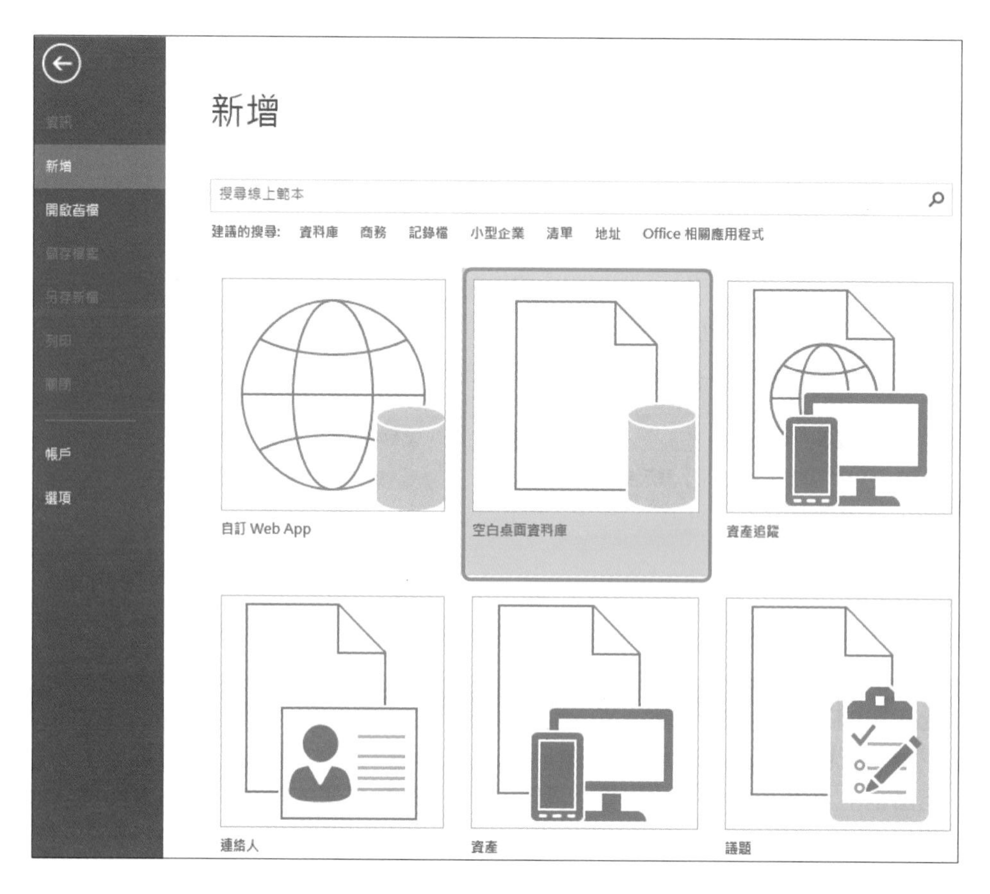

»STEP2 在下圖中選取資料庫檔案所要放置的位置，輸入資料庫檔案名稱，按「確定」(也可選擇建立其他不同的檔案類型，本例使用「Microsoft Office Access 2007-2013資料庫」檔案格式，ACCDB為Access 2007、2010、2013版本的檔案格式，Access 2007之前版本程式無法開啓ACCDB檔案格式)。

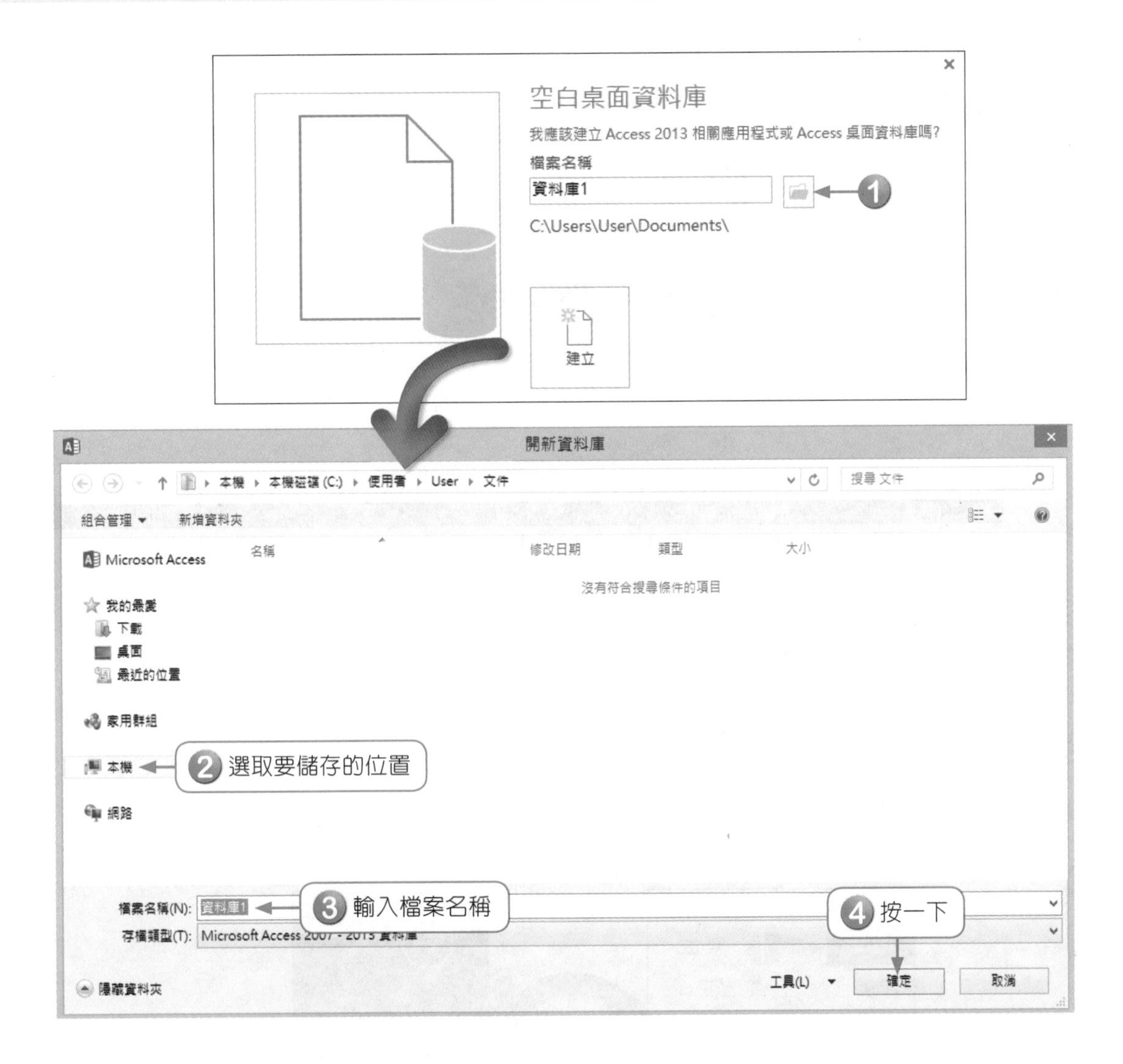

STEP3 可於修改資料庫檔案名稱後，按「建立」(資料庫檔案的副檔名是accdb)。

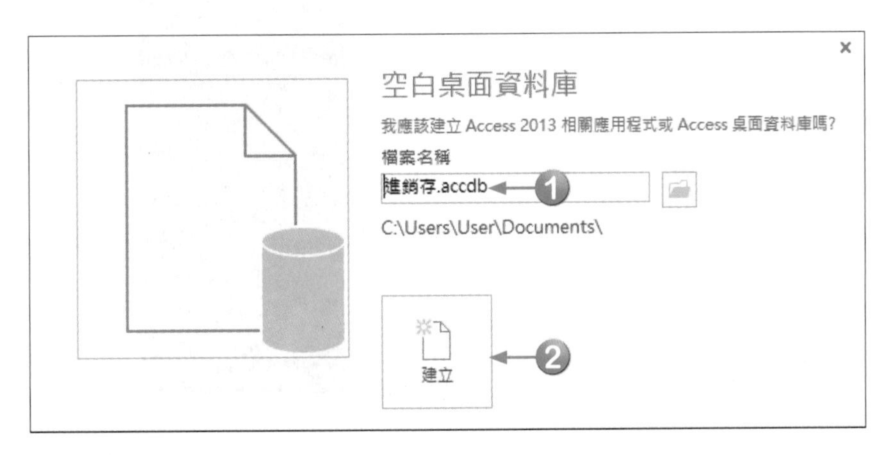

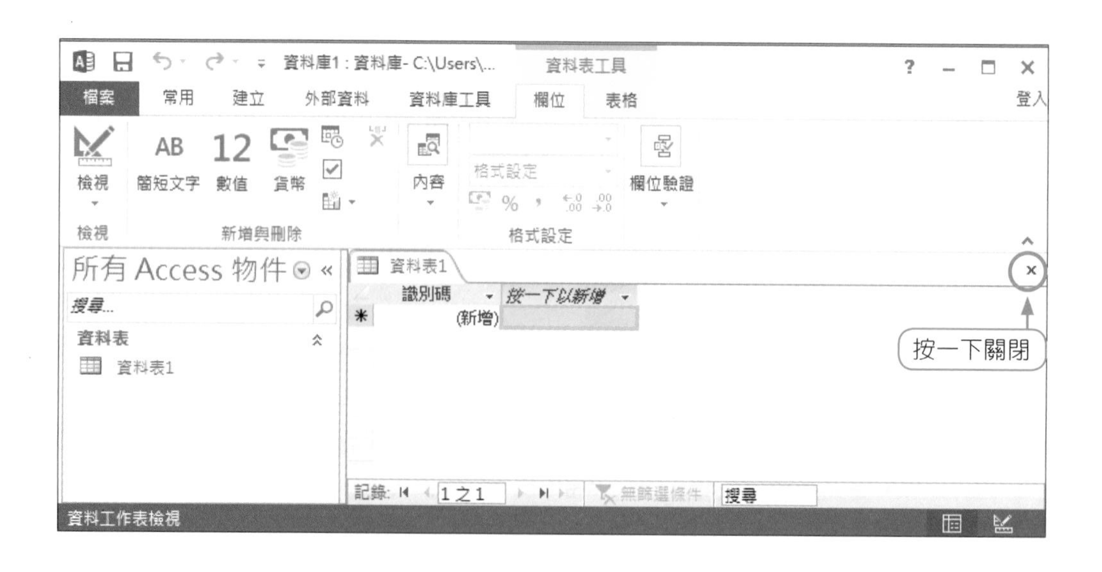

1-7-2 關閉資料庫檔案

當資料庫檔案使用完畢，應關閉資料庫檔案，可直接關閉Access 2013程式。若只要關閉資料庫檔案，請使用下列方法。

- 按一下「檔案」，再按一下「關閉」。

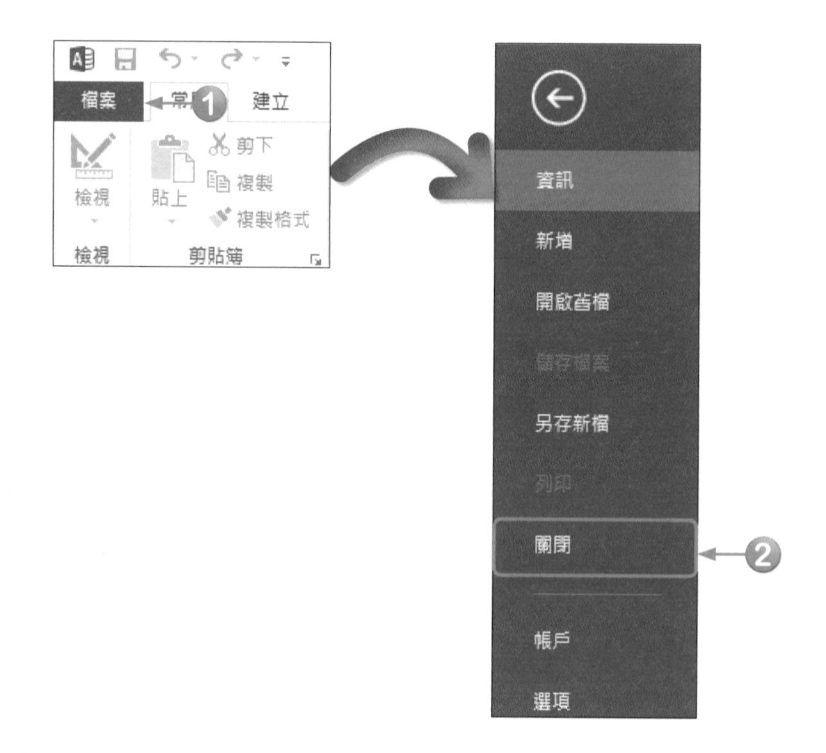

1-7-3 開啓已存在的資料庫檔案

資料庫檔案已建立後，往後要使用，直接開啓即可使用。方法如下：

- Access 2013將保留最近開啓的檔案，按一下「檔案」/「開啟舊檔」，接著可直接按一下要開啓的資料庫檔案。

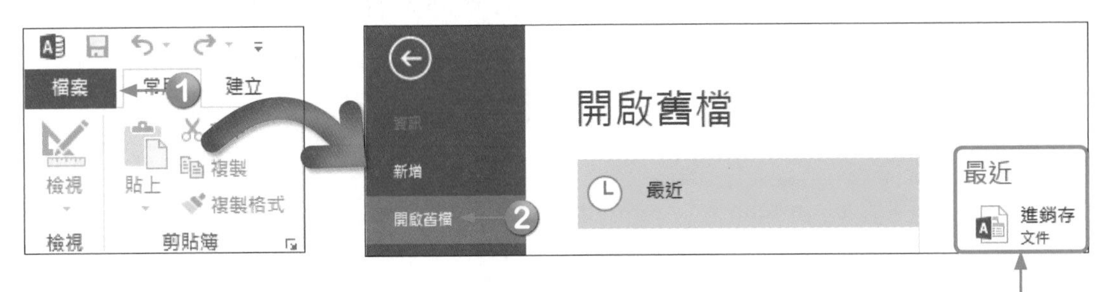

- 「檔案」/「開啟舊檔」，選擇要開啓資料庫檔案的位置（包含OneDrive、電腦或新增雲端儲存位置）。

說明

OneDrive，全名Microsoft OneDrive，是微軟所推出的網絡硬碟及雲端服務。使用者可以上傳檔案到網路伺服器上，並且透過網路瀏覽器來瀏覽檔案。更可直接編輯和觀看Microsoft Office文件。同時推出同步上載，可於電腦直接存取和同步檔案。

1-7-4 使用範本建立資料庫檔案

Access範本是一個資料庫檔案，可在開啓時建立完整的資料庫應用程式。此類範本資料庫已預先建立可供使用的資料表、表單、報表、查詢、巨集和關聯，可節省資料庫的建置時間與心力，並能立即使用範本資料庫，若不符合需求，可自行修改。(範本來自本機或微軟支援網站，若下載線上範本，必須經由網際網路連結至微軟支援網站下載)

» STEP1 在開始畫面上，選取「學生」範本。

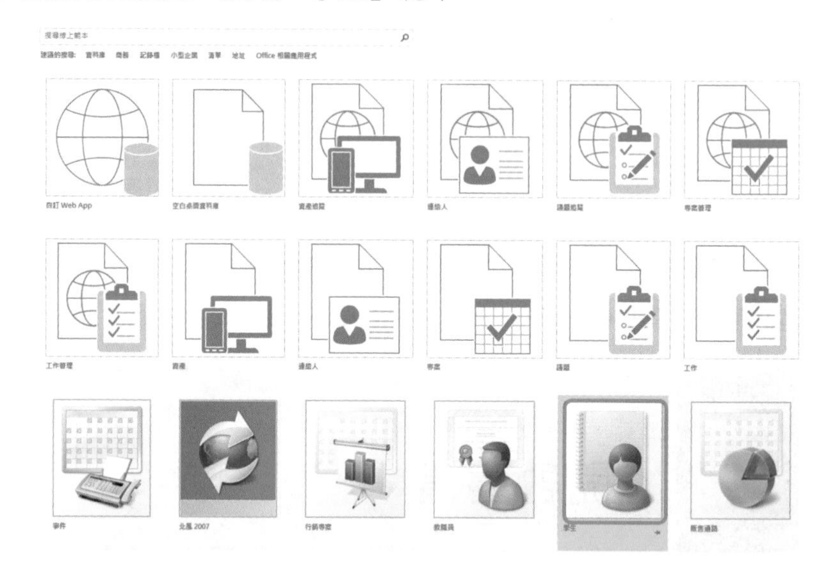

» STEP2 輸入資料庫檔名，再按「建立」。

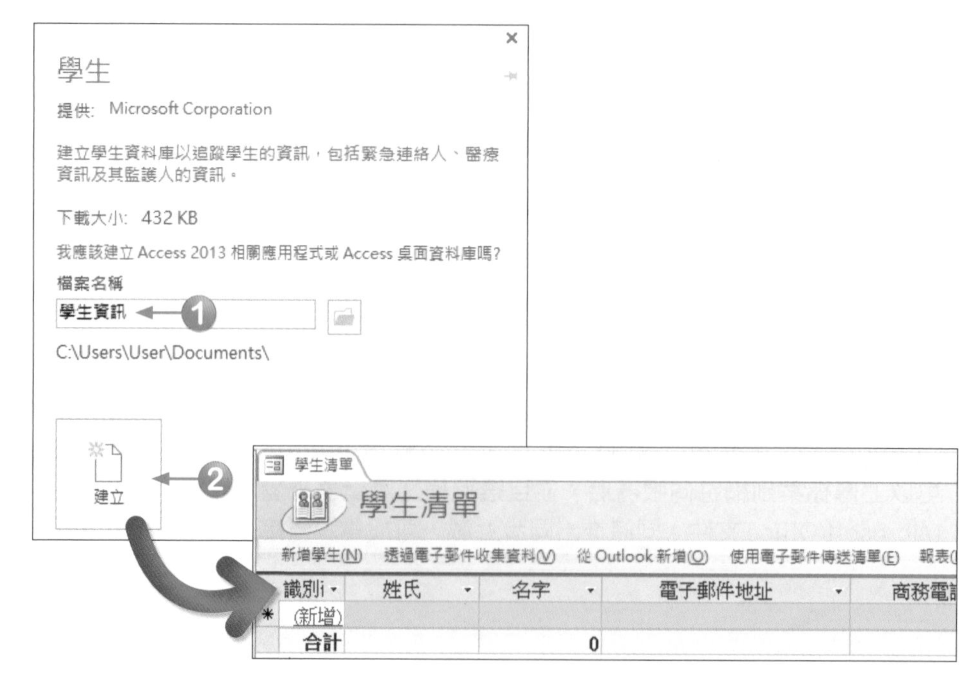

1-8 訊息列的設定

當開啓的資料庫檔案中可能包含不安全的主動式內容（例如巨集、ActiveX控制項、資料連線等）時，訊息列就會顯示安全性警告，以提醒可能有潛在的問題。若來自可靠的來源，可以按一下「啟用內容」，使其成爲信任的文件。

若訊息列要啟用或停用，方法如下：

STEP1 按一下「檔案」，再按一下「選項」。

STEP2 按一下「信任中心」，再按一下「信任中心設定」。

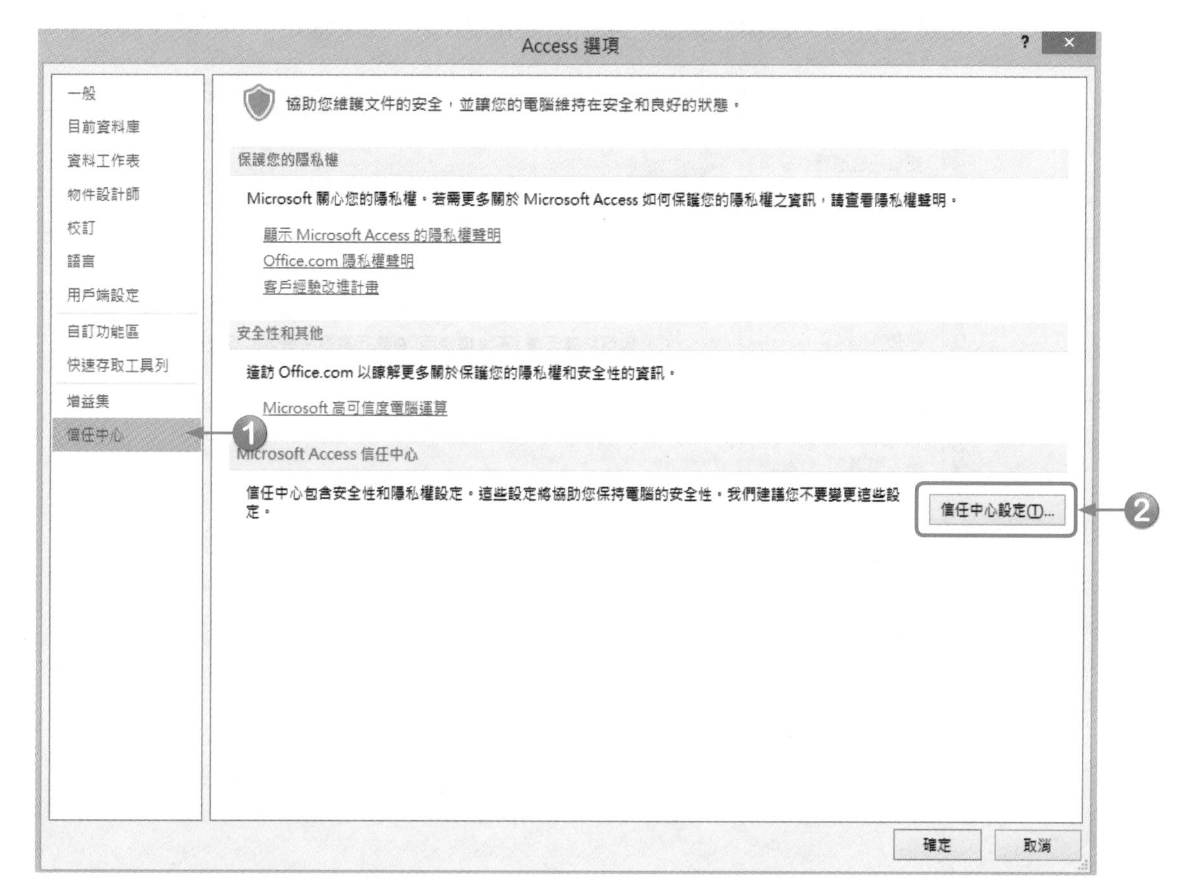

»STEP3 點選左方的「訊息列」，按「確定」，再按「確定」。

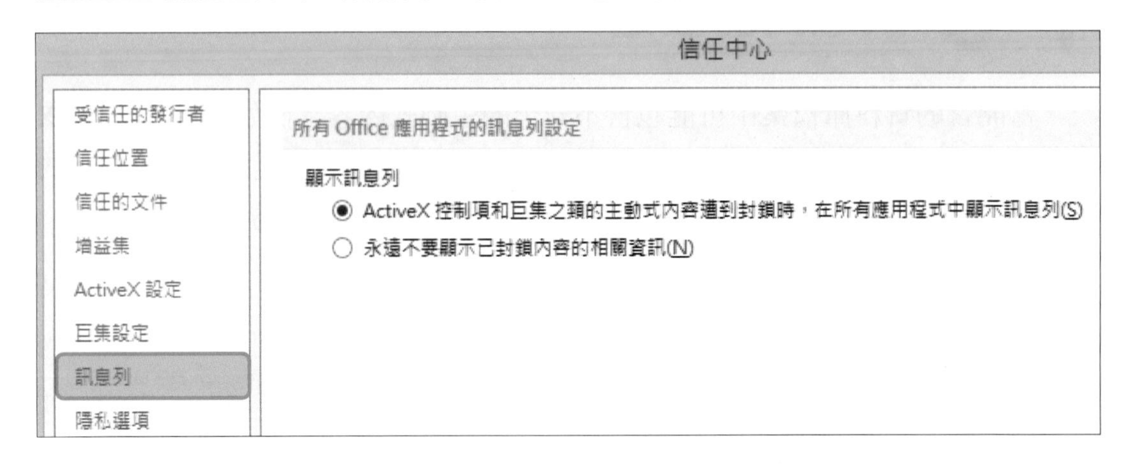

Access 2013基於安全性考量，預設爲停用巨集，巨集設定的變更，方法如下：

»STEP1 按一下「檔案」，再按一下「選項」。

»STEP2 按一下「信任中心」，再按「信任中心設定」。

»STEP3 點選左方的「巨集設定」，選取所要的選項，按「確定」，再按「確定」。

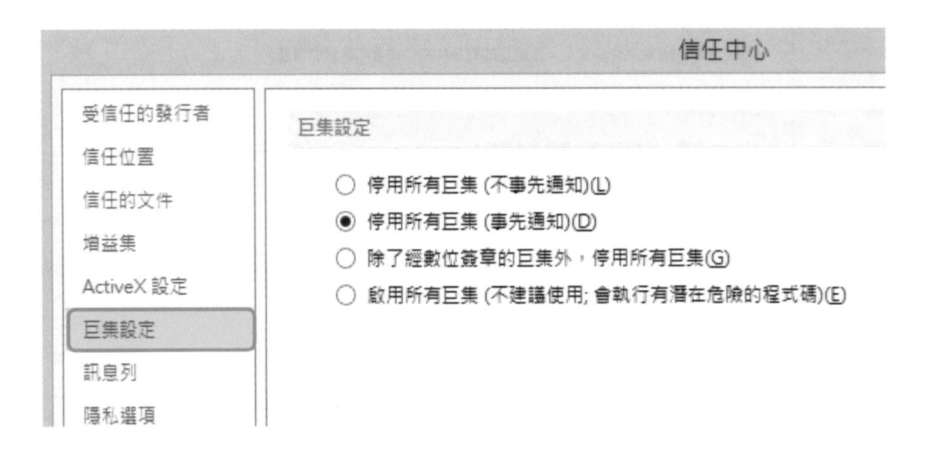

1-9 輔助說明

Access 2013同時也提供輔助說明，若軟體使用上有任何問題，可進入「輔助說明」視窗，搜尋需要的使用方法。

»STEP1 若要取得輔助說明，請按一下視窗右上方的?鈕或按功能鍵F1。

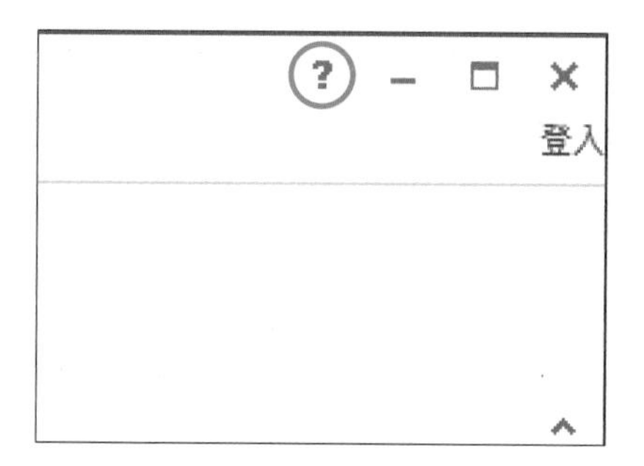

»STEP2 在「搜尋」列輸入關鍵字，再按一下🔍，系統依據關鍵字搜尋相關說明資料。

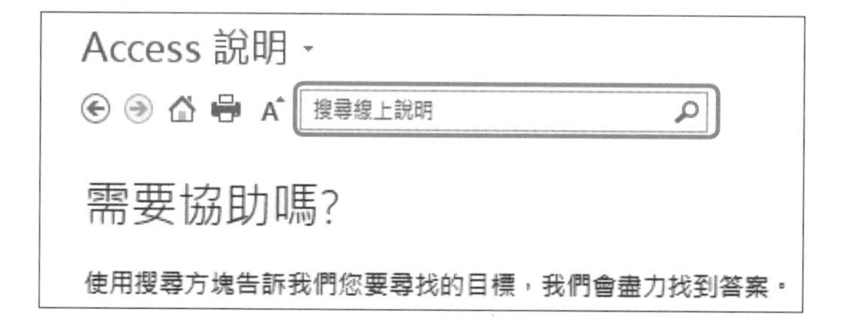

❖選擇題

(　)1. Access 2013屬於 (A)階層式資料庫 (B)網路式資料庫 (C)關聯式資料庫 (D)物件導向資料庫。

(　)2. 以下何者為目前最普遍使用的資料庫管理系統，其設計和維護成本較低 (A)階層式資料庫 (B)關聯式資料庫 (C)網路式資料庫 (D)物件導向資料庫。

(　)3. 以下何者是Access 2013支援的資料類型 (A)簡短文字 (B)數字 (C)是/否 (D)影音。

(　)4. 以下何者非Access 2013所提供的資料庫物件 (A)資料表 (B)表單 (C)查詢 (D)多媒體。

(　)5. 取得輔助說明，可使用哪一個功能鍵？ (A) F1 (B) F2 (C) F3 (D) F4。

資料表建立

上一章我們已瞭解關聯式資料庫管理系統，以及如何建立一個新的Access 2013資料庫檔案，本章將說明如何設計與修改資料表，以及主索引鍵的建立與觀念。

學習目標

- 2-1 什麼是資料表
- 2-2 建立資料表
- 2-3 修改資料表設計
- 2-4 資料表的操作
- 2-5 主索引鍵
- 2-6 欄位屬性

上一章我們已瞭解關聯式資料庫管理系統，以及如何建立一個新的Access 2013資料庫檔案，本章將說明如何設計與修改資料表，以及主索引鍵的建立與觀念。

2-1 什麼是資料表

在企業中會有很多的資料，諸如產品、廠商、客戶、訂單、銷售、採購、人事、薪資、研究、會計財務等，在企業運作的過程，勢必累積多年資料，這些資料需要儲存於資料表中。

每個資料表應包含同一主題的相關資料（如產品資料），資料表由行列組成，每行稱為欄位；最上面一列稱為欄位名稱；其他資料列稱為記錄。

產品

產品編號	產品名稱	型號	單價	成本
F01	三門電冰箱	FR-03	NT$20,000	NT$13,000
F02	五門電冰箱	FR-05	NT$25,000	NT$17,000
T01	32吋電視機	TV-32	NT$12,000	NT$8,000
T02	42吋電視機	TV-42	NT$25,000	NT$18,000
W01	7公斤洗衣機	WK-07	NT$9,000	NT$6,000
W02	10公斤洗衣機	WK-10	NT$18,000	NT$12,000

欄位名稱
記錄
欄位

▲ 產品資料表

資料庫內可包含許多的資料表，資料表內可包含許多不同資料類型的欄位，如：文字、數字、日期等資料。

2-2 建立資料表

可使用下列方式建立資料表：

- 使用「資料表設計」建立新資料表
- 直接輸入資料以建立新資料表
- 使用應用程式組件建立資料表物件

請先建立一個新資料庫檔案「訂單.accdb」檔案，以下將分別介紹建立資料表的方法。

2-2-1 使用「資料表設計」建立新資料表

» STEP1 在「建立」功能區的「資料表」群組上，按一下「資料表設計」。

» STEP2 在「資料表設計」窗格中輸入欄位名稱：「訂單日期」。

» STEP3 選擇「資料類型」:「日期/時間」，資料類型說明，請參考表2-2。

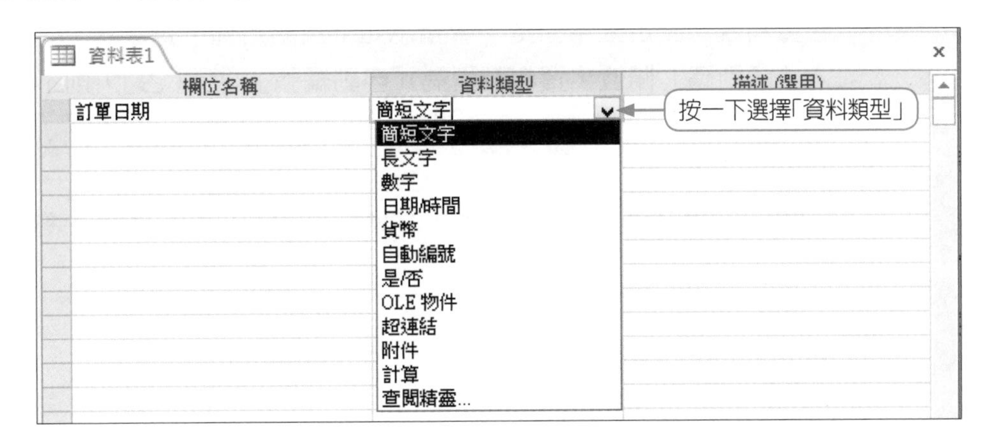

» STEP4 「描述(選用)」欄為此欄位的註解說明，可有可無。

» STEP5 重複步驟2~4，即可完成下圖，按「關閉」鈕（也可選取「檔案」中的「儲存檔案」，或按一下快速存取工具列上的「儲存檔案」，或者是按快捷鍵CTRL+S）。

資料表1

欄位名稱	資料類型	描述 (選用)
訂單日期	日期/時間	
產品名稱	簡短文字	
單價	貨幣	
數量	數字	
付款狀態	是/否	
備註	長文字	

»STEP6 按「是」後，輸入「資料表名稱」，按「確定」。

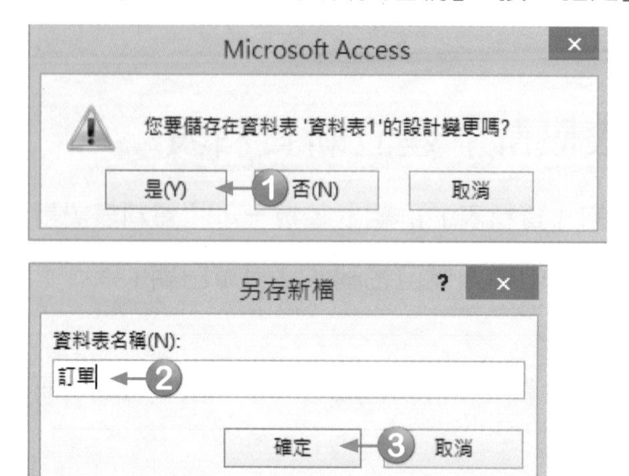

»STEP7 若資料表未設定主索引鍵，會顯示如下對話方塊，選「是」，則將自動加入「識別碼」欄位，資料類型為「自動編號」（選「否」，則不加入）。

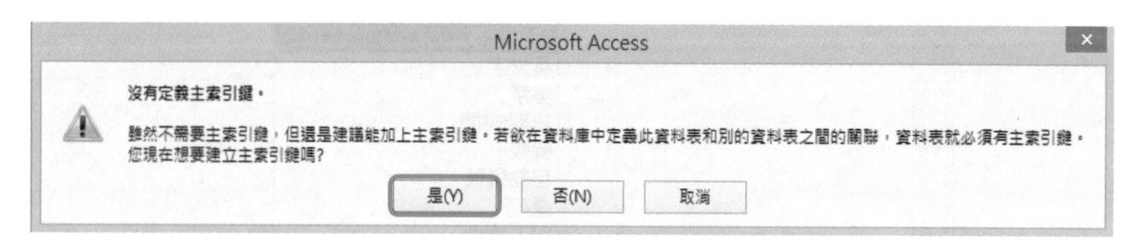

完成後，在功能窗格中已建立「訂單」資料表。

資料表建立完成後，可進入「設計檢視」視窗瀏覽，若設計有錯誤，可再編輯更正。方法如下：

»STEP1 開啟「資料表設計」視窗：在功能窗格中的「訂單」資料表上按右鍵，按一下「設計檢視」。

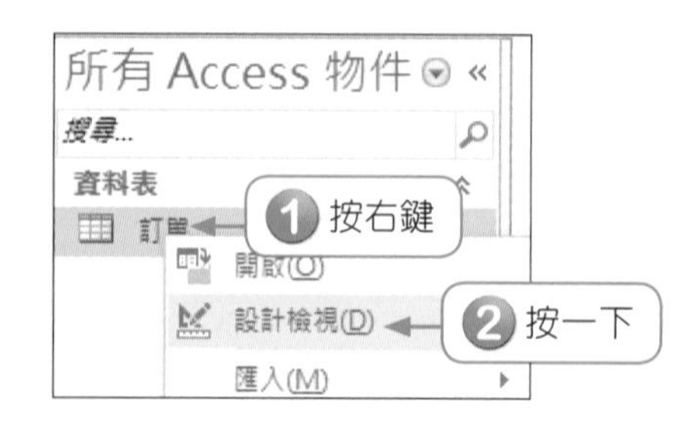

»STEP2 此資料表已自動加入主索引鍵「識別碼」欄位，有關「主索引鍵」將於2-5節說明，請按「關閉」鈕。

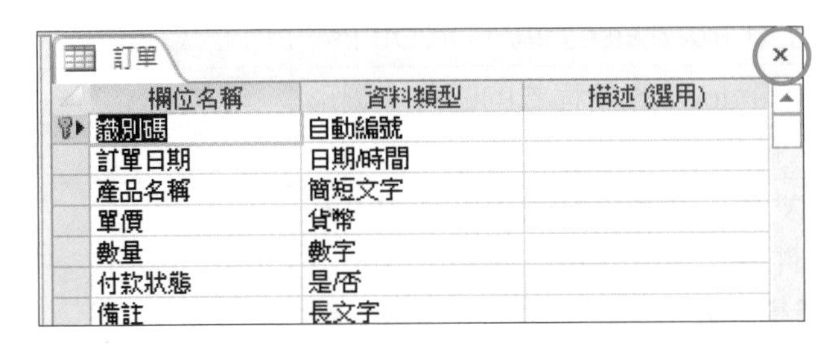

說明

- 資料表名稱命名：最好取個可代表資料意義的名稱，最多64個字元，可包含空格，如「訂單」、「客戶」資料表。一個資料庫檔案內資料表名稱不可相同，也不能和查詢名稱相同。
- 欄位名稱命名：最好取個可代表資料意義的名稱，最多64個字元，可包含空格，如「客戶代號」欄位。同一資料表內欄位名稱不可相同。

表2-1　常用編輯按鍵

按鍵	動作
Tab或「Enter」鍵	移至下一個欄位。
Shift+Tab	移至上一個欄位。
向下鍵	移至下一筆記錄。
向上鍵	移至上一筆記錄。

表2-2　欄位資料類型

資料類型	說明	儲存空間
簡短文字	儲存英數字元資料。	最多255個字元。
數字	儲存數字資料。	最多16 Bytes。
日期/時間	儲存日期和時間。	8 Bytes。
貨幣	通常儲存金額數值。	8 Bytes。
長文字	長度大於255個字元時使用，也可儲存RTF格式化文字，如粗體、斜體等格式化文字。	上限約為 1 GB，但對於顯示長文字的控制項，上限為前 64,000 個字元。
自動編號	Access為每筆新記錄產生唯一值，數值無法變更，常作為主索引鍵。	4 Bytes（複製編號為16 Bytes）。

資料類型	說明	儲存空間
是/否	儲存布林值，0儲存為false，-1儲存為true。顯示「Yes/No」、「True/False」或「On/Off」。	1 Bit。
OLE物件	儲存來自其他Windows應用程式的圖片、圖形或其他ActiveX物件。	上限約為 2 GB。
附件	可附加圖片、文件、試算表或圖表等檔案；每筆記錄的各附件欄位包含數量不限的附件，以不超過資料庫檔案的儲存大小限制為限，較OLE物件更加善用儲存空間。	上限約為 2 GB
超連結	儲存網際網路、內部網路、本機區域網路（LAN）或本機電腦上之文章或檔案的連結位址（如網址、電子郵件或檔案的路徑）。	最多8,192個字元（超連結資料類型的各部分內容最多可包含2048個字元）。
計算	不可以包含其他資料表或查詢中的欄位，並且計算結果為唯讀。	
查閱精靈	不算資料類型。當您選擇此項目時，查閱精靈會啓動，可將資料表、查詢的資料或值作為下拉式方塊或清單方塊的資料來源。	

注意

Access 2013資料庫檔案的大小最大容量為2 GB。

2-2-2 在資料工作表檢視中直接輸入資料以建立新資料表

STEP 1 在「建立」功能區的「資料表」群組上，按「資料表」。

STEP 2 可直接輸入欄位資料，按「Enter」或「Tab」鍵繼續。

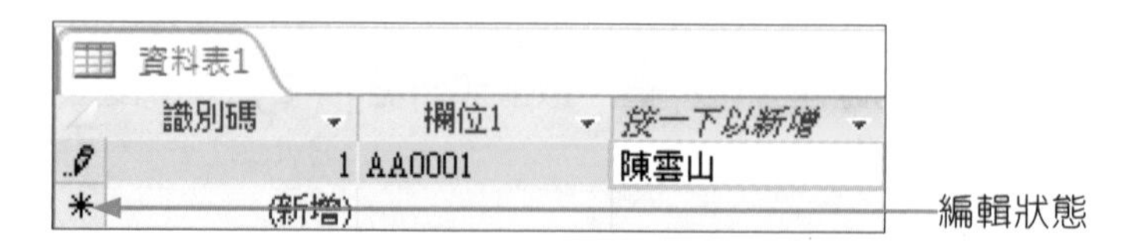

» STEP 3 關閉資料表，儲存資料表名稱為「客戶」。

直接將資料輸入於資料表中，Access 會自動決定資料欄位最適當的資料類型。

2-2-3 使用「應用程式組件」建立資料表物件

應用程式組件可為現有的資料庫加入其他的元素，可當成資料庫的部分範本，透過應用程式組件，可讓使用者得以重複使用組件內容，包含 Access 物件和欄位的自動建立，提升資料庫應用的效率。

» STEP 1 在「建立」功能區的「範本」群組上，按一下「應用程式組件」，再按一下「工作」。

» STEP 2 選取「沒有關聯」，再按一下「建立」。（亦可為新資料表「工作」和現有資料表「客戶」建立關聯，資料表的關聯於第 4 章說明）

建立關聯

建立簡單關聯

當 Microsoft Access 匯入新範本時，您可以指定要建立的關聯。

一個 '客戶' 到多個 '工作'。

客戶

一個 '工作' 到多個 '客戶'。

客戶

沒有關聯。 ← 1 按一下

< 上一步(B)　下一步(N) >　建立(E) ← 2 按一下

» STEP 3 完成後，將建立「工作」資料表和「工作詳細資料」、「工作資料工作表」兩個表單。

2-3 修改資料表設計

當資料表設計完成後，可能需要再進行修改欄位名稱、資料類型等，或需要加入新欄位、刪除不必要的欄位及搬移欄位。

請開啓「ch02.accdb」範例檔案。

2-3-1 修改欄位資料

» STEP1 開啓「資料表設計」視窗：在功能窗格中的「訂單」資料表上按右鍵，按一下「設計檢視」即可進入資料表「設計檢視」模式。

» STEP2 直接修改即可（「資料表設計」若有變更，關閉資料表時應儲存起來，以避免修改內容遺失）。

2-3-2 插入新欄位列

將新欄位列插入於選取欄位列之上。本例將插入「客戶名稱」和「金額」欄位。

»STEP1 在「產品名稱」欄位上按右鍵，按一下「插入列」(或按一下「產品名稱」欄位，再按一下「設計」功能區的 插入列)，可於「產品名稱」欄位上方插入一列。

»STEP2 輸入「客戶名稱」，按一下「Enter」鍵。

欄位名稱	資料類型	描述 (選用)
識別碼	自動編號	
訂單日期	日期/時間	
客戶名稱	簡短文字	
產品名稱	簡短文字	
單價	貨幣	
數量	數字	
付款狀態	是/否	
備註	長文字	

»STEP3 在「付款狀態」欄位上按右鍵，按一下「插入列」，插入計算欄位「金額」，並於「資料類型」選取「計算」。

欄位名稱	資料類型	描述 (選用)
識別碼	自動編號	
訂單日期	日期/時間	
客戶名稱	簡短文字	
產品名稱	簡短文字	
單價	貨幣	
數量	數字	
金額	計算	
付款狀態	是/否	
備註	長文字	

»STEP4 出現「運算式建立器」，在「運算式類別」中連按兩下「單價」，接著輸入「*」（乘號），再連按兩下「數量」，再按「確定」。即可建立「金額」欄位，其值為[單價]*[數量]。

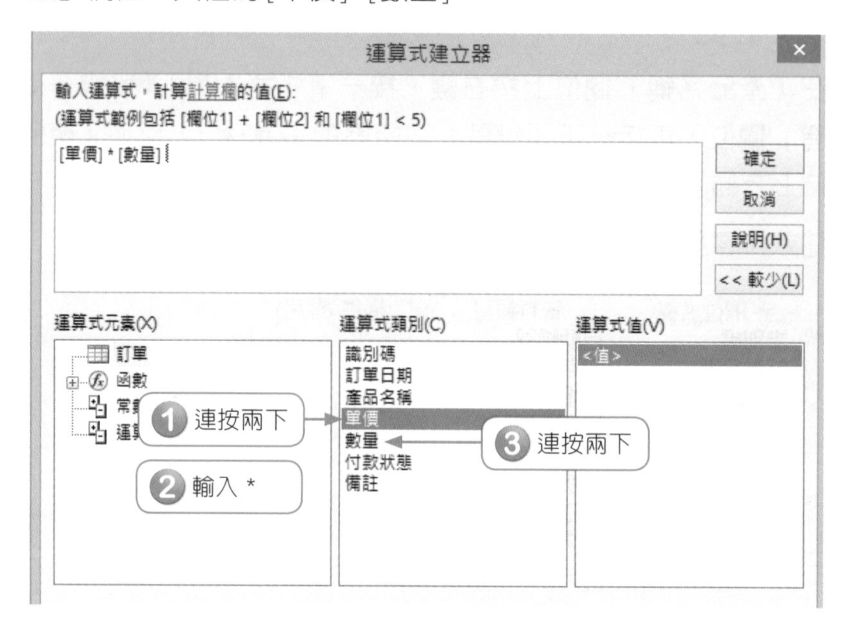

»STEP5 按一下快速存取工具列上的「儲存檔案」，儲存資料表。

說明。。。。

「計算」資料類型：

- 運算式不可包含其他資料表或查詢中的欄位。
- 計算結果值是唯讀，不可更改。

2-3-3 刪除欄位列

不要的欄位可以刪除。如果要刪除的欄位已輸入資料，欄位被刪除後，此欄位內原有的資料，將無法復原。

本例將刪除「備註」欄位：在「備註」欄位上按右鍵，按一下「刪除列」（或按一下「備註」欄位，再按一下「設計」功能區的 刪除列，可將「備註」欄位刪除）。

2-3-4 移動欄位列

欄位的排列順序也可以調換。若要調換「單價」與「數量」欄位，方法如下：

» STEP1 將滑鼠移至「單價」欄位「列選擇器」上，按一下後，滑鼠形狀變成。

	欄位名稱	資料類型
🔑	識別碼	自動編號
	訂單日期	日期/時間
	客戶名稱	簡短文字
	產品名稱	簡短文字
➡	單價	貨幣
	數量	數字
	金額	計算
	付款狀態	是/否

» STEP2 拖放滑鼠至「數量」和「金額」之間，即可移動「單價」欄位。

	欄位名稱	資料類型
🔑	識別碼	自動編號
	訂單日期	日期/時間
	客戶名稱	簡短文字
	產品名稱	簡短文字
	單價	貨幣
	數量	數字
	金額	計算
	付款狀態	是/否

「資料表工具」功能區

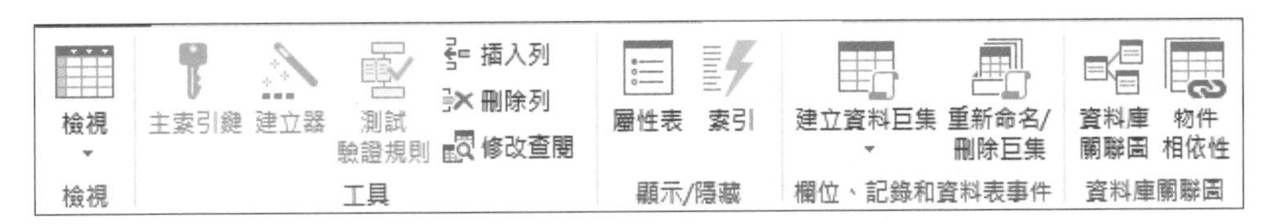

▲「資料表工具」功能區

➡ **表2-3　「資料表工具」功能區**

工具	說明
檢視	切換不同的檢視模式。
主索引鍵	將選取欄位設定為主索引鍵。
建立器	協助設定欄位的特定屬性。如輸入遮罩、預設值…等。
測試驗證規則	當資料違反驗證規則，提出警告。
插入列	在選取欄位列上插入空白列。

工具	說明
刪除列	刪除選取欄位列。
修改查閱	插入查閱欄位，以及其與另一資料表中的記錄之間的關聯。
屬性表	顯示／隱藏物件的屬性表。
索引	設定資料表的索引鍵。

2-4 資料表操作

資料表物件可更改名稱、複製或刪除。

2-4-1 資料表重新命名

資料表命名若覺得不妥，可以重新命名。但更改資料表名稱之前，必須先關閉該資料表，方法如下：

»STEP1 在功能窗格中資料表上按右鍵，按一下「重新命名」。

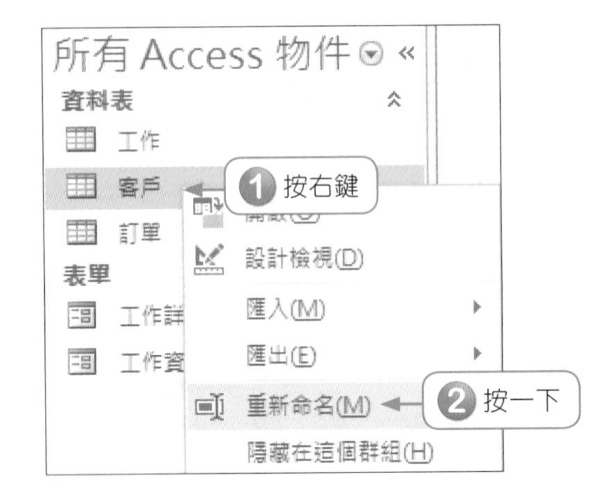

»STEP2 輸入欲更改的資料表名稱，再按「Enter」鍵。

2-4-2 資料表複製

資料表可複製，常用於資料表備份。若資料表內已輸入資料，在修改資料表「設計檢視」前，應視需要備份資料表。複製資料表之前，必須先關閉該資料表。

複製「訂單」資料表，方法如下：

STEP1 在功能窗格中，選取「訂單」資料表。

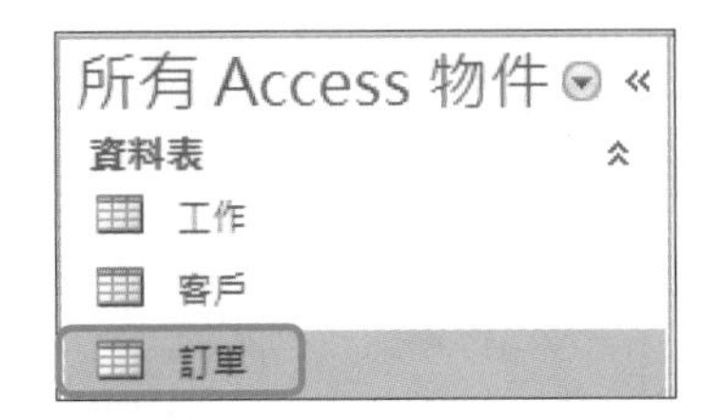

STEP2 在「常用」功能區的「剪貼簿」群組，按一下「複製」。

STEP3 在「常用」功能區的「剪貼簿」群組，按一下「貼上」。

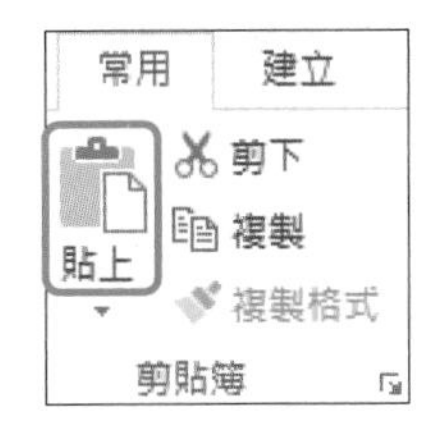

STEP4 輸入新資料表名稱，按「確定」。

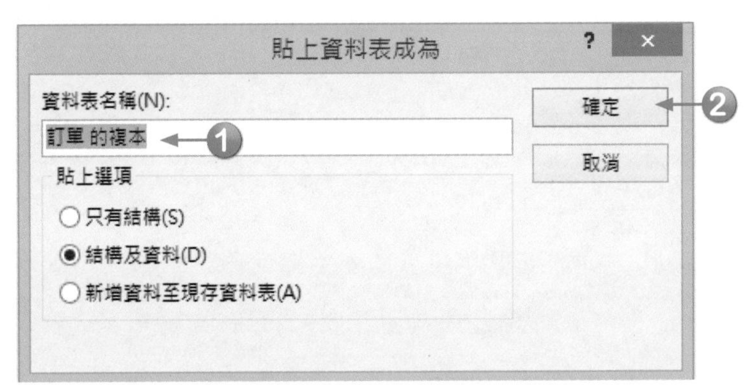

2-4-3 資料表刪除

資料表要從資料庫檔案中刪除，必須先關閉該資料表。方法如下：

»STEP1 在功能窗格中的「工作」資料表上按右鍵，按一下「刪除」(或選取「常用」功能區的「記錄」群組，按一下 ✕刪除 ▾)。

»STEP2 按一下「是 (Y)」，可將選取的資料表刪除。

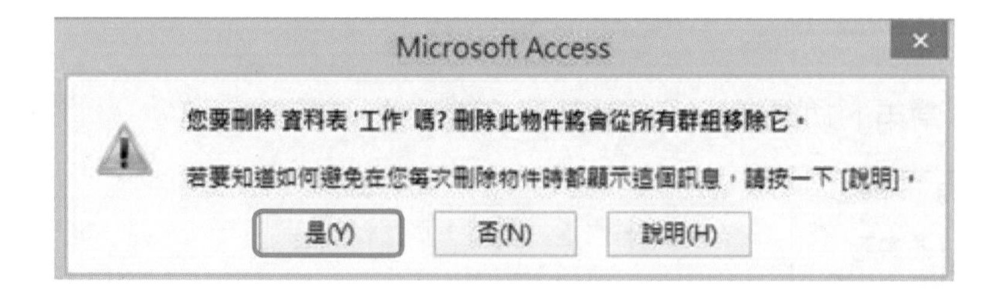

2-5 主索引鍵

主索引鍵欄位可識別資料列的唯一性。如在學生資料表中有姓名、電話、地址等欄位，但可能有多名學生同名同姓，若加入「學號」欄位，並設爲主索引鍵，才能識別資料列的唯一性，使每位學生學號不會有重複的現象發生。

主索引鍵特性如下：

- 主索引鍵可識別資料列的唯一性。
- 主索引鍵欄位資料不可重複或空白（Null），一個資料表至多可設一個主索引鍵，主索引鍵可爲一個欄位或多個欄位組合。多個欄位組合的索引鍵也稱爲複合索引鍵。
- 主索引鍵欄位資料極少變更。
- 爲資料表預設排序欄位。
- 可加快依主索引鍵查詢的速度。

設定主索引鍵

STEP1 在功能窗格中「客戶」資料表上按右鍵，按一下「設計檢視」。

STEP2 將「欄位1」欄位名稱改為「客戶代號」。

欄位名稱	資料類型
識別碼	自動編號
客戶代號	簡短文字
欄位2	簡短文字

STEP3 將「客戶代號」設成主索引鍵：在「設計」功能區的「工具」群組，按一下「主索引鍵」（或在「客戶代號」欄位上按右鍵，按一下「主索引鍵」。此步驟若再執行一次，可取消主索引鍵的設定）。

欄位名稱	資料類型
識別碼	自動編號
客戶代號	簡短文字
欄位2	簡短文字

STEP4 按一下快速存取工具列上的「儲存檔案」，儲存資料表。

2-6 欄位屬性

欄位屬性中可設定欄位的各項屬性，這些屬性可用來設定資料的顯示方式、輸入格式、設定預設值或索引鍵的設定等等，不同的欄位資料類型可能會有不同的屬性設定，往後設計查詢、表單和報表，也會繼承欄位的屬性設定。

本章僅就「欄位大小」、「格式」和「小數位數」加以說明，其他欄位屬性將於第7章說明。

欄位屬性

一般 查閱

欄位大小	長整數
格式	
小數位數	自動

▲ 欄位屬性

2-6-1 欄位大小

欄位大小設定欄位最多可儲存的資料長度或大小。設定不適當的欄位大小，可能造成資料無法完全儲存或浪費儲存空間。

➡ 表2-4　欄位的「欄位大小」屬性

<table>
<tr><th>資料類型</th><th colspan="3">欄位大小屬性</th></tr>
<tr><td>簡短文字</td><td colspan="3">可儲存1~255個字元。若文字字數超過255個字元，應使用「長文字」資料類型。</td></tr>
<tr><td rowspan="8">數字</td><th>可選項目</th><th>可儲存數字大小</th><th>使用儲存空間</th></tr>
<tr><td>位元組</td><td>0~255（不可存分數）</td><td>1 Bytes</td></tr>
<tr><td>整數</td><td>-32,768 ~ +32,767</td><td>2 Bytes</td></tr>
<tr><td>長整數</td><td>-2,147,483,648 ~ +2,147,483,647</td><td>4 Bytes</td></tr>
<tr><td>單精準數</td><td>-3.4×10^{38} ~ $+3.4 \times 10^{38}$</td><td>4 Bytes</td></tr>
<tr><td>雙精準數</td><td>-1.797×10^{308} ~ $+1.797 \times 10^{308}$</td><td>8 Bytes</td></tr>
<tr><td>複製識別碼</td><td>用於儲存複寫所需的全域唯一識別碼(GUID)。使用 .accdb 檔案格式時不支援複製。</td><td>16 Bytes</td></tr>
<tr><td>小數點</td><td>$-9.999... \times 10^{27}$ ~ $+9.999... \times 10^{27}$</td><td>12 Bytes</td></tr>
</table>

2-6-2 欄位「格式」

欄位內資料顯示於資料工作表，是依據欄位「格式」的設定。

➡ **表2-5　欄位的「格式」屬性**

資料類型	格式屬性
數字/貨幣	可選擇通用數字、貨幣、歐元、整數、標準、百分比和科學記法。(通用數字：與儲存時完全相同。標準：含小數點的數字資料)
日期/時間	通用日期：2015/6/19 下午 05:34:23 完整日期：2015年6月19日 中日期：19-Jun-12 簡短日期：2015/6/19 完整時間：下午 05:34:23 中時間：下午 05:34 簡短時間：17:34
是/否	核取方塊 True/False顯示True或False。 Yes/No顯示成Yes或No。 On/Off顯示On或Off。

2-6-3 小數位數

爲所要顯示的小數設定固定位數，但僅適用於「數字」和「貨幣」資料類型。

注意。。。。

若資料表已輸入資料，修改欄位的資料類型或欄位大小，可能導致有些資料遺失，故應格外小心，可視需要先行備份資料表。

❖選擇題

(　)1. 每個資料表至多可建立幾個主索引鍵 (A)1 (B)2 (C)3 (D)4。

(　)2. 一個資料庫檔案內，以下何者為非 (A)資料表名稱不可相同 (B)資料表名稱最多64個字元 (C)資料表名稱可和查詢名稱相同 (D)同一資料表內欄位名稱可相同。

(　)3.「簡短文字」資料類型最多可儲存 (A)255 (B)512 (C)1000 (D)64000。

(　)4.「是/否」資料類型儲存空間為 (A)1 Byte (B)1 Bit (C)1 KB (D)1 MB。

(　)5. 資料表物件可 (A)複製 (B)開啓 (C)刪除 (D)以上皆非。

❖實作題

1. 請建立新的資料庫檔案，檔名「ex02.accdb」，並在此資料庫檔案內建立資料表「員工」，內容如下：(「識別碼」欄位為主索引鍵)

欄位名稱	資料類型	欄位大小
識別碼	自動編號	
姓名	簡短文字	4
電話	簡短文字	14
月薪	數字	長整數
婚姻	是/否	
生日	日期/時間	

2. 請將上題資料表做以下變更：
   - 在「姓名」欄位上方，插入「員工代號」欄位，資料類型：「簡短文字」，「欄位大小」：5。
   - 將「員工代號」欄位設定成主索引鍵。
   - 刪除「識別碼」欄位。

03

資料工作表的使用

上一章建立了資料表，接下來我們要將資料輸入到資料表中，就可使用本章介紹的資料工作表來輸入資料。資料工作表除了用來輸入資料外，還可以格式化資料工作表、尋找或取代資料、排序和篩選資料。

學習目標

- 3-1 開啟資料工作表並輸入資料
- 3-2 資料編輯
- 3-3 尋找與取代
- 3-4 排序與篩選
- 3-5 運算式介紹
- 3-6 子資料工作表
- 3-7 查閱欄
- 3-8 資料工作表的「欄位」功能區

上一章我們已建立了資料表，接下來我們要將資料輸入到資料表中，就可使用本章介紹的資料工作表來輸入資料。資料工作表除了用來輸入資料外，還可以格式化資料工作表、尋找或取代資料、排序和篩選資料。

3-1 開啟資料工作表並輸入資料

輸入資料雖然是最基本的工作，但也是相當重要的工作。企業e化的過程中，可以藉由資料庫管理系統來管理企業的資料。如果輸入的資料，屢屢發生錯誤，會導致輸出資訊不正確，最後使用者和管理者終究會對輸出資訊喪失信心，「Garbage In，Garbage Out」，輸入進去的資料是垃圾，輸出的結果當然也是垃圾。程式設計得再好，資訊系統功能再完美，也都將功虧一簣。因此，嚴防輸入資料的錯誤，是資料管理課題上非常重要的認知。

「資料工作表」除了可輕易將資料輸入到資料表中，也提供簡易的格式設定，下圖即為資料工作表格式設定的外觀範例，若需要更美觀的介面，就需要建立第8章起介紹的「表單」物件。

訂單編號	訂單日期	客戶寶號	電話	產品名稱	單價	數量	金額
1	2015/1/10	語田貿易	02-9634653	32吋電視機	NT$12,000	20	NT$240,000
2	2015/1/20	鼎躍商業	07-7241277	10公斤洗衣機	NT$18,000	25	NT$450,000
3	2015/2/10	綠構商行	03-8620401	五門電冰箱	NT$25,000	13	NT$325,000
4	2015/2/20	台園國際	04-4630254	42吋電視機	NT$25,000	6	NT$150,000
5	2015/3/10	語田貿易	02-9634653	三門電冰箱	NT$20,000	8	NT$160,000

▲ 格式化資料工作表

企業中的交易資料，幾年下來可能累積了龐大的資料量，儲存於資料表中。使用者可使用「尋找」工具，快速找到需要的資料；若要把資料表中某些資料全部替換成其他資料，「取代」工具是很方便使用的功能。

資料表中的資料，常常需要依照某個欄位由小排到大（遞增）或由大排到小（遞減），以方便我們檢視資料。如下圖中資料依客戶寶號排序，即可較容易看出在訂單中每位客戶所購買的產品資料。

訂單編號	訂單日期	客戶寶號	電話	產品名稱	單價	數量	金額
12	2015/6/20	台園國際	04-4630254	五門電冰箱	NT$25,000	16	NT$400,000
4	2015/2/20	台園國際	04-4630254	42吋電視機	NT$25,000	6	NT$150,000
7	2015/4/10	台園國際	04-4630254	10公斤洗衣機	NT$18,000	7	NT$126,000
11	2015/6/10	台園國際	04-4630254	32吋電視機	NT$12,000	26	NT$312,000
15	2015/8/10	台園國際	04-4630254	三門電冰箱	NT$20,000	14	NT$280,000
20	2015/12/20	台園國際	04-4630254	7公斤洗衣機	NT$9,000	5	NT$45,000
18	2015/10/20	鼎蹟商業	07-7241277	32吋電視機	NT$12,000	6	NT$72,000
13	2015/7/10	鼎蹟商業	07-7241277	10公斤洗衣機	NT$18,000	18	NT$324,000
2	2015/1/20	鼎蹟商業	07-7241277	10公斤洗衣機	NT$18,000	25	NT$450,000
10	2015/5/20	鼎蹟商業	07-7241277	42吋電視機	NT$25,000	8	NT$200,000
6	2015/3/20	鼎蹟商業	07-7241277	7公斤洗衣機	NT$9,000	30	NT$270,000
8	2015/4/20	綠構商行	03-8620401	32吋電視機	NT$12,000	12	NT$144,000
16	2015/8/20	綠構商行	03-8620401	五門電冰箱	NT$25,000	10	NT$250,000
14	2015/7/20	綠構商行	03-8620401	7公斤洗衣機	NT$9,000	35	NT$315,000
3	2015/2/10	綠構商行	03-8620401	五門電冰箱	NT$25,000	13	NT$325,000
21	2016/1/10	綠構商行	03-8620401	五門電冰箱	NT$25,000	20	NT$500,000

▲ 資料工作表依客戶排序

另外，日常作業中可能需要臨時性的資料篩選需求，Access 2013提供了容易使用的各種「篩選」工具，可快速提供臨時性的資料查詢需求。

接下來，請開啟資料庫檔案「Ch03.accdb」。

在「訂單3-1」資料表的「資料工作表檢視」窗格輸入資料，方法如下：

STEP1 在功能窗格中「訂單3-1」資料表上連按兩下（或按右鍵，再按一下「開啟」）。

STEP2 按「Enter」或「Tab」鍵移至「訂單日期」欄位。

STEP3 按一下「日期選擇器」，挑選日期後，按「Enter」或「Tab」鍵將插入點移至下一欄位。

識別碼	訂單日期	客戶名稱	產品名稱	單價	數量	金額	付款狀態
1							☐
(新增)							☐

「識別碼」欄位類型是「自動編號」，故其值是Access自動產生，此欄無法輸入。

「金額」欄位類型是「計算」，其值是運算式[單價]*[數量]的結果，此欄無法輸入。

STEP4 依序輸入資料後，按「Enter」或「Tab」鍵，完成一筆訂單記錄。

	識別碼	訂單日期	客戶名稱	產品名稱	單價	數量	金額	付款狀態
✎	1	2015/1/10	語田	電冰箱	NT$20,000	3	NT$60,000	☑
*	(新增)							☐

表示此筆記錄輸入或更改後尚未儲存

STEP5 在最後欄位按「Enter」或「Tab」鍵，此筆記錄即完成儲存。

STEP6 繼續輸入其他記錄後，如下圖所示。

	識別碼	訂單日期	客戶名稱	產品名稱	單價	數量	金額	付款狀態
	1	2015/1/10	語田	電冰箱	NT$20,000	3	NT$60,000	☑
	2	2015/1/20	綠新	電視機	NT$16,000	2	NT$32,000	☐
	3	2015/1/22	台園	洗衣機	NT$12,000	5	NT$60,000	☑
	4	2015/2/8	鼎蹟	咖啡機	NT$2,300	10	NT$23,000	☐
	5	2015/2/15	語田	電視機	NT$16,000	7	NT$112,000	☐
*	(新增)							☐

STEP7 在「常用」功能區的「檢視」群組，按一下「檢視」，可切換至「設計檢視」，可檢視資料表結構。再按一下「檢視」，可切換至「資料工作表檢視」。

➡ 表3-1　資料工作表操作常用按鍵

按鍵	動作
Tab或「Enter」鍵	移至下一個欄位
Shift + Tab	移至上一個欄位
向下鍵	移至下一筆記錄
向上鍵	移至上一筆記錄
Home	移至目前記錄第一欄位
End	移至目前記錄最末欄位
Ctrl + Home	移至第一筆記錄第一欄位
Ctrl + End	移至最末筆記錄最末欄位
ESC	取消目前編輯內容。
F2	選取目前欄位資料

3-2 資料編輯

當我們輸入資料後，可能需要修改資料、加入新的資料，或刪除不必要或過時的資料，以保持資料更新。

請開啓資料庫檔案「Ch03.accdb」的「訂單3-2」資料表。

3-2-1 修改記錄

修改記錄的方法：可選取所要修改的資料，再輸入要替換的資料（參考表3-1：資料工作表操作常用按鍵）。

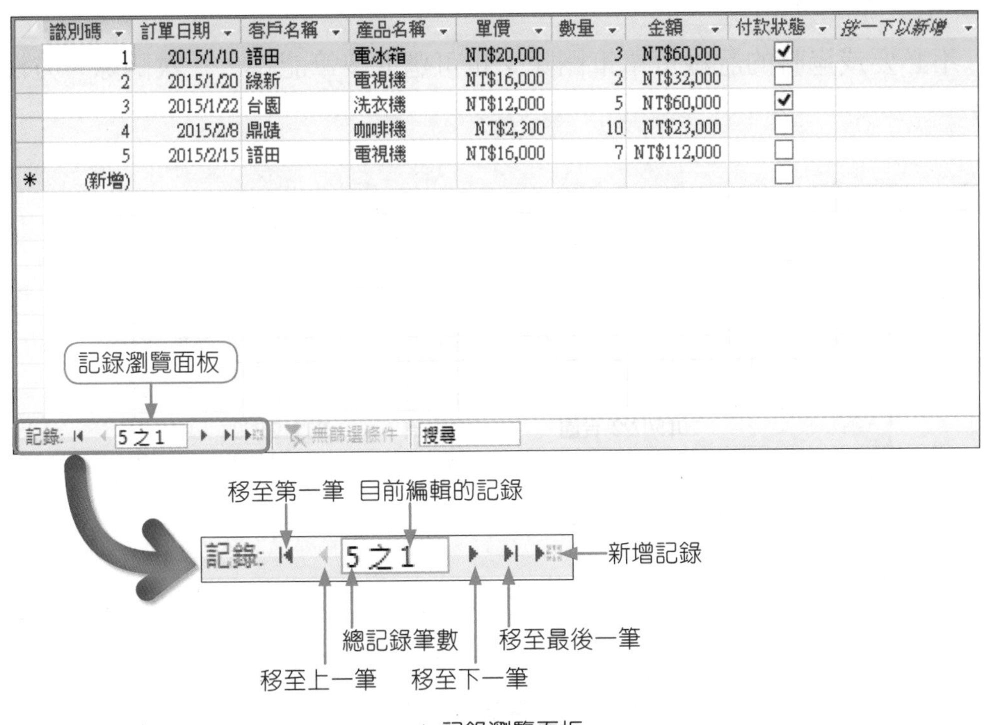

▲ 記錄瀏覽面板

3-2-2 新增記錄

資料表中的資料，可能會陸續的增加，所增加的新記錄，皆由「資料工作表」的最下方輸入，而不是插入到現有記錄之間。

「資料工作表」中新增記錄的方法如下：

- 方法1：在「記錄瀏覽面板」上，按一下「新增記錄」。

● 方法2：在「常用」功能區的「記錄」群組，按一下「新增」。

● 方法3：在最下面一列直接新增記錄。

識別碼	訂單日期	客戶名稱	產品名稱	單價	數量	金額	付款狀態
1	2015/1/10	語田	電冰箱	NT$20,000	3	NT$60,000	☑
2	2015/1/20	綠新	電視機	NT$16,000	2	NT$32,000	☐
3	2015/1/22	台園	洗衣機	NT$12,000	5	NT$60,000	☑
4	2015/2/8	鼎蹟	咖啡機	NT$2,300	10	NT$23,000	☐
5	2015/2/15	語田	電視機	NT$16,000	7	NT$112,000	☐
(新增)							☐

新增記錄

3-2-3 刪除記錄

不必要或過時的記錄可單筆刪除；也可選取多筆記錄，一次刪除。方法如下：

刪除一筆記錄

» STEP1 在欲刪除的記錄選取區按一下。

識別碼	訂單日期	客戶名稱	產品名稱	單價	數量
1	2015/1/10	語田	電冰箱	NT$20,000	3
2	2015/1/20	綠新	電視機	NT$16,000	2
3	2015/1/22	台園	洗衣機	NT$12,000	5
4	2015/2/8	鼎蹟	咖啡機	NT$2,300	10
5	2015/2/15	語田	電視機	NT$16,000	7
(新增)					

記錄選取區

» STEP2 按「Delete」鍵（或在「常用」功能區的「記錄」群組，按一下「刪除」✕刪除），即出現詢問是否要刪除的對話方塊，按一下「是」即可刪除記錄。

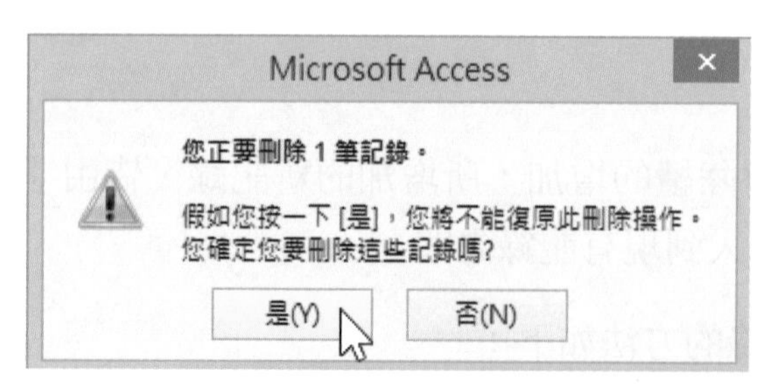

刪除多筆記錄

» STEP1 在記錄選取區拖放滑鼠，可選取欲刪除的多筆記錄。

» STEP2 按「Delete」鍵（或在「常用」功能區的「記錄」群組，按一下「刪除」 ✕刪除 ），即出現詢問是否要刪除的對話方塊，按一下「是」即可刪除記錄。

注意

記錄刪除後將無法復原。因此，執行刪除記錄時，應格外謹慎。可視需要先備份資料表。

3-2-4 複製記錄

若要新增的記錄和現有的記錄資料雷同，可以先複製現有的記錄，再行修改。注意主索引鍵資料不能重複。

複製記錄，方法如下：

» STEP1 在欲複製的記錄選取區按一下。

	識別碼	訂單日期	客戶名稱	產品名稱	單價	數量	金額	付款狀態
	1	2015/1/10	語田	電冰箱	NT$20,000	3	NT$60,000	☑
	2	2015/1/20	綠新	電視機	NT$16,000	2	NT$32,000	☐
	3	2015/1/22	台園	洗衣機	NT$12,000	5	NT$60,000	☑
➡	5	2015/2/15	語田	電視機	NT$16,000	7	NT$112,000	☐
*	(新增)							☐

» STEP2 在「常用」功能區的「剪貼簿」群組，按一下 複製 （或按快速鍵「Ctrl」+「C」）。

» STEP3 在「常用」功能區的「剪貼簿」群組，按一下「貼上」，再按一下「貼上新增」。

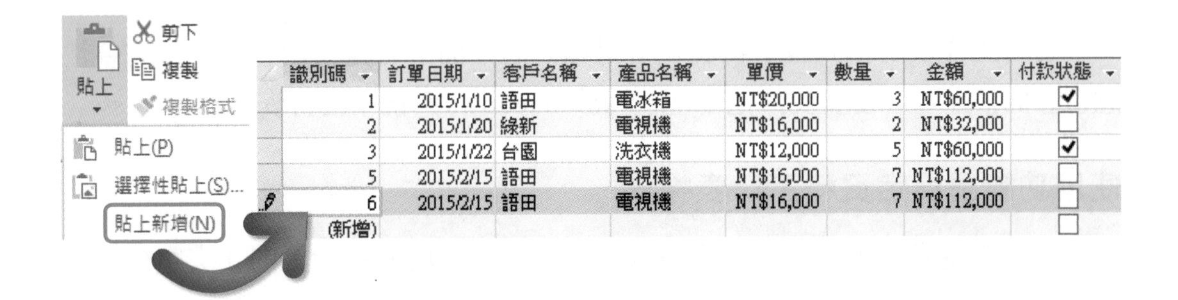

識別碼	訂單日期	客戶名稱	產品名稱	單價	數量	金額	付款狀態
1	2015/1/10	語田	電冰箱	NT$20,000	3	NT$60,000	☑
2	2015/1/20	綠新	電視機	NT$16,000	2	NT$32,000	☐
3	2015/1/22	台園	洗衣機	NT$12,000	5	NT$60,000	☑
5	2015/2/15	語田	電視機	NT$16,000	7	NT$112,000	☐
6	2015/2/15	語田	電視機	NT$16,000	7	NT$112,000	☐
(新增)							☐

3-2-5 選取資料

當進行某些動作前，需先選取對象，如選取記錄或欄位。

選取記錄

	識別碼	訂單日期	客戶名稱	產品名稱	單價	數量	金額	付款狀態
	1	2015/1/10	語田	電冰箱	NT$20,000	3	NT$60,000	☑
➡	2	2015/1/20	綠新	電視機	NT$16,000	2	NT$32,000	☐
	3	2015/1/22	台園	洗衣機	NT$12,000	5	NT$60,000	☑

按一下

選取欄位

按一下

識別碼	訂單日期	客戶名稱	產品名稱	單價	數量	金額	付款狀態
1	2015/1/10	語田	電冰箱	NT$20,000	3	NT$60,000	☑
2	2015/1/20	綠新	電視機	NT$16,000	2	NT$32,000	☐
3	2015/1/22	台園	洗衣機	NT$12,000	5	NT$60,000	☑

注意。。。。

在資料工作表亦可選取所要刪除的欄位，再按「Delete」鍵刪除，被刪除的欄位資料將無法復原，使用前應格外小心。

選取全部記錄

按一下

識別碼	訂單日期	客戶名稱	產品名稱	單價	數量	金額	付款狀態
1	2015/1/10	語田	電冰箱	NT$20,000	3	NT$60,000	☑
2	2015/1/20	綠新	電視機	NT$16,000	2	NT$32,000	☐
3	2015/1/22	台園	洗衣機	NT$12,000	5	NT$60,000	☑

3-2-6 資料工作表的格式設定

資料工作表的格式設定可美化資料輸入的介面，若是使用色彩，也需要注意色彩的搭配；若要安裝其他字型，可於Windows系統中自行安裝新字型。

使用功能區設定資料工作表格式

若要設定資料工作表的字型格式，可使用「常用」功能區的「文字格式設定」群組。

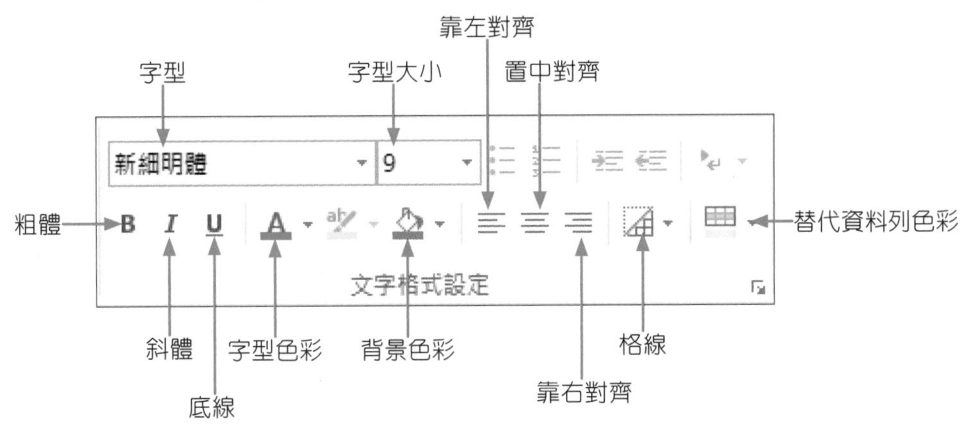

▲「常用」功能區的「文字格式設定」群組

若要設定資料工作表為12點字型大小、深藍色字、無格線、背景色彩水藍2、替代背景色彩褐色2，方法如下：

STEP1 選取字型大小：12。

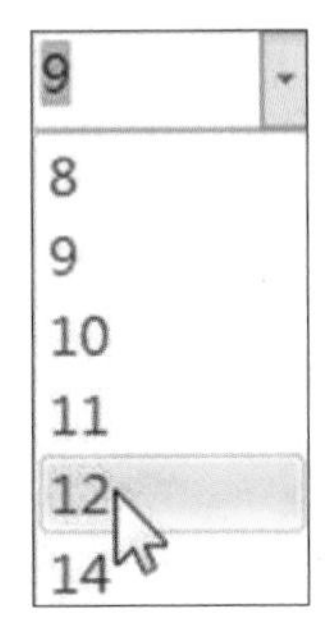

STEP2 選取字型色彩：深藍色。

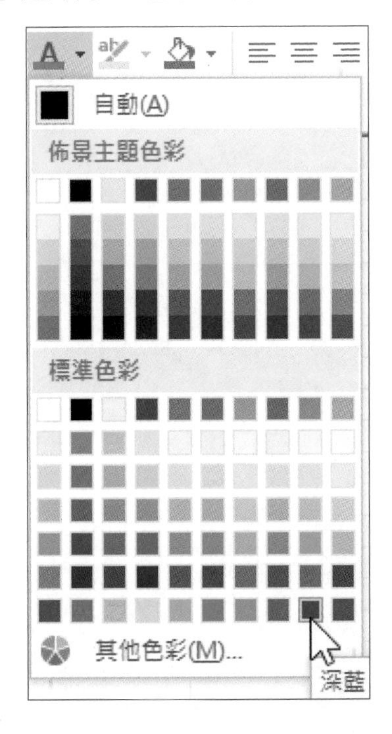

»STEP3 選取格線：無。

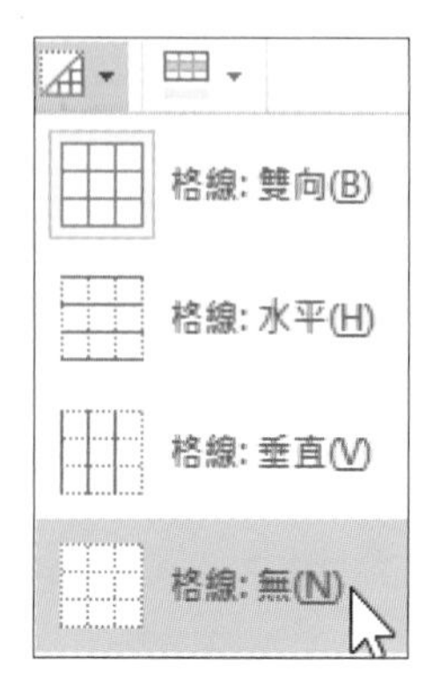

»STEP4 選取背景色彩：水藍2。

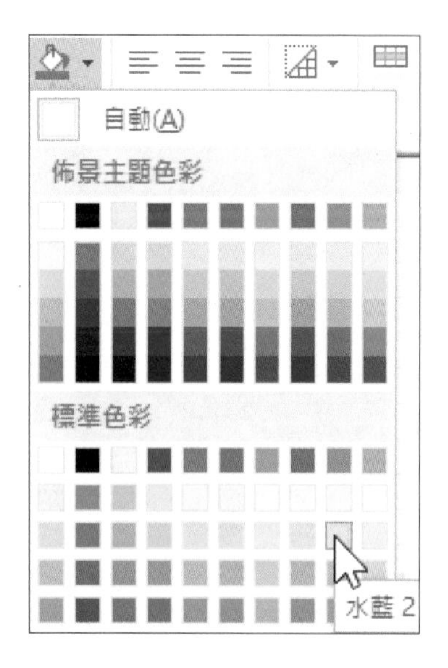

»STEP5 選取替代背景色彩：褐色2。

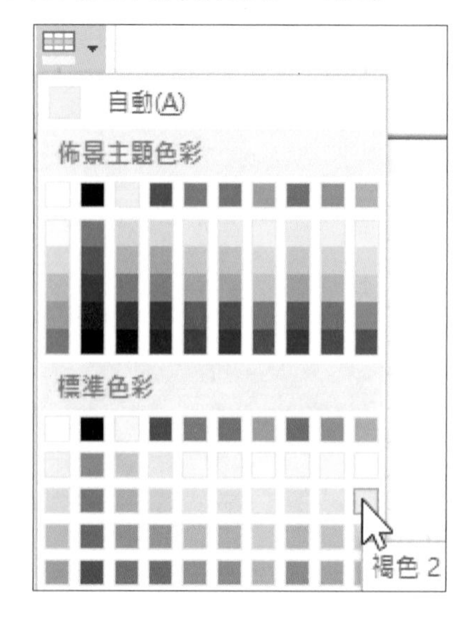

STEP6 選取「檔案」中的「儲存檔案」或按一下快速存取工具列上的「儲存檔案」，以儲存「資料工作表」。

使用「資料工作表格式設定」對話方塊

設定資料工作表格式的另一個方式，是使用「資料工作表格式設定」對話方塊，方法如下：

STEP1 在「常用」功能區的「文字格式設定」群組，按一下「資料工作表格式設定」對話方塊。

STEP2 可選取「儲存格效果」、「格線顯示」、「背景顏色」、「變更背景顏色」、「格線顏色」、「框線和線條樣式」、「方向」後，按「確定」。

3-2-7 調整欄寬

每個欄位寬度不夠或太寬，皆可視需要調整欄位寬度，如果欄位資料顯示一串「###」符號，請加大欄位寬度。

要調整「單價」欄寬為10個字元，方法如下：

- 方法1：將滑鼠移至「單價」欄位名稱右邊垂直線上拖放滑鼠（連按兩下，可調整成最適欄寬）。

識別碼	訂單日期	客戶名稱	產品名稱	單價	數量	金額	付款狀態
1	2015/1/10	語田	電冰箱	NT$20,000	3	NT$60,000	☑
2	2015/1/20	綠新	電視機	NT$16,000	2	NT$32,000	☐

- 方法2：步驟如下：

» STEP1 按一下「單價」欄位（或選取整欄）：

識別碼	訂單日期	客戶名稱	產品名稱	單價	數量	金額	付款狀態
1	2015/1/10	語田	電冰箱	NT$20,000	3	NT$60,000	☑
2	2015/1/20	綠新	電視機	NT$16,000	2	NT$32,000	☐

» STEP2 在「常用」功能區的「記錄」群組，按一下「其他」，再按一下「欄位寬度(F)」（或在欄位名稱上按右鍵開啟快顯功能表，按一下「欄位寬度(F)」）。

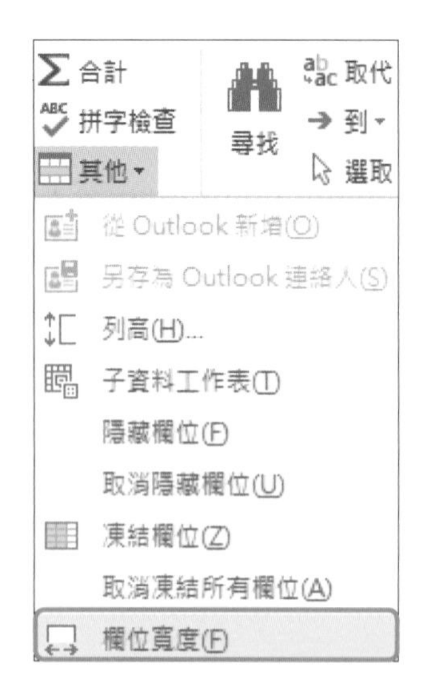

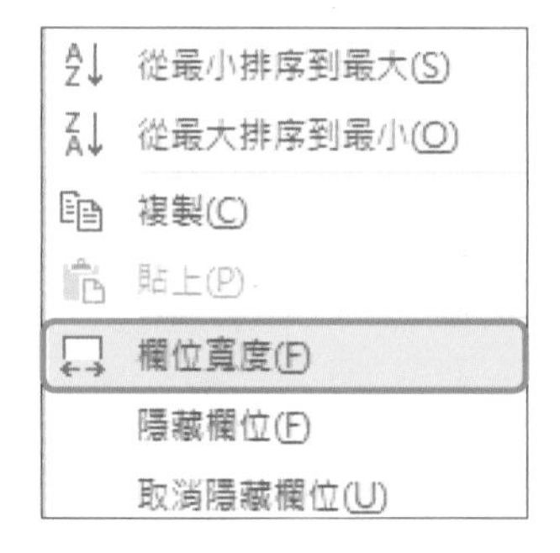

»STEP3 輸入欄寬：10，按「確定」。

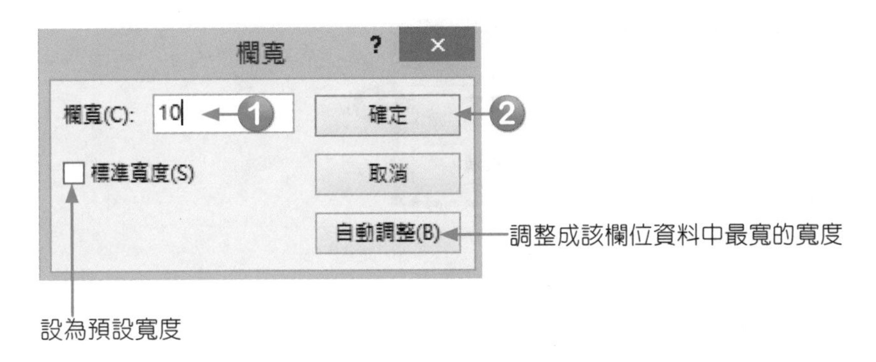

3-2-8 調整列高

調整記錄的高度時，所有的記錄的高度皆一致，方法如下：

● 方法1：將滑鼠移至記錄選取區之底線上拖放滑鼠。

識別碼	訂單日期	客戶名稱	產品名稱	單價	數量	金額	付款狀態
1	2015/1/10	語田	電冰箱	NT$20,000	3	NT$60,000	☑
2	2015/1/20	綠新	電視機	NT$16,000	2	NT$32,000	☐
3	2015/1/22	台園	洗衣機	NT$12,000	5	NT$60,000	☑

● 方法2：步驟如下：

»STEP1 在「常用」功能區的「記錄」群組，按一下「其他」，再按一下「列高（H）…」(或在記錄選取區上按右鍵開啟快顯功能表，按一下「列高」)。

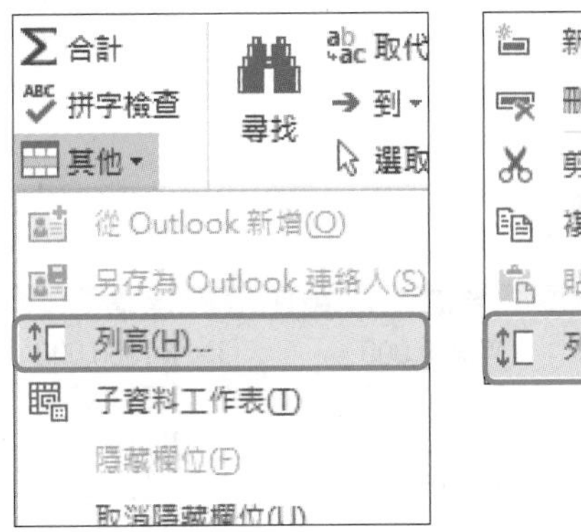

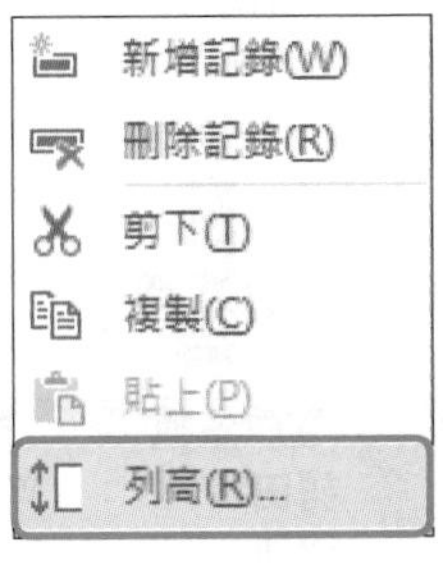

STEP2 輸入列高：15，按「確定」。

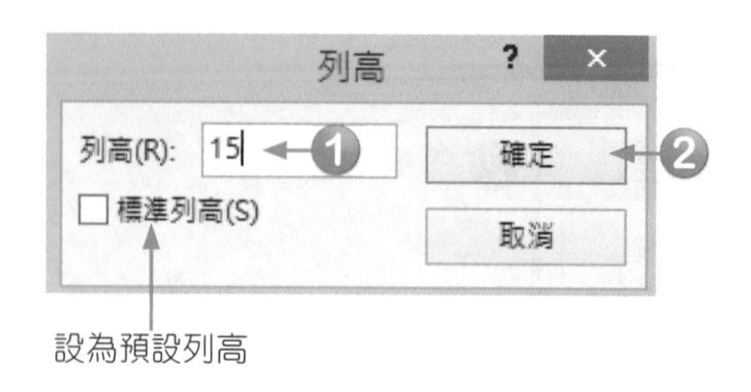

3-2-9 搬移欄位

移動欄位位置，除可以在「設計檢視」變更外，也可以在「資料工作表檢視」變更。若要將「產品名稱」欄位搬移至「客戶名稱」的左邊，方法如下：

STEP1 選取「產品名稱」欄位：滑鼠移至「產品名稱」欄位名稱上按一下。

	識別碼	訂單日期	客戶名稱	產品名稱	單價	數量	金額	付款狀態
	1	2015/1/10	語田	電冰箱	NT$20,000	3	NT$60,000	☑
	2	2015/1/20	綠新	電視機	NT$16,000	2	NT$32,000	☐
	3	2015/1/22	台園	洗衣機	NT$12,000	5	NT$60,000	☑
	5	2015/2/15	語田	電視機	NT$16,000	7	NT$112,000	☐
	6	2015/2/15	語田	電視機	NT$16,000	7	NT$112,000	☐
*	(新增)							☐

STEP2 拖曳至「客戶名稱」欄位左邊放開滑鼠。

	識別碼	訂單日期	客戶名稱	產品名稱	單價	數量	金額	付款狀態
	1	2015/1/10	語田	電冰箱	NT$20,000	3	NT$60,000	☑
	2	2015/1/20	綠新	電視機	NT$16,000	2	NT$32,000	☐
	3	2015/1/22	台園	洗衣機	NT$12,000	5	NT$60,000	☑
	5	2015/2/15	語田	電視機	NT$16,000	7	NT$112,000	☐
	6	2015/2/15	語田	電視機	NT$16,000	7	NT$112,000	☐
*	(新增)							☐

	識別碼	訂單日期	產品名稱	客戶名稱	單價	數量	金額	付款狀態
	1	2015/1/10	電冰箱	語田	NT$20,000	3	NT$60,000	☑
	2	2015/1/20	電視機	綠新	NT$16,000	2	NT$32,000	☐
	3	2015/1/22	洗衣機	台園	NT$12,000	5	NT$60,000	☑
	5	2015/2/15	電視機	語田	NT$16,000	7	NT$112,000	☐
	6	2015/2/15	電視機	語田	NT$16,000	7	NT$112,000	☐
*	(新增)							☐

3-2-10 凍結欄位

若所有欄位的總寬度大於視窗寬度時，可依照需要，將特定欄位固定於視窗上，方便檢視欄位資料。

要將「訂單日期」與「產品名稱」欄位凍結在視窗上，方法如下：

STEP1 選取「訂單日期」與「產品名稱」兩個欄位。

識別碼	訂單日期	產品名稱	客戶名稱	單價	數量	金額	付款狀態
1	2015/1/10	電冰箱	語田	NT$20,000	3	NT$60,000	☑
2	2015/1/20	電視機	綠新	NT$16,000	2	NT$32,000	☐
3	2015/1/22	洗衣機	台園	NT$12,000	5	NT$60,000	☑
5	2015/2/15	電視機	語田	NT$16,000	7	NT$112,000	☐
6	2015/2/15	電視機	語田	NT$16,000	7	NT$112,000	☐
(新增)							☐

STEP2 在「常用」功能區的「記錄」群組，按一下「其他」，再按一下「凍結欄位(Z)」。

訂單日期	產品名稱	識別碼	客戶名稱	單價	數量	金額	付款狀態
2015/1/10	電冰箱	1	語田	NT$20,000	3	NT$60,000	☑
2015/1/20	電視機	2	綠新	NT$16,000	2	NT$32,000	☐
2015/1/22	洗衣機	3	台園	NT$12,000	5	NT$60,000	☑
2015/2/15	電視機	5	語田	NT$16,000	7	NT$112,000	☐
2015/2/15	電視機	6	語田	NT$16,000	7	NT$112,000	☐
		(新增)					☐

將視窗縮小，拖放水平捲軸方塊，即如下圖所示，「訂單日期」與「產品名稱」欄位凍結在視窗上。

訂單日期	產品名稱	數量	金額	付款狀態	按一下以新增
2015/1/10	電冰箱	3	NT$60,000	☑	
2015/1/20	電視機	2	NT$32,000	☐	
2015/1/22	洗衣機	5	NT$60,000	☑	
2015/2/15	電視機	7	NT$112,000	☐	
2015/2/15	電視機	7	NT$112,000	☐	
				☐	

記錄: 5 之 1　無篩選條件　搜尋

- 取消凍結：在「常用」功能區的「記錄」群組，按一下「其他」，再按一下「取消凍結所有欄位(A)」即可取消凍結。

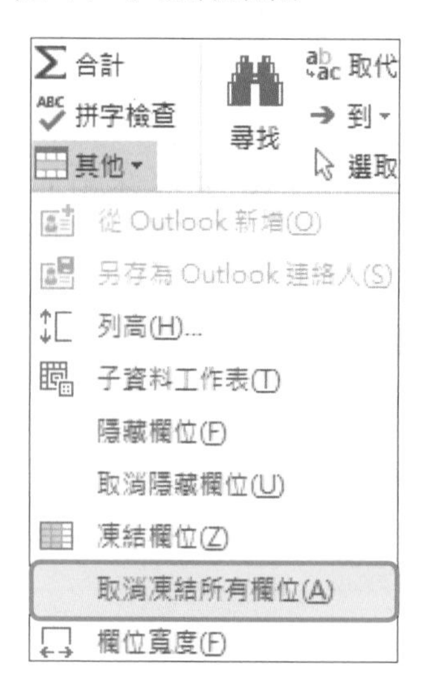

說明。。。。

- 凍結欄位：可在欄位名稱上按右鍵，選取「凍結欄位(Z)」。
- 取消凍結：可在欄位名稱上按右鍵，選取「取消凍結所有欄位(A)」。

3-2-11 隱藏欄位

欄位資料若要隱藏，不要顯示或列印出，可將這些欄位暫時隱藏起來，當然被隱藏的欄位資料，可再顯示出來。

隱藏欄位

如要隱藏「單價」欄位，方法如下：

» STEP1 選取「單價」欄位。

» STEP2 在「常用」功能區的「記錄」群組，按一下「其他」，再按一下「隱藏欄（F）」。

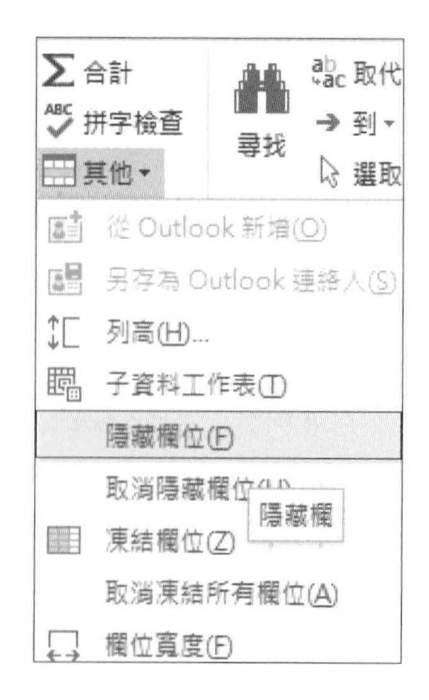

取消隱藏欄位

如要取消隱藏「單價」欄位，方法如下：

»STEP1 在「常用」功能區的「記錄」群組，按一下「其他」，再按一下「取消隱藏欄（U）」。

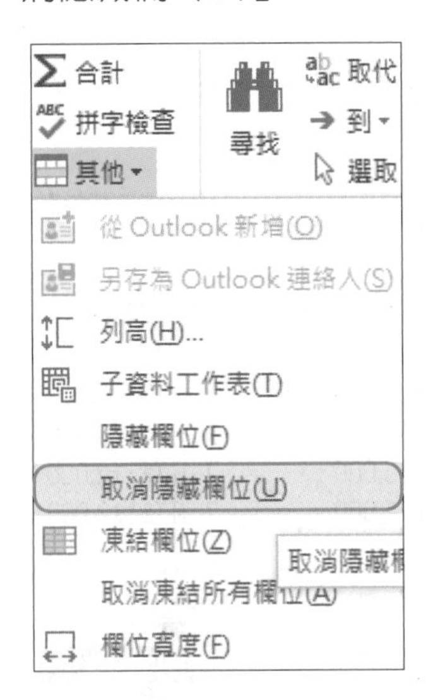

»STEP2 選取「單價」欄，按「關閉」。

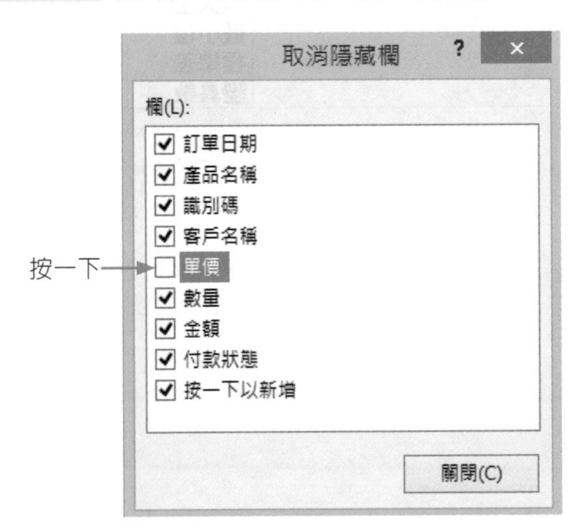

說明

- 隱藏欄位：在欄位名稱上按右鍵，選取「隱藏欄位(F)」。
- 取消隱藏：在欄位名稱上按右鍵，選取「取消隱藏欄位(U)」。

3-2-12 資料工作表合計列

資料工作表最下面一列可增加合計列，合計項目視資料類型而不同，全部可合計的項目包含總計、平均、計數、最大值、最小值、標準差、變異數。

要加總「金額」欄位，方法如下：

»STEP1 在「常用」功能區的「記錄」群組，按一下「合計」Σ，資料工作表最下方會顯示合計列。

»STEP2 在「金額」欄位合計列的下拉式選單中，選取「總計」。

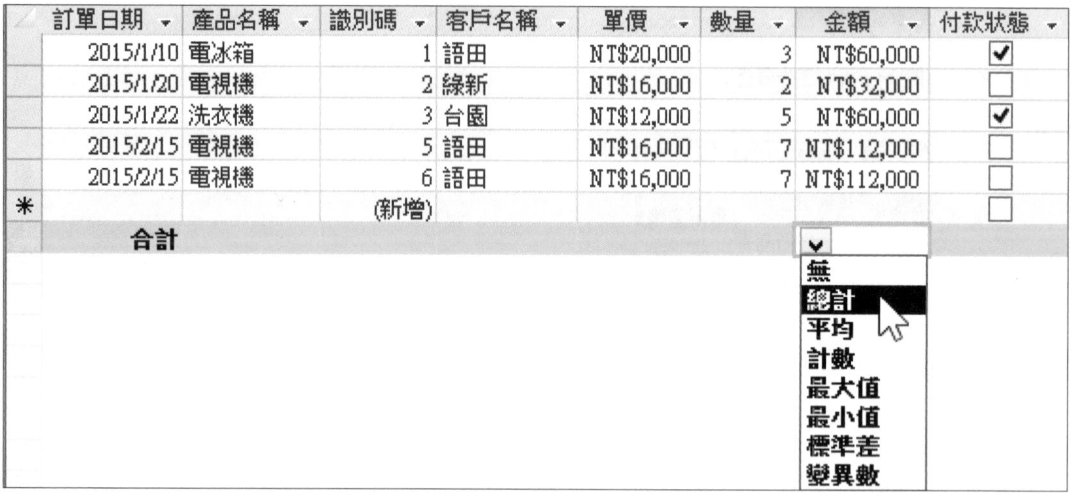

	訂單日期	產品名稱	識別碼	客戶名稱	單價	數量	金額	付款狀態
	2015/1/10	電冰箱	1	語田	NT$20,000	3	NT$60,000	☑
	2015/1/20	電視機	2	綠新	NT$16,000	2	NT$32,000	☐
	2015/1/22	洗衣機	3	台園	NT$12,000	5	NT$60,000	☑
	2015/2/15	電視機	5	語田	NT$16,000	7	NT$112,000	☐
	2015/2/15	電視機	6	語田	NT$16,000	7	NT$112,000	☐
*			(新增)					☐
	合計							

無
總計
平均
計數
最大值
最小值
標準差
變異數

● 在「常用」功能區的「記錄」群組，再按一下「合計」Σ，可隱藏合計列。

3-3 尋找與取代

3-3-1 尋找

當我們需要從大量記錄中尋找特定資料時，可使用「尋找」工具。

請開啓資料庫檔案「Ch03.accdb」的「訂單3-3」資料表，若要尋找產品名稱「三門電冰箱」的訂單，方法如下：

STEP1 插入點置於產品名稱欄位任一格。

STEP2 在「常用」功能區的「尋找」群組，按一下「尋找」。

STEP3 在文字方塊中輸入「三門電冰箱」，再按一下「尋找下一筆」。

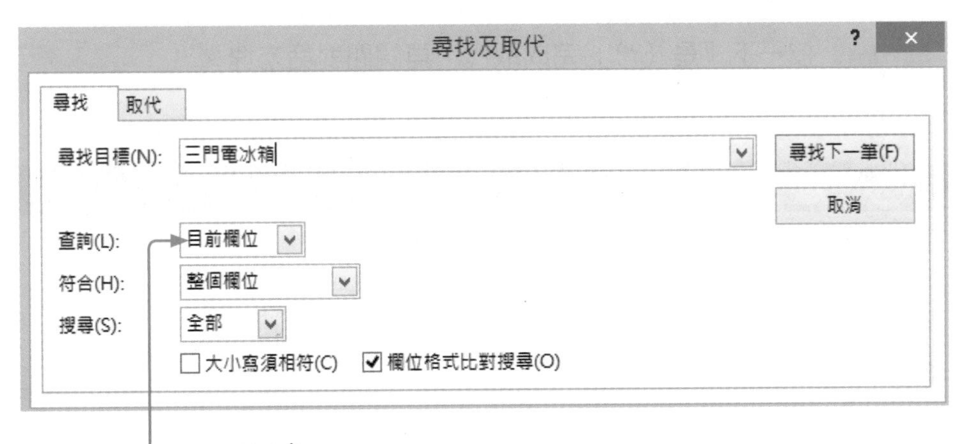

查詢：目前欄位、目前文件
符合：欄位的任何部分、整個欄位、欄位的開頭
搜尋：向上、向下、全部

STEP4 若要找下一筆，則繼續按「尋找下一筆」。要結束尋找，請按一下「取消」。

3-3-2 取代

當我們需要將特定資料，取代成其他資料，如將客戶寶號「語田」全部改成「宏語」，方法如下：

STEP1 插入點置於「客戶寶號」欄位任一格。

STEP2 在「常用」功能區的「尋找」群組，按一下「取代」。

»STEP3 在「尋找目標」中輸入「語田」，在「取代為」中輸入「宏語」，選取「欄位的任何部分」，再按「全部取代」。

尋找及取代
尋找　取代
尋找目標(N): 語田 ①
取代為(P): 宏語 ②
查詢(L): 目前欄位
符合(H): 欄位的任何部分 ③
搜尋(S): 全部
☐ 大小寫須相符(C)　☑ 欄位格式比對搜尋(O)
尋找下一筆(F)　取消　取代(R)　全部取代(A) ④

»STEP4 按一下「是（Y）」完成取代，再關閉對話方塊。

被取代後，資料將無法復原。

3-4 排序與篩選

在大量記錄中，常需要依照特定欄位排序，如在訂單資料中，有時需依照訂單日期由小至大排列，如此較容易找到某時段的訂單資料。有時需依照客戶別排列，如此較容易找到某客戶的下單情況。

也可能需要篩選出臨時需要的資訊。例如找出本月的訂單，或新客戶的訂單資料等等。

請開啓資料庫檔案「Ch03.accdb」的「訂單3-4」資料表。

3-4-1 排序

遞增排序

遞增即由小至大排序，請依「數量」由小至大排序，方法如下：

» STEP1 插入點置於「數量」欄位資料任一格。

» STEP2 在「常用」功能區的「排序與篩選」群組，按一下「遞增」。

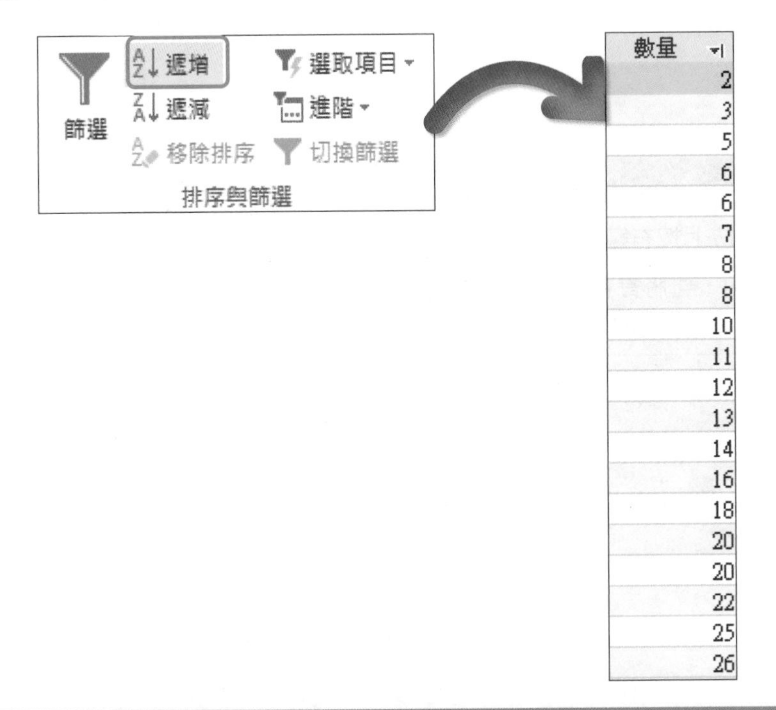

說明

可在「數量」欄位上按右鍵，再按一下「從最小排序到最大」。

遞減排序

遞減即由大至小排序，請依「數量」由大至小排序，方法如下：

»STEP1 插入點置於「數量」欄位資料任一格。

»STEP2 在「常用」功能區的「排序與篩選」群組，按一下「遞減」。

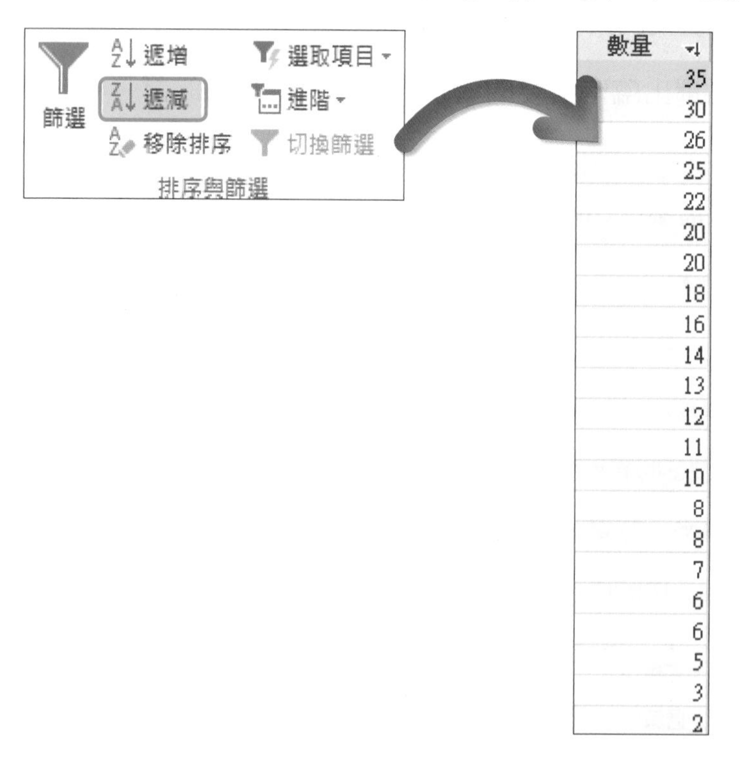

說明

- 可在「數量」欄位上按右鍵，再按一下「從最大排序到最小」。
- 選取「儲存檔案」，可將資料工作表的格式設定、排序篩選設定，皆儲存於資料表中，下次開啓資料表，將保留所儲存的設定。

清除所有排序

在「常用」功能區的「排序與篩選」群組按一下 移除排序，可清除資料表的排序設定。

3-4-2 篩選

「篩選」功能可讓我們從大量的記錄中，篩選出特定的資訊。如在訂單資料表中，想知道某個客戶的訂單資料、或某年某月的訂單資料等。資料工作表中篩選方法有三種：「依選取篩選」、「依表單篩選」和「進階篩選」。分別說明如下：

依選取篩選

若要篩選出「客戶寶號」含有「貿易」二字的資料，方法如下：

● 請在「客戶寶號」欄位中選取「貿易」二字，並在選取區按右鍵，選取「包含“貿易”」(或在「常用」功能區的「排序與篩選」群組，按一下「選取項目」)。

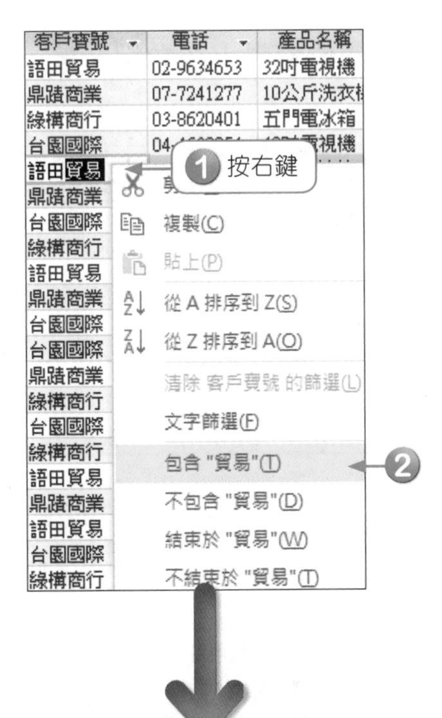

訂單編號	訂單日期	客戶寶號	電話	產品名稱	單價	數量	金額
1	2015/1/10	語田貿易	02-9634653	32吋電視機	NT$12,000	20	NT$240,000
5	2015/3/10	語田貿易	02-9634653	三門電冰箱	NT$20,000	8	NT$160,000
9	2015/5/10	語田貿易	02-9634653	三門電冰箱	NT$20,000	22	NT$440,000
17	2015/9/10	語田貿易	02-9634653	10公斤洗衣機	NT$18,000	3	NT$54,000
19	2015/11/10	語田貿易	02-9634653	42吋電視機	NT$25,000	11	NT$275,000
22	2016/1/20	語田貿易	02-9634653	7公斤洗衣機	NT$9,000	2	NT$18,000
(新增)							

若要切換篩選，方法如下：

- 方法1：在「常用」功能區的「排序與篩選」群組，按一下「切換篩選」。
- 方法2：按一下窗格下方「資料工作表檢視」狀態列的「切換篩選」區。

訂單編號	訂單日期	客戶寶號	電話	產品名稱	單價	數量	金額
1	2015/1/10	語田貿易	02-9634653	32吋電視機	NT$12,000	20	NT$240,000
5	2015/3/10	語田貿易	02-9634653	三門電冰箱	NT$20,000	8	NT$160,000
9	2015/5/10	語田貿易	02-9634653	三門電冰箱	NT$20,000	22	NT$440,000
17	2015/9/10	語田貿易	02-9634653	10公斤洗衣機	NT$18,000	3	NT$54,000
19	2015/11/10	語田貿易	02-9634653	42吋電視機	NT$25,000	11	NT$275,000
22	2016/1/20	語田貿易	02-9634653	7公斤洗衣機	NT$9,000	2	NT$18,000
(新增)							

記錄: 6 之 1 已篩選 搜尋

若要移除篩選，方法如下：

- 方法1：在「客戶寶號」欄位資料上按右鍵，按一下「清除 客戶寶號 的篩選」。

- 方法2：在「常用」功能區的「排序與篩選」群組，按一下「進階」，再按一下「清除所有篩選」，可將所有欄位的篩選設定清除。

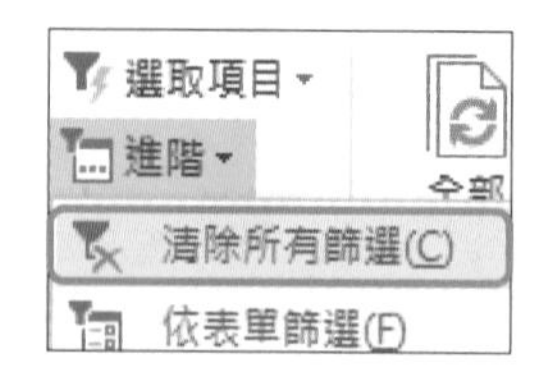

依表單篩選

若要篩選出客戶寶號前二字爲「台園」的客戶，而且找出訂單數量大於10的記錄，方法如下：

»STEP1 在「常用」功能區的「排序與篩選」群組，按一下「進階」，再按一下「依表單篩選」。

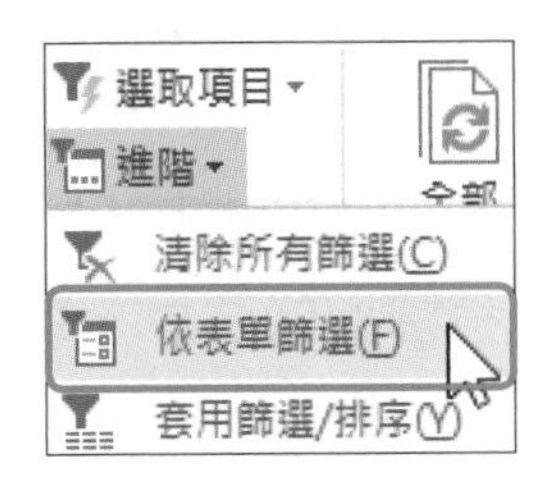

»STEP2 在「客戶寶號」欄位輸入「Like“台園*”」，並在「數量」欄位輸入「>10」，同一列條件皆符合的記錄，才篩選出來。

訂單編號	訂單日期	客戶寶號	電話	產品名稱	單價	數量	金額
		Like "台園*"				>10	

»STEP3 在「常用」功能區的「排序與篩選」群組，按一下「切換篩選」 切換篩選，即可篩選出客戶寶號前二字為「台園」，而且訂單數量大於10的記錄。

訂單編號	訂單日期	客戶寶號	電話	產品名稱	單價	數量	金額
11	2015/6/10	台園國際	04-4630254	32吋電視機	NT$12,000	26	NT$312,000
12	2015/6/20	台園國際	04-4630254	五門電冰箱	NT$25,000	16	NT$400,000
15	2015/8/10	台園國際	04-4630254	三門電冰箱	NT$20,000	14	NT$280,000
(新增)							

若要篩選出客戶寶號前二字爲「台園」的客戶，或者所有訂單數量大於10的記錄，方法如下：

»STEP1 在「常用」功能區的「排序與篩選」群組，按一下「進階」，再按一下「依表單篩選」。

»STEP2 在「客戶寶號」欄位輸入「Like“台園*”」的客戶，並在資料工作表下方「或」索引標籤按一下。

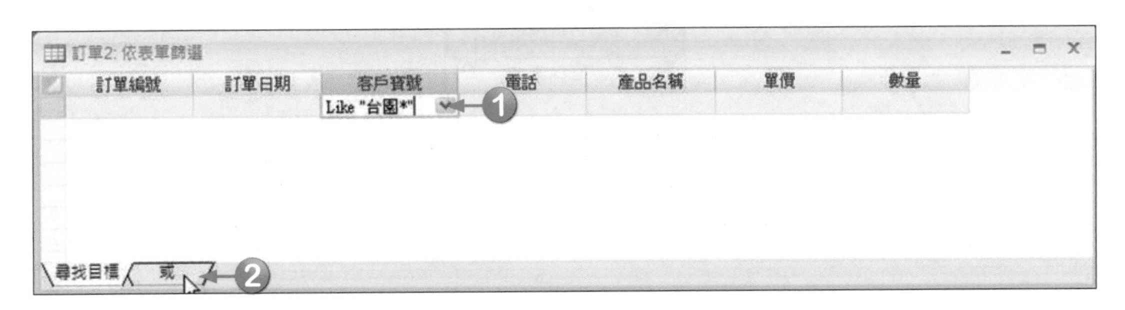

»STEP3 在「數量」欄位輸入「>10」。

訂單編號	訂單日期	客戶寶號	電話	產品名稱	單價	數量	金額
						>10	

»STEP4 在「常用」功能區的「排序與篩選」群組，按一下「切換篩選」 切換篩選，即可篩選出客戶寶號前二字為「台園」的客戶，或者所有訂單數量大於10的記錄。

訂單編號	訂單日期	客戶寶號	電話	產品名稱	單價	數量	金額
1	2015/1/10	語田貿易	02-9634653	32吋電視機	NT$12,000	20	NT$240,000
2	2015/1/20	鼎蹟商業	07-7241277	10公斤洗衣機	NT$18,000	25	NT$450,000
3	2015/2/10	綠構商行	03-8620401	五門電冰箱	NT$25,000	13	NT$325,000
4	2015/2/20	台園國際	04-4630254	42吋電視機	NT$25,000	6	NT$150,000
6	2015/3/20	鼎蹟商業	07-7241277	7公斤洗衣機	NT$9,000	30	NT$270,000
7	2015/4/10	台園國際	04-4630254	10公斤洗衣機	NT$18,000	7	NT$126,000
8	2015/4/20	綠構商行	03-8620401	32吋電視機	NT$12,000	12	NT$144,000
9	2015/5/10	語田貿易	02-9634653	三門電冰箱	NT$20,000	22	NT$440,000
11	2015/6/10	台園國際	04-4630254	32吋電視機	NT$12,000	26	NT$312,000
12	2015/6/20	台園國際	04-4630254	五門電冰箱	NT$25,000	16	NT$400,000
13	2015/7/10	鼎蹟商業	07-7241277	10公斤洗衣機	NT$18,000	18	NT$324,000
14	2015/7/20	綠構商行	03-8620401	7公斤洗衣機	NT$9,000	35	NT$315,000
15	2015/8/10	台園國際	04-4630254	三門電冰箱	NT$20,000	14	NT$280,000
19	2015/11/10	語田貿易	02-9634653	42吋電視機	NT$25,000	11	NT$275,000
20	2015/12/20	台園國際	04-4630254	7公斤洗衣機	NT$9,000	5	NT$45,000
21	2016/1/10	綠構商行	03-8620401	五門電冰箱	NT$25,000	20	NT$500,000
(新增)							

記錄: 16 之 1 已篩選 搜尋

清除所有篩選

在「常用」功能區的「排序與篩選」群組，按一下「進階」，再按一下「清除所有篩選」。

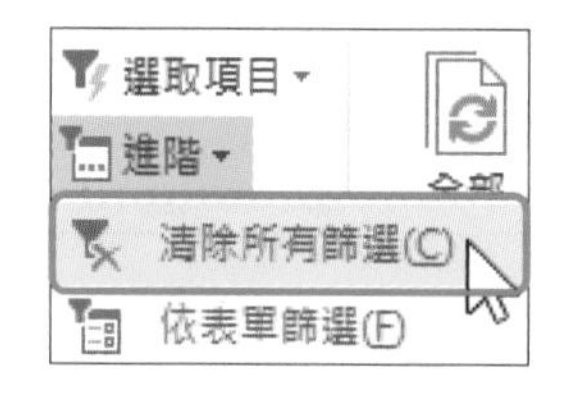

3-4-3 進階篩選與排序

若要篩選出2015/2/20的訂單，方法如下：

STEP1 在「常用」功能區的「排序與篩選」群組，按一下「進階」，再按一下「進階篩選/排序」，開啓「進階篩選/排序」設計窗格。

STEP2 將「訂單日期」欄位由上面窗格放至下方欄位列，可使用下列任一種方法：

方法1：在上面窗格「訂單日期」欄位上連按兩下。

方法2：由上面窗格拖放「訂單日期」欄位至下方欄位列。

方法3：於下方欄位列，選取下拉式選單中的「訂單日期」欄位。

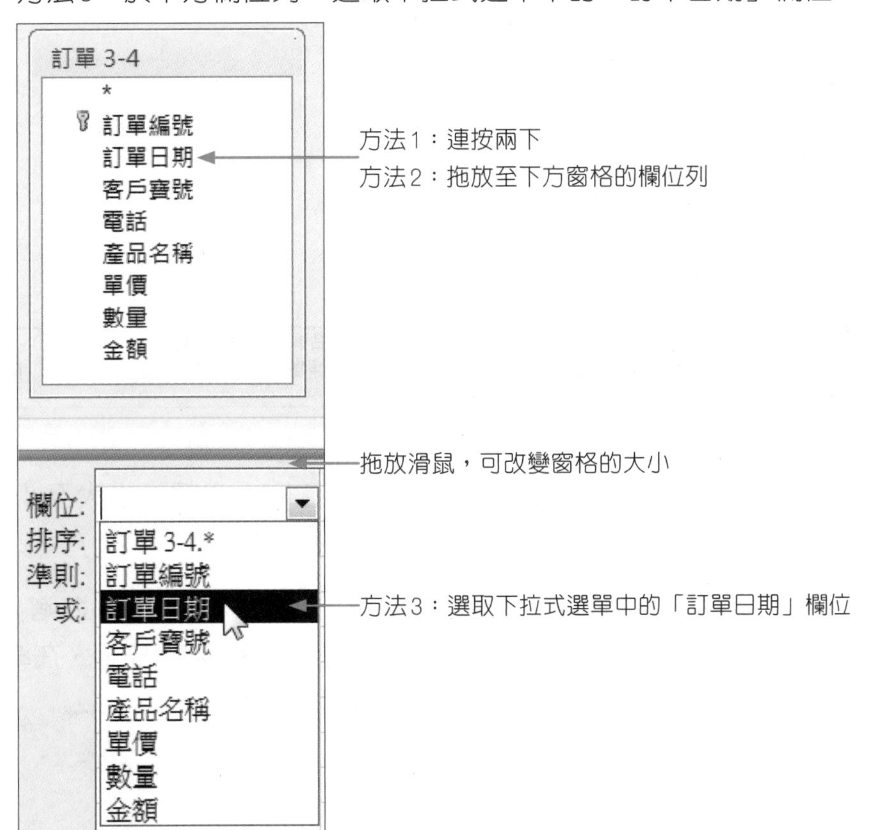

說明

「進階篩選/排序」設計窗格：

- 「欄位」列：篩選所要顯示的欄位。
- 「排序」列：可選取「遞增」、「遞減」、或「不排序」。
- 「準則」列：設定篩選的條件。同一列上條件皆須符合，不同列上的條件只要有一列符合條件即可篩選出。

STEP3 在「準則」列輸入「#2015/2/20#」，在「常用」功能區的「排序與篩選」群組，按一下「切換篩選」切換篩選，即可篩選出2015/2/20的訂單。

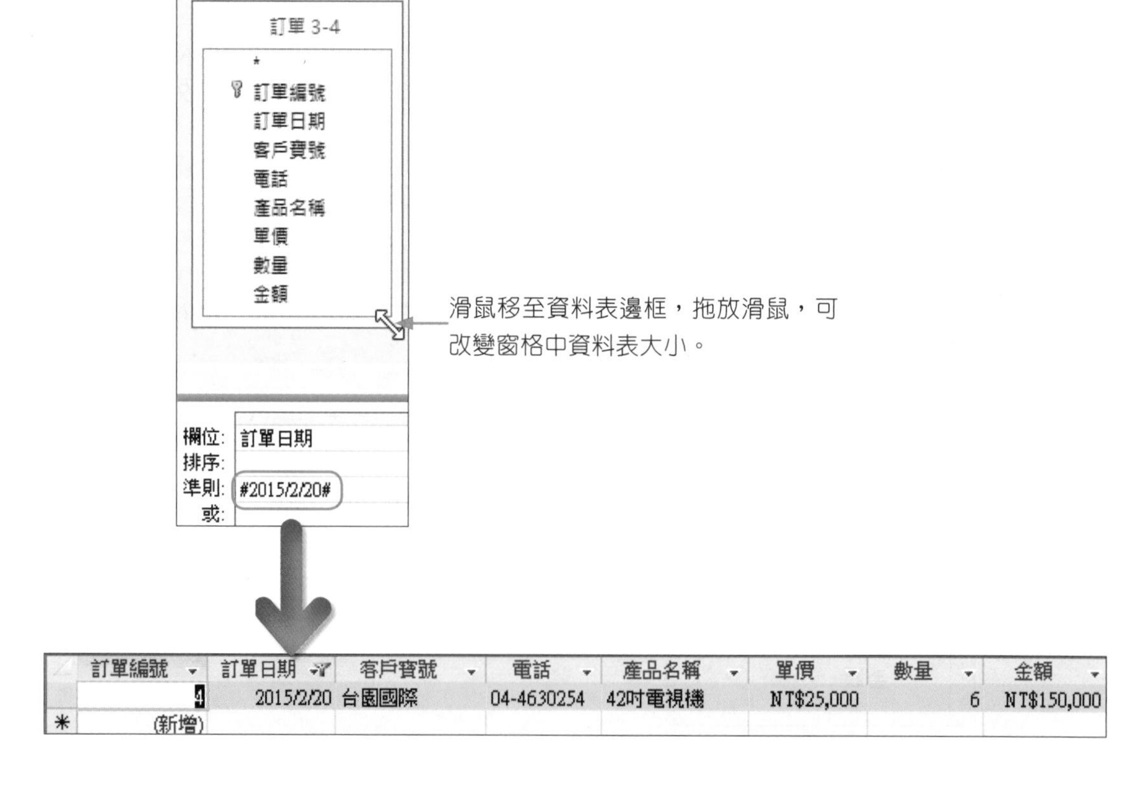

若要篩選出2015年2月和3月的訂單，而且依「金額」由大至小排列，方法如下：

STEP1 在「常用」功能區的「排序與篩選」群組，按一下「進階」，再按一下「進階篩選/排序」，開啓「進階篩選/排序」設計窗格，在準則列輸入以下資料，在排序列「金額」欄位選「遞減」。

欄位:	訂單日期	金額
排序:		遞減
準則:	Like "2015/2*"	
或:	Like "2015/3*"	

或

欄位:	訂單日期	金額
排序:		遞減
準則:	Like "2015/2*" Or Like "2015/3*"	
或:		

» STEP2 在「常用」功能區的「排序與篩選」群組，按一下「切換篩選」 切換篩選，即可篩選出2015年2月和3月的訂單，而且依「金額」由大至小排列。

訂單編號	訂單日期	客戶寶號	電話	產品名稱	單價	數量	金額
3	2015/2/10	綠構商行	03-8620401	五門電冰箱	NT$25,000	13	NT$325,000
6	2015/3/20	鼎踮商業	07-7241277	7公斤洗衣機	NT$9,000	30	NT$270,000
5	2015/3/10	語田貿易	02-9634653	三門電冰箱	NT$20,000	8	NT$160,000
4	2015/2/20	台園國際	04-4630254	42吋電視機	NT$25,000	6	NT$150,000
(新增)							

注意 。。。。

若排序欄位超過一個欄位，先排序的欄位應置於左方。

在「進階篩選/排序」設計窗格選取欄位

將滑鼠移至欄位選取區，按一下，若拖曳滑鼠，可選取數欄。

欄位:	訂單日期	金額
排序:		遞減
準則:	Like "2015/2*"	
或:	Like "2015/3*"	

滑鼠移至欄選取區，按一下可選取此欄，若拖曳滑鼠，可選取數欄。

在「進階篩選/排序」設計窗格搬移欄位

選取欄位後，拖放滑鼠到要搬移的位置。如將「訂單日期」欄位搬移到「數量」欄位右方。

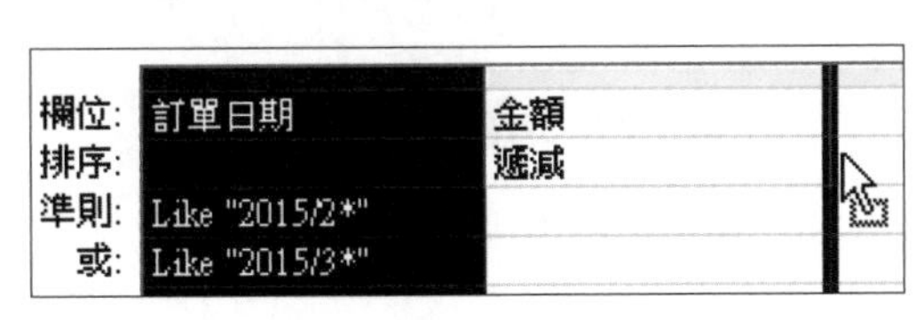

欄位:	訂單日期	金額
排序:		遞減
準則:	Like "2015/2*"	
或:	Like "2015/3*"	

在「進階篩選/排序」設計窗格清除欄位

- 方法1：選取欄位後，按「Delete」鍵。
- 方法2：在「常用」功能區的「排序與篩選」群組，按一下「進階」，再按一下「清除格線」，可清除所有欄位篩選和排序。

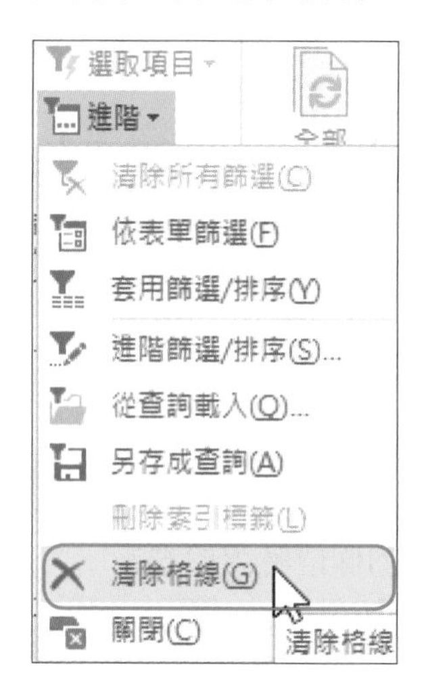

可將「進階篩選/排序」設計窗格，儲存爲查詢物件；或將已存在的「查詢」載入。查詢物件將於第5章說明。

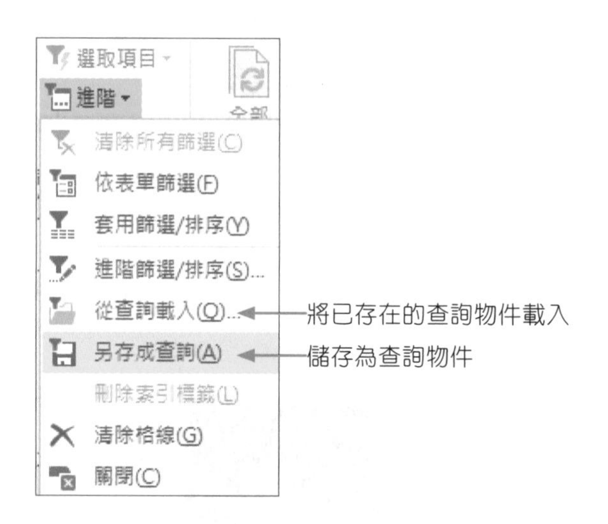

3-5 運算式介紹

3-5-1 何謂運算式

運算式包含識別字、運算子、函數、常數。如 =[單價]*1.1。

識別字包含欄位、屬性或控制項的名稱，如資料表中的欄位名稱[客戶]![客戶名稱]。

運算子包含算數運算子、比較運算子、邏輯運算子、串連運算子和特殊運算子等等。

- 函數：Access提供許多函數，需要時可加以運用，函數一定會傳回值，有些函數需要引數，本書5-4節將有數種常用函數介紹。
- 常數：不會變更的值。如 16、"TODAY"、#2016/02/01#、True、False、Null（空值）。

3-5-2 運算子介紹

算數運算子

數值運算符號：運用於數值計算。

➡ 表3-2　數值運算符號

運算子	說明
+	加號
-	減號
*	乘號
/	除號
\	除號（數字取整數，相除後，再取整數）
Mod	數字相除後的餘數
^	指數次方（如5^3→5^3）

比較運算子

兩值比較運算結果爲True或False。

➡ 表3-3　比較運算子

運算子	說明
<	小於
<=	小於或等於
>	大於
>=	大於或等於
=	等於
<>	不等於

邏輯運算子

兩個布林值（True或False）的邏輯運算，運算結果爲True或False。

➡ 表3-4　邏輯運算子

運算子	說明	
And	True And True	傳回 True
	True And False	傳回 False
	False And True	傳回 False
	False And False	傳回 False
Or	True Or True	傳回 True
	True Or False	傳回 True
	False Or True	傳回 True
	False Or False	傳回 False
Not	Not True	傳回 False
	Not False	傳回 True

串連運算子

兩個字串的連結符號。

➡ 表3-5　串連運算子

運算子	說明
&	"速運" & "公司"　→　傳回 "速運公司" 將上述兩個字串連結起來

專用運算子

➡ 表3-6　專用運算子

運算子	說明	範例
Like "資料比對"	應用萬用字元運算子？及＊比對字串值。 ＊：代表任何長度字串 ？：僅代表一個字	Like "＊財務＊"：字串只要包含"財務"二字皆可 Like "資訊?"：如"資訊長"，"資訊員"等，只能有3個字
Between … And …	判斷數字或日期是否為區間值。	Between 100 and 600 Between #2015/9/1# and #2016/2/8#
In（字串1...）	判斷某字串是否包含於一組字串中。	In（"台北市"，"新北市"，"高雄市"）
Is Null 或 Is Not Null	判斷是否為Null值或非Null值。	

3-6 子資料工作表

有時在「訂單」資料表中需要查詢下單客戶的連絡電話或其他資料，則可將「客戶」資料表設成「訂單」資料表的子資料工作表。

請開啟資料庫檔案「Ch03.accdb」，將「客戶」資料表設成「訂單 3-6」資料表的子資料工作表。

» STEP1　在功能窗格中連按兩下「訂單 3-6」資料表，以開啟「訂單 3-6」資料表。

» STEP2　在「常用」功能區的「記錄」群組，按一下「其他」，再按一下「子資料工作表（T）」中的「子資料工作表（S）…」。

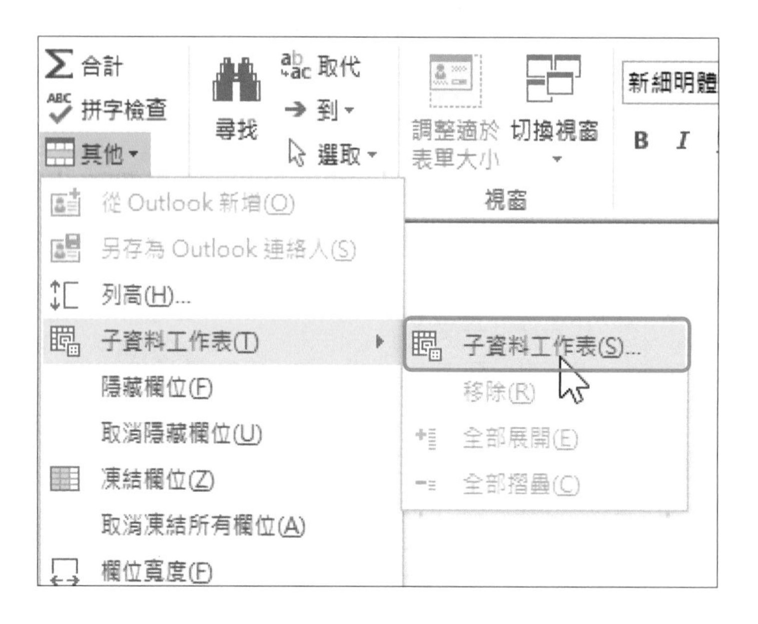

»STEP3 選取「客戶」資料表，在連結子欄位和連結主欄位都選取「客戶代號」，按「確定」。

»STEP4　選取「是（Y）」，Access將為「訂單 3-6」和「客戶」資料表間建立關聯（資料表的關聯將於第4章說明）。

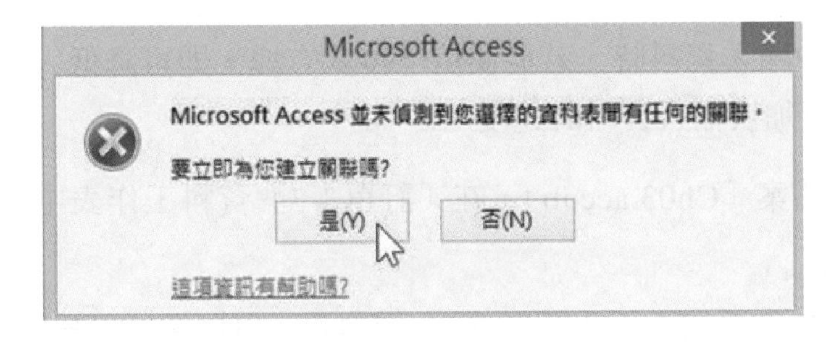

»STEP5　請在展開鈕 ⊞ 按一下，以展開子資料工作表「客戶」資料。

	訂單編號	訂單日期	客戶代號	產品代號	業務員編號	數量	付款狀態
⊞	1	2015/1/10	A01	T01	11	20	☐
⊞	2	2015/1/20	A04	W02	14	25	☑

	訂單編號	訂單日期	客戶代號	產品代號	業務員編號	數量	付款狀態
⊟	1	2015/1/10	A01	T01	11	20	☐

	客戶寶號	縣市	地址	郵遞區號	聯絡人	電話
	語田貿易	台北市	松山區印仁信五路102-3號	105	陳務宜	02-9634653
*						

	訂單編號	訂單日期	客戶代號	產品代號	業務員編號	數量	付款狀態
⊞	2	2015/1/20	A04	W02	14	25	☑

移除子資料工作表

»STEP1　插入點置於「訂單 3-6」記錄上。

»STEP2　在「常用」功能區的「記錄」群組，按一下「其他」，再按一下「子資料工作表（T）」中的「移除（R）」。

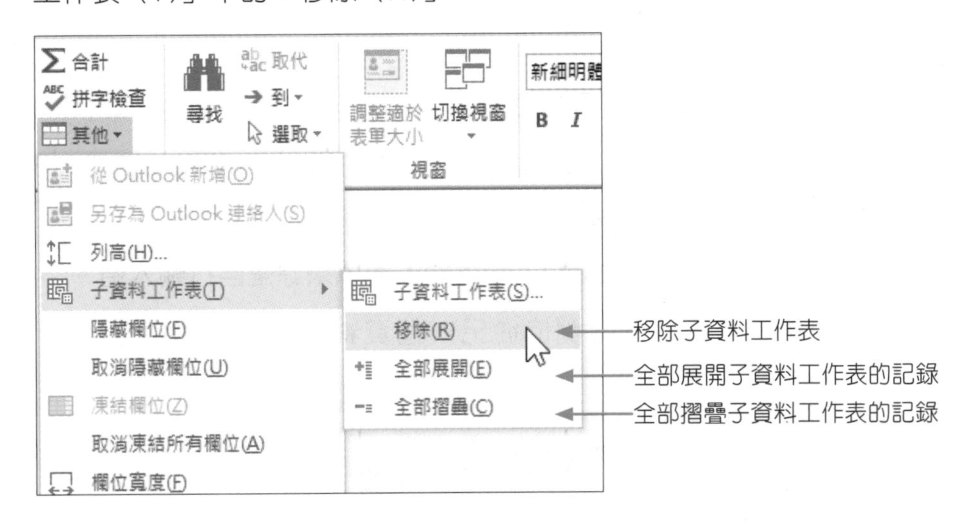

3-7 查閱欄

在資料工作表中輸入資料時，若能使用下拉式方塊，即可降低人工輸入錯誤資料的風險，也可加快輸入資料的速度。

請開啓資料庫檔案「Ch03.accdb」，在「訂單3-7」資料工作表中增加產品名稱欄位。

»STEP1 在功能窗格中連按兩下「訂單 3-7」資料表，以開啓「訂單 3-7」資料表。插入點置於「新增欄位」。

訂單編號	訂單日期	客戶代號	業務員編號	數量	付款狀態	按一下以新增
1	2015/1/10	A01	11	20	☐	
2	2015/1/20	A04	14	25	☑	

»STEP2 在「欄位」功能區的「新增與刪除」群組，按一下「其他欄位」 其他欄位 ，再按一下「查閱與關聯(L)」。

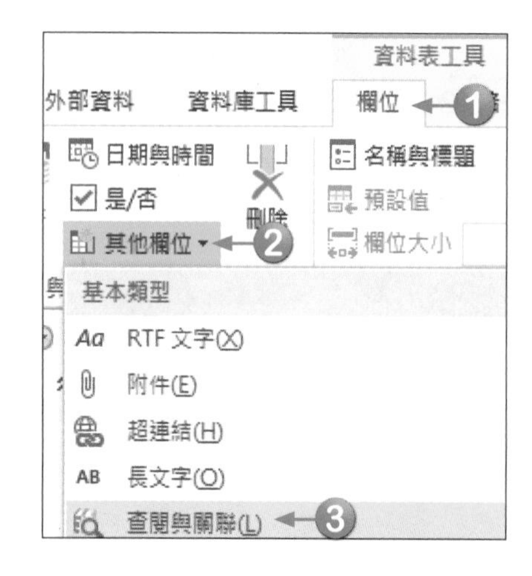

»STEP3 查閱欄的清單有兩項選項：

「我希望查閱欄查詢資料表或查詢中的值」：查閱欄的清單來源是目前已存在的資料表或查詢。

「我會輸入我想要的值」：查閱欄的清單來源是自行輸入值。

請選「我希望查閱欄位從另一個資料表或查詢中取得值」，按「下一步」。

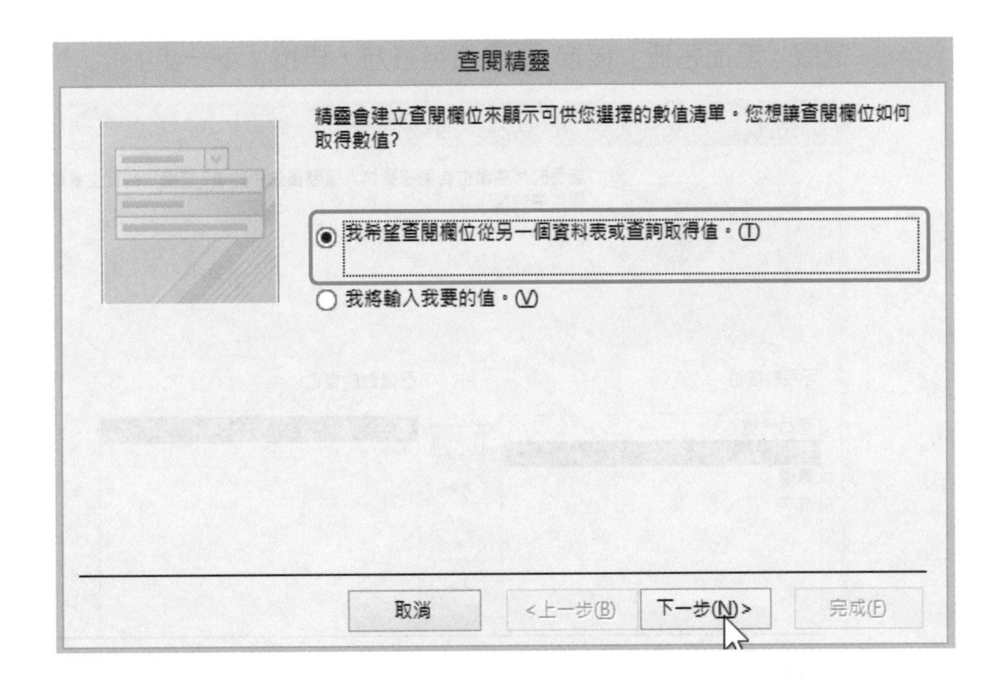

»STEP4 選擇提供資料給查閱欄的資料表或查詢物件，請選「產品」資料表，按「下一步」。

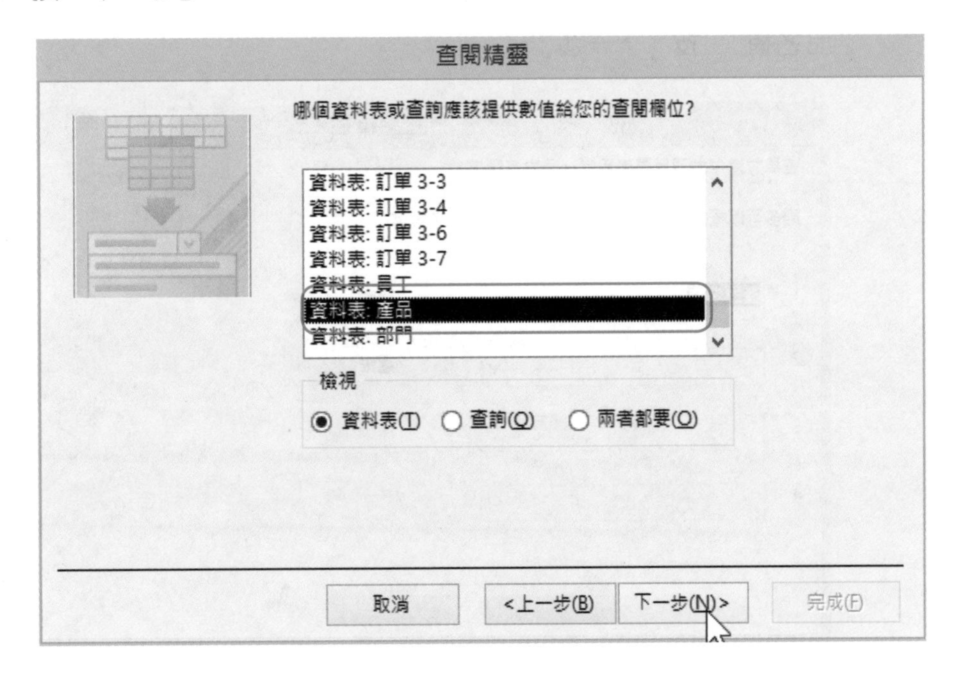

» STEP5 選取「產品名稱」後按 [>] 移至右方，再按「下一步」。

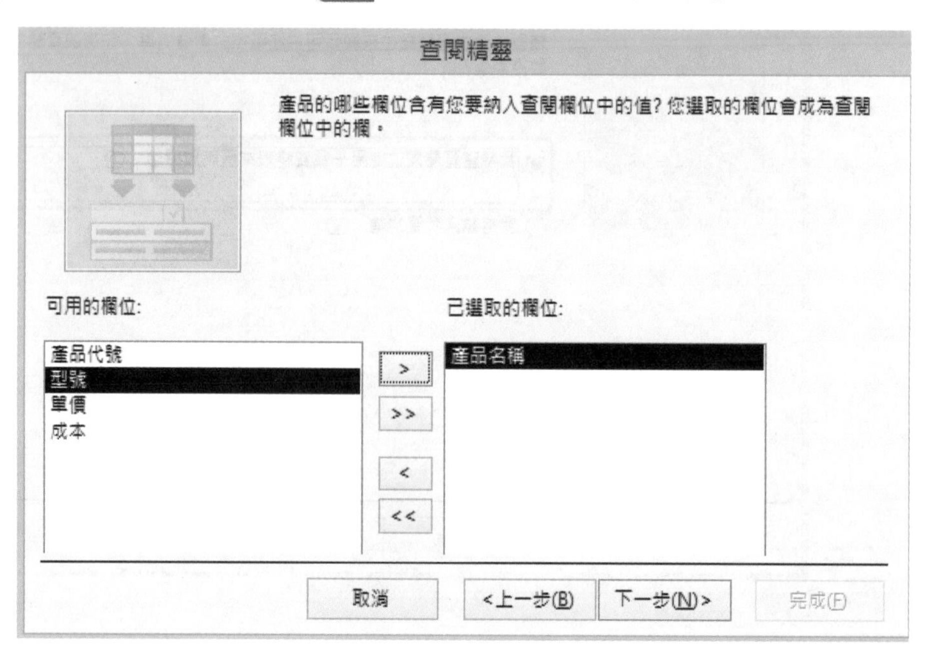

» STEP6 選取所要排序的欄位，可遞增或遞減排序，最多排4個欄位。請選「產品名稱」，按「下一步」。

查閱精靈

清單方塊中的項目要使用哪一種排序順序?

最多可以根據 4 個欄位來對記錄作遞增或遞減排序。

1 產品名稱 遞增

2 遞增

3 遞增

4 遞增

取消 <上一步(B) 下一步(N)> 完成(F)

»STEP7 可在右邊緣線上拖放調整寬度或連按二下調整至最適寬度，按「下一步」。

查閱精靈

您希望查閱欄位的欄位寬度為何?

要調整欄寬，請將右邊緣拖曳至您想設定的欄寬位置，或按兩下欄名的右邊緣處以自動調整。

☑ 隱藏索引欄 (建議)(H)

產品名稱
10公斤洗衣機
32吋電視機
42吋電視機
7公斤洗衣機
三門電冰箱
五門電冰箱

取消 | <上一步(B) | 下一步(N)> | 完成(F)

»STEP8 輸入查閱欄的欄位名稱「產品名稱」，按「完成」。

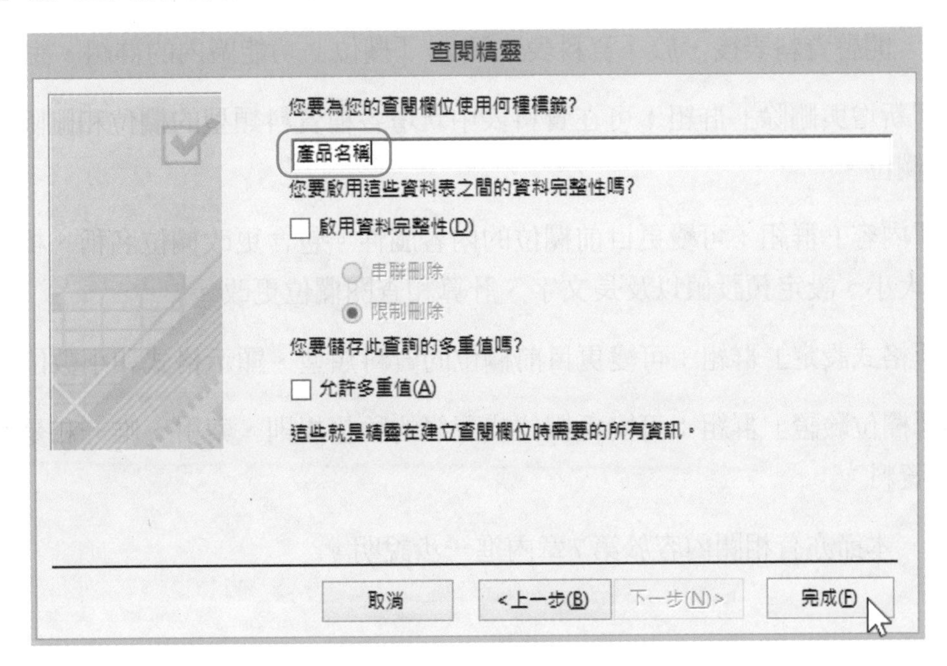

» STEP9 完成後，輸入「產品名稱」欄位資料，可使用下拉式方塊選取資料。

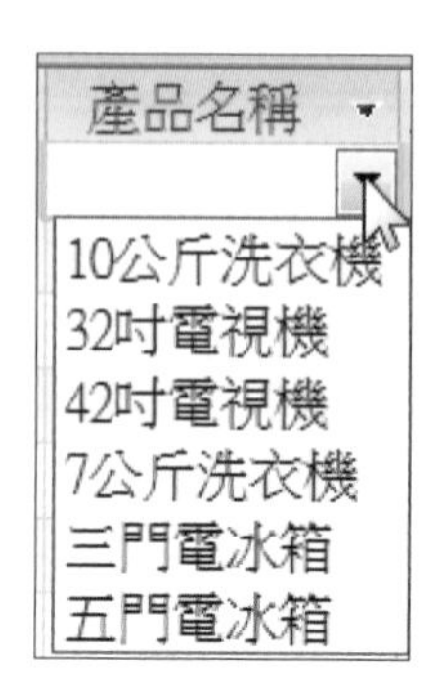

3-8 資料工作表的「欄位」功能區

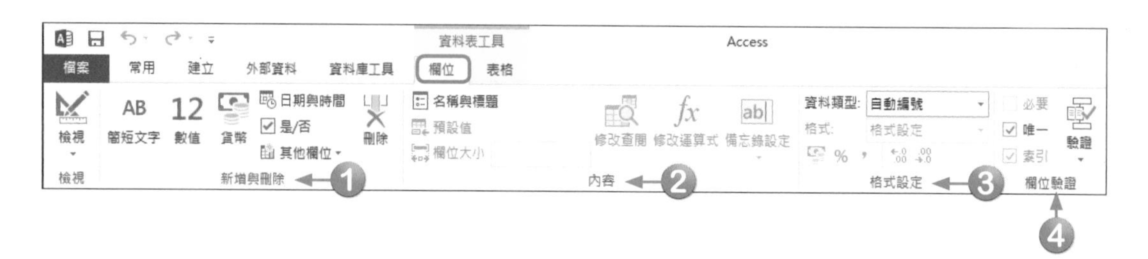

開啓資料表後，於「資料表工具」/「欄位」功能區內的群組，說明如下：

1.「新增與刪除」群組：可在資料表中新增各種資料類型的欄位和刪除所選取的欄位。

2.「內容」群組：可變更目前欄位的內容屬性。包含更改欄位名稱、標題、欄位大小、設定預設值以及長文字、計算和查閱欄位更改。

3.「格式設定」群組：可變更目前欄位的資料類型、顯示格式和小數位數。

4.「欄位驗證」群組：可變更欄位或記錄的驗證規則、索引、唯一和是否必須有資料。

本節亦有相關內容於第7章內進一步說明。

本章習題

❖選擇題

(　)1. 資料工作表內的資料無法 (A)取代 (B)排序 (C)篩選 (D)轉置。

(　)2. 資料工作表內可取消目前編輯內容的按鍵為 (A)Home (B)End (C)F2 (D)ESC。

(　)3. 資料工作表內的記錄瀏覽面板可 (A)移至下一筆記錄 (B)移至最後一筆記錄 (C)刪除記錄 (D)新增記錄。

(　)4. 資料工作表內，可進行 (A)調整欄寬 (B)凍結記錄 (C)調整列高 (D)隱藏欄位。

(　)5. 以下何者為非，資料工作表中篩選方法有 (A)自動篩選 (B)依選取篩選 (C)依表單篩選 (D)進階篩選。

(　)6. 以下哪項為邏輯運算子？ (A)>= (B)& (C)Not (D)Mod。

❖實作題

1. 請使用資料庫「ex03.accdb」，開啓「員工」資料工作表。
   - 設定字型格式：粗體、藍色字、大小12、設定資料工作表格式：背景顏色：黃色，替代資料列色彩(變更背景顏色)：褐色2。
   - 設定此資料工作表列高18，所有欄寬為最適欄寬。
   - 將「月薪」與「婚姻」兩欄位對調。
   - 隱藏「生日」欄位，凍結「編號」、「姓名」欄位。
   - 儲存資料工作表。
2. 請使用資料庫「ex03.accdb」，開啓「Order1」資料工作表。
   - 將「客戶寶號」欄位中「貿易」二字全部取代成「商業」。
   - 依「產品名稱」遞增排序、再依「數量」遞減排序。
   - 篩選出「數量」為10（含）至20（含）之間而且客戶位於「台北市」和「桃園市」的記錄。
   - 儲存資料工作表。

3. 請使用資料庫「ex03.accdb」，開啓「Order2」資料工作表。
    - 篩選「產品名稱」中有「電視機」文字的訂單。
    - 依「訂單日期」遞增排序。
    - 儲存資料工作表。
4. 請使用資料庫「ex03.accdb」，開啓「Order3」資料工作表。
    - 將「縣市」為「桃園市」的記錄刪除。
    - 將「Order3」資料表更名為「訂單」資料表。

資料表間的關聯

前兩章建立了資料表，也使用資料工作表將資料輸入到資料表中，本章將說明如何規劃資料表，以及資料表間如何建立關聯。

學習目標

- 4-1 資料表的規劃
- 4-2 關聯的介紹
- 4-3 關聯的類型
- 4-4 建立資料表關聯
- 4-5 編輯資料表關聯
- 4-6 刪除資料表關聯
- 4-7 編輯關聯的設定
- 4-8 資料表分析精靈

前兩章建立了資料表，也使用資料工作表將資料輸入到資料表中，本章將說明如何規劃資料表，以及資料表間如何建立關聯。

4-1 資料表的規劃

在使用建立資料表之前，就應當規劃好資料表結構，包含需要哪些資料表的名稱、每個資料表內需要哪些欄位、欄位的欄位名稱、資料類型、欄位屬性，以及資料表和其他資料表之間以何種方式建立關聯。建立資料表前若未妥善加以規劃，將造成資料重複的儲存和不一致的相依性，往後的資料管理將更形困難，也增加管理與處理資料的成本。

依據資料表的正規化理論就能做好資料表的規劃，降低資料重複性和避免不一致的相依性存在。

過多的重複資料，將造成儲存體的浪費，增加資料處理的時間。若客戶的連絡電話同時儲存在多個資料表，當客戶的連絡電話改變時，就需要多個資料表同時更改，如果客戶的連絡電話只儲存在客戶資料表中，就只需更改客戶資料表內的客戶連絡電話即可，亦可減低資料的錯誤。

什麼是「不一致的相依性」？員工的連絡電話和該名員工是相關聯的，具有相依性。若把員工的連絡電話儲存在客戶資料表中，就造成不一致的相依性，因當要查詢某員工的連絡電話時，在員工資料表中若找不到，將造成資料存取和維護的困難。

資料庫正規化有數種形式，本節將討論第一正規化形式（First Normal Form，1NF）、第二正規形式（Second Normal Form，2NF）和第三正規形式（Third Normal Form，3NF）。

- 第一正規化：排除重複群的出現。每個欄位都只能存放單一值，而且每筆記錄使用主鍵來識別記錄的唯一性。
- 第二正規化：刪除重複的資料。如果欄位資料只和主鍵的一部分有關，則須分割至另一個資料表，去除和主鍵部分相依。分割後，使用外部索引鍵，讓這些資料表產生關聯。
- 第三正規形式：刪除不依賴主鍵的資料。各欄位和主鍵間沒有間接相依的關係，去除間接相依或稱遞移相依（Transitive Dependency）。

如下列資料表未符合資料庫正規化的形式：

訂單編號	訂單日期	客戶代號	客戶名稱	電話	產品代號1	產品代號2
1	2015/1/10	A01	語田貿易	(021)634653	F01	F02

資料表中，若訂單的產品代號超過2項，處理上是一大問題，故一筆記錄應只存放一個產品代號，才不會造成重複群的出現。第一正規化後，如下所示：

訂單編號	訂單日期	客戶代號	客戶名稱	電話	產品代號
1	2015/1/10	A01	語田貿易	(021)634653	F01
1	2015/1/10	A01	語田貿易	(021)634653	F02

上表中，訂單日期、客戶代號、客戶名稱、電話皆造成重複資料，所以應分割出來。第二正規化後，如下所示：

訂單編號	訂單日期	客戶代號	客戶名稱	電話
1	2015/1/10	A01	語田貿易	(021)634653

訂單編號	產品代號
1	F01
1	F02

上表中，客戶名稱、電話與訂單編號無關，所以應分割出來。第三正規化後，如下所示：

客戶代號	客戶名稱	電話
A01	語田貿易	(021)634653

訂單編號	訂單日期	客戶代號
1	2015/1/10	A01

訂單編號	產品代號
1	F01
1	F02

但也有一些例外狀況，如客戶資料表中的郵遞區號和地址，郵遞區號與地址有相依性，但與客戶代號無關，同時，地址較無重複資料，且太多小型資料表將會降低處理效能，所以不再分割。

4-2 關聯的介紹

上節說明了資料表應該分割的原因和分割的規則，但當需要存取資料表時，可能不只要存取單一資料表，而是需要多個資料表的存取。

查詢資料時，往往資料來自多個資料表。此時需要建立資料表間的關聯，透過關聯來查詢多個資料表的資料。關聯的方式是以第一個資料表的主索引鍵欄位值比對第二個資料表的外部索引鍵欄位值。如要查詢訂單的詳細資料，包含客戶寶號和地址，就需要透過客戶代號，使訂單資料表和客戶資料表建立關聯，才能查詢出需要的資料。如下圖所示。

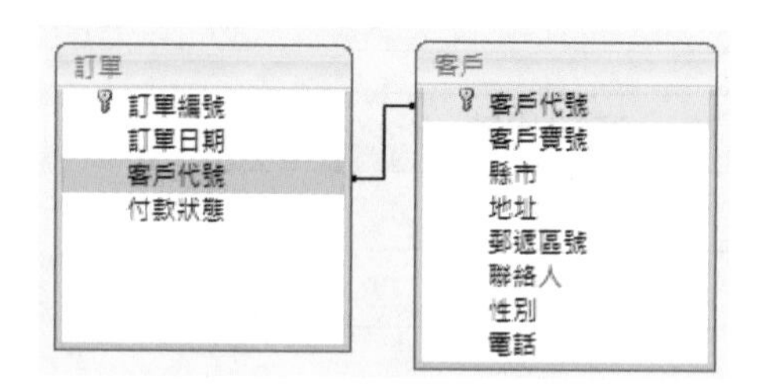

在Access資料庫中使用「資料庫關聯圖」建立資料表間永久性的關聯，資料表設計完成後，應該先建立「資料庫關聯圖」，再來建立查詢、表單和報表等其他資料庫物件，因「資料庫關聯圖」會影響這些資料庫物件設計和資料的存取。

資料表的關聯可用來強迫參考完整性，以避免資料庫中含有孤立的記錄。如果刪除了某客戶的記錄，那麼這名客戶以前所產生的訂單記錄，都成了孤立的記錄。參考完整性的目的，就是在避免這種情況的發生。

4-3 關聯的類型

資料表關聯有三種類型：

一對一關聯

在一對一關聯中，資料表中一筆記錄對應到另一資料表的一筆記錄。這種關聯較少見，因爲通常會併在同一個資料表；但有時因安全性的考量或部分欄位較少機會使用或其他因素，將它分割爲兩個資料表，而兩個資料表必須共用同一個欄位，作爲資料表間的關聯欄位。如下圖所示：

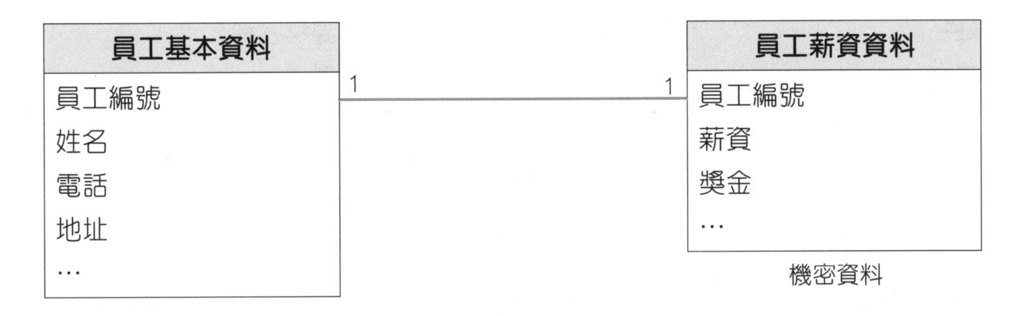

一對多關聯

資料表中一筆記錄對應到另一資料表的多筆記錄。如客戶代號在客戶資料表中只存在一筆記錄，但在訂單資料表中可存在多筆記錄。客戶資料表和訂單資料表之間存在一對多的關聯。兩個資料表通常以「客戶代號」欄位建立關聯，「一」的一方(如「客戶代號」)爲主索引鍵。客戶資料表又可稱爲父資料表，訂單資料表又可稱爲子資料表。如下圖所示：

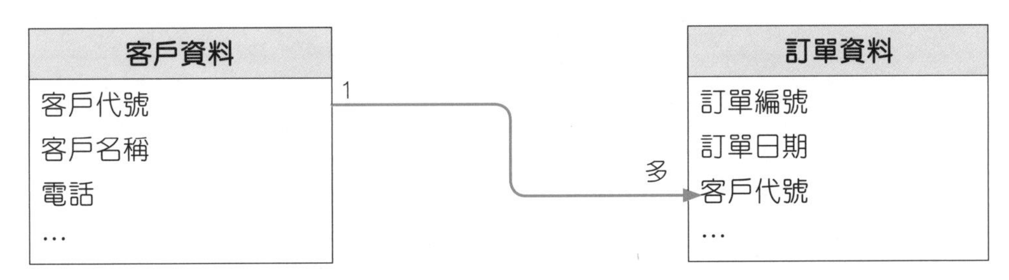

多對多關聯

在兩個資料表中，每個資料表中一筆記錄皆可對應到另一資料表的多筆記錄。如一位學生可修多門課程，一門課程有多位學生選讀，則學生和課程的關係即為多對多關聯。在關聯式資料庫管理系統中，若要表示多對多關聯，必須在兩個資料表間建立第三個資料表，它可以將多對多的關聯分成兩個一對多的關聯。因此，需要在學生和課程資料表間建立「選課」資料表，來將多對多的關聯分成兩個一對多的關聯。

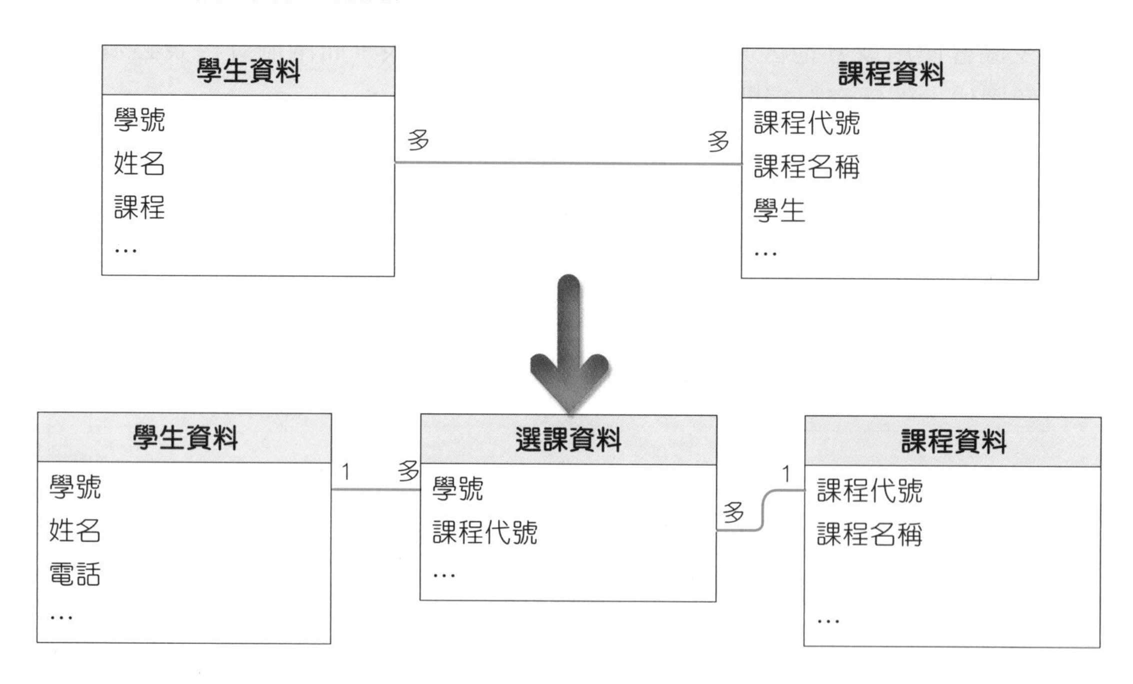

4-4 建立資料表關聯

在後續章節建立查詢、表單和報表等其他資料庫物件之前，應先在「資料庫關聯圖」建立資料表間永久性的關聯。

若要在「資料庫關聯圖」中建立「訂單」與「訂單明細」資料表間的關聯，請開啓資料庫檔案「Ch04.accdb」。

» STEP1 在「資料庫工具」功能區的「資料庫關聯圖」群組中，按一下「資料庫關聯圖」。

» STEP2 在「設計」功能區的「資料庫關聯圖」群組中，按一下「顯示資料表」。

» STEP3 分別連按兩下要建立關聯的資料表，將「訂單」、「訂單明細」資料表顯示在「資料庫關聯圖」窗格中，按「關閉（C)」(或選取要建立關聯的資料表後，按「新增（A)」)。

»STEP4 拖放「訂單」資料表的「訂單編號」到「訂單明細」的「訂單編號」上。

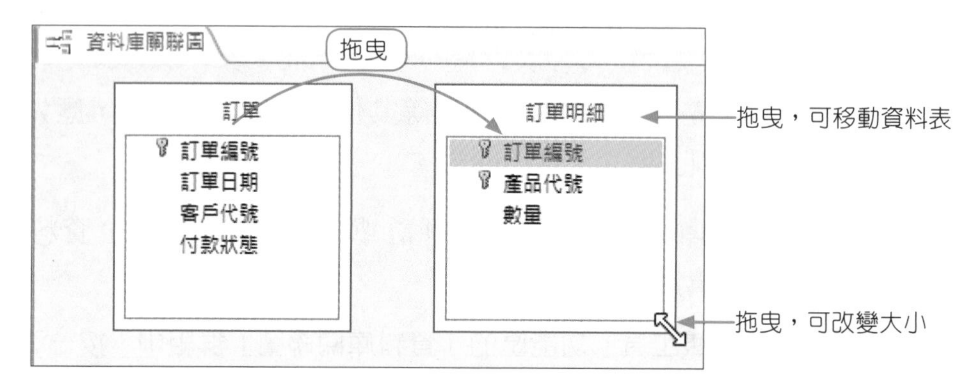

»STEP5 在兩個資料表間以「訂單編號」欄位，建立關聯，按「建立（C）」，即可完成資料表間關聯的建立。

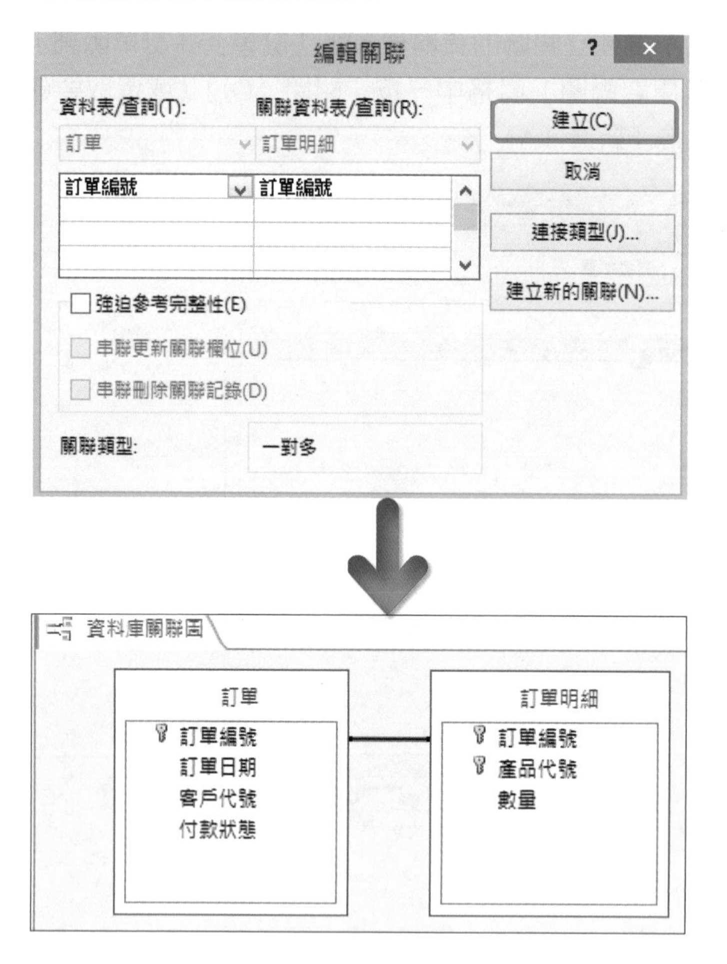

»STEP6 在「資料庫關聯圖」窗格中空白處，按右鍵顯示快顯功能表後，按一下「儲存版面配置」，可將目前「資料庫關聯圖」窗格的版面儲存起來。

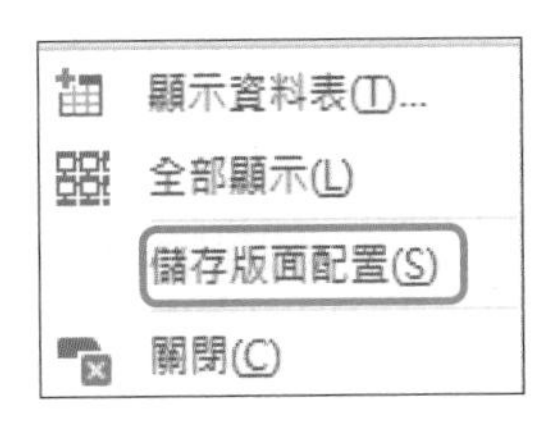

關聯工具的「設計」功能區

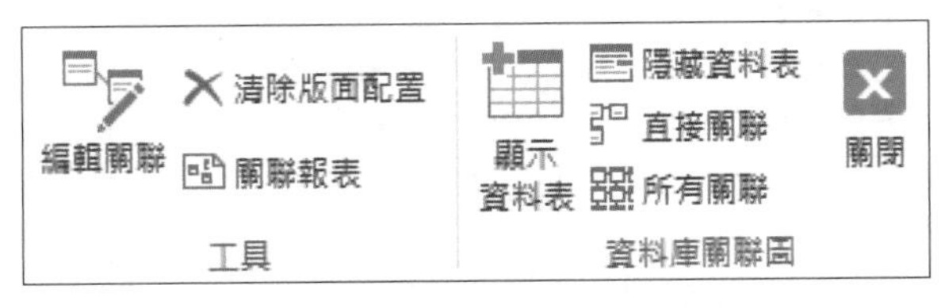

▲ 關聯工具的「設計」功能區

➡ 表4-1 「關聯工具」的「設計」功能區說明

工具	說明
編輯關聯	先選取關聯線，再按一下「編輯關聯」，可更改關聯設定。
清除版面配置	移除所有資料表與關聯，但只是隱藏，並未實際刪除。
關聯報表	建立一份資料庫關聯圖報表物件，可將資料庫關聯圖印出。
顯示資料表	顯示可加入資料庫關聯圖中的資料表和查詢。
隱藏資料表	將選取的資料表隱藏。
直接關聯	顯示與選取資料表有直接關聯的資料表和關聯。
所有關聯	顯示所有關聯和相關的資料表。
關閉	關閉資料庫關聯圖的視窗。

4-5 編輯資料表關聯

要變更資料表間關聯的設定，方法如下：

» STEP1 在關聯上連按兩下（或按一下關聯線，在「設計」功能區的「工具」群組，按一下「編輯關聯」)。

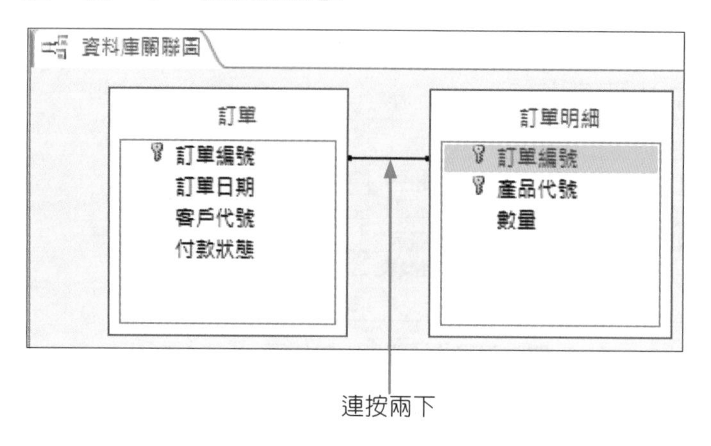

連按兩下

» STEP2 編輯關聯後，按「確定」。

編輯關聯
資料表/查詢(T):
關聯資料表/查詢(R):
確定
訂單
訂單明細
取消
訂單編號
訂單編號
連接類型(J)...
建立新的關聯(N)...
強迫參考完整性(E)
串聯更新關聯欄位(U)
串聯刪除關聯記錄(D)
關聯類型:
一對多

4-6 刪除資料表關聯

若資料表之間的關聯不再需要，要刪除資料表間的關聯，方法如下：

STEP1 按一下要刪除的關聯，再按「Delete」鍵（或在要刪除的關聯上按右鍵，選取「刪除」）。

STEP2 按一下「是（Y)」。

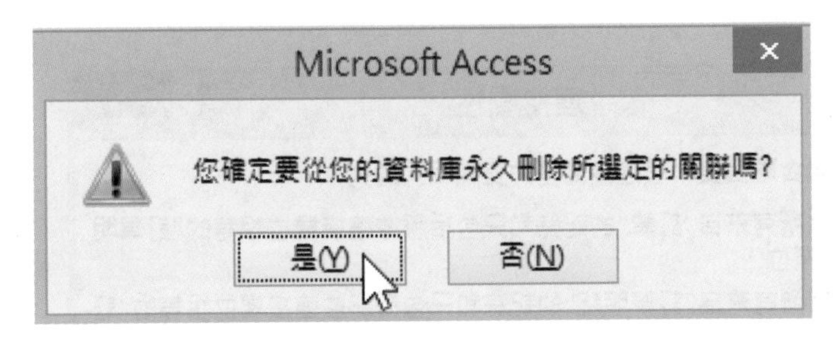

4-7 編輯關聯的設定

強迫參考完整性

資料表的關聯可設定強迫參考完整性，以避免資料庫中含有孤立的記錄。如果某訂單被取消，若從「訂單」資料表刪除，將造成在「訂單明細」資料表中此訂單相關記錄，都成了孤立的記錄。參考完整性的目的，就是要避免出現孤立記錄，並保持參考的同步。故選取「強迫參考完整性」，將能防止任意刪除「訂單」資料表（父資料表）的記錄或更改「訂單」資料表的主索引鍵值「訂單編號」。

串聯更新關聯欄位

若選取此項，當「訂單」資料表（父資料表）的主索引鍵值「訂單代號」更改時，「訂單明細」資料表中此訂單相關記錄的「訂單代號」也一併自動更改，以確保參考完整性。

串聯刪除關聯記錄

若選取此項，當「訂單」資料表（父資料表）的記錄刪除時，「訂單明細」資料表中，此訂單相關記錄也一併自動刪除，以確保參考完整性。

連接類型

在「編輯關聯」對話方塊中，按一下「連接類型（J）…」，可選擇資料表間的連接屬性。

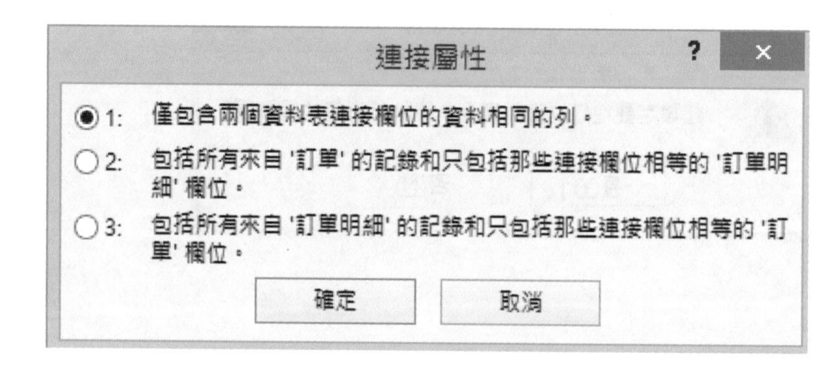

- 僅包含兩個資料表連接欄位的資料相同的記錄：包含兩個資料表皆符合的記錄。
- 包括所有來自'訂單'的記錄和只包括那些連接欄位相等的'訂單明細'欄位：包含左資料表所有的記錄和右資料表符合的記錄。
- 包括所有來自'訂單明細'的記錄和只包括那些連接欄位相等的'訂單' 欄位：包含右資料表所有的記錄和左資料表符合的記錄。

4-8 資料表分析精靈

Access資料庫管理系統也提供了「資料表分析」功能，協助使用者分析及分割資料表，方法如下：

»STEP1 在「資料庫工具」功能區的「分析」群組中，按一下「分析資料表」。

»STEP2 此步驟說明資料表重複資料造成的問題，按「下一步」。

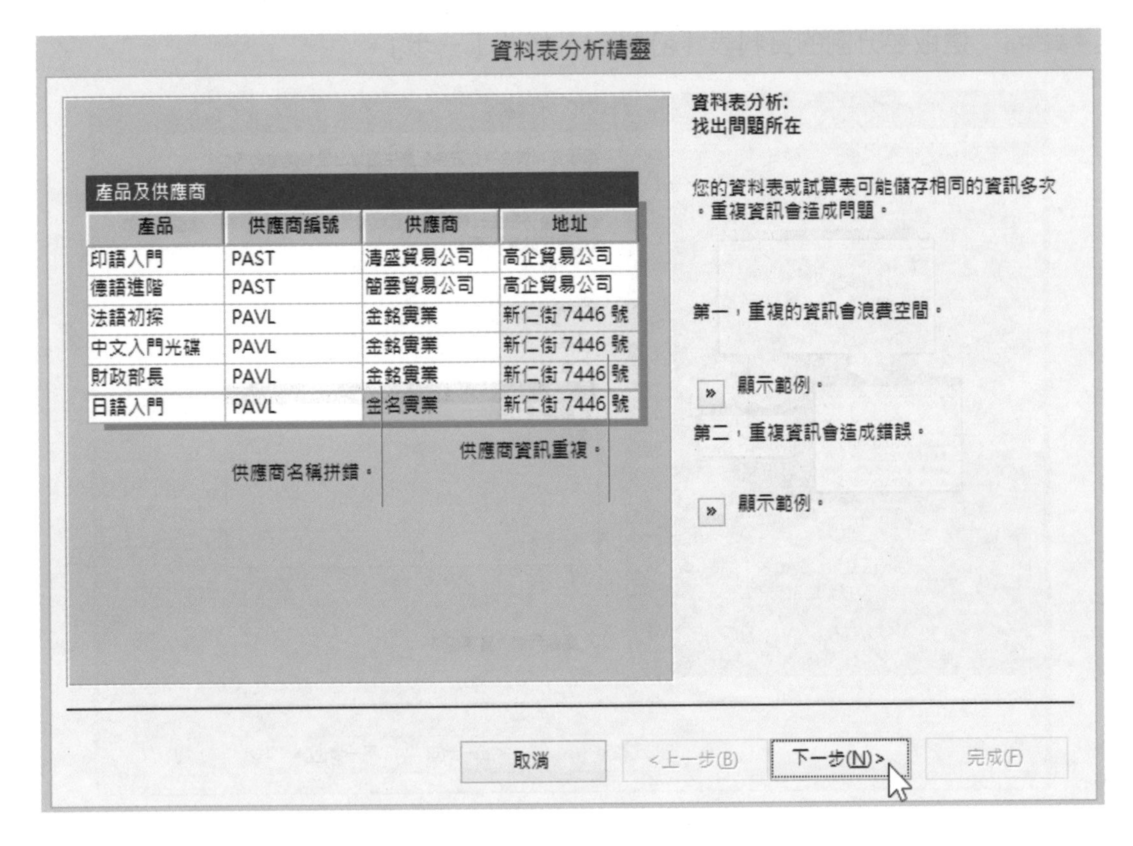

»STEP3 此步驟說明資料表分割，按「下一步」。

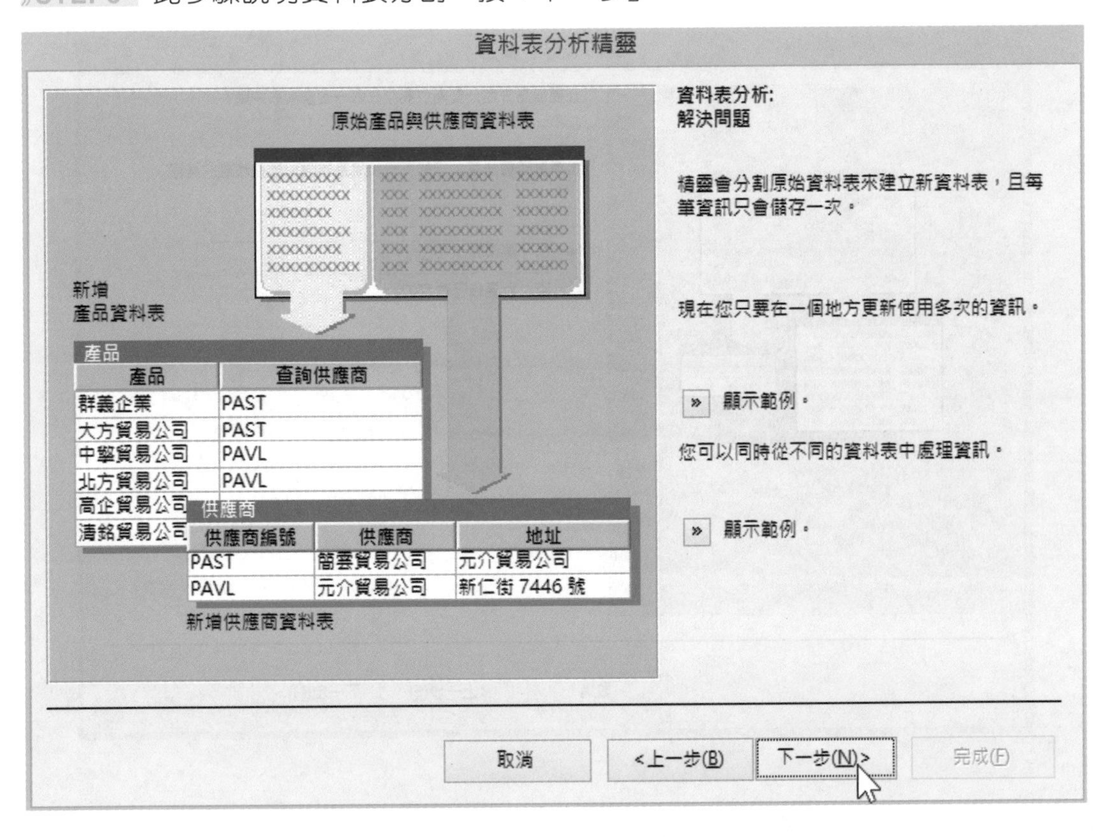

STEP4 選取要分割的資料表「訂單2」，按「下一步」。

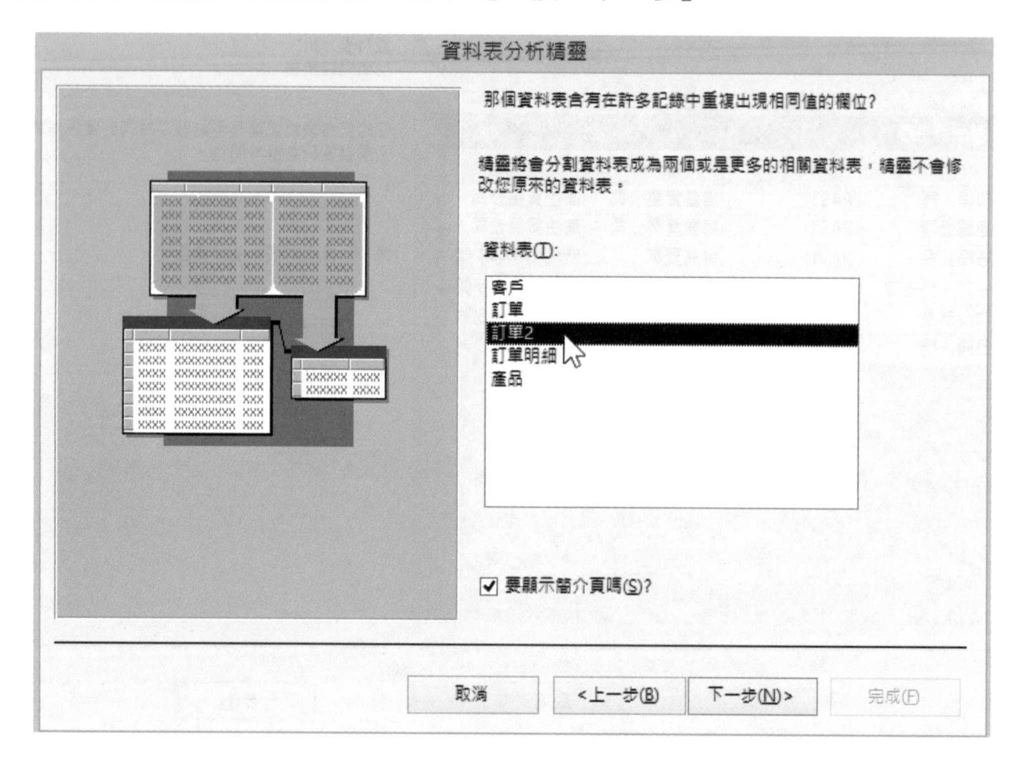

STEP5 由精靈決定資料表分割方式，按「下一步」(也可自己決定)。

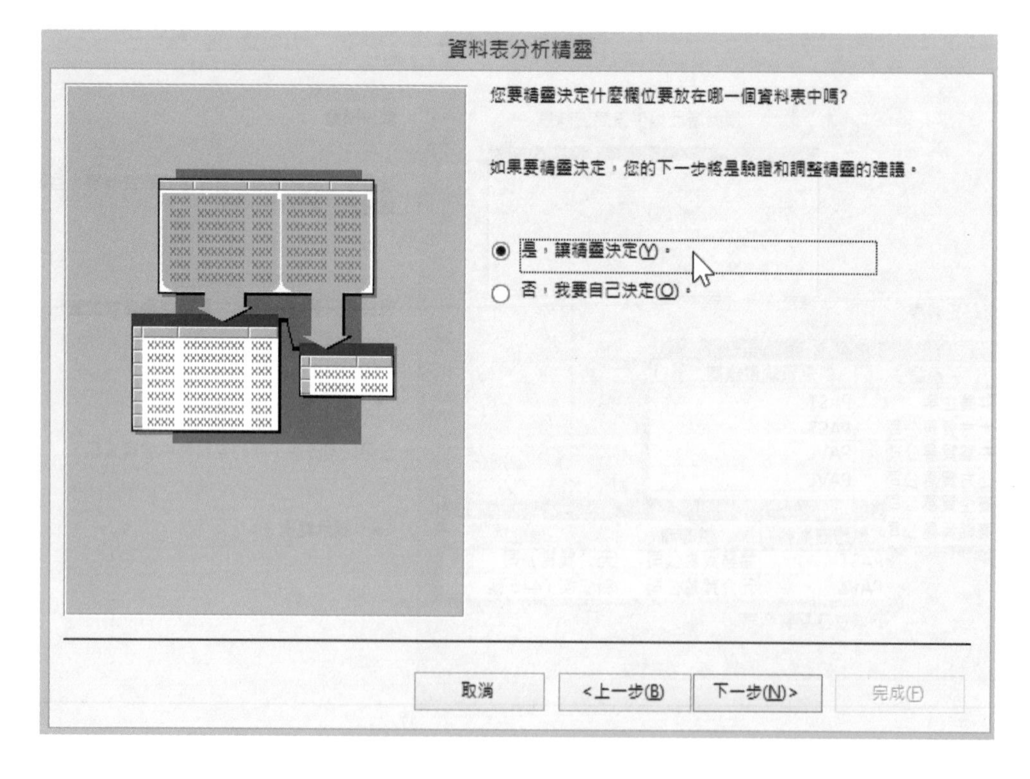

»STEP6 將「客戶寶號」拖曳出來，命名為「客戶資料」資料表，選取「資料表1」，按「更改資料表名稱」，改名為「訂單資料」；選取「資料表2」，按「更改資料表名稱」，改名為「產品資料」，按「下一步」。

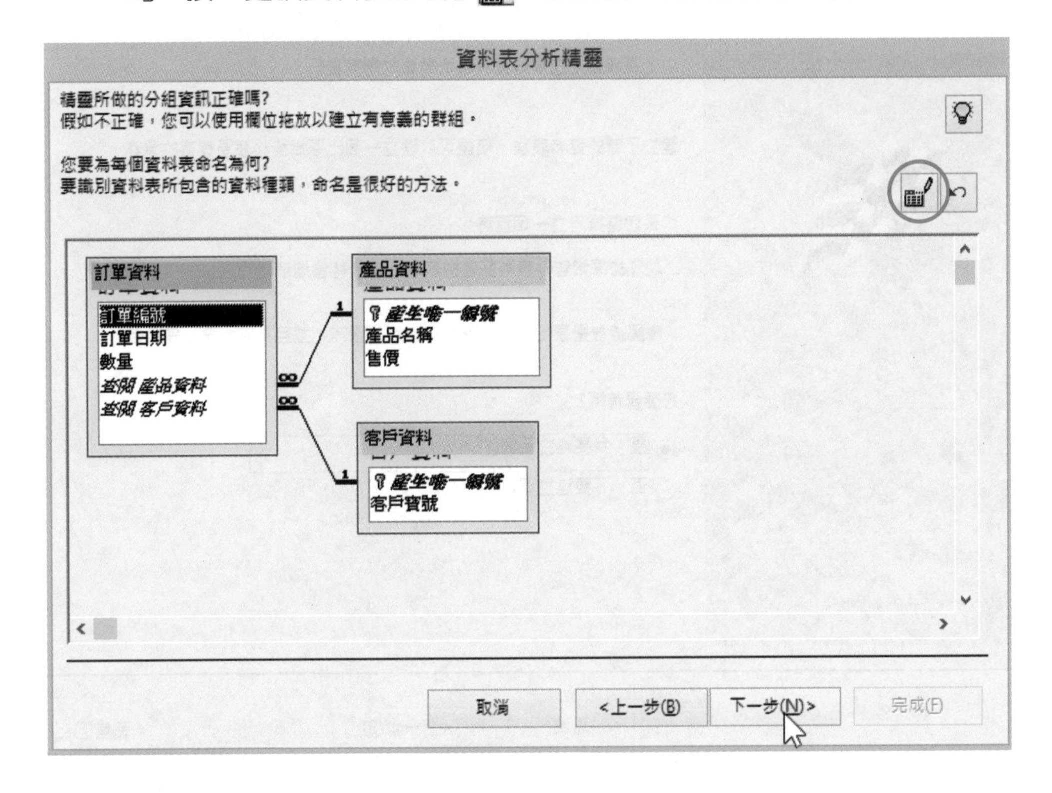

»STEP7 選取「訂單資料」資料表的「訂單編號」，按「設定唯一識別字」，按「下一步」。

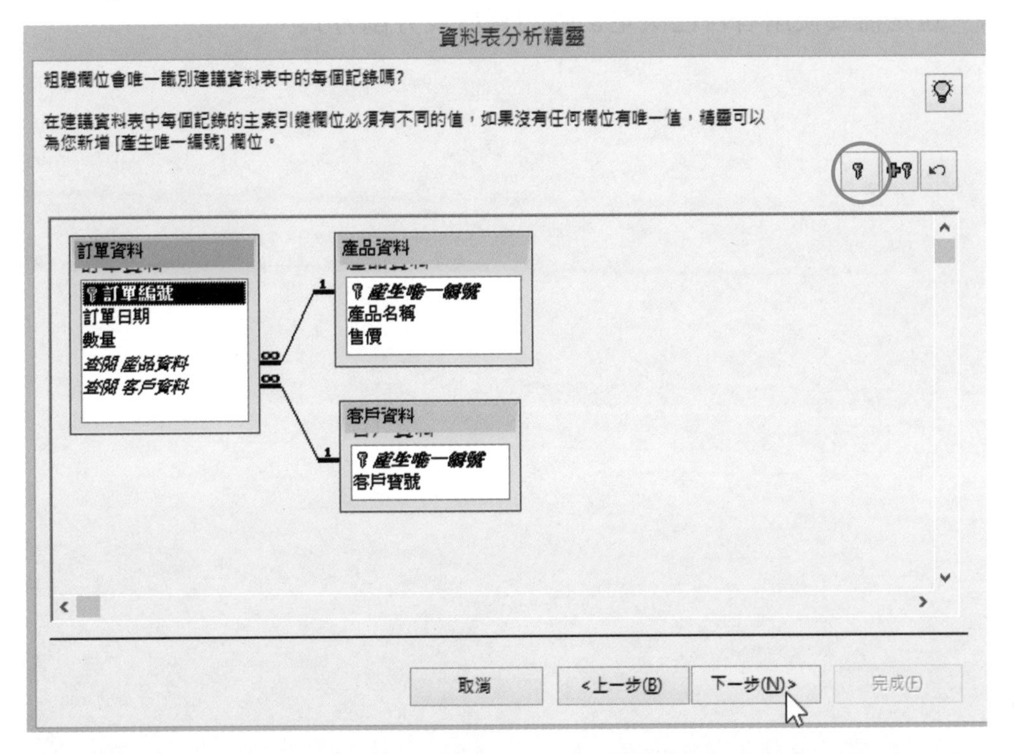

»STEP8 選取「是，我要建立查詢（Y)」，除分割資料表外，會另行建立查詢物件，按「完成（F)」（查詢物件將於下一章介紹）。

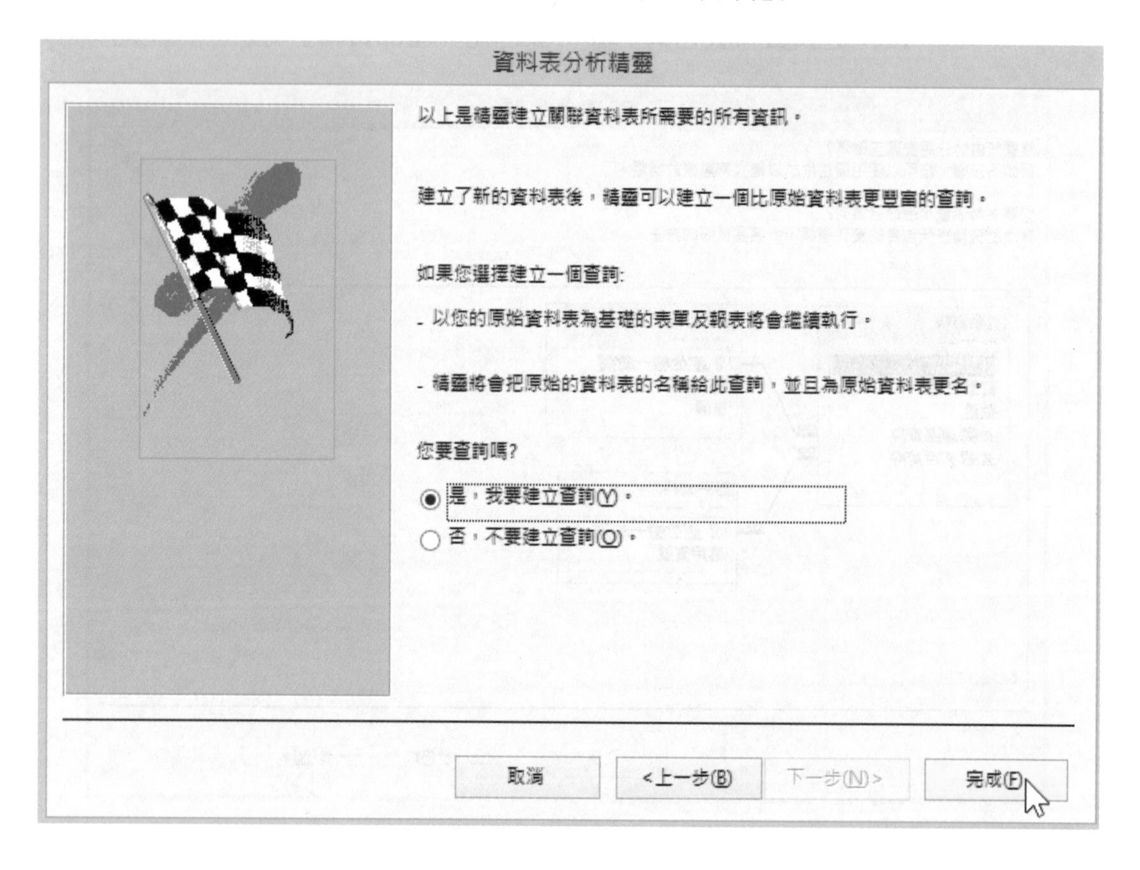

完成後，「訂單2」資料表分割成三個資料表，資料表分析精靈功能還不夠完善，還是需要使用者自己決定正確的資料表分割方式。

本章習題

❖選擇題

(　)1. 資料表間可建立的關聯類型包含哪些？(A)一對一關聯 (B)一對多關聯 (C)多對多關聯 (D)關聯交叉。

(　)2. 以下何者為非？(A)資料表關聯可編輯 (B)資料表關聯無法刪除 (C)可列印資料庫關聯圖 (D)可顯示資料庫關聯圖。

(　)3. 資料表「關聯工具」的「設計」功能區包含哪些工具？(A)編輯關聯 (B)關聯報表 (C)隱藏資料表 (D)所有關聯。

(　)4. 資料表間建立的關聯可設定 (A)串聯更新關聯欄位 (B)串聯更新關聯記錄 (C)串聯刪除關聯欄位 (D)串聯刪除關聯記錄。

(　)5. 資料表關聯勾選強迫參考完整性，以下何者正確？(A)避免資料重複 (B)保密資料 (C)避免資料庫中含有孤立的記錄 (D)無法更改資料。

❖實作題

1. 請使用資料庫「ex04.accdb」，依照下圖建立「資料庫關聯圖」。

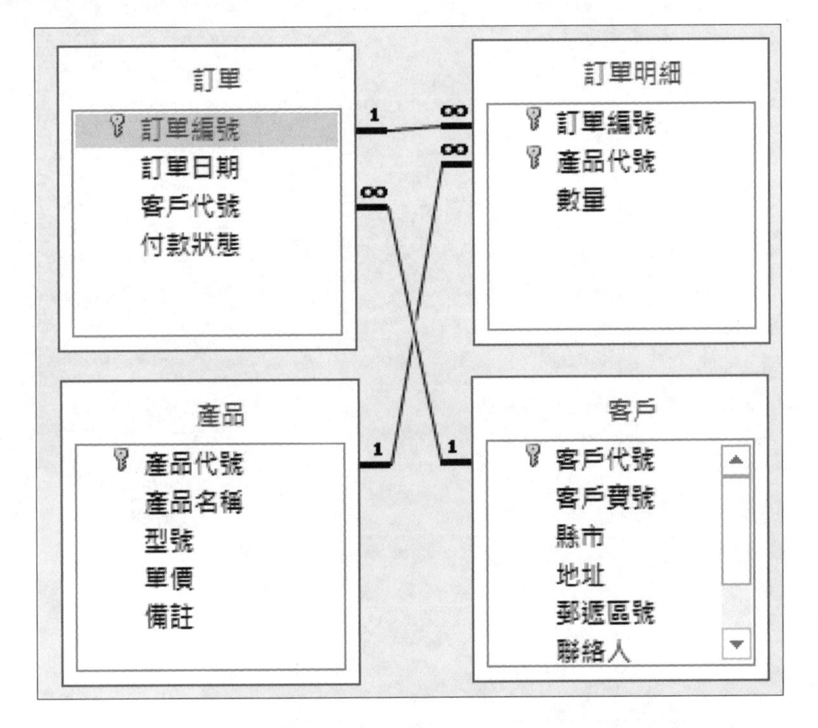

NOTE

Access 2013

查詢的建立

前幾章瞭解如何建立資料表、輸入資料和建立資料表的關聯。資訊需求的來源，往往不是由單一資料表內的資料就可以提供；而是需要來自多個相關聯資料表內的資料。查詢不但可以提供多資料表的資料需求，也可以提供表單和報表的資料來源。本章將說明如何建立查詢，以及查詢的相關應用。

學習目標

- 5-1 查詢介紹
- 5-2 查詢建立
- 5-3 查詢應用範例
- 5-4 常用函數說明
- 5-5 使用多資料表的查詢
- 5-6 計算欄位的應用
- 5-7 查詢欄位的屬性
- 5-8 參數查詢
- 5-9 彙總資料

前幾章瞭解如何建立資料表、輸入資料和建立資料表的關聯。資訊需求的來源，往往不是由單一資料表內的資料就可以提供；而是需要來自多個相關聯資料表內的資料。查詢不但可以提供多資料表的資料需求，也可以提供表單和報表的資料來源。本章將說明如何建立查詢，以及查詢的相關應用。

5-1 查詢介紹

企業日常需要處理的交易資料，經由資料庫管理系統儲存，不論應用到訂單管理、採購管理、庫存管理、人事管理等資訊管理系統，皆需要先行建立「資料表」，而後可建立「查詢」以提供例行性的資訊和臨時性的資訊需求，所需的資訊也許從一個資料表擷取資料即可，但很多的需求需要由數個有關聯的資料表擷取資料，並且需要重複不斷查詢特定或不特定的資料，可能每日、每週或每月，也可能是不定時的資訊需求。

查詢本身是一些處理資料的命令。除了可以篩選資料、排序資料及資料的分組統計外，還能建立、更新、刪除資料。資料是儲存於資料表中，而不是儲存於查詢中。當我們執行查詢時，Access才會根據查詢內的命令至相關的資料表處理資料。

「查詢」分爲「選取查詢」和「動作查詢」。「選取查詢」作業的主要目的在於篩選資料、排序資料及資料的分組統計。若需要在資料表中進行批次的新增、更改或刪除資料的查詢作業，通常使用「動作查詢」。本章僅說明「選取查詢」的應用，下一章將說明「動作查詢」的應用。

查詢的資料來源可由資料表或查詢的資料而來，而查詢的結果也可當成表單或報表的資料來源。

查詢的結果可以是資料表中的部分欄位資料。如下圖所示。

訂單編號	訂單日期	客戶代號	產品代號	業務員編號	數量	售價	付款狀態
1	2015/1/10	A01	T01	11	20	NT$12,000	☐
2	2015/1/20	A04	W02	14	25	NT$18,000	☑
3	2015/2/10	A02	F02	12	13	NT$25,000	☐
4	2015/2/20	A03	T02	13	6	NT$25,000	☑
5	2015/3/10	A01	F01	11	8	NT$20,000	☐
6	2015/3/20	A04	W01	12	30	NT$9,000	☑

訂單編號	訂單日期	客戶代號	產品代號	數量
1	2015/1/10	A01	T01	20
2	2015/1/20	A04	W02	25
3	2015/2/10	A02	F02	13
4	2015/2/20	A03	T02	6
5	2015/3/10	A01	F01	8
6	2015/3/20	A04	W01	30

查詢的結果也可以是數個資料表中的欄位資料。如下圖所示。

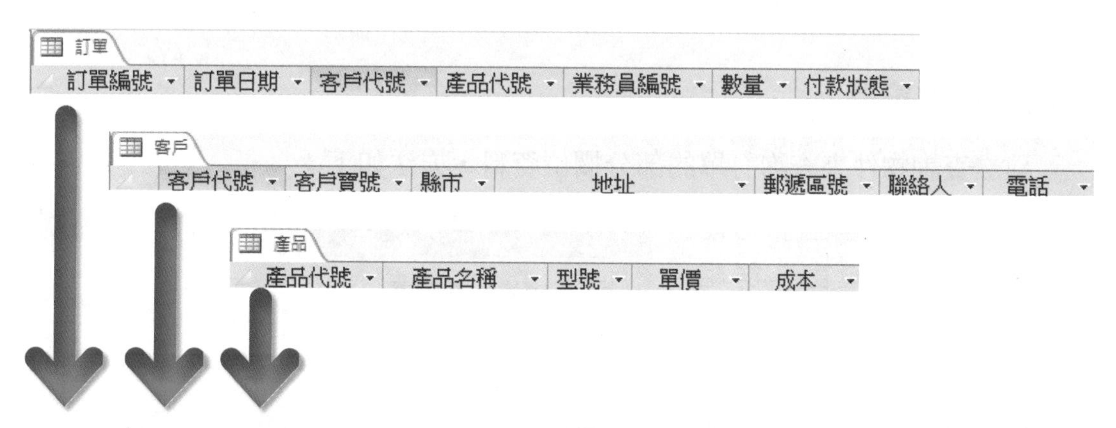

訂單編號	訂單日期	客戶寶號	電話	產品名稱	單價	數量
1	2015/1/10	語田貿易	02-96346531	32吋電視機	NT$12,000	20
2	2015/1/20	鼎蹟商業	07-7241277	10公斤洗衣機	NT$18,000	25
3	2015/2/10	綠構商行	03-8620401	五門電冰箱	NT$25,000	13
4	2015/2/20	台園國際	04-46302542	42吋電視機	NT$25,000	6
5	2015/3/10	語田貿易	02-96346531	三門電冰箱	NT$20,000	8
6	2015/3/20	鼎蹟商業	07-7241277	7公斤洗衣機	NT$9,000	30

5-2 查詢建立

本節說明建立查詢的方法，包含使用「查詢設計」和「查詢精靈」建立查詢、建立後的查詢如何執行，以及如何修改和刪除查詢。

5-2-1 建立查詢方法

請先開啓資料庫檔案「Ch05.accdb」。

可以使用「查詢設計」或「查詢精靈」依循下圖功能區的工具建立查詢。

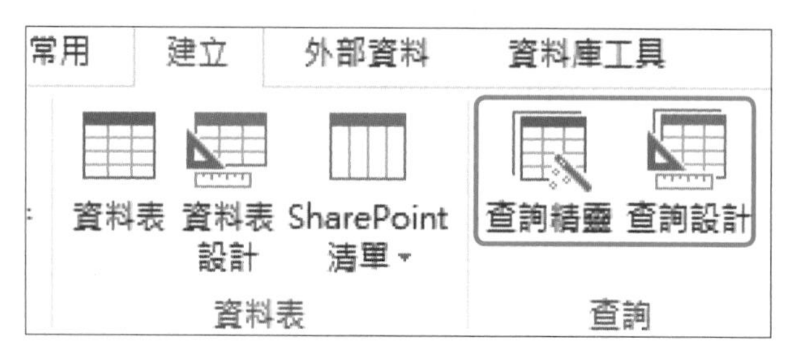

▲ 建立查詢的方法

使用「查詢設計」

建立查詢物件來查詢訂單的部分欄位資料，方法如下：

» STEP1 選取「建立」功能區的「查詢」群組的「查詢設計」。

» STEP2 選取「訂單」資料表，接著按「新增(A)」(或連按兩下「訂單」)，再按「關閉(C)」，即可進入「設計檢視」窗格。

說明

- 建立「查詢」的資料來源可以是資料表或查詢物件。
- 選取連續的資料表：先選取第一個資料表，再按住「Shift」鍵後，選取最後一個資料表。
- 選取不連續的資料表：先選取第一個資料表，再按住「Ctrl」鍵後，選取其他資料表。

STEP3 將資料表所需要的欄位置入下方「設計格線」中，置入方法如下：

- 在欄位上連按兩下。
- 拖放欄位到下方「設計格線」中的「欄位」列。
- 在下方「設計格線」中的「欄位」列上，使用下拉式選單選取欄位。

請依下圖欄位放置：

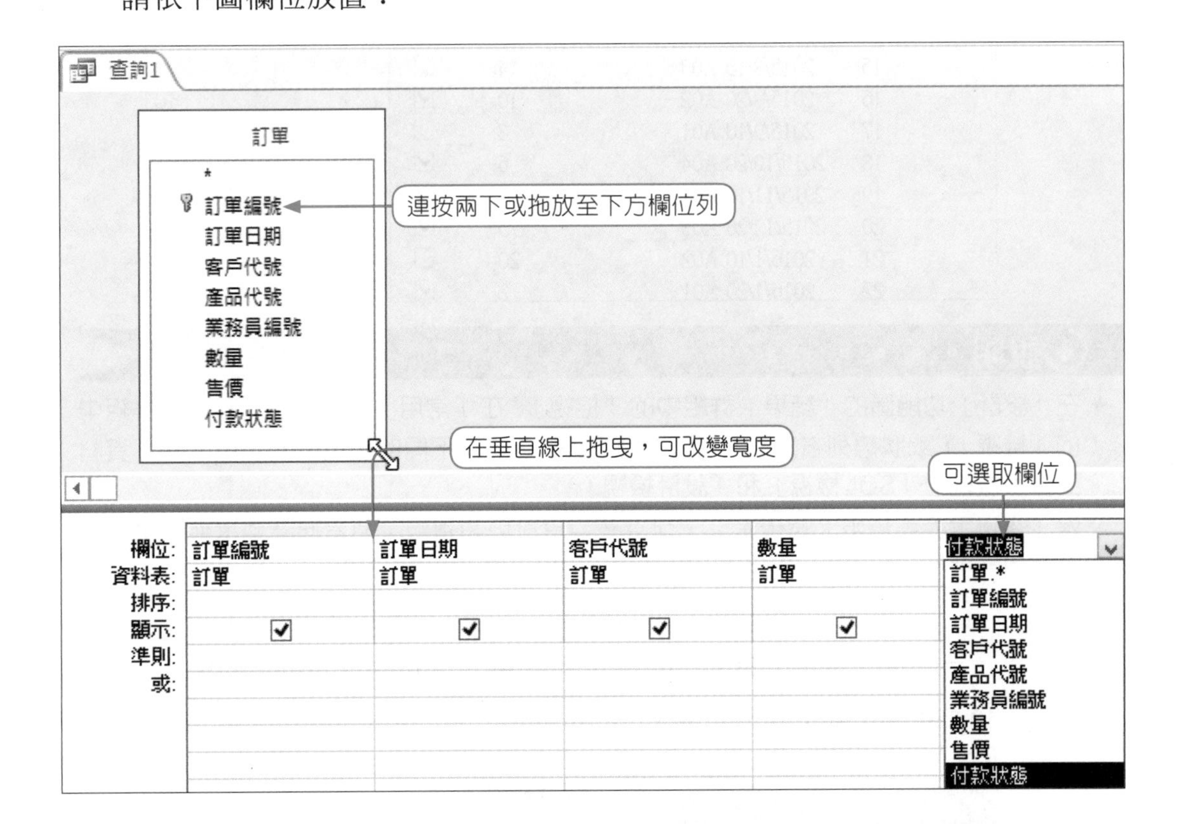

說明

上圖「訂單」資料中的「*」代表所有欄位。

STEP4 在「設計」功能區的「結果」群組，按一下「執行」! 來執行查詢，即切換至「資料工作表檢視」瀏覽結果（或在「設計」功能區的「結果」群組，按一下「檢視」）。

訂單編號	訂單日期	客戶代號	數量	付款狀態
1	2015/1/10	A01	20	☐
2	2015/1/20	A04	25	☑
3	2015/2/10	A02	13	☐
4	2015/2/20	A03	6	☑
5	2015/3/10	A01	8	☐
6	2015/3/20	A04	30	☑
7	2015/4/10	A03	7	☐
8	2015/4/20	A02	12	☑
9	2015/5/10	A01	22	☐
10	2015/5/20	A04	8	☑
11	2015/6/10	A03	26	☐
12	2015/6/20	A03	16	☑
13	2015/7/10	A04	18	☐
14	2015/7/20	A02	35	☑
15	2015/8/10	A03	14	☐
16	2015/8/20	A02	10	☑
17	2015/9/10	A01	3	☐
18	2015/10/20	A04	6	☑
19	2015/11/10	A01	11	☐
20	2015/12/20	A03	5	☑
21	2016/1/10	A02	20	☐
22	2016/1/20	A01	2	☑

說明

- 在「設計」功能區的「結果」群組中的「檢視」、在「常用」功能區的「檢視」群組中的「檢視」，或狀態列右方工具 SQL 可切換不同的檢視模式，依序為「資料工作表檢視」、「SQL檢視」和「設計檢視」。
- 在「資料工作表檢視」模式下，大部分情況是可編輯資料，但有些情況下無法編輯資料，如計算欄位、交叉資料表等等。

STEP5 按一下快速存取工具列上的儲存檔案，來儲存「查詢」物件。

STEP6 輸入查詢名稱，再按「確定」，即可儲存此「查詢」物件。

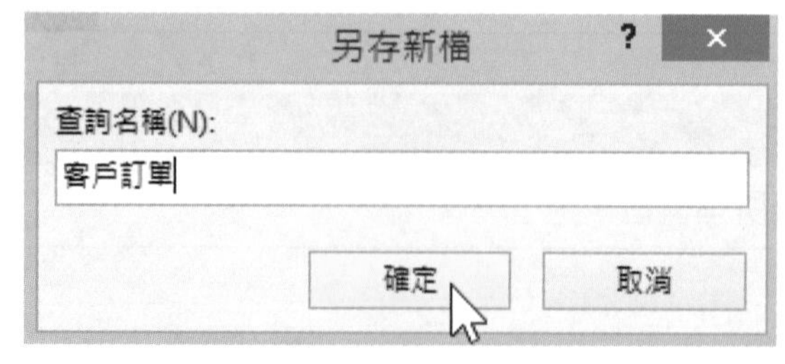

STEP7 關閉「資料工作表檢視」窗格。

使用「查詢精靈」

「查詢精靈」提供四項精靈建立查詢，包含「簡單查詢精靈」、「交叉資料表查詢精靈」、「尋找重複資料查詢精靈」和「尋找不吻合資料查詢精靈」。本節僅說明「簡單查詢精靈」，其他三項查詢精靈，將於下一章說明。

建立查詢物件，來查詢訂單的部分欄位資料，方法如下：

» STEP1 在「建立」功能區的「查詢」群組，按一下「查詢精靈」。

» STEP2 選取「簡單查詢精靈」，按「確定」。

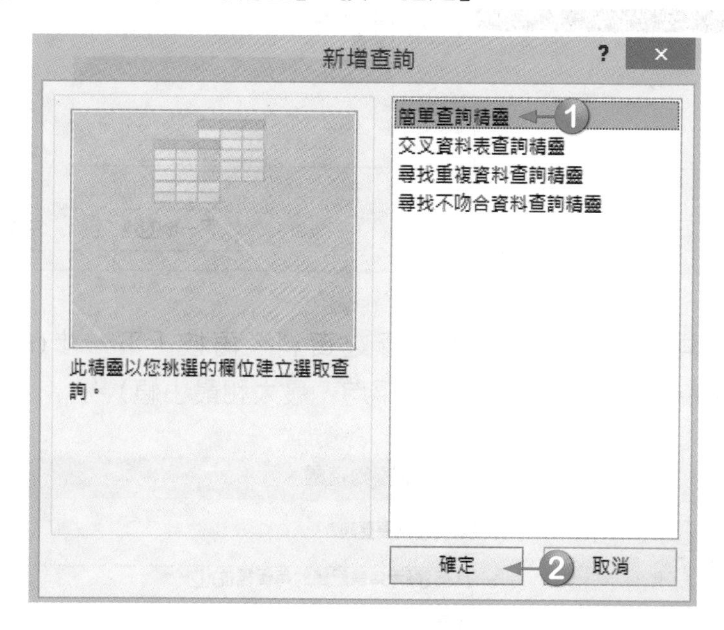

» STEP3 先選取要使用的資料表或查詢，接下來選取需要的欄位移至右方，完成後按「下一步」。請依照下圖選取「資料表：訂單」，將「訂單編號」、「訂單日期」、「客戶代號」、「數量」、「付款狀態」等欄位移至右方。

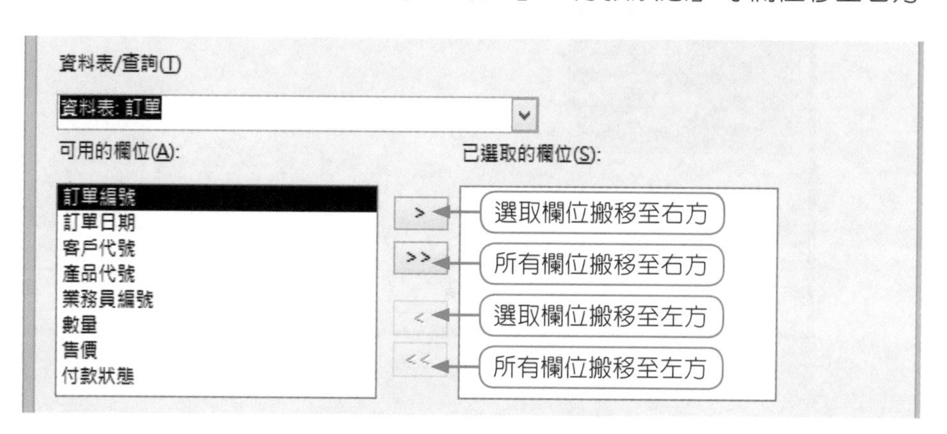

簡單查詢精靈

您想要哪些欄位出現在您的查詢?

您可以選擇一個以上的資料表或查詢。

資料表/查詢(T)

資料表: 訂單

可用的欄位(A):

產品代號
業務員編號
售價

已選取的欄位(S):

訂單編號
訂單日期
客戶代號
數量
付款狀態

> >> < <<

取消 <上一步(B) 下一步(N)> 完成(F)

»STEP4 請選取「詳細」以顯示每筆記錄之資料，再按「下一步(N)」(若選取「摘要」，可摘要數值的加總、平均、最大和最小值)。

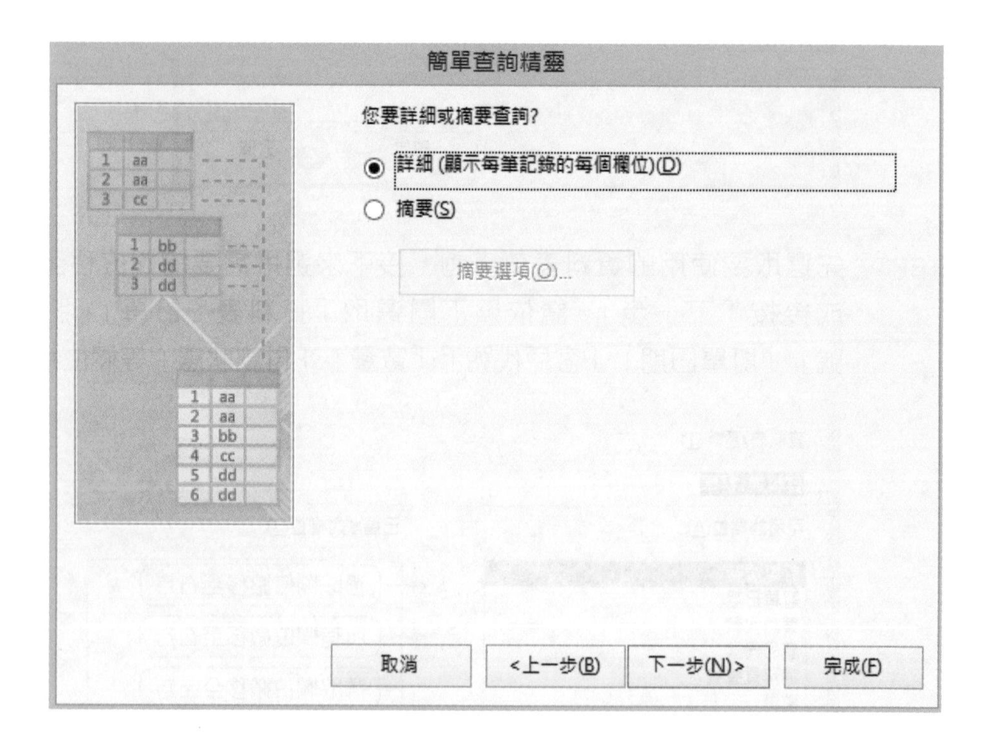

STEP5 輸入查詢標題，即為查詢物件的名稱，按「完成」即可開啓查詢的結果。

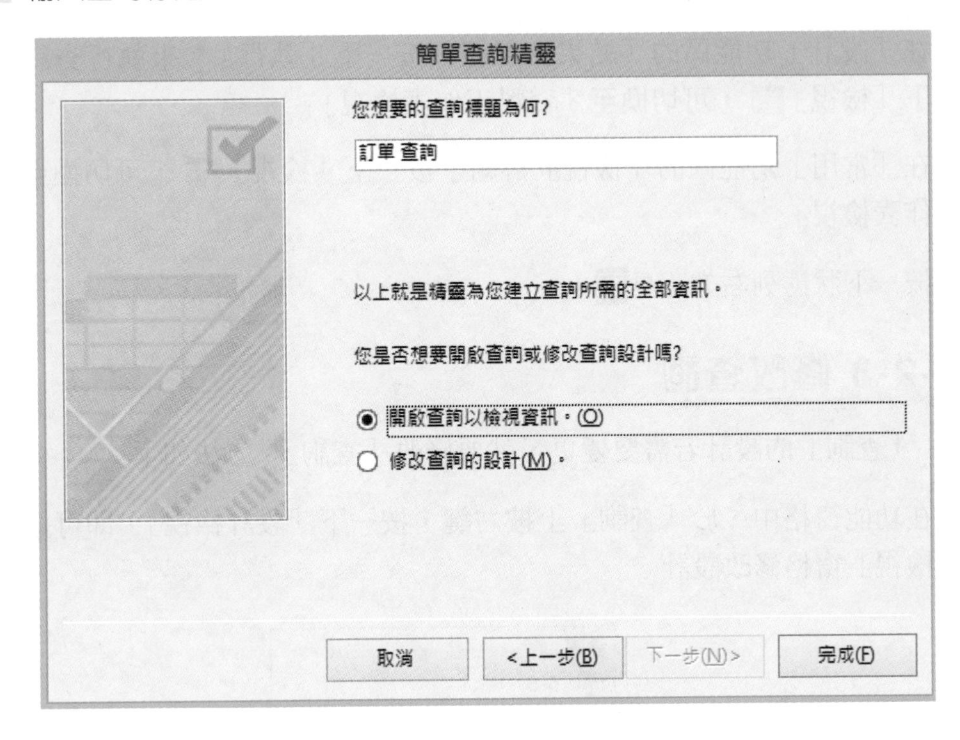

STEP6 關閉「資料工作表檢視」窗格。

5-2-2 執行查詢

已建立好的「查詢」，需要時就可執行，執行後傳回結果。「查詢」物件並不儲存資料，而是執行時，才依據「查詢」的命令由資料表中擷取資料。

若「查詢」未開啓時，開啓查詢的方法如下：

- 在功能窗格中，連按兩下「查詢」。
- 在功能窗格中，選取「查詢」，再按「Enter」鍵。
- 在功能窗格中，於「查詢」上按右鍵，按一下「開啟」。

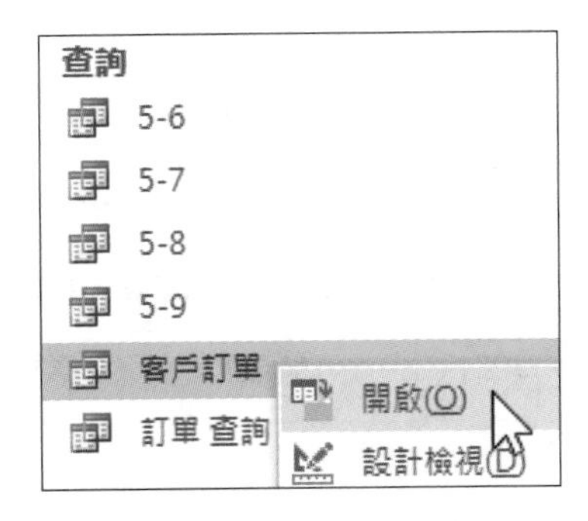

在查詢「設計檢視」模式時，切換至「資料工作表檢視」模式方法如下：

- 在「設計」功能區的「結果」群組，按一下「執行」! 來執行查詢。若按一下「檢視」，可切換至「資料工作表檢視」。
- 在「常用」功能區的「檢視」群組，按一下「檢視」，可切換至「資料工作表檢視」。
- 按一下狀態列右方工具。

5-2-3 修改查詢

「查詢」的設計若需要變更，就要修改「查詢」。方法如下：

- 在功能窗格中，於「查詢」上按右鍵，按一下「設計檢視」，即可進入「設計檢視」窗格修改設計。

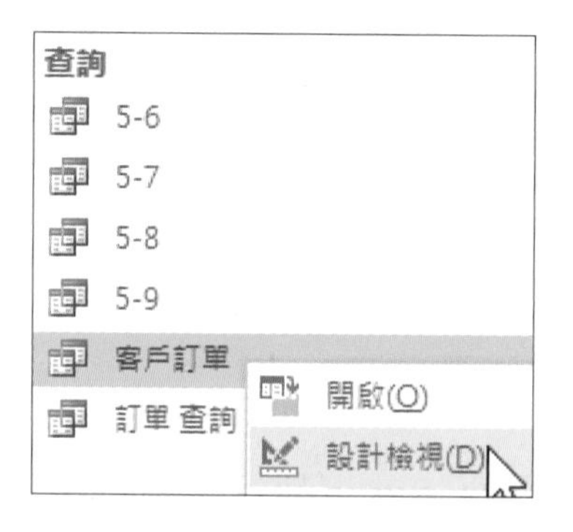

5-2-4 刪除查詢

刪除不再需要的「查詢」，方法如下：

» STEP1 在功能窗格中，選取「查詢」，再按「Delete」鍵；或在「查詢」上按右鍵，再按一下「刪除」。（若「查詢」在開啟狀態，應先關閉）

» STEP2 在對話方塊中選「是（Y）」，即可刪除「查詢」。

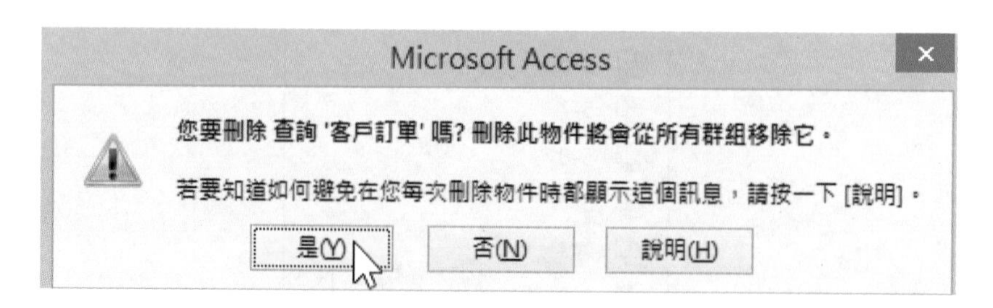

5-2-5 「查詢工具」的「設計」功能區

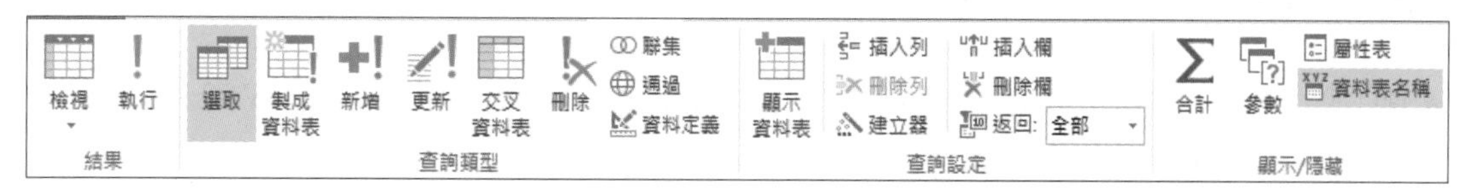

▲「查詢工具」的「設計」功能區

➡ 表5-1 「查詢工具」的「設計」功能區工具說明

工具	說明
檢視	切換檢視模式
執行	執行「查詢」中指定的巨集指令，傳回結果
選取	切換至「選取」查詢類型，讓查詢從資料庫選取記錄，並將記錄儲存為新資料表
製成資料表	切換至「製成資料表」查詢類型，讓查詢從資料庫選取及顯示記錄
新增	切換至「新增」查詢類型，讓查詢新增記錄到現有的資料表
更新	切換至「更新」查詢類型，讓查詢更新資料到現有的資料表
交叉資料表	切換至「交叉資料表」查詢類型，
刪除	切換至「刪除」查詢類型，讓查詢刪除現有資料表中，與準則相符的記錄
聯集	切換至SQL「聯集」查詢類型。使用 UNION 運算子來合併兩個或兩個以上選取查詢結果的查詢。(參考第16章)
通過	切換至SQL「通過」查詢。可將SQL指令直接傳送到 ODBC 資料庫伺服器的SQL特定查詢。
資料定義	切換至SQL「資料定義」查詢類型。可建立或變更資料庫中的物件。(參考第16章)
顯示資料表	顯示資料表和查詢，可供再加入「查詢設計」中
插入列	插入準則列
刪除列	刪除準則列
建立器	使用「運算式建立器」
插入欄	插入空白欄位
刪除欄	刪除選取的欄位
返回	臨界數值，顯示頂端或底端的筆數或百分比
合計	顯示或隱藏合計列
參數	定義必須輸入以執行查詢的參數
屬性表	顯示或隱藏屬性表，可設定物件的屬性
資料表名稱	顯示或隱藏資料表名稱

5-3 查詢應用範例

● 範例一：建立查詢，從「訂單」資料表篩選出「產品代號」是W02的記錄，並依「訂單日期」遞增排序。

»STEP1 在「建立」功能區的「查詢」群組，按一下「查詢設計」。

»STEP2 連按兩下「訂單」，再按「關閉（C)」。

»STEP3 「設計檢視」窗格設計如下：

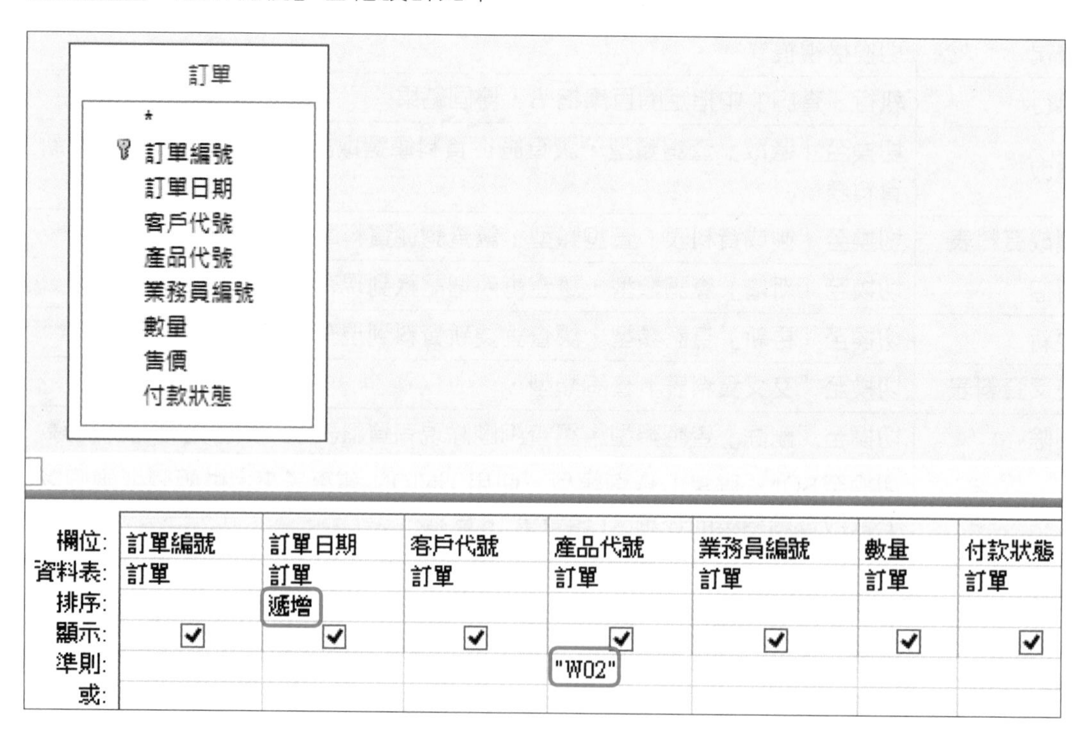

»STEP4 在「設計」功能區的「結果」群組按一下「執行」!，以執行查詢。

訂單編號	訂單日期	客戶代號	產品代號	業務員編號	數量	付款狀態
2	2015/1/20	A04	W02	14	25	☑
7	2015/4/10	A03	W02	11	7	☐
13	2015/7/10	A04	W02	11	18	☐
17	2015/9/10	A01	W02	11	3	☐

範例二、建立查詢，從「訂單」資料表篩選出「產品代號」爲W開頭的記錄，並依「產品代號」遞增排序，再依「訂單日期」遞減排序。

STEP1 在「建立」功能區的「查詢」群組，按一下「查詢設計」。

STEP2 連按兩下「訂單」，再按「關閉（C）」。

STEP3 「設計檢視」窗格設計如下：

欄位:	產品代號	訂單編號	訂單日期	客戶代號	業務員編號	數量	付款狀態
資料表:	訂單	訂單	訂單	訂單	訂單	訂單	訂單
排序:	遞增		遞減				
顯示:	☑	☑	☑	☑	☑	☑	☑
準則:	Like "W*"						
或:							

STEP4 在「設計」功能區的「結果」群組按一下「執行」!，以執行查詢。

產品代號	訂單編號	訂單日期	客戶代號	業務員編號	數量	付款狀態
W01	22	2016/1/20	A01	11	2	☑
W01	20	2015/12/20	A03	13	5	☑
W01	14	2015/7/20	A02	14	35	☑
W01	6	2015/3/20	A04	12	30	☑
W02	17	2015/9/10	A01	11	3	☐
W02	13	2015/7/10	A04	11	18	☐
W02	7	2015/4/10	A03	11	7	☐
W02	2	2015/1/20	A04	14	25	☑

- 範例三：建立查詢，從「訂單」資料表篩選出「數量」在10至20之間，且「付款狀態」是Yes的記錄，但不顯示「付款狀態」欄位，並依「訂單日期」遞增排序。

STEP1 在「建立」功能區的「查詢」群組，按一下「查詢設計」。

STEP2 連按兩下「訂單」，再按「關閉（C）」。

STEP3 「設計檢視」窗格設計如下：

訂單編號	訂單日期	客戶代號	產品代號	業務員編號	數量	付款狀態
訂單	訂單	訂單	訂單	訂單	訂單	訂單
	遞增					
☑	☑	☑	☑	☑	☑	☐
					>=10 And <=20	Yes

STEP4 在「設計」功能區的「結果」群組按一下「執行」!，以執行查詢。

訂單編號	訂單日期	客戶代號	產品代號	業務員編號	數量
8	2015/4/20	A02	T01	12	12
12	2015/6/20	A03	F02	12	16
16	2015/8/20	A02	F02	12	10

說明

在設計方格中的「顯示」列中，取消核取方塊，則欄位資料將不會顯示出來。

● 範例四：建立查詢，從「訂單」資料表篩選出訂單日期爲2015/2/10的記錄，並依「訂單日期」遞增排序。

STEP1 在「建立」功能區的「查詢」群組，按一下「查詢設計」。

STEP2 連按兩下「訂單」，再按「關閉（C）」。

STEP3 「設計檢視」窗格設計如下：

欄位:	訂單編號	訂單日期	客戶代號	產品代號	業務員編號	數量	付款狀態
資料表:	訂單	訂單	訂單	訂單	訂單	訂單	訂單
排序:		遞增					
顯示:	✔	✔	✔	✔	✔	✔	✔
準則:		#2015/2/10#					
或:							

STEP4 在「設計」功能區的「結果」群組按一下「執行」!，以執行查詢。

訂單編號	訂單日期	客戶代號	產品代號	業務員編號	數量	付款狀態
3	2015/2/10	A02	F02	12	13	☐

● 範例五：建立查詢，從「訂單」資料表篩選出2016年訂單或A02客戶的訂單。

STEP1 在「建立」功能區的「查詢」群組，按一下「查詢設計」。

STEP2 連按兩下「訂單」，再按「關閉（C）」。

STEP3 「設計檢視」窗格設計如下：

欄位:	訂單編號	訂單日期	客戶代號	產品代號	業務員編號	數量	付款狀態	年: Year([訂單日期])
資料表:	訂單	訂單	訂單	訂單	訂單	訂單	訂單	
排序:								
顯示:	✔	✔	✔	✔	✔	✔	✔	✔
準則:								2016
或:			"A02"					

»STEP4 在「設計」功能區的「結果」群組按一下「執行」!，以執行查詢。

訂單編號	訂單日期	客戶代號	產品代號	業務員編號	數量	付款狀態	年
3	2015/2/10	A02	F02	12	13	☐	2015
8	2015/4/20	A02	T01	12	12	☑	2015
14	2015/7/20	A02	W01	14	35	☑	2015
16	2015/8/20	A02	F02	12	10	☑	2015
21	2016/1/10	A02	F02	14	20	☐	2016
22	2016/1/20	A01	W01	11	2	☑	2016

5-4 常用函數說明

Date

- 語法：Date( )
- 無引數
- 傳回值：系統日期

Now

- 語法：Now( )
- 無引數
- 傳回值：系統日期和時間

Year

- 語法：Year(date)
- 引數 date：日期資料
- 傳回值：日期資料的年份
- 例：Year(#2016/3/20#) 傳回 2016

Month

- 語法：Month(date)
- 引數 date：日期資料
- 傳回值：日期資料的月份
- 例：Month(#2016/3/20#) 傳回 3

Day

- 語法：Day(date)
- 引數 date：日期資料
- 傳回值：日期資料的日數
- 例：Day(#2016/3/20#) 傳回 20

Str

- 用途：將數值轉成文字
- 語法：Str(number)
- 引數 nunber：數值資料
- 傳回值：文字
- Str(1000) 傳回“1000”

Val

- 用途：將文字轉成數值
- 語法：Val(string)
- 引數 string：文字
- 傳回值：數值
- 例：Val(“123”) 傳回 123

IsNull

- 語法：IsNull(運算式)
- 用途：判斷運算式是否含有有效資料
- 引數：運算式
- 傳回值：布林(Boolean)值
- 例：IsNull(“123”) 傳回 False

5-5 使用多資料表的查詢

當需求的資訊需要由一個以上的資料表而來，應注意資料表間的關聯，如要查詢訂單相關資料包含「客戶寶號」、「產品名稱」，但此兩個欄位資料分別儲存於不同資料表中。

要建立多資料表的「查詢」，方法如下：

STEP1 「建立」功能區的「查詢」群組，按一下「查詢設計」。

STEP2 連按兩下「訂單」、「客戶」、「產品」資料表，再按「關閉（C)」，即可進入「設計檢視」窗格。

STEP3 依下圖選取所需要欄位，分別放入下方設計格線中。

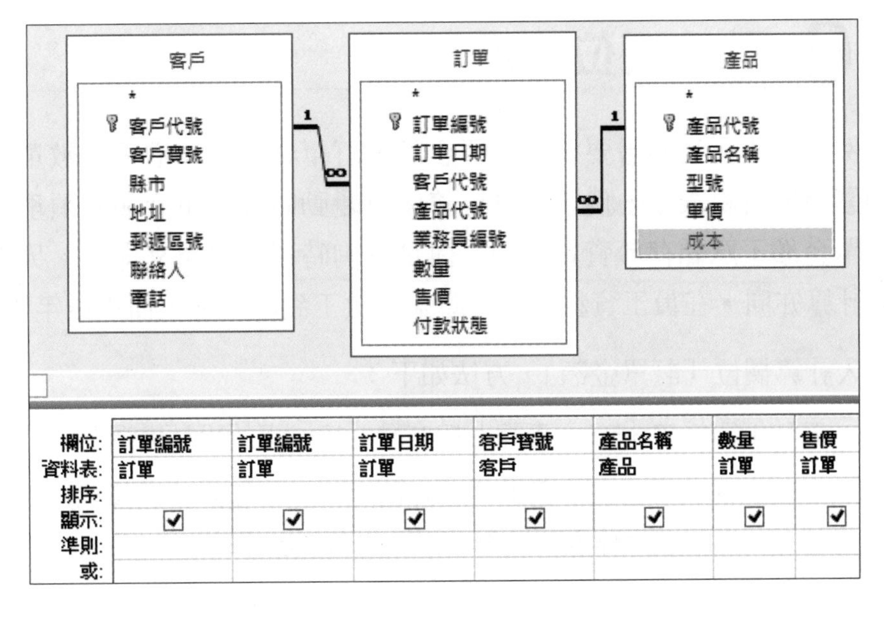

» STEP4 在「設計」功能區的「結果」群組按一下「執行」❗，來執行查詢，即進入「資料工作表檢視」窗格顯示執行結果。

訂單編號	訂單日期	客戶寶號	產品名稱	數量	售價
1	2015/1/10	語田貿易	32吋電視機	20	NT$12,000
2	2015/1/20	鼎蹟商業	10公斤洗衣機	25	NT$18,000
3	2015/2/10	綠構商行	五門電冰箱	13	NT$25,000
4	2015/2/20	台園國際	42吋電視機	6	NT$25,000
5	2015/3/10	語田貿易	三門電冰箱	8	NT$20,000
6	2015/3/20	鼎蹟商業	7公斤洗衣機	30	NT$9,000
7	2015/4/10	台園國際	10公斤洗衣機	7	NT$18,000
8	2015/4/20	綠構商行	32吋電視機	12	NT$12,000
9	2015/5/10	語田貿易	三門電冰箱	22	NT$20,000
10	2015/5/20	鼎蹟商業	42吋電視機	8	NT$25,000
11	2015/6/10	台園國際	32吋電視機	26	NT$12,000
12	2015/6/20	台園國際	五門電冰箱	16	NT$25,000
13	2015/7/10	鼎蹟商業	10公斤洗衣機	18	NT$18,000
14	2015/7/20	綠構商行	7公斤洗衣機	35	NT$9,000
15	2015/8/10	台園國際	三門電冰箱	14	NT$20,000
16	2015/8/20	綠構商行	五門電冰箱	10	NT$25,000
17	2015/9/10	語田貿易	10公斤洗衣機	3	NT$18,000
18	2015/10/20	鼎蹟商業	32吋電視機	6	NT$12,000
19	2015/11/10	語田貿易	42吋電視機	11	NT$25,000
20	2015/12/20	台園國際	7公斤洗衣機	5	NT$9,000
21	2016/1/10	綠構商行	五門電冰箱	20	NT$25,000
22	2016/1/20	語田貿易	7公斤洗衣機	2	NT$9,000

» STEP5 按一下快速存取工具列上的儲存檔案 🖫，來儲存「查詢」。

» STEP6 輸入查詢名稱「多資料表來源」再按「確定」，即可儲存此「查詢」。

5-6 計算欄位的應用

上例中，假使我們需要檢視訂單金額，訂單金額為售價乘上數量，若將訂單金額儲存於資料表中，倘若數量或售價有變動時，訂單金額必須重新計算，因而訂單金額不應儲存於資料表中，而是查詢時再計算出來即可。另外，員工的年資計算亦同，在員工資料表中，應儲存員工到職日期，而不是年資。

加入計算欄位「訂單金額」，方法如下：

» STEP1 在功能窗格中「5-6」查詢上按右鍵，按一下「設計檢視」。

» STEP2 在空白欄位按右鍵，選取「建立器(B)…」，使用「運算式建立器」協助建立（亦可自行輸入或使用「顯示比例」自行輸入）。

欄位:	訂單編號	訂單日期	客戶寶號	產品名稱	數量	售價	
資料表:	訂單	訂單	客戶	產品	訂單	訂單	
排序:							
顯示:	✔	✔	✔	✔	✔	✔	
準則:							
或:							

合計(L)
資料表名稱(N)
剪下(T)
複製(C)
貼上(P)
建立器(B)...
顯示比例(Z)...
屬性(P)...

»STEP3 在「運算式元素」中選取「5-6」，在「運算式類別」中連按兩下「數量」，輸入乘號 *，連按兩下「售價」，在[數量]*[售價]」運算式前加上「訂單金額:」(冒號是半形字)，按「確定」，再按「Enter」鍵完成「訂單金額」計算欄位建立（完成後可增加欄寬）。

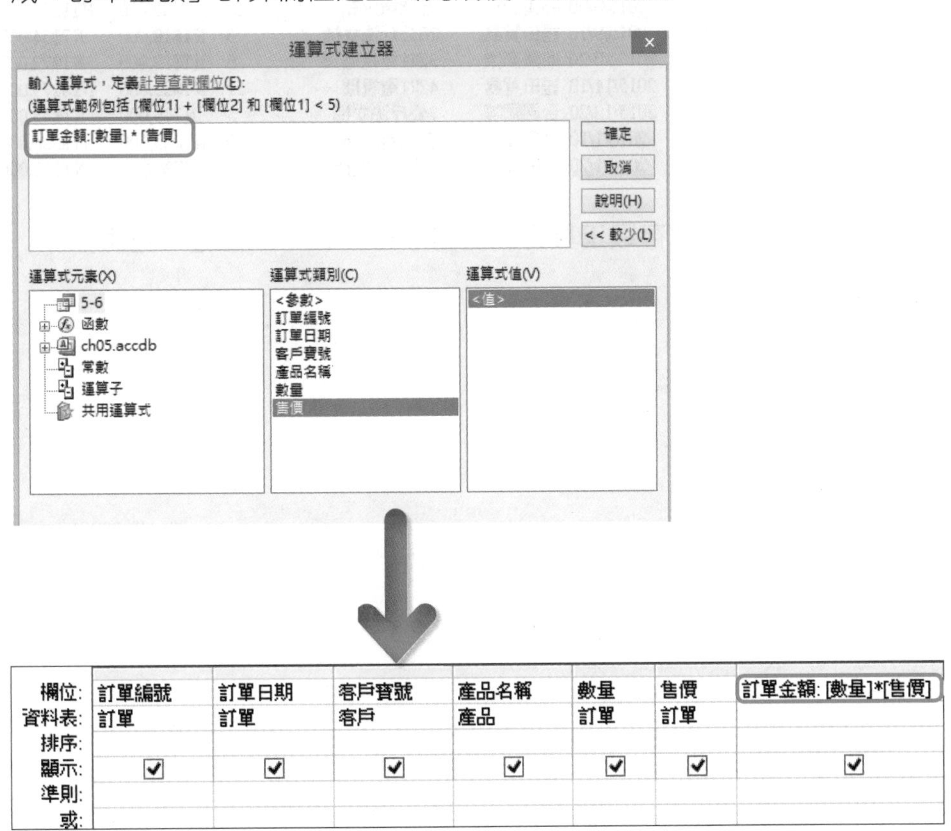

說明

步驟2，3替代方法：直接在空白欄位(或在空白欄位上按右鍵，選取「顯示比例」)，輸入「訂單金額: [數量]*[售價]」。

STEP4 在「設計」功能區的「結果」群組，按一下「執行」!，來執行查詢，即進入「資料工作表檢視」窗格顯示執行結果。

訂單編號	訂單日期	客戶寶號	產品名稱	數量	售價	訂單金額
1	2015/1/10	語田貿易	32吋電視機	20	NT$12,000	NT$240,000.00
2	2015/1/20	鼎蹟商業	10公斤洗衣機	25	NT$18,000	NT$450,000.00
3	2015/2/10	綠構商行	五門電冰箱	13	NT$25,000	NT$325,000.00
4	2015/2/20	台園國際	42吋電視機	6	NT$25,000	NT$150,000.00
5	2015/3/10	語田貿易	三門電冰箱	8	NT$20,000	NT$160,000.00
6	2015/3/20	鼎蹟商業	7公斤洗衣機	30	NT$9,000	NT$270,000.00
7	2015/4/10	台園國際	10公斤洗衣機	7	NT$18,000	NT$126,000.00
8	2015/4/20	綠構商行	32吋電視機	12	NT$12,000	NT$144,000.00
9	2015/5/10	語田貿易	三門電冰箱	22	NT$20,000	NT$440,000.00
10	2015/5/20	鼎蹟商業	42吋電視機	8	NT$25,000	NT$200,000.00
11	2015/6/10	台園國際	32吋電視機	26	NT$12,000	NT$312,000.00
12	2015/6/20	台園國際	五門電冰箱	16	NT$25,000	NT$400,000.00
13	2015/7/10	鼎蹟商業	10公斤洗衣機	18	NT$18,000	NT$324,000.00
14	2015/7/20	綠構商行	7公斤洗衣機	35	NT$9,000	NT$315,000.00
15	2015/8/10	台園國際	三門電冰箱	14	NT$20,000	NT$280,000.00
16	2015/8/20	綠構商行	五門電冰箱	10	NT$25,000	NT$250,000.00
17	2015/9/10	語田貿易	10公斤洗衣機	3	NT$18,000	NT$54,000.00
18	2015/10/20	鼎蹟商業	32吋電視機	6	NT$12,000	NT$72,000.00
19	2015/11/10	語田貿易	42吋電視機	11	NT$25,000	NT$275,000.00
20	2015/12/20	台園國際	7公斤洗衣機	5	NT$9,000	NT$45,000.00
21	2016/1/10	綠構商行	五門電冰箱	20	NT$25,000	NT$500,000.00
22	2016/1/20	語田貿易	7公斤洗衣機	2	NT$9,000	NT$18,000.00

STEP5 按一下快速存取工具列上的儲存檔案 🖫，來儲存「查詢」。

5-7 查詢欄位的屬性

「查詢」中的欄位可設定其欄位屬性。如上例，若要將「訂單金額」欄位小數位數去除，方法如下：

STEP1 在功能窗格中「5-7」查詢上連按兩下。

STEP2 在「常用」功能區的「檢視」群組，按一下「檢視」，切換至「設計檢視」。

STEP3 在「訂單金額」欄位上按右鍵，選取「屬性」。

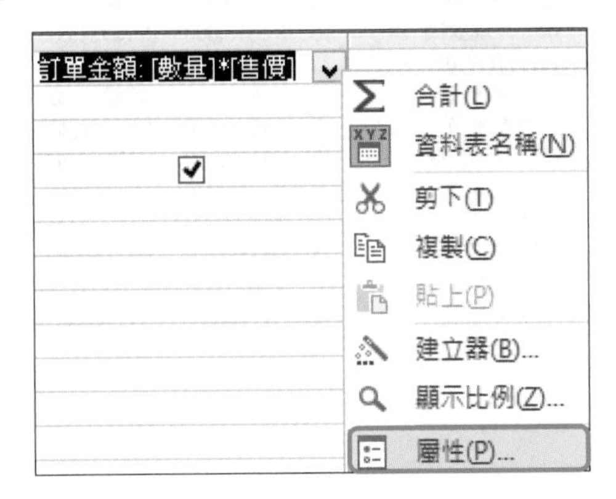

STEP4 在屬性表的「小數位數」中輸入「0」。

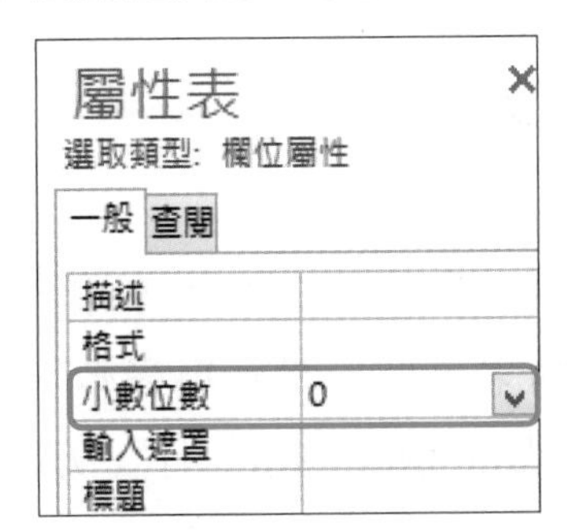

»STEP5 在「設計」功能區的「結果」群組，按一下「執行」! 執行查詢，即進入「資料工作表檢視」窗格顯示執行結果。

訂單編號	訂單日期	客戶寶號	產品名稱	數量	售價	訂單金額
1	2015/1/10	語田貿易	32吋電視機	20	NT$12,000	NT$240,000
2	2015/1/20	鼎蹟商業	10公斤洗衣機	25	NT$18,000	NT$450,000
3	2015/2/10	綠構商行	五門電冰箱	13	NT$25,000	NT$325,000
4	2015/2/20	台園國際	42吋電視機	6	NT$25,000	NT$150,000
5	2015/3/10	語田貿易	三門電冰箱	8	NT$20,000	NT$160,000
6	2015/3/20	鼎蹟商業	7公斤洗衣機	30	NT$9,000	NT$270,000
7	2015/4/10	台園國際	10公斤洗衣機	7	NT$18,000	NT$126,000
8	2015/4/20	綠構商行	32吋電視機	12	NT$12,000	NT$144,000
9	2015/5/10	語田貿易	三門電冰箱	22	NT$20,000	NT$440,000
10	2015/5/20	鼎蹟商業	42吋電視機	8	NT$25,000	NT$200,000
11	2015/6/10	台園國際	32吋電視機	26	NT$12,000	NT$312,000
12	2015/6/20	台園國際	五門電冰箱	16	NT$25,000	NT$400,000
13	2015/7/10	鼎蹟商業	10公斤洗衣機	18	NT$18,000	NT$324,000
14	2015/7/20	綠構商行	7公斤洗衣機	35	NT$9,000	NT$315,000
15	2015/8/10	台園國際	三門電冰箱	14	NT$20,000	NT$280,000
16	2015/8/20	綠構商行	五門電冰箱	10	NT$25,000	NT$250,000
17	2015/9/10	語田貿易	10公斤洗衣機	3	NT$18,000	NT$54,000
18	2015/10/20	鼎蹟商業	32吋電視機	6	NT$12,000	NT$72,000
19	2015/11/10	語田貿易	42吋電視機	11	NT$25,000	NT$275,000
20	2015/12/20	台園國際	7公斤洗衣機	5	NT$9,000	NT$45,000
21	2016/1/10	綠構商行	五門電冰箱	20	NT$25,000	NT$500,000
22	2016/1/20	語田貿易	7公斤洗衣機	2	NT$9,000	NT$18,000

5-8 參數查詢

如果篩選資料的條件，在執行查詢時才決定。每次執行查詢時，可設定不同的準則條件。

如要查詢出某一訂單日期區間的訂單資料，在執行查詢時才輸入訂單的開始與結束日期，則必須將「開始日期」與「結束日期」設定為參數，參數名稱自訂，並指定參數的資料類型，且依「訂單日期」欄位遞增排序，方法如下：

»STEP1 在功能窗格中「5-8」查詢上按右鍵，選取「設計檢視」。

»STEP2 在設計格線中「訂單日期」欄位的準則列輸入「Between [開始日期] And [結束日期]」，並依「訂單日期」欄位遞增排序。

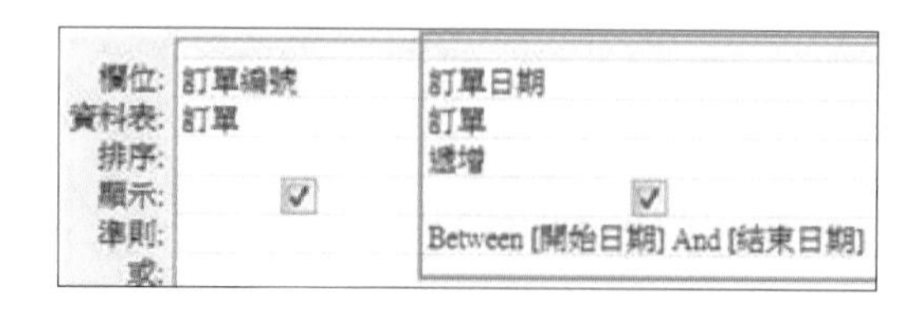

欄位:	訂單編號	訂單日期
資料表:	訂單	訂單
排序:		遞增
顯示:	☑	☑
準則:		Between [開始日期] And [結束日期]
或:		

»STEP3 在「設計」功能區的「顯示/隱藏」群組，按一下「參數」，在「查詢參數」窗格中輸入參數名稱，並指定參數的資料類型「日期/時間」後，按一下「確定」。

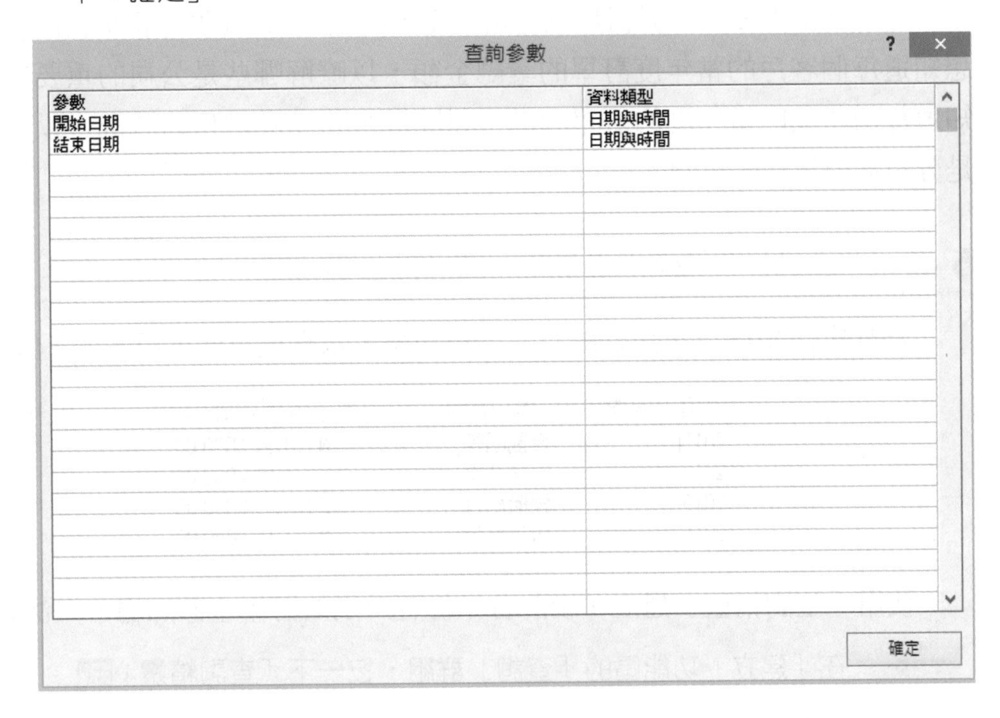

»STEP4 在「設計」功能區的「結果」群組，按一下「執行」!，執行查詢後即可分別輸入參數值，按「確定」後，進入「資料工作表檢視」顯示執行結果。

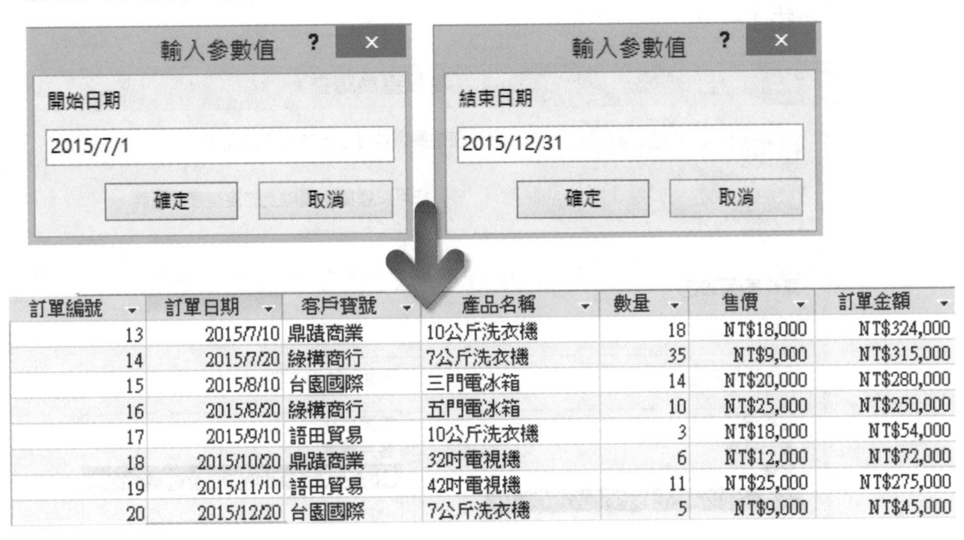

訂單編號	訂單日期	客戶寶號	產品名稱	數量	售價	訂單金額
13	2015/7/10	鼎蹟商業	10公斤洗衣機	18	NT$18,000	NT$324,000
14	2015/7/20	綠構商行	7公斤洗衣機	35	NT$9,000	NT$315,000
15	2015/8/10	台園國際	三門電冰箱	14	NT$20,000	NT$280,000
16	2015/8/20	綠構商行	五門電冰箱	10	NT$25,000	NT$250,000
17	2015/9/10	語田貿易	10公斤洗衣機	3	NT$18,000	NT$54,000
18	2015/10/20	鼎蹟商業	32吋電視機	6	NT$12,000	NT$72,000
19	2015/11/10	語田貿易	42吋電視機	11	NT$25,000	NT$275,000
20	2015/12/20	台園國際	7公斤洗衣機	5	NT$9,000	NT$45,000

5-9 彙總資料

資料常常需要依據群組加以分組彙總，「合計」列提供分組彙總的功能。若想知道每個客戶的當年度訂單的彙總金額，以瞭解哪些是公司的重要客戶；想知道每個產品的當年度的訂單金額，以瞭解公司產品銷售的狀況。以上這些都是分組彙總常見的實例。

5-9-1 使用「查詢精靈」建立摘要值

若要統計2015年客戶別的訂單金額加總，以掌握重要客戶，如下圖所示：

訂單日期 /年	客戶寶號	訂單金額 之 總計
2015	台園國際	NT$1,313,000.00
2015	鼎蹟商業	NT$1,316,000.00
2015	綠構商行	NT$1,034,000.00
2015	語田貿易	NT$1,169,000.00

使用「查詢精靈」建立，統計各年份客戶別的訂單金額加總，方法如下：

» STEP1 在「建立」功能區的「查詢」群組，按一下「查詢精靈」。

» STEP2 選取「簡單查詢精靈」，按「確定」。

» STEP3 選取「查詢：5-9」，接下來依下圖將部分欄位移至右方，完成後按「下一步」。

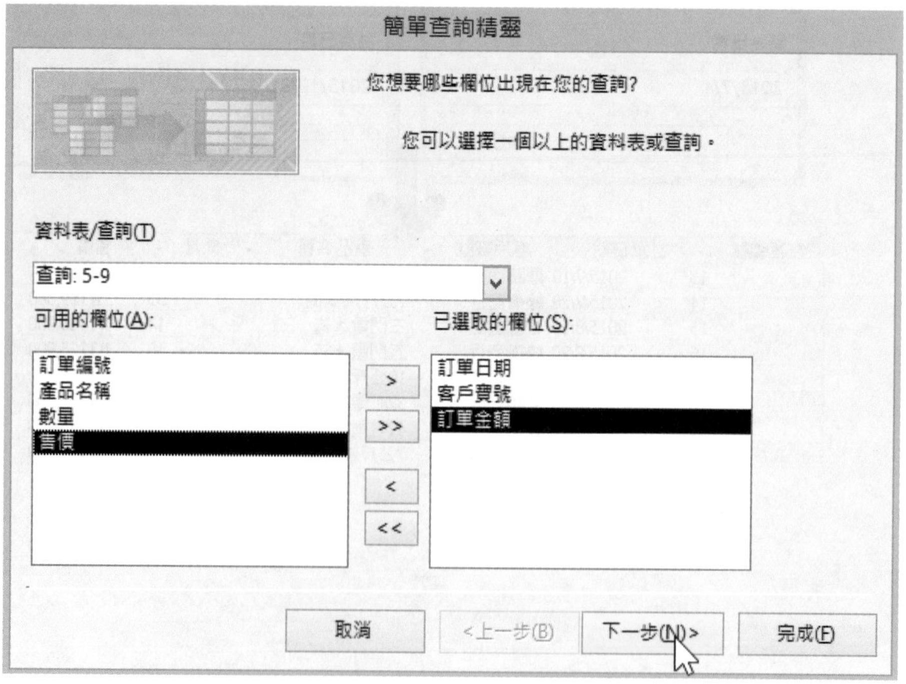

簡單查詢精靈

您想要哪些欄位出現在您的查詢?

您可以選擇一個以上的資料表或查詢。

資料表/查詢(T)

查詢: 5-9

可用的欄位(A):

訂單編號
產品名稱
數量
售價

已選取的欄位(S):

訂單日期
客戶寶號
訂單金額

取消 <上一步(B) 下一步(N)> 完成(F)

STEP4 選取「摘要（S）」，按一下「摘要選項（O）…」。

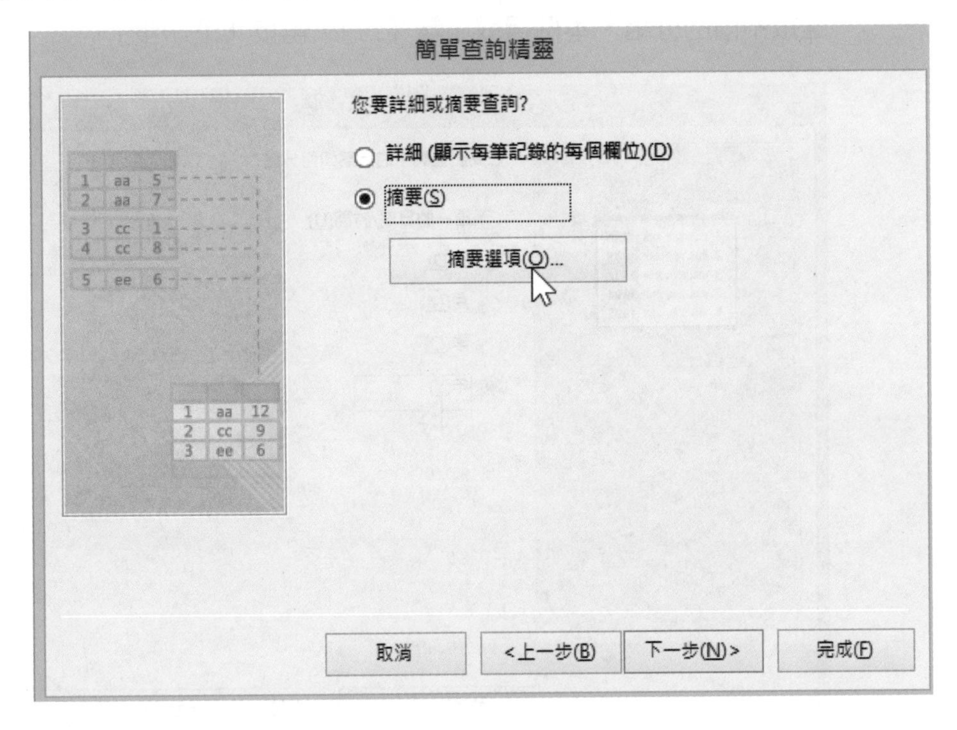

STEP5 在「摘要選項」對話方塊中，選取「訂單金額」的「總計」核取方塊，按「確定」，再按「下一步」。

摘要選項

您要計算何種摘要值?

欄位	總計	平均	最小	最大
訂單金額	☑	☐	☐	☐

確定

取消

☐ 計算在 訂單 中的記錄(C)

» STEP6 若所選取的欄位包含「日期/時間」資料類型，將出現此步驟，可依下圖選取不同的分組，本例選取「年（Y）」，再按「下一步」。

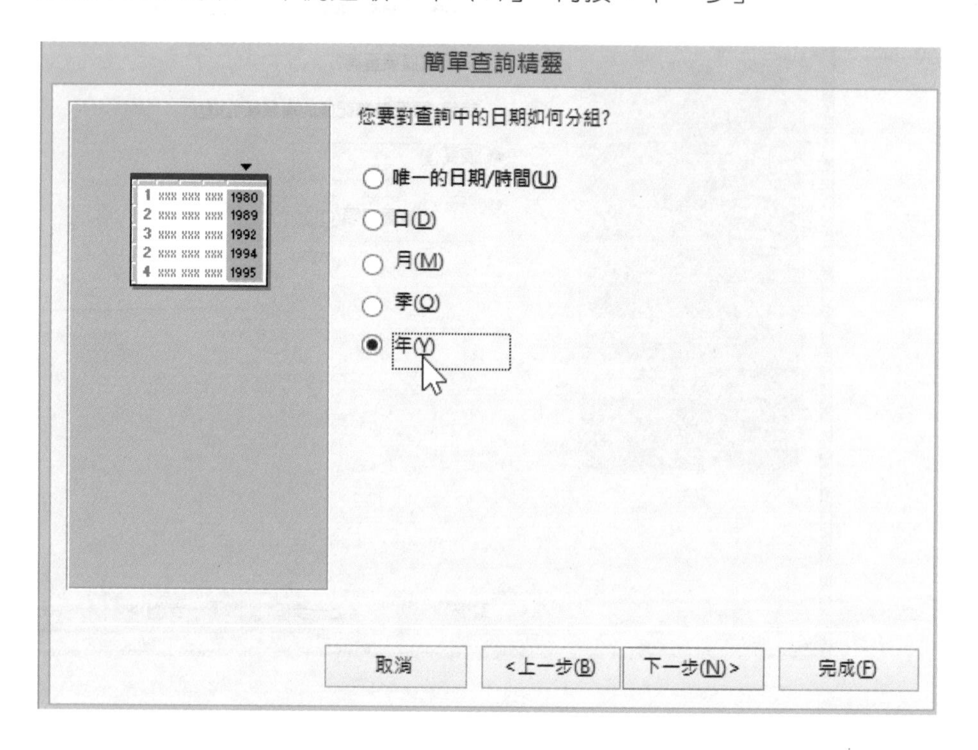

» STEP7 輸入查詢標題「2015年客戶別訂單統計」，再按「完成」。

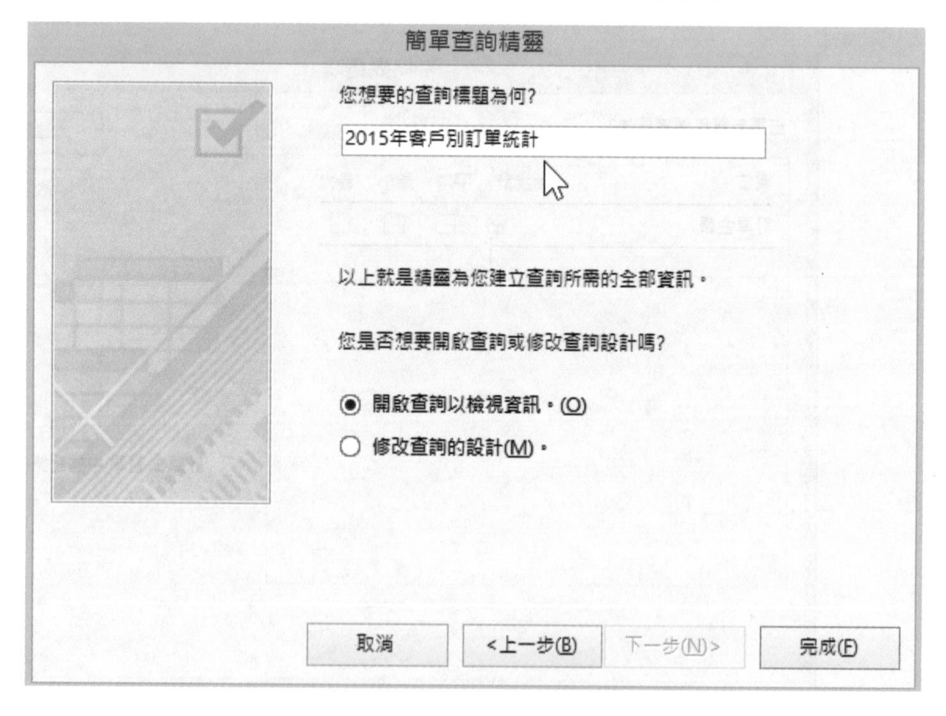

2015年客戶別訂單統計

訂單日期 /年	客戶寶號	訂單金額 之 總計
2015	台園國際	NT$1,313,000.00
2015	鼎蹟商業	NT$1,316,000.00
2015	綠構商行	NT$1,034,000.00
2015	語田貿易	NT$1,169,000.00
2016	綠構商行	NT$500,000.00
2016	語田貿易	NT$18,000.00

加大欄寬

結果傳回各年度的客戶訂單金額加總，接下來如果要篩選2015年客戶訂單金額加總。

» STEP8 在「常用」功能區的「檢視」群組，按一下「檢視」，在「設計檢視」進行修改，於「Year（[5-9].[訂單日期]）」的準則列輸入「2015」。

欄位:	訂單日期 /年: Format$	客戶寶號	訂單金額 之 總計: 訂單金額	Year([5-9].[訂單日期])
資料表:		5-9	5-9	
合計:	群組	群組	總計	群組
排序:				
顯示:	☑	☑	☑	☐
準則:				2015
或:				

» STEP9 在「設計」功能區的「結果」群組，按一下「執行」!，來執行查詢，即進入「資料工作表檢視」窗格顯示執行結果。

訂單日期 /年	客戶寶號	訂單金額 之 總計
2015	台園國際	NT$1,313,000.00
2015	鼎蹟商業	NT$1,316,000.00
2015	綠構商行	NT$1,034,000.00
2015	語田貿易	NT$1,169,000.00

» STEP10 按一下快速存取工具列上的儲存檔案，以儲存此「查詢」。

說明

FORMAT$ 函數

語法：Format$(expression [，format])

用途：格式化資料

Step8中準則Format$([5-9].[訂單日期]，'yyyy') 傳回日期資料的年份，若改為Format$([5-9].[訂單日期]，'mmm') 傳回月份名稱（如 Jan，Feb，Mar…）

5-9-2 使用合計列

若要統計各項產品的訂單金額累計，以瞭解產品的銷售情形，如下圖所示：

產品名稱	訂單金額之總計
五門電冰箱	NT$1,475,000.00
10公斤洗衣機	NT$954,000.00
三門電冰箱	NT$880,000.00
32吋電視機	NT$768,000.00
7公斤洗衣機	NT$648,000.00
42吋電視機	NT$625,000.00

使用「合計列」建立，統計各項產品的訂單金額累計，方法如下：

»STEP1 選取「建立」功能區的「查詢」群組的「查詢設計」。

»STEP2 選取「查詢」標籤，再選取「5-9」查詢，接著按「新增（A)」(或連按兩下「5-9」查詢)，再按「關閉（C)」，即可進入「設計檢視」窗格。

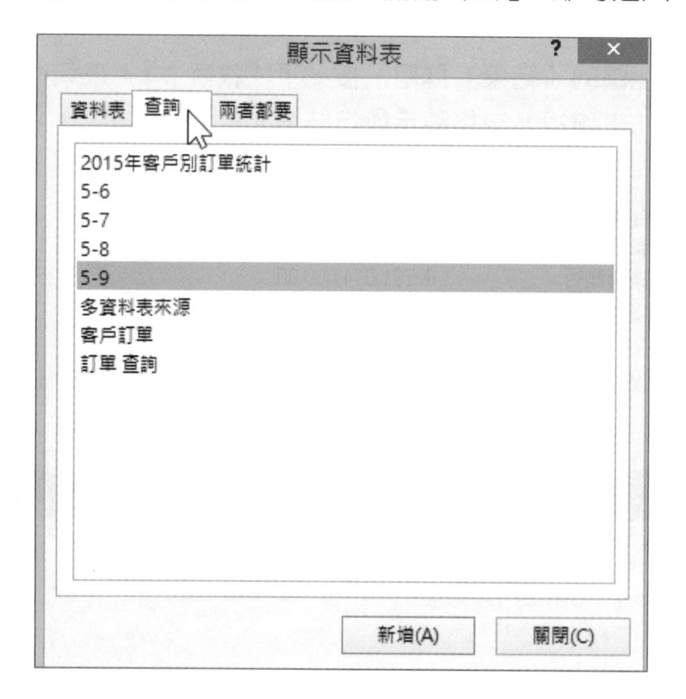

STEP3 將所需要的欄位由上方的「5-9」查詢，置入下方「設計格線」中。

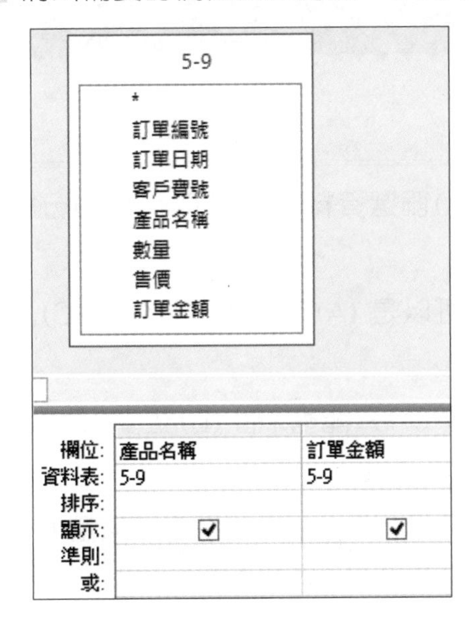

STEP4 在「設計」功能區的「顯示/隱藏」群組，按一下「合計」Σ。在「訂單金額」的「合計」列，選取「總計」。在「排序」列，選取「遞減」。

欄位:	產品名稱	訂單金額
資料表:	5-9	5-9
合計:	群組	總計
排序:		遞減
顯示:	✔	✔
準則:		
或:		

STEP5 在「設計」功能區的「結果」群組，按一下「執行」! 來執行查詢，即進入「資料工作表檢視」窗格顯示執行結果。

產品名稱	訂單金額之總計
五門電冰箱	NT$1,475,000.00
10公斤洗衣機	NT$954,000.00
三門電冰箱	NT$880,000.00
32吋電視機	NT$768,000.00
7公斤洗衣機	NT$648,000.00
42吋電視機	NT$625,000.00

加大欄寬

STEP6 按一下快速存取工具列上的儲存檔案，輸入查詢名稱「產品別訂單統計」，再按「確定」，即可儲存此「查詢」。

本章習題

❖選擇題

(　　)1. 何者不屬「查詢」物件的功能 (A)篩選資料 (B)排序資料 (C)分組統計資料 (D)設計表單畫面。

(　　)2. 建立「查詢」物件的資料來源可以是 (A)資料表 (B)查詢 (C)表單 (D)報表。

(　　)3. 建立「查詢」物件的資料表個數 (A)只能有1個 (B)至少2個 (C)可以1個 (D)可以多個。

(　　)4.「查詢精靈」提供四項精靈建立查詢，包含 (A)簡單查詢精靈 (B)交叉資料表查詢精靈 (C)尋找重複資料查詢精靈 (D)尋找不吻合資料查詢精靈。

(　　)5. 何者不屬「查詢工具」的「設計」功能區的工具 (A)檢視 (B)顯示資料表 (C)資料表設計 (D)屬性表。

❖實作題

開啓資料庫檔案「ex05.accdb」，建立下列「查詢」物件。

1. 建立查詢名稱：「查詢1」，顯示下列欄位資料：員工代號、姓名、部門名稱，依員工代號由小至大排列。

員工代號	姓名	部門名稱
1	陳予議	總經理室
2	陳祈庭	會計部
3	劉羽慶	人事部
4	李慎竹	會計部
5	溫益傑	人事部
6	許銀發	採購部
7	施齊芳	採購部
11	余希任	業務部
12	易器揚	業務部
13	吳國鋅	業務部
14	陳惠津	業務部

2. 建立參數查詢名稱：「查詢2」，執行後，可輸入「客戶代號」後，顯示該客戶的相關資料：客戶代號、客戶寶號、聯絡人、電話。

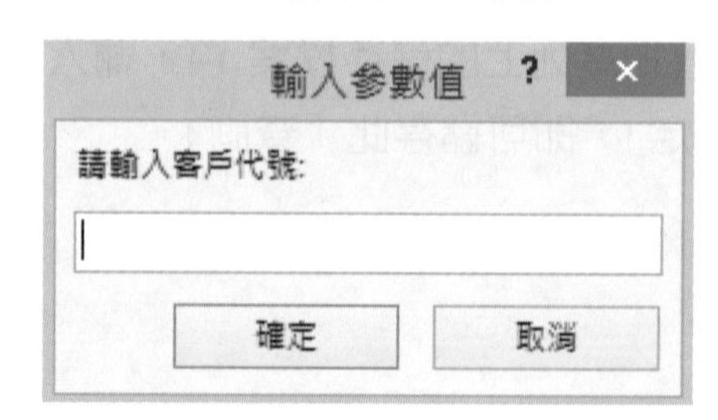

3. 建立查詢名稱：「查詢3」，顯示客戶的訂單金額加總，顯示下列欄位資料：客戶代號、客戶寶號、訂單總金額，依「訂單總金額」由大至小排列。訂單總金額＝每位客戶之訂單的「數量」×「單價」加總。

客戶代號	客戶寶號	訂單金額總計
A04	鼎蹟商業	NT$1,811,000.00
A01	語田貿易	NT$1,388,000.00
A03	台園國際	NT$1,252,000.00
A02	綠構商行	NT$899,000.00

4. 建立查詢名稱：「查詢4」，顯示下列欄位資料：員工代號、姓名、部門名稱，年資，依年資由大至小排列，年資的格式設為整數且僅留一位小數位數。

年資＝(系統日期－到職日期)/365

NOTE

Access 2013

查詢的進階設計

從上一章中，我們已瞭解基本「選取查詢」的建立方法。但仍有部分特定的「選取查詢」將在本章中介紹，包含「交叉資料表查詢」、「尋找重複資料查詢」、「尋找不吻合資料查詢」。另外，「動作查詢」也是本章的主角，這個功能通常應用於批次作業。若需要變更資料表的內容，就可以應用「動作查詢」。

學習目標

- 6-1　動作查詢
- 6-2　交叉資料表
- 6-3　尋找重複資料查詢精靈
- 6-4　尋找不吻合資料查詢精靈

從上一章中，我們已瞭解基本「選取查詢」的建立方法。但仍有部分特定的「選取查詢」留在本章中介紹，包含：「交叉資料表查詢」、「尋找重複資料查詢」、「尋找不吻合資料查詢」。另外，「動作查詢」也是本章的主角，這個功能通常應用於批次作業，若需要批次變更資料表的內容，就可以應用「動作查詢」。

6-1 動作查詢

批次作業乃是將要處理的工作，以整批方式輸入給系統處理，往往處理的資料量相當龐大，就可以應用「動作查詢」。

動作查詢分為下列4種類型：

- 製成資料表查詢：可將現有資料表中符合準則的記錄複製到新產生的資料表。
- 新增查詢：可將現有資料表中符合準則的記錄複製到已存在的另一個資料表中。
- 刪除查詢：可將符合準則的記錄由資料表中刪除。
- 更新查詢：可更改資料表中符合準則記錄的內容。

「動作查詢」執行前後，應檢視要處理資料的異動是否正確，以減少錯誤的發生。執行「動作查詢」會變更相關資料表的資料，變更後就無法回復原始資料，所以在執行「動作查詢」前，應先備份會變更的資料表，這樣一來，若「動作查詢」執行後發現錯誤，才能將原始資料回復。

說明。。。。

因「動作查詢」需要執行VBA巨集，所以執行「動作查詢」前，若顯示訊息列 安全性警告 部分主動式內容已經停用，請按一下以取得詳細資訊。 啟用內容 ，請按「啟用內容」。

6-1-1 製成資料表查詢

將現有資料表中符合準則的記錄複製到新產生的資料表。常使用於過時資料的備份，如果資料庫內的資料量太過龐大，將影響處理資料的效能，這時可以考慮將過時的資料複製到新產生的資料表，再將過時的資料由原來資料表內刪除。也可將部分資料複製出來，以作為其他用途。

開啓資料庫檔案「Ch06.accdb」，將多資料表的資料複製到新產生的資料表。方法如下：

STEP1 在「建立」功能區的「查詢」群組，按一下「查詢設計」 。

STEP2 連按兩下「客戶」、「訂單」、「產品」資料表，再按「關閉（C）」，即可進入「設計檢視」窗格。

STEP3 拖放「訂單編號」、「訂單日期」、「客戶寶號」、「產品名稱」、「數量」、「售價」、「付款狀態」欄位到下方「設計格線」中的「欄位」列，並將「數量」欄位「遞減」排序，如下圖所示。

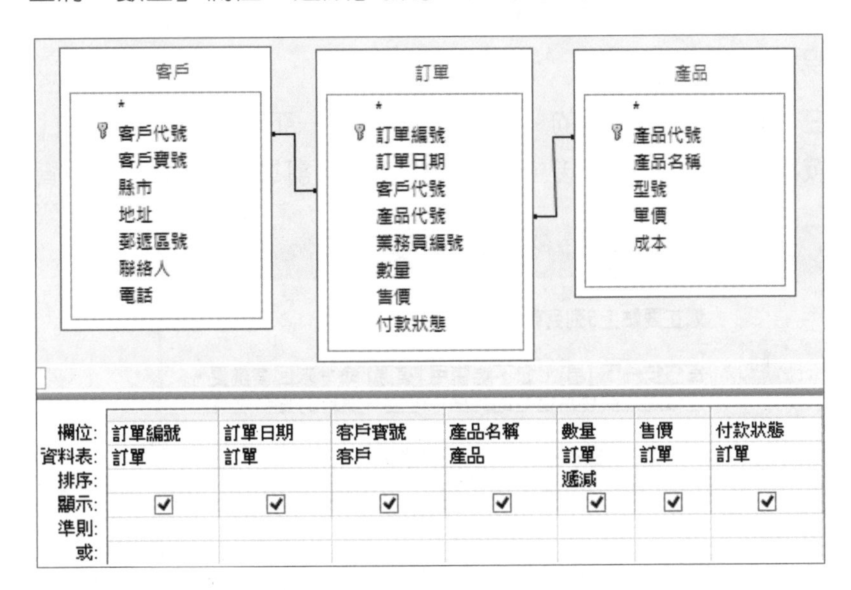

STEP4 在「設計」功能區的「查詢類型」群組，按一下「製成資料表」 後，輸入要製成的新資料表名稱，按「確定」。

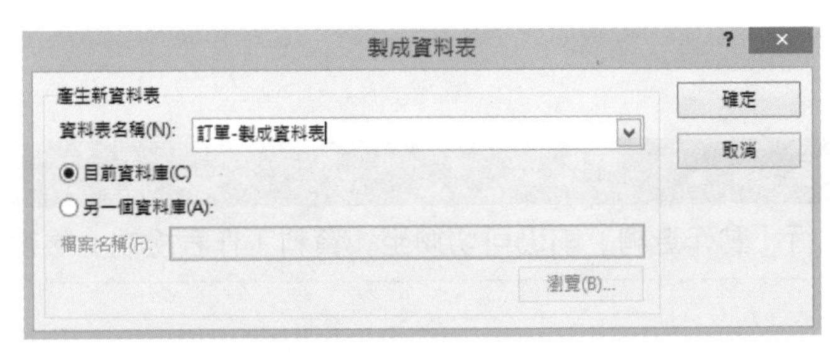

STEP5 在「設計」功能區的「查詢設定」群組，按一下「返回」：5（僅篩選出最前的5筆記錄）。

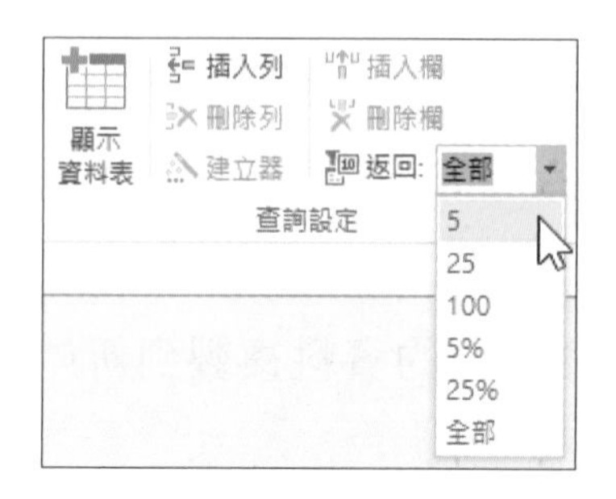

STEP6 在「設計」功能區的「結果」群組，按一下「檢視」，切換至「資料工作表檢視」窗格，先瀏覽在資料工作表上的檢視結果。

訂單編號	訂單日期	客戶寶號	產品名稱	數量	售價	付款狀態
14	2015/7/20	綠構商行	7公斤洗衣機	35	NT$9,000	☑
6	2015/3/20	鼎蹟商業	7公斤洗衣機	30	NT$9,000	☑
11	2015/6/10	台園國際	32吋電視機	26	NT$12,000	☐
2	2015/1/20	鼎蹟商業	10公斤洗衣機	25	NT$18,000	☑
9	2015/5/10	語田貿易	三門電冰箱	22	NT$20,000	☐

STEP7 在「常用」功能區的「檢視」群組按一下「檢視」，切換回「設計檢視」窗格。

STEP8 在「設計」功能區的「結果」群組按一下「執行」 ! 來執行查詢，再按「是（Y）」，完成後，即可產生新的「訂單-製成資料表」資料表。

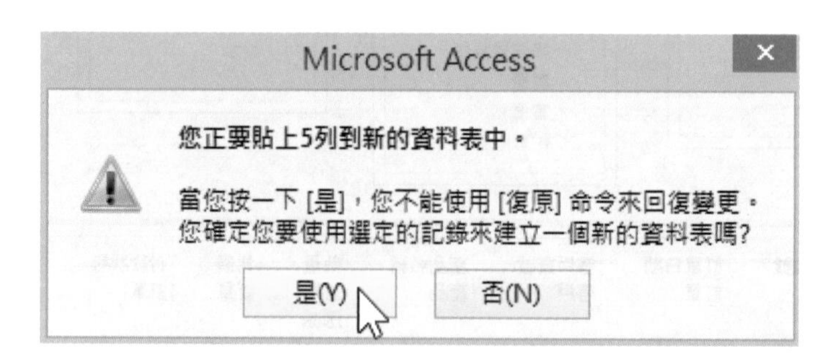

STEP9 按一下「快速存取工具列」上的儲存檔案，儲存查詢名稱為「6-1-1」。

STEP10 關閉查詢。

說明

Step 6、7可省略，但執行「動作查詢」前仍可切換至「資料工作表檢視」檢視資料。

6-1-2 新增查詢

可將資料表中的記錄新增至另一個已經存在的資料表中。此查詢與上例的「製成資料表查詢」類似，差別在於「新增查詢」將符合條件的記錄複製到現有的資料表；而「製成資料表查詢」則複製到新產生的資料表。

開啓資料庫檔案「Ch06.accdb」，將「訂單」資料表中屬於2015年的訂單記錄新增至「訂單-新增」資料表中。方法如下：

STEP1 在「建立」功能區的「查詢」群組，按一下「查詢設計」。

STEP2 連按兩下「訂單」資料表，再按「關閉（C）」，即可進入「設計檢視」窗格。

STEP3 在「訂單」資料表中連按兩下「*」(表示所有欄位)，置入下方設計格線中，於空白欄位輸入「年份:Year（[訂單日期])」，加上2015年條件準則。

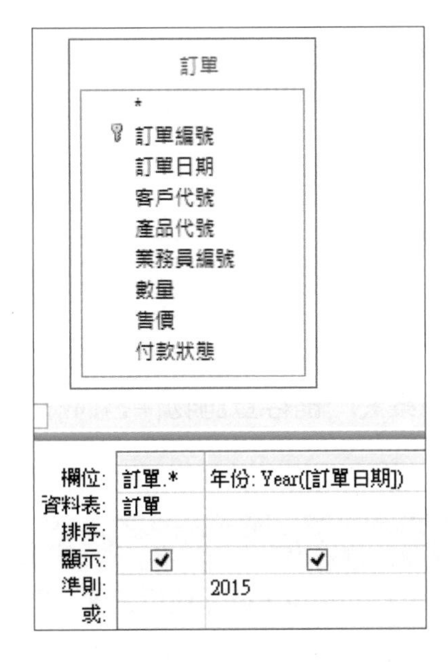

STEP4 在「設計」功能區的「查詢類型」群組按一下「新增」。

STEP5 選取新增記錄的資料表名稱「訂單-新增」，按「確定」。

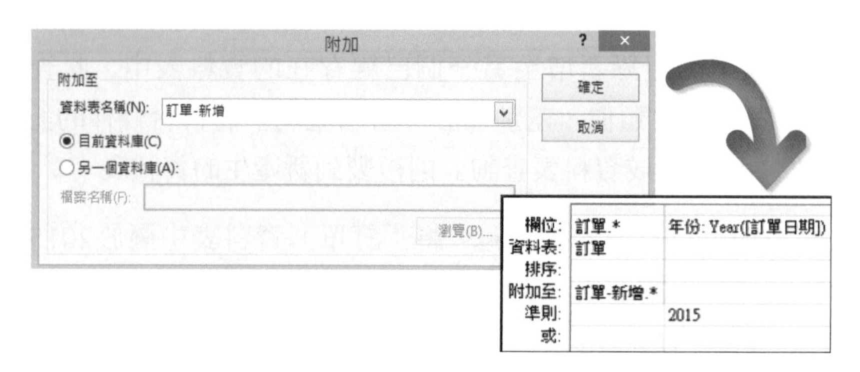

STEP6 在「設計」功能區的「結果」群組，按一下「檢視」，先瀏覽在資料工作表上的檢視結果。

STEP7 在「常用」功能區的「檢視」群組，按一下「檢視」，切換回「設計檢視」窗格。

STEP8 在「設計」功能區的「結果」群組按一下「執行」! 來執行查詢，再按「是（Y)」，完成後，即可新增2015年訂單至「訂單-新增」資料表。

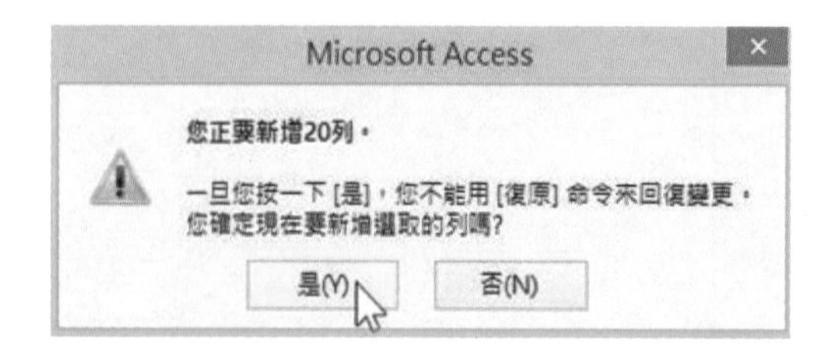

STEP9 按一下快速存取工具列上的儲存檔案，儲存查詢物件名稱為「6-1-2」。

STEP10 關閉查詢。

說明

Step 6、7可省略，但執行「動作查詢」前後做資料的檢視，確認執行正確，是很重要的工作。

6-1-3 更新查詢

執行更新查詢可一次更新多筆的記錄。可加入更新的條件準則來更新資料表。更新前可先檢視原來的資料，再與更新後資料加以比對，以確認動作無誤。如產品單價調高或降低、員工薪資或獎金的調整，都是常見的應用實例。更新資料前，應先備份更動的資料表。

開啓資料庫檔案「Ch06.accdb」，將「產品-更新」資料表單價調高5%。方法如下：

»STEP1 在「建立」功能區的「查詢」群組，按一下「查詢設計」。

»STEP2 連按兩下「產品-更新」資料表，再按「關閉（C)」，即可進入「設計檢視」窗格。

»STEP3 在「產品-更新」資料表中連按兩下「單價」欄位，置入下方設計格線中，在「設計」功能區的「查詢類型」群組按一下「更新」，並於「更新至」列輸入「[單價]*1.05」。

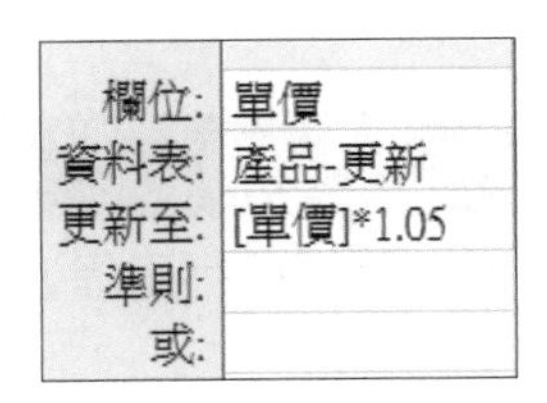

欄位:	單價
資料表:	產品-更新
更新至:	[單價]*1.05
準則:	
或:	

»STEP4 在「設計」功能區的「結果」群組按一下「檢視」，先瀏覽在資料工作表上未更新單價前的資料。

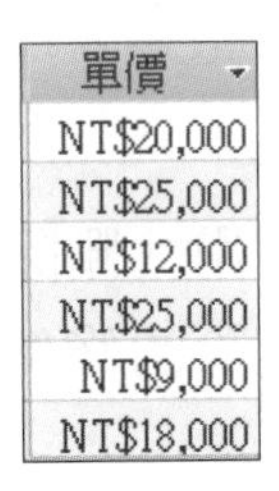

單價
NT$20,000
NT$25,000
NT$12,000
NT$25,000
NT$9,000
NT$18,000

»STEP5 在「常用」功能區的「檢視」群組，按一下「檢視」，切換回「設計檢視」窗格。

»STEP6 在「設計」功能區的「結果」群組，按一下「執行」來執行查詢，再按「是（Y)」，完成後，即可更新產品的單價。

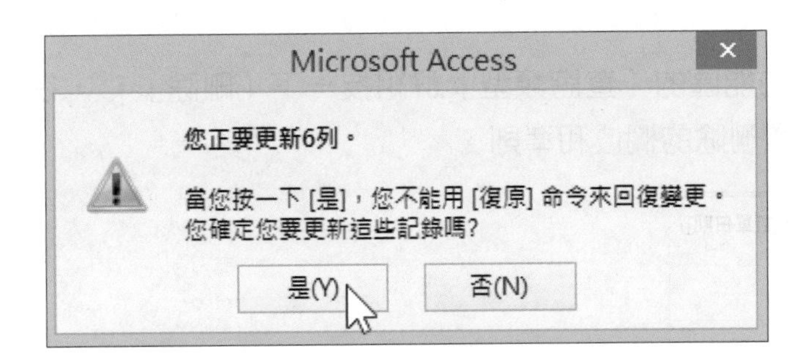

STEP7　在「設計」功能區的「結果」群組，按一下「檢視」 檢視更新過後的產品單價，調高了5%。

單價
NT$21,000
NT$26,250
NT$12,600
NT$26,250
NT$9,450
NT$18,900

STEP8　按一下快速存取工具列上的儲存檔案 ，儲存查詢物件名稱為「6-1-3」。

STEP9　關閉查詢。

說明。。。。

Step 4、5、7可省略，但執行「動作查詢」前後做資料檢視，確認執行正確，是很重要的工作。

6-1-4 刪除查詢

在資料表中可能有些資料已過時或已不再需要，即可使用「刪除查詢」加以刪除。執行刪除查詢，可一次刪除多筆記錄；也可依據刪除的條件準則來刪除記錄。刪除資料前，應先備份刪除記錄的資料表。

開啓資料庫檔案「Ch06.accdb」，刪除「訂單-刪除」資料表2015年的訂單記錄。方法如下：

STEP1　在「建立」功能區的「查詢」群組，按一下「查詢設計」 。

STEP2　連按兩下「訂單-刪除」資料表，再按「關閉（C)」，即可進入「設計檢視」窗格。

STEP3　在「設計」功能區的「查詢類型」群組按一下「刪除」 ，在下方設計格線中輸入欲刪除的欄位和準則。

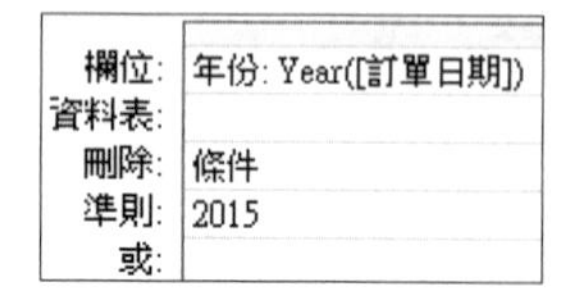

STEP4 在「設計」功能區的「結果」群組按一下「執行」❗來執行查詢，再按「是（Y)」，完成後，即可刪除2015年的訂單記錄。

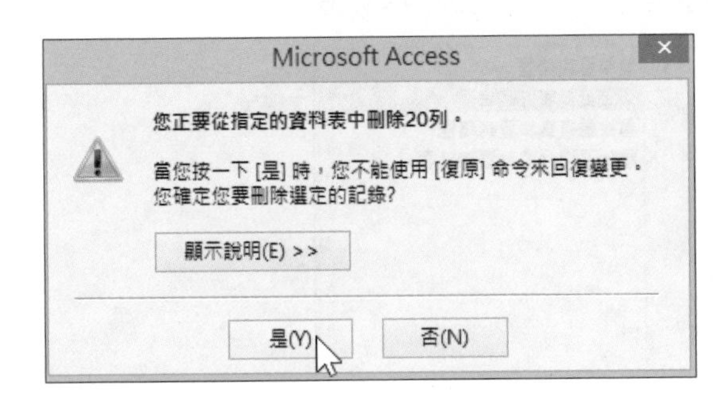

STEP5 按一下快速存取工具列上的儲存檔案，儲存查詢物件名稱為「6-1-4」。

STEP6 關閉查詢。

STEP7 開啟「訂單-刪除」資料表，檢視刪除2015年的訂單記錄後的資料。

訂單編號	訂單日期	客戶代號	產品代號	業務員編號	數量	售價	付款狀態
21	2016/1/10	A02	F02	14	20	NT$25,000	☐
22	2016/1/20	A01	W01	11	2	NT$9,000	☑

6-2 交叉資料表

「交叉資料表查詢」也是選取查詢的一種。使用交叉資料表可更容易統計和瀏覽資料。

交叉資料表的結構是以水平和垂直的方式來群組資料。可以計算總計、平均值或其他彙總函數。

建立交叉資料表的方法，可使用「交叉資料表查詢精靈」或「設計檢視」來設計。而「交叉資料表查詢精靈」提供較容易建立交叉資料表的方法，本章將以此方法來介紹交叉資料表的製作。當交叉資料表需要以時間區隔統計資料時，精靈將能協助加以分組，如依照年、季或月來分組資料。

開啟資料庫檔案「Ch06.accdb」，若要統計各季產品的訂單金額加總，方法如下：

STEP1 在「建立」功能區的「查詢」群組按一下「查詢精靈」。

» STEP2 選取「交叉資料表查詢精靈」，按「確定」。

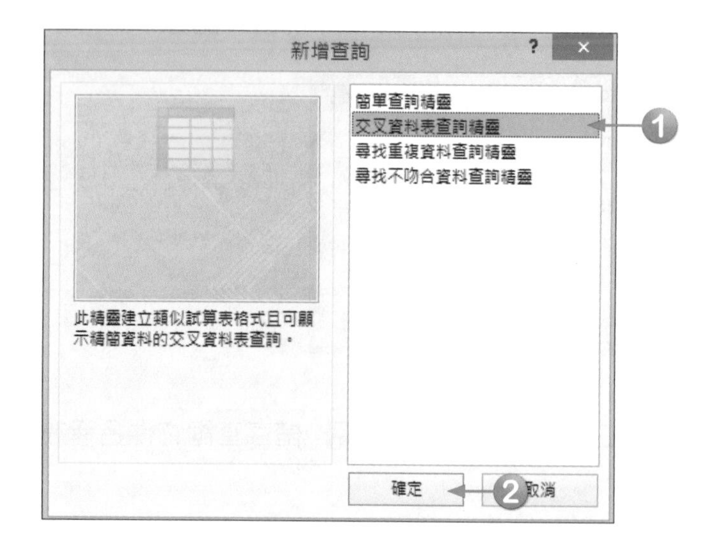

» STEP3 選取「查詢」，再選取「查詢：6-2」，接著按「下一步」。

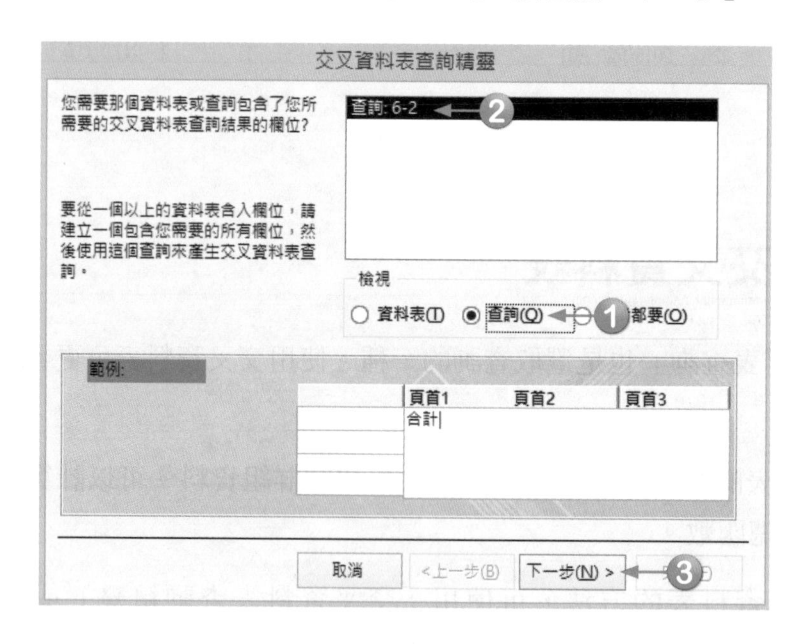

»STEP4 選取欄位放入列標題，本例請將「產品名稱」移至右方，再按「下一步」。

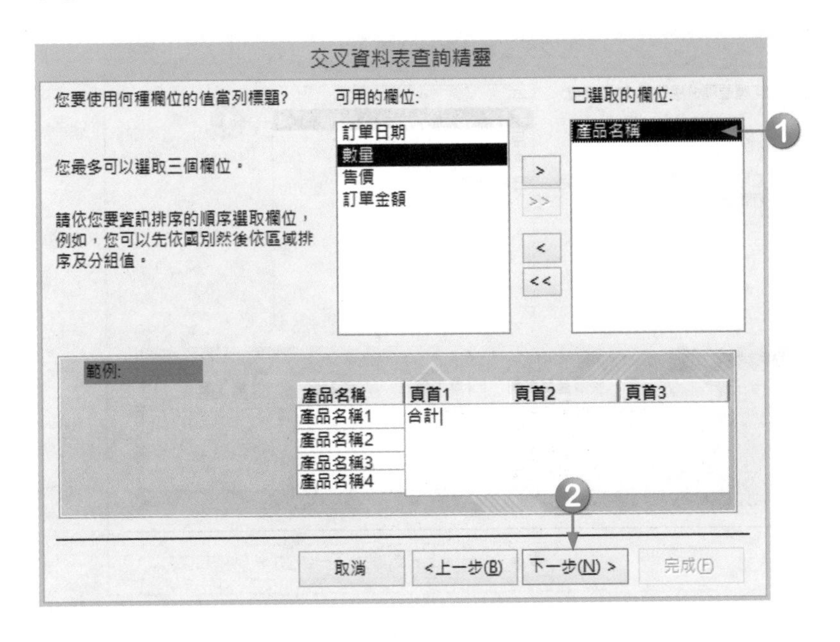

»STEP5 選取欄位放入欄標題，本例請選取「訂單日期」，再按「下一步」。

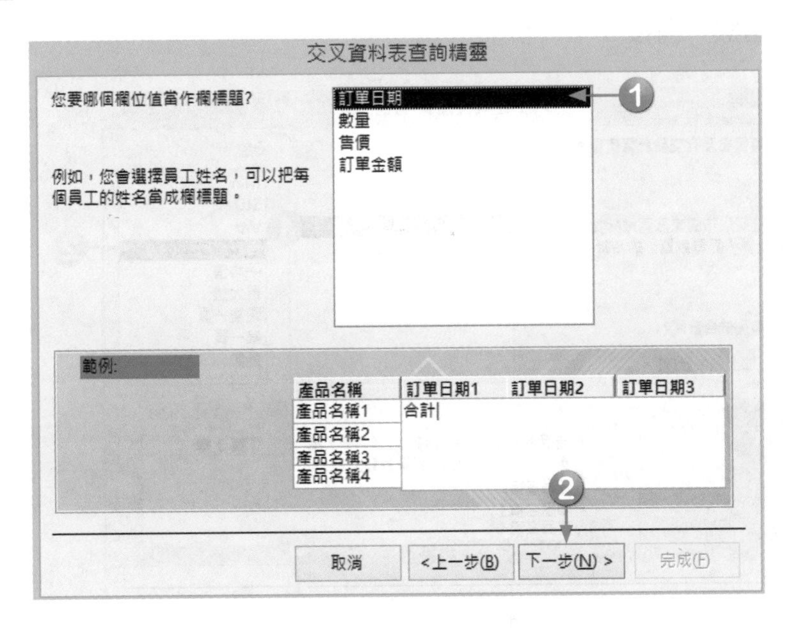

» STEP6 因欄標題「訂單日期」為「日期／時間」資料類型，所以會增加此步驟，本例請選取「季」，再按「下一步」。

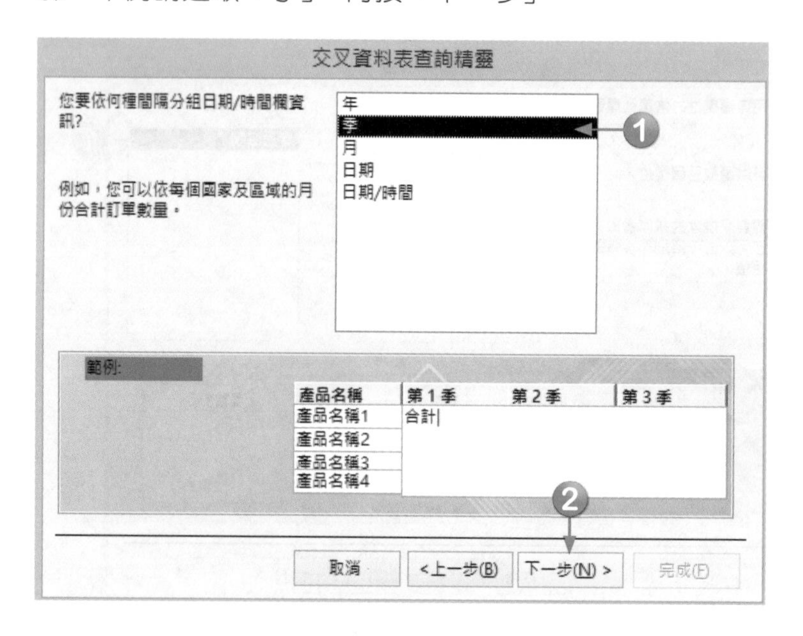

» STEP7 選取數值欄位和要統計的函數，本例請選取「訂單金額」欄位和「合計」函數，再按「下一步」。

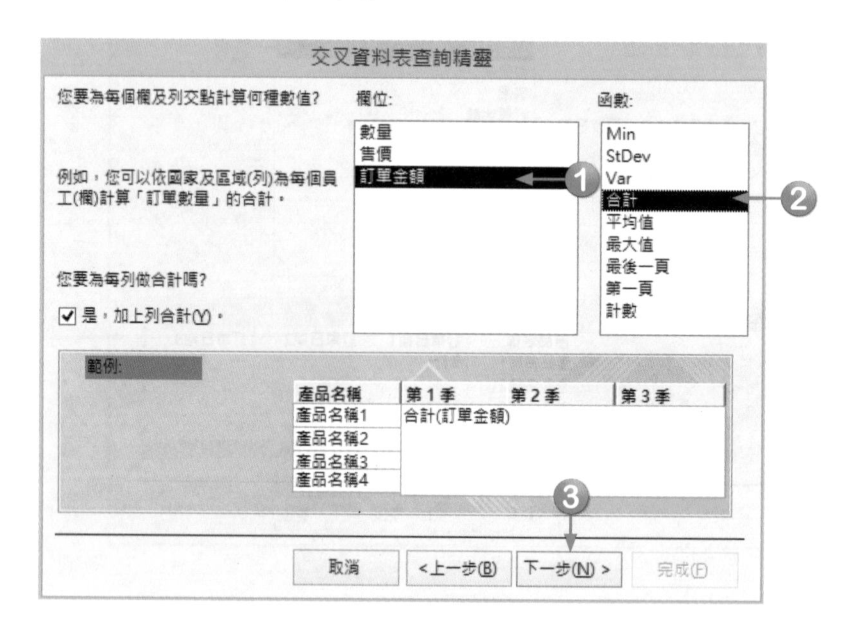

STEP8 將查詢名稱改為「產品訂單_交叉資料表」，再按「完成」。

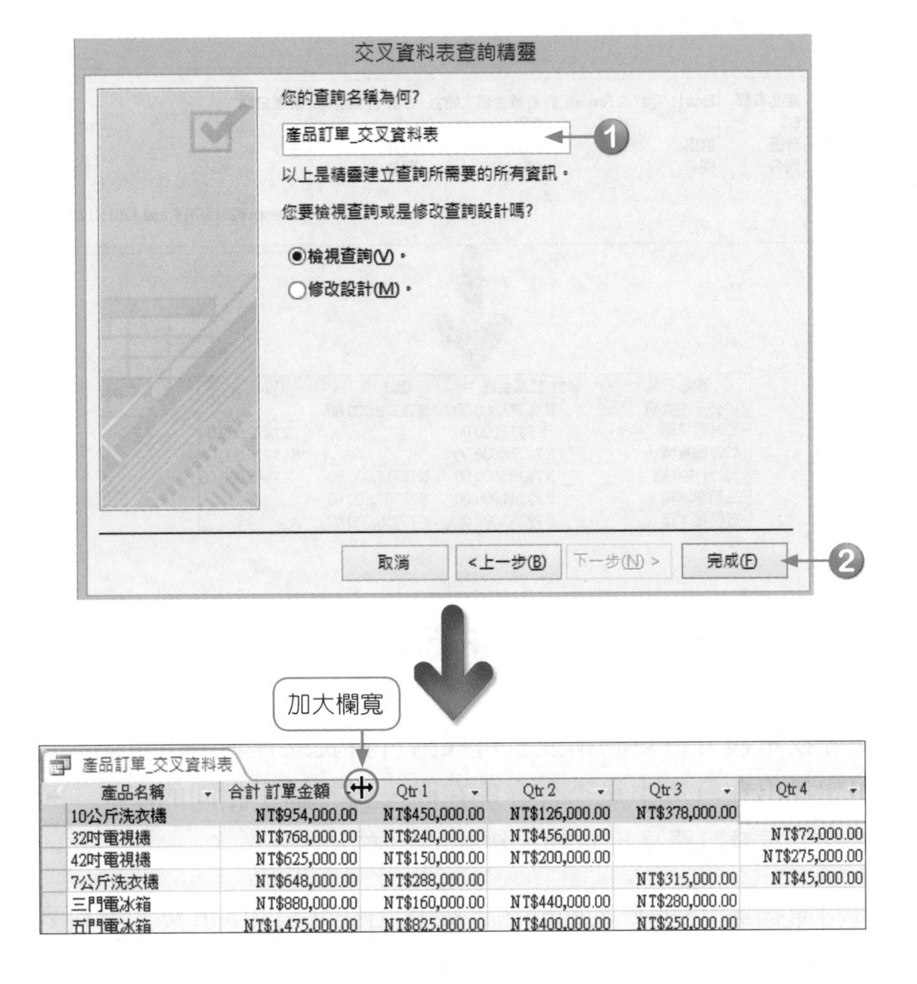

產品名稱	合計 訂單金額	Qtr 1	Qtr 2	Qtr 3	Qtr 4
10公斤洗衣機	NT$954,000.00	NT$450,000.00	NT$126,000.00	NT$378,000.00	
32吋電視機	NT$768,000.00	NT$240,000.00	NT$456,000.00		NT$72,000.00
42吋電視機	NT$625,000.00	NT$150,000.00	NT$200,000.00		NT$275,000.00
7公斤洗衣機	NT$648,000.00	NT$288,000.00		NT$315,000.00	NT$45,000.00
三門電冰箱	NT$880,000.00	NT$160,000.00	NT$440,000.00	NT$280,000.00	
五門電冰箱	NT$1,475,000.00	NT$825,000.00	NT$400,000.00	NT$250,000.00	

STEP9 按一下快速存取工具列上的儲存檔案，儲存查詢物件。

STEP10 在「常用」功能區的「檢視」群組，按一下「檢視」，切換回「設計檢視」窗格。

- 若產品要依照年份統計訂單金額，可將「"Qtr " & Format（[訂單日期],"q"）」改成「Expr1:Format（[訂單日期],"yyyy"）& "年"」，結果如下：
- 若產品要依照月份統計訂單金額，可將「"Qtr " & Format（[訂單日期],"q"）」改成「Expr1: Format（[訂單日期],"mmm"）」，結果即以月份統計訂單金額。

產品名稱	合計 訂單金額	2015年	2016年
10公斤洗衣機	NT$954,000.00	NT$954,000.00	
32吋電視機	NT$768,000.00	NT$768,000.00	
42吋電視機	NT$625,000.00	NT$625,000.00	
7公斤洗衣機	NT$648,000.00	NT$630,000.00	NT$18,000.00
三門電冰箱	NT$880,000.00	NT$880,000.00	
五門電冰箱	NT$1,475,000.00	NT$975,000.00	NT$500,000.00

● 若只要統計2015年下半年各季的統計資料，則於設計格線中加入「訂單日期」欄位，設定條件準則。

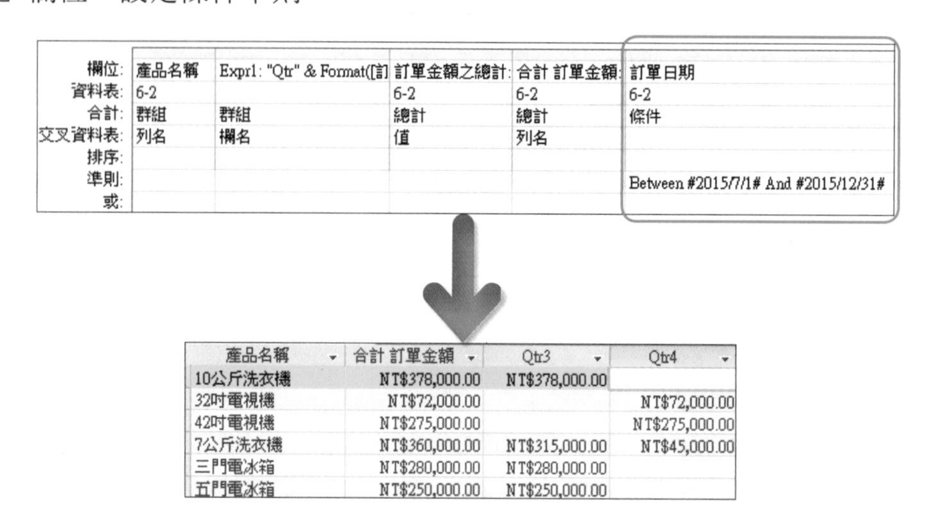

6-3 尋找重複資料查詢精靈

利用「尋找重複資料查詢精靈」可找出資料表或查詢中出現重複資料欄位的記錄。如想找出在訂單中是否有客戶在同一天訂購了相同的產品，可以在找出後加以檢查，看看訂單是否有輸入錯誤的地方。

開啟資料庫檔案「Ch06.accdb」，若要找出在「訂單-重複」資料表中是否有客戶在同一天訂購了相同的產品。方法如下：

» STEP1 在「建立」功能區的「查詢」群組按一下「查詢精靈」。

» STEP2 選取「尋找重複資料查詢精靈」，再按「確定」。

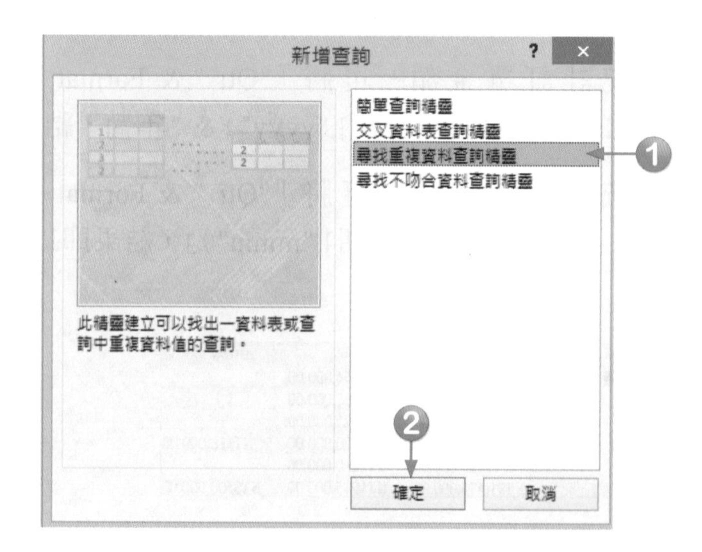

STEP3 選取「資料表：訂單-重複」，再按「下一步」。

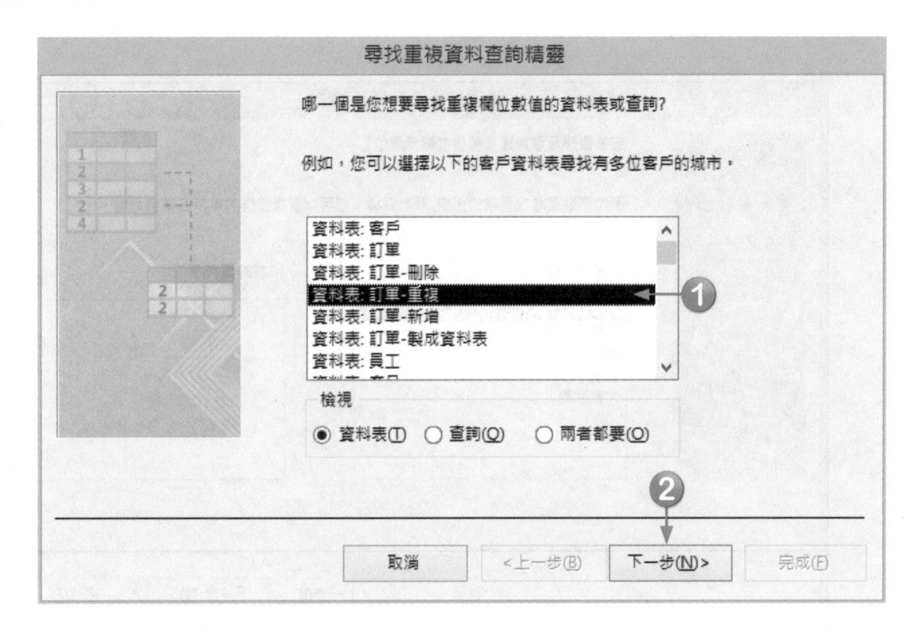

STEP4 依下圖將要找尋重複資料的欄位移至右方，再按「下一步」。

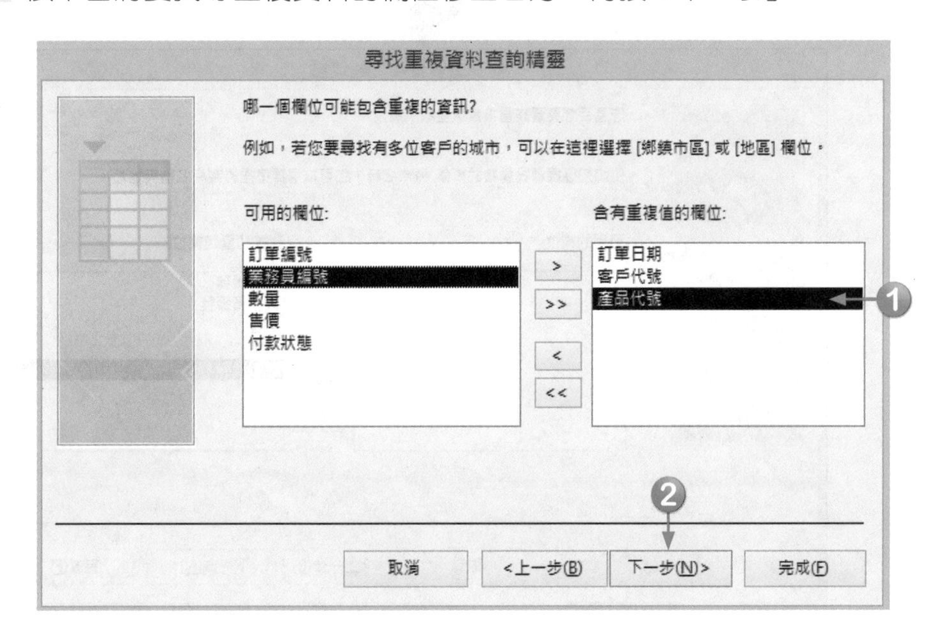

STEP5 選取有重複資料時要顯示出來的欄位，請按 >> 將全部欄位移至右方，再按「下一步」。

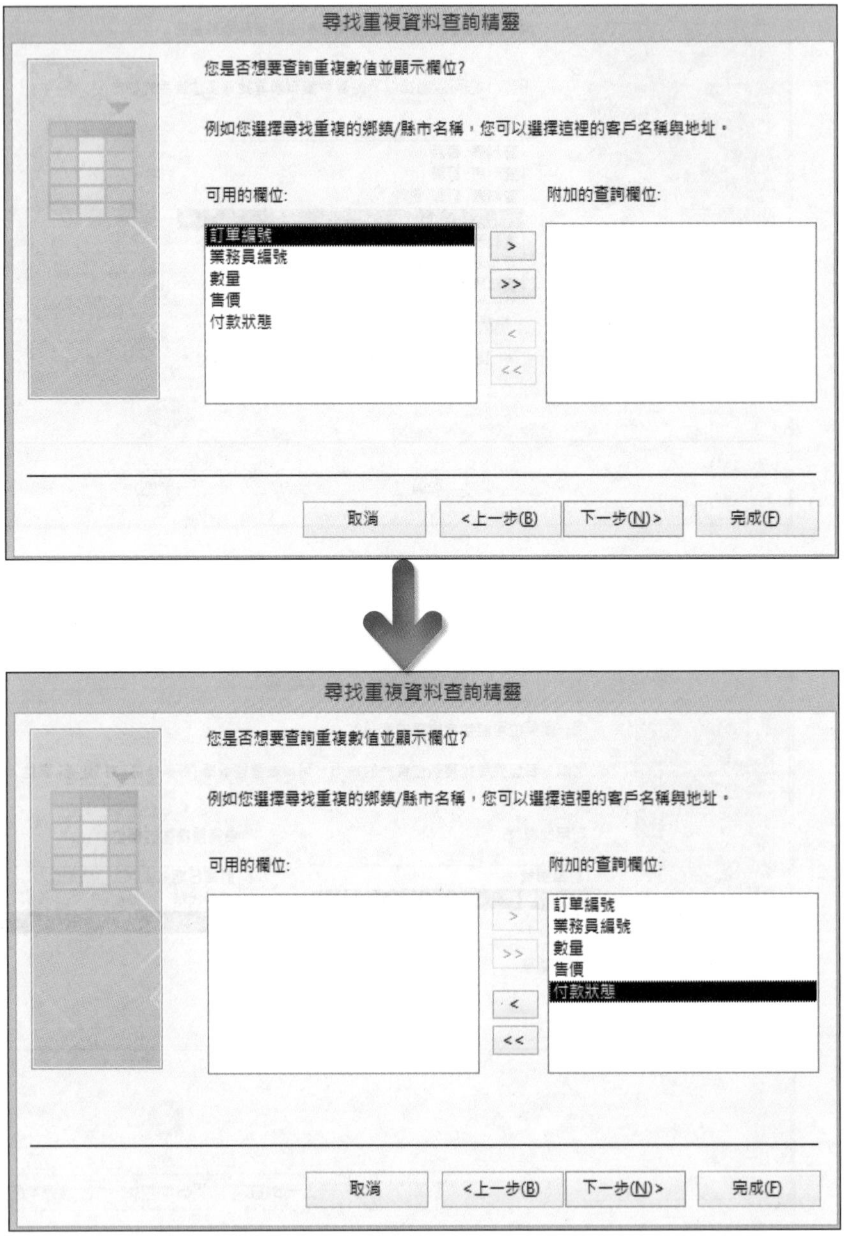

尋找重複資料查詢精靈

您是否想要查詢重複數值並顯示欄位?

例如您選擇尋找重複的鄉鎮/縣市名稱，您可以選擇這裡的客戶名稱與地址。

可用的欄位:

訂單編號
業務員編號
數量
售價
付款狀態

附加的查詢欄位:

> >> < <<

取消 <上一步(B) 下一步(N)> 完成(F)

尋找重複資料查詢精靈

您是否想要查詢重複數值並顯示欄位?

例如您選擇尋找重複的鄉鎮/縣市名稱，您可以選擇這裡的客戶名稱與地址。

可用的欄位:

附加的查詢欄位:

訂單編號
業務員編號
數量
售價
付款狀態

> >> < <<

取消 <上一步(B) 下一步(N)> 完成(F)

» STEP6 輸入欲建立的查詢名稱，再按「完成」，即可檢視重複資料。

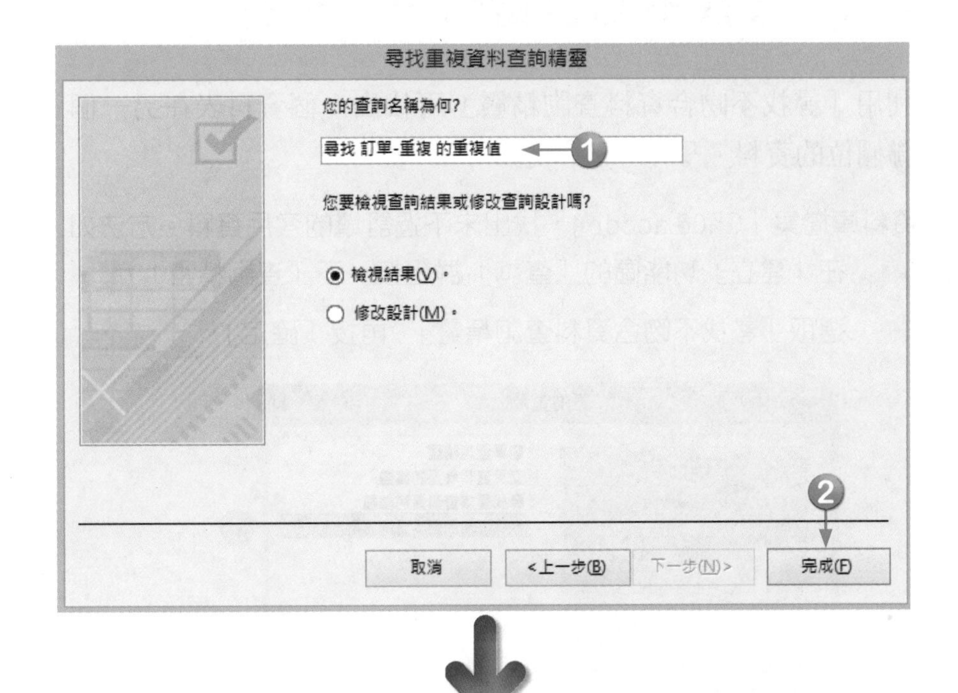

訂單日期	客戶代號	產品代號	訂單編號	業務員編號	數量	售價	付款狀態
2016/1/10	A02	F02	23	12	10	NT$25,000	☐
2016/1/10	A02	F02	21	14	20	NT$25,000	☐
2016/1/20	A01	W01	24	11	2	NT$9,000	☐
2016/1/20	A01	W01	22	11	2	NT$9,000	☐

6-4 尋找不吻合資料查詢精靈

利用「尋找不吻合資料查詢精靈」可找出一個資料表在另一個資料表中無相關聯欄位的資料。

開啓資料庫檔案「Ch06.accdb」，找出未下過訂單的客戶資料。方法如下：

STEP1 在「建立」功能區的「查詢」群組按一下「查詢精靈」。

STEP2 選取「尋找不吻合資料查詢精靈」，再按「確定」。

STEP3 選取「資料表：客戶」，再按「下一步」。

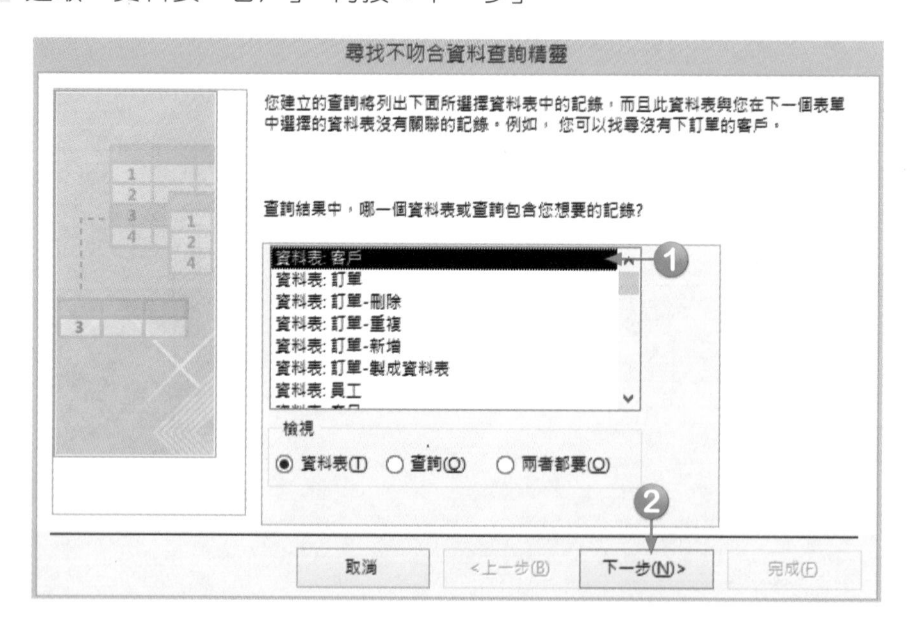

»STEP4 選取「資料表：訂單」，再按「下一步」。

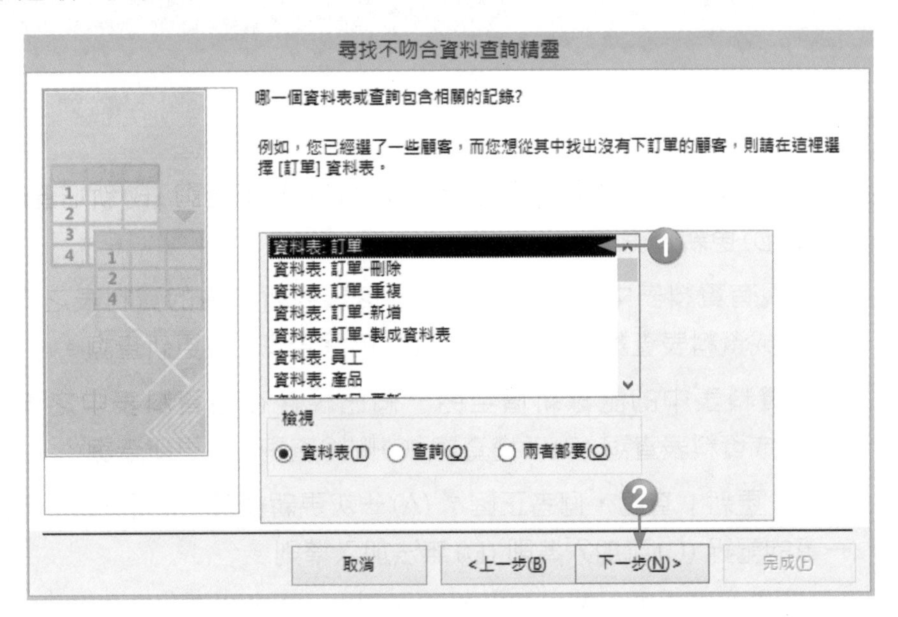

»STEP5 「客戶」和「訂單」資料表皆含有「客戶代號」關聯欄位，按「完成」。即可顯示未下過訂單的客戶資料。

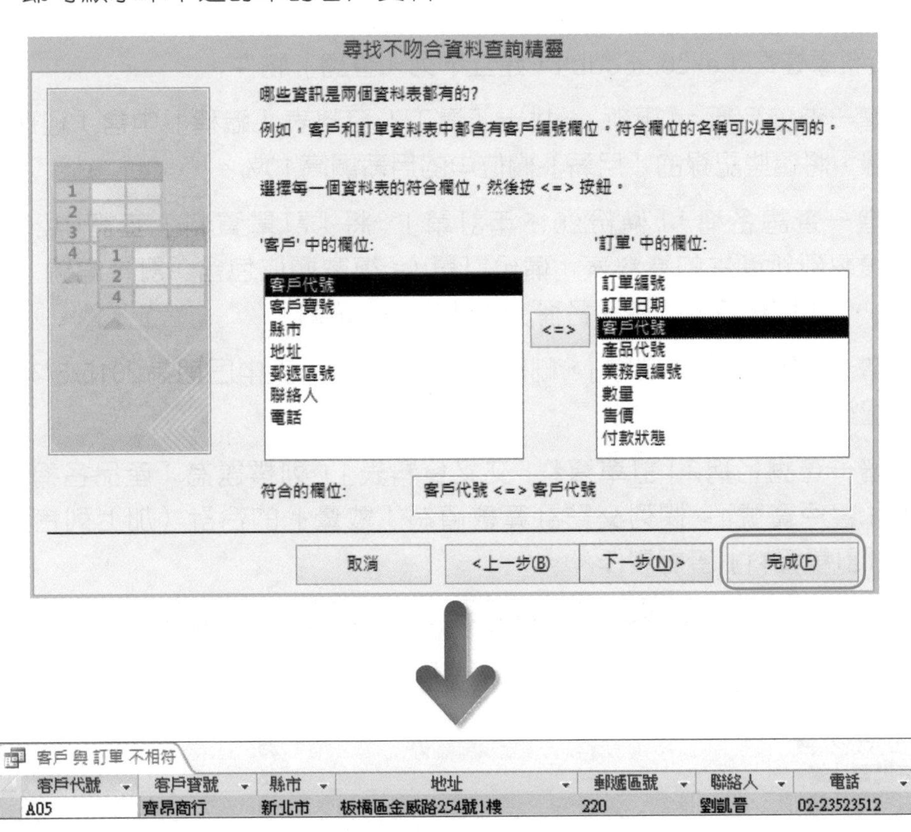

客戶代號	客戶寶號	縣市	地址	郵遞區號	聯絡人	電話
A05	齊昂商行	新北市	板橋區金威路254號1樓	220	劉凱晉	02-23523512

❖選擇題

(　)1. 以下何者屬於動作查詢的類型？(A)製成資料表查詢 (B)新增查詢 (C)刪除查詢 (D)更新查詢。

(　)2. 可將現有資料表中符合準則的記錄複製到新產生的資料表之查詢類型為 (A)製成資料表查詢 (B)新增查詢 (C)刪除查詢 (D)更新查詢。

(　)3. 可將資料表中的記錄新增至另一個已經存在的資料表中之查詢類型為 (A)製成資料表查詢 (B)新增查詢 (C)刪除查詢 (D)更新查詢。

(　)4. 有關「更新」查詢，何者正確？(A)一次更新多筆的記錄 (B)一次只能更新一筆的記錄 (C)可加入準則 (D)無法加入準則。

(　)5.「交叉資料表查詢」屬於何種查詢類型？(A)製成資料表查詢 (B)新增查詢 (C)動作查詢 (D)選取查詢。

❖實作題

開啓資料庫檔案「ex06.accdb」，建立下列「查詢」物件。

1. 新增一查詢名稱：「更新」，找出「員工」資料表「職稱」中含「經理」二字的記錄，將這些記錄的「月薪」欄位中的月薪調高10%。
2. 新增一查詢名稱：「備份2015年訂單」，將「訂單資料」查詢中2015年的訂單複製到新產生的資料表「備份訂單」；複製欄位包含「訂單編號」、「訂單日期」、「客戶寶號」、「產品名稱」、「數量」、「單價」。
3. 新增一查詢名稱：「刪除」，刪除「訂單2」資料表中日期為2015/5/30之前的所有記錄。
4. 新增一查詢名稱：「訂單資料_交叉資料表」，列標題為「產品名稱」；欄標題為「客戶寶號」；欄列交點計算數值為「數量」的合計（加上列合計）。請使用「訂單資料」查詢製作。

產品名稱	合計 數量	台園國際	鼎蹟商業	綠構商行	語田貿易
10公斤洗衣機	53	25	7	3	18
32吋電視機	64	32			32
42吋電視機	25		6		19
7公斤洗衣機	72	2	35	30	5
三門電冰箱	44		36		8
五門電冰箱	59	16	20	23	

資料表的進階設計

第2章中我們曾說明資料表中常用的資料類型和欄位屬性。本章將針對其他的資料類型和欄位屬性進一步加以說明。期能對資料表的運用有更深一層的瞭解。

學習目標

- 7-1 OLE物件
- 7-2 附件欄位
- 7-3 長文字欄位
- 7-4 超連結
- 7-5 欄位屬性
- 7-6 記錄的驗證規則和驗證文字

第2章已說明資料表常用的資料類型和欄位屬性。本章將針對其他的資料類型和欄位屬性加以說明。期能令讀者對資料表運用，有更深一層的瞭解。

本章將說明諸如圖片、影像、文件、聲音或其他類型檔案的處理、大量文字的儲存，以及超連結的應用。另外，「工欲善其事，必先利其器」，既然輸入資料的正確性不能輕忽，我們就必須了解如何藉由資料表的欄位屬性設定，來降低資料輸入的錯誤。另外，如何提升資料檢索的效能、加快資料輸入的速度，都是設計資料表應該注意的地方。

7-1 OLE物件

OLE物件是連結或內嵌在Access資料表中的物件，這些物件包括圖片檔、Word文件檔、Excel活頁簿檔、聲音或其他格式的檔案。

此種資料類型可直接支援Windows點陣圖（.bmp），其他類型圖片如GIF、JPEG或其他格式的圖片檔案，則需要安裝對應軟體，來提供顯示和編輯這些檔案的元件。

當使用GIF、JPEG或其他類型的圖檔時，Access會建立與裝置無關點陣圖檔（.dib）來支援這些檔案，而造成資料庫增大。所以可先將圖檔轉換成Windows點陣圖（.bmp），協助降低資料庫的大小。

開啓資料庫檔案「Ch07.accdb」，在「員工」資料表中，「照片」欄位爲「OLE物件」，下圖爲「員工」資料表結構。

員工

欄位名稱	資料類型
員工代號	數字
姓名	簡短文字
到職日期	日期/時間
電話	簡短文字
照片	OLE 物件
履歷	附件
電子郵件	超連結
備註	長文字

▲「員工」資料表結構

將「照片1.bmp」存於「員工」資料表「照片」欄位中。方法如下：

» STEP1 選擇功能窗格，連按兩下「員工」資料表，以開啟「員工」資料表。

» STEP2 在「照片」欄位上按右鍵，按一下「插入物件」。

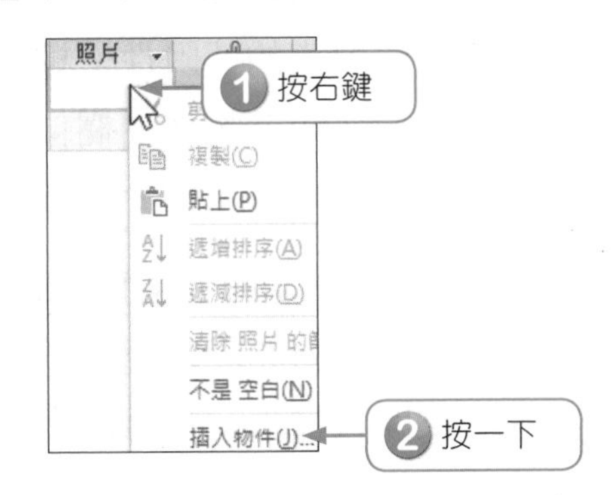

» STEP3 選取「由檔案建立(F)」，按一下「瀏覽（B）…」選取「ch07」資料夾中的「照片1.bmp」，按「確定」。

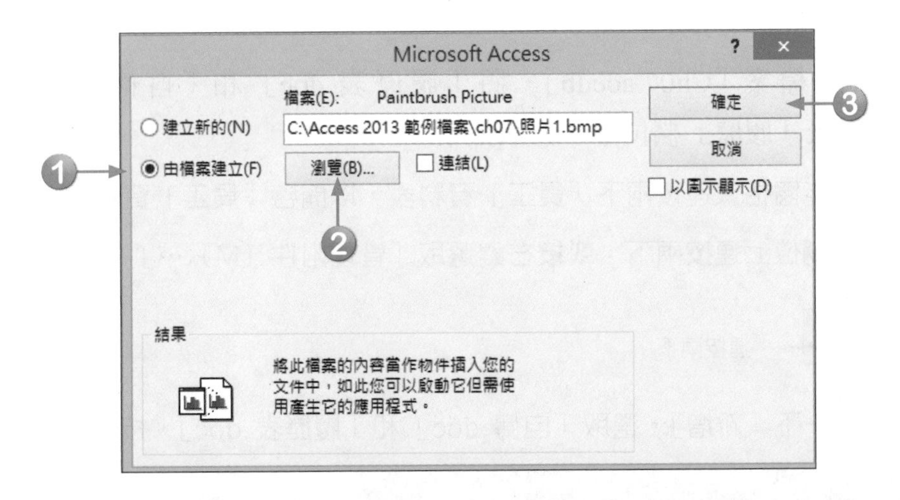

說明。。。。

「連結」：若選取「連結」，則檔案未嵌入資料庫中，僅建立連結，故可節省資料庫儲存空間。但連結的檔案被刪除或搬移時，會造成資料庫找不到連結的檔案。

» STEP4 Windows點陣圖（.bmp）已存入「照片」欄位。在「照片」欄位上方連按兩下，可啟動對應軟體編輯Windows點陣圖（.bmp）。

說明。。。。

- 建議圖片先轉換成Windows點陣圖檔（.bmp），再存入「OLE」欄位中，或使用7-2節所介紹的「附件」欄位。
- 嵌入的圖片可於後續章節中所介紹的「表單」、「報表」中顯示或編輯。

7-2 附件欄位

「附件」欄位是自Access 2007版本開始新增的資料類型。一個「附件」欄位可以儲存多個不同類型的檔案。如在「員工」資料表的「附件」欄位中，可同時存放員工的照片、履歷表和自傳等檔案。一個「OLE物件」欄位只儲存一個檔案。

「附件」欄位與「OLE物件」資料類型的另一項差異是:「OLE物件」資料類型在存放圖像或文件時，需要透過對應的軟體建立對應點陣圖，造成資料庫檔案加大。而「附件」直接使用附件的主程式來開啓檔案，且會儘可能壓縮附件檔案。

每個附件欄位可儲存多個不同類型的檔案，但整個資料庫檔案無法超過2GB。

開啓資料庫檔案「Ch07.accdb」，將「履歷表.doc」和「自傳.doc」存於「員工」資料表「履歷」欄位中。方法如下：

STEP1 選擇功能窗格，連按兩下「員工」資料表，以開啓「員工」資料表。

STEP2 在附件欄位上連按兩下；或按右鍵選取「管理附件（M）…」。

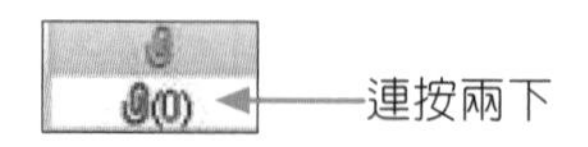

STEP3 分別按一下「新增」，選取「自傳.doc」和「履歷表.doc」，按「確定」。

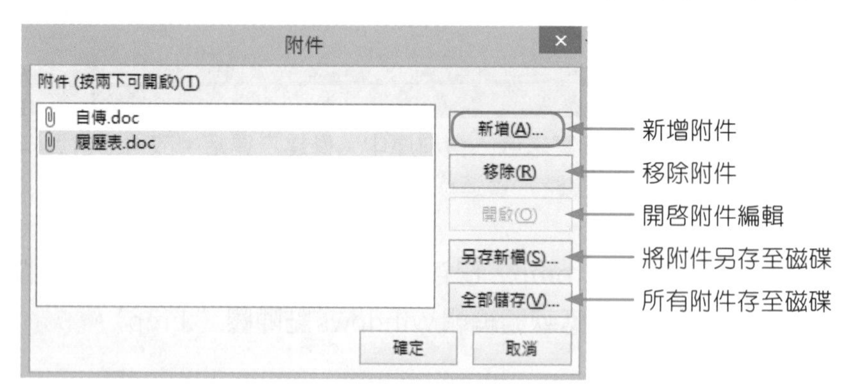

● 在「附件」欄位上連按兩下，可進入「附件」對話方塊編輯。

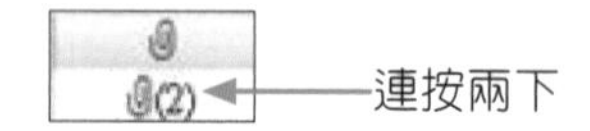

7-3 長文字欄位

若需要儲存的文字超過255個字，則應使用「長文字」資料類型。「長文字」資料類型也可以支援RTF（Rich Text Format）格式。在欄位中可存放格式化文字，例如：設定字型、色彩。「長文字」欄位儲存上限約爲 1 GB，但對於顯示長文字的控制項，上限爲前 64,000 個字元。

開啓資料庫檔案「Ch07.accdb」，在「員工」資料表「備註」欄位輸入文字，並格式化文字。方法如下：

» STEP1 選擇功能窗格，在「員工」資料表上按右鍵，按一下「設計檢視」。

» STEP2 按一下「備註」欄位，將欄位的「文字格式」屬性，由「純文字」改成「RTF格式」，儲存資料表，再選取「是(Y)」。

文字格式	RTF 格式

» STEP3 在「設計」功能區的「檢視」群組，按一下「檢視」，選取「是(Y)」，儲存資料表，即可切換至「資料工作表檢視」。

» STEP4 加高列高，在「備註」欄位輸入文字，按Ctrl+Enter輸入下一行。

備註
於2016/1/1申請 留職停薪兩年

» STEP5 選取文字後，使用「常用」功能區的「字型」群組工具，加上字型格式和色彩。

● 長文字欄位的文字格式設定，亦可在「資料工作表檢視」模式的「欄位」功能區中設定。

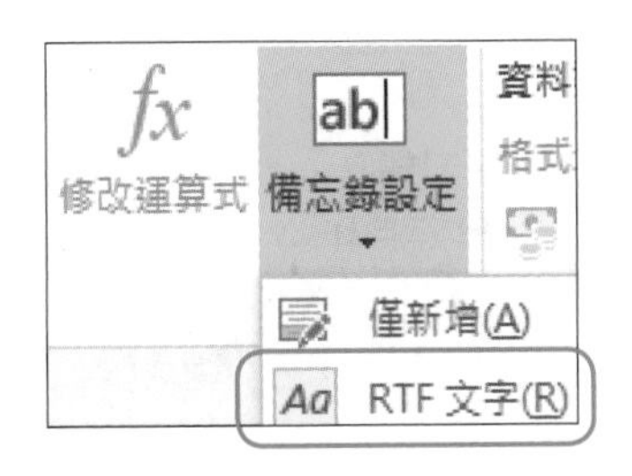

說明

若將「長文字」資料類型欄位的「僅新增」屬性，由「否」改成「是」，則可將所有變更的歷程資料皆保留在「長文字」資料類型欄位中，並可使用滑鼠右鍵，選取「顯示欄記錄(H)…」加以檢視。

7-4 超連結

「超連結」資料類型欄位，可存放網頁（URL；Uniform Resource Locators）和檔案路徑（UNC；Universal Naming Convention）。

- 存放網頁的格式如「http://www.chwa.com.tw」；若要存放電子郵件，則其格式如「mailto:xxx@yyy.edu.tw」。
- 存放檔案使用UNC(Universal Naming Convention)路徑，格式為「//主機名稱/分享名稱/檔案路徑名稱」。

開啟資料庫檔案「Ch07.accdb」，在「員工」資料表輸入員工電子郵件。方法如下：

»STEP1 選擇功能窗格，連按兩下「員工」資料表，以開啟「員工」資料表。

»STEP2 在「電子郵件」欄位上按右鍵，按一下「超連結」，再按一下「編輯超連結（H）…」，開啟「插入超連結」對話方塊。

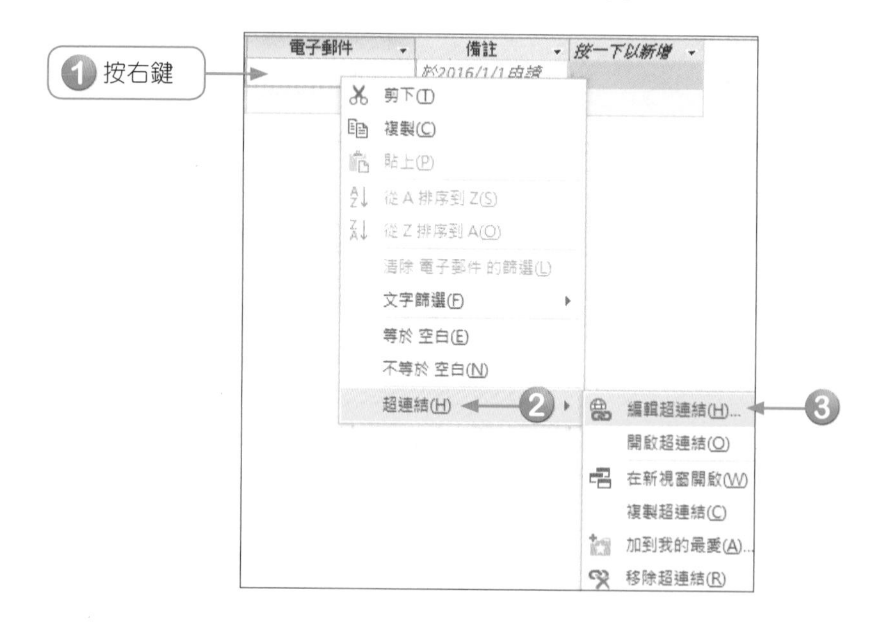

»STEP3 按一下「電子郵件地址」，輸入「xxx@yyy.edu.tw」，按「確定」。

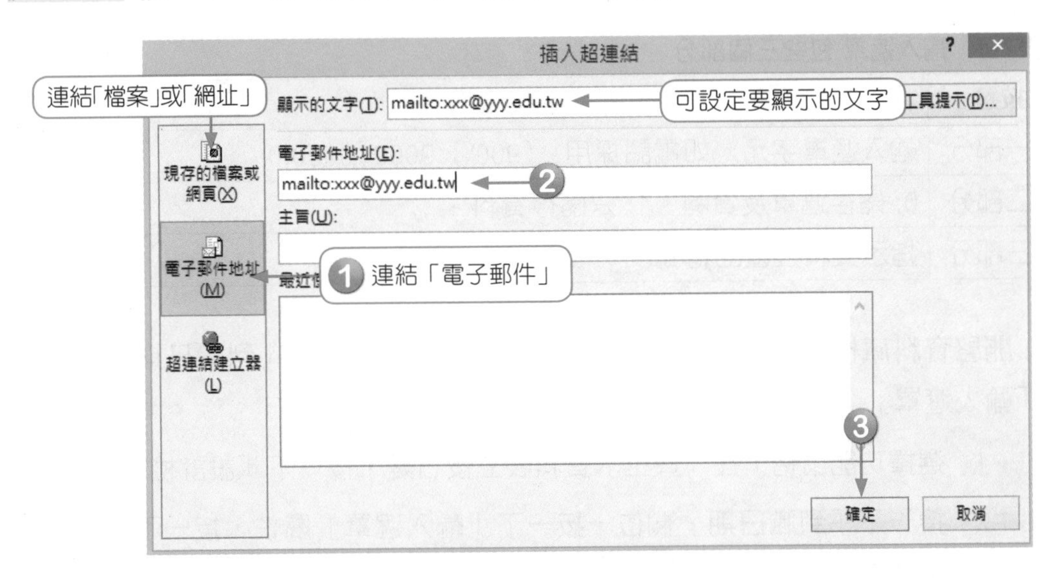

»STEP4 滑鼠移至上方，滑鼠指標變成超連結圖示（若按下電子郵件，則會啟動預設電子郵件軟體，如Microsoft Outlook或Outlook Express）。

在「超連結」欄位上也可以不要開啟「插入超連結」對話方塊，而直接輸入資料。

7-5 欄位屬性

輸入資料可藉由資料類型、欄位大小、輸入遮罩、驗證規則和資料表屬性來檢驗資料的正確性。第2章我們曾說明「欄位大小」、「格式」和「小數位數」等欄位屬性；本節除了說明輸入遮罩、驗證規則等屬性外，也針對其他欄位屬性的使用加以說明。

7-5-1 輸入遮罩

輸入遮罩是在資料輸入時使用的輸入控制，可利用輸入遮罩來提供資料輸入的驗證，減少資料輸入的錯誤。如輸入日期、身分證字號、發票號碼、郵遞區號、電話、密碼等。

輸入遮罩包含三個部分，每個部分以「;」隔開。第二、三部分也可省略。

➡ 表7-1　輸入遮罩 包含三個部分

按鍵	動作
第一部分	輸入遮罩字元。如電話採用\（900\）9000\-0000;0;_
第二部分	0: 儲存遮罩及資料。1: 只儲存資料。
第三部分	指示資料位置的符號。

開啓資料庫檔案「Ch07.accdb」，在「員工」資料表的「到職日期」欄位使用「輸入遮罩」。方法如下：

» STEP1　選擇功能窗格，在「員工」資料表上按右鍵，按一下「設計檢視」。

» STEP2　按一下「到職日期」欄位，按一下「輸入遮罩」屬性，按一下「輸入遮罩精靈」[...]。

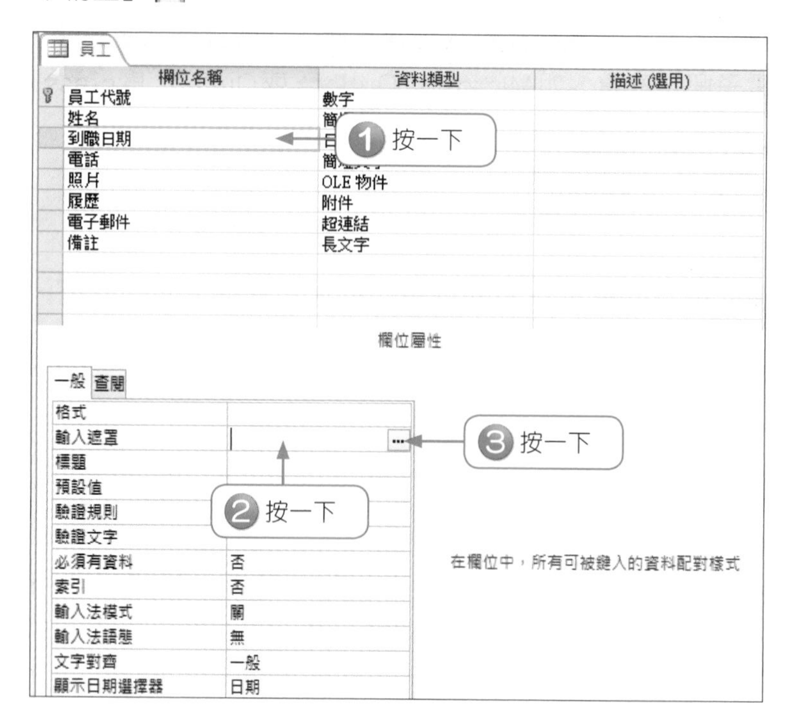

» STEP3　選取「西元日期」和試試看，按「下一步」。

» STEP4　可變更輸入遮罩和試試看，按「下一步」。

» STEP5 按「完成」後，即完成「輸入遮罩」屬性的設定，儲存資料表。

» STEP6 在「設計」功能區的「檢視」群組按一下「檢視」，先按「是(Y)」儲存資料表後，切換至「資料工作表檢視」，即可使用輸入遮罩。

➡ 表7-2　輸入遮罩字元說明

遮罩字元	說明
0	必須輸入一個數字(0 到 9)。
9	可輸入一個數字(0 到 9)。
#	可輸入一個數字、空格、加號或減號。如果略過，Access會輸入一個空格。
L	必須輸入一個字母
?	可輸入一個字母
A	必須輸入一個字母或數字
a	可輸入一個字母或數字
&	必須輸入一個字元或空格
C	可輸入字元或空格
>	將符號之後的字母轉成大寫
<	將符號之後的字母轉成小寫
\	顯示跟在符號之後的字元
"文字"	顯示雙引號內的文字
密碼	儲存輸入的字元但僅顯示「*」

7-5-2 預設值

預設值是在新增記錄時，欄位未輸入前所設定的值。有些資料如果有固定的值，或大部分的值皆相同時，就可設定預設值。例如：輸入訂單日期時常常輸入當天日期，就可將當天日期（系統日期）設定爲預設值。

在「訂單」資料表的「訂單日期」欄位使用預設值。方法如下：

» STEP1 選擇功能窗格，在「訂單」資料表上按右鍵，按一下「設計檢視」。

» STEP2 按一下「訂單日期」欄位，在「預設值」屬性輸入「Date ( )」，儲存資料表。

» STEP3 在「設計」功能區的「檢視」群組按一下「檢視」，切換至「資料工作表檢視」，新增記錄時，訂單日期預設為系統日期。

● 預設值設定，亦可在「資料工作表檢視」模式的「欄位」功能區中選取「預設值」設定。

7-5-3 欄位的驗證規則和驗證文字

輸入資料的正確性是重要的課題。要協助驗證資料，可藉由資料類型、欄位大小、輸入遮罩、驗證規則和資料表屬性（見7-6節）完成。例如訂單的數量不可能有負數或大於1000，則可限制訂單數量的值必須在0至1000之間，若不符合驗證規則，則資料將無法儲存入資料表中，且顯示驗證文字的警示方塊。

在「訂單」資料表的「數量」欄位使用驗證規則和驗證文字。方法如下：

» STEP1 選擇功能窗格，在「訂單」資料表上按右鍵，按一下「設計檢視」。

» STEP2 按一下「數量」欄位，在「驗證規則」屬性輸入「Between 0 And 1000」，在「驗證文字」屬性輸入「數量必須0-1000之間」。

驗證規則	Between 0 And 1000
驗證文字	數量必須0-1000之間

» STEP3 儲存資料表後，按「是（Y）」驗證已存在的資料。

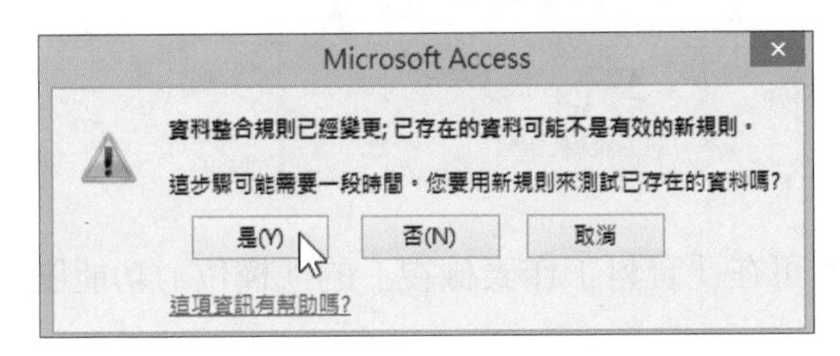

» STEP4 在「設計」功能區的「檢視」群組按一下「檢視」，切換至「資料工作表檢視」。若輸入「數量」不在0到1000範圍，將顯示驗證文字的警示對話方塊，如下圖所示：

● 欄位的驗證規則和驗證文字，亦可在「資料工作表檢視」模式的「欄位」功能區中設定。

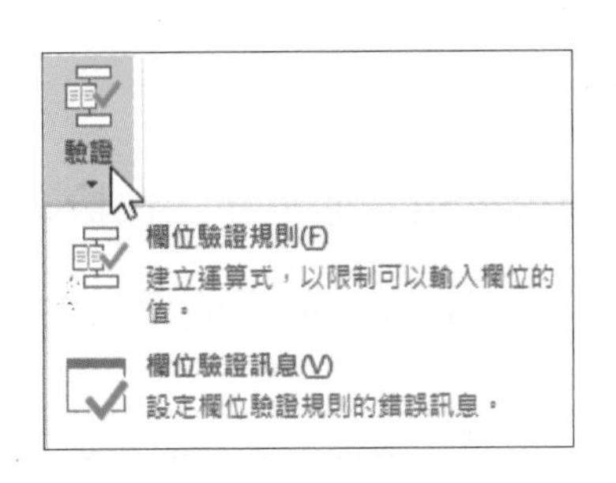

7-5-4 必須有資料

有些欄位一定要輸入資料才可以，則可將此欄位的「必須有資料」屬性由「否」改爲「是」。例如，「客戶代號」的「必須有資料」屬性設爲「是」，當輸入新訂單時，若不輸入客戶代號，將顯示如下圖的警示對話方塊，無法存入資料表。

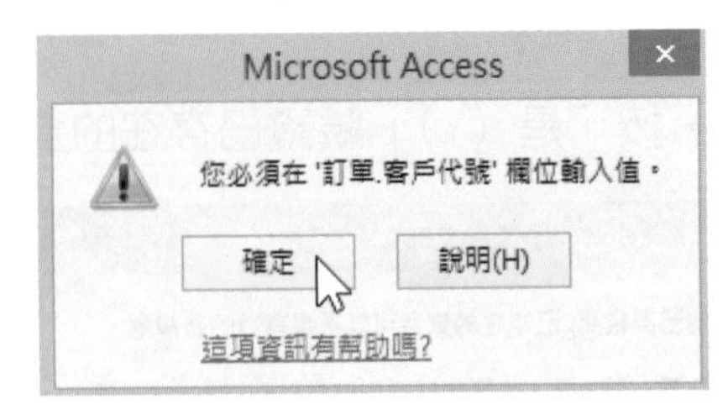

- 「必須有資料」設定，亦可在「資料工作表檢視」的「欄位」功能區中設定。

7-5-5 索引

索引的建立可加快資料檢索和排序。透過索引，可非常快速地找到資料的位置。但當執行新增、更改和刪除記錄等資料維護動作時，索引也需要跟著變更，故降低了資料處理的效率；同時，索引也會加大資料庫的檔案大小，所以需要常常檢索和排序的欄位，才需要設成索引鍵。索引鍵可以是由一個或由多個欄位組成。

索引的設定有三種：

- 「否」　　　　　：不設索引。
- 「是（可重複）」　：欄位值可重複。通常爲加快檢索效率。
- 「是（不可重複）」：欄位值不可重複，通常使用於主索引鍵。

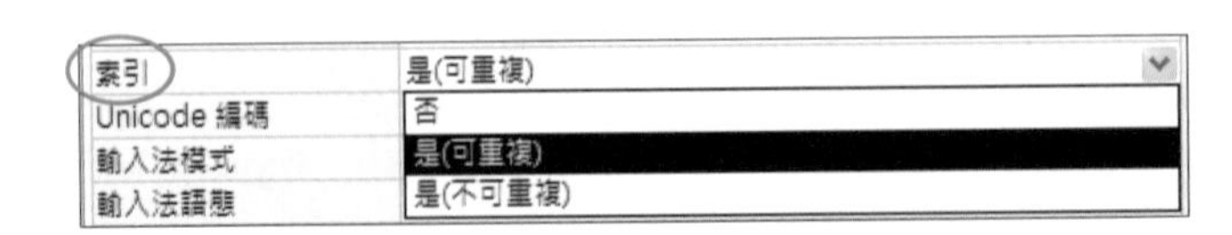

也可使用功能區的「索引」工具來檢視或編輯索引和欄位的排序。索引鍵可以是由一個或多個欄位組成。

- 在資料表「設計檢視」模式中按一下「設計」功能區的「索引」，即可檢視或編輯索引。

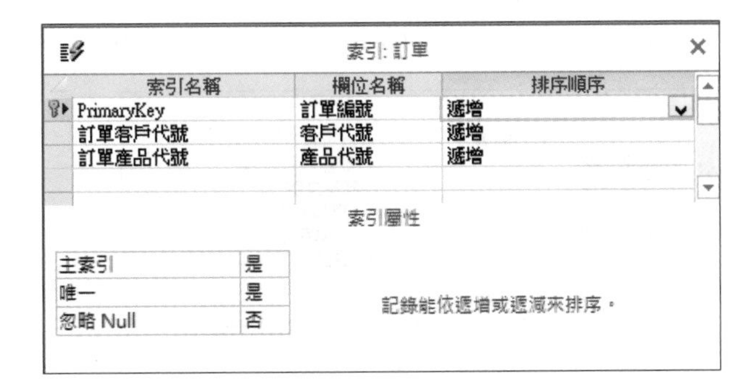

- 欄位的「索引」設定，亦可在「資料工作表檢視」模式的「欄位」功能區中設定。

7-5-6 其他欄位屬性

➡ **表7-3 其他欄位屬性說明**

屬性	說明
標題	設定欄位標題
允許零長度字串	是否允許零長度字串
Unicode編碼	是否允許Unicode編碼
輸入法模式	欄位預設的輸入法模式
文字對齊	可設定一般、靠左、置中、靠右、分散

7-6 記錄的驗證規則和驗證文字

在7-5-3節中說明了欄位的驗證規則，這是屬於欄位層級的資料驗證；若是應用於記錄層級的資料驗證，則可設定於資料表的「驗證規則」屬性。

如在一個「專案」資料表中，下圖為「專案」資料表的結構。

欄位名稱	資料類型
專案代號	簡短文字
專案名稱	簡短文字
開始日期	日期/時間
結束日期	日期/時間
負責人	簡短文字

▲ 圖7-2 「專案」資料表的結構

一筆記錄的「結束日期」一定要大於或等於「開始日期」；但如果輸入的資料中，「開始日期」反而大於「結束日期」時，如何能夠檢查出來？

開啓資料庫檔案「Ch07.accdb」，在「專案」資料表中設定資料表的驗證規則。方法如下：

STEP1 選擇功能窗格，在「專案」資料表上按右鍵，按一下「設計檢視」。

STEP2 在「設計」功能區的「顯示/隱藏」群組按一下「屬性表」。

STEP3 在「驗證規則」屬性輸入「[結束日期]>=[開始日期]」，在「驗證文字」屬性輸入「[結束日期]不能小於[開始日期]」。

屬性表
選取類型: 資料表屬性
一般

展開子資料工作表	否
子資料工作表高度	0cm
方向	從左至右
描述	
預設檢視方法	資料工作表
驗證規則	[結束日期]>=[開始日期]
驗證文字	結束日期不可小於開始日期
篩選	
排序方式	
子資料工作表名稱	[自動]
連結子欄位	
連結主欄位	
載入時篩選	否
載入時排序	是
排序對象	0

» STEP4 在「設計」功能區的「檢視」群組，按一下「檢視」，選取「是(Y)」以儲存資料表後，可切換至「資料工作表檢視」。若所輸入的「開始日期」大於「結束日期」時，將顯示驗證文字的警示對話方塊，如下圖所示。

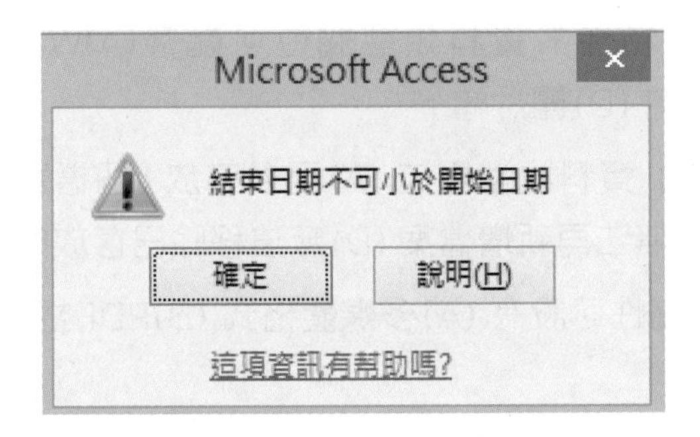

● 記錄的驗證規則和驗證文字設定，亦可在「資料工作表檢視」模式的「欄位」功能區中設定。

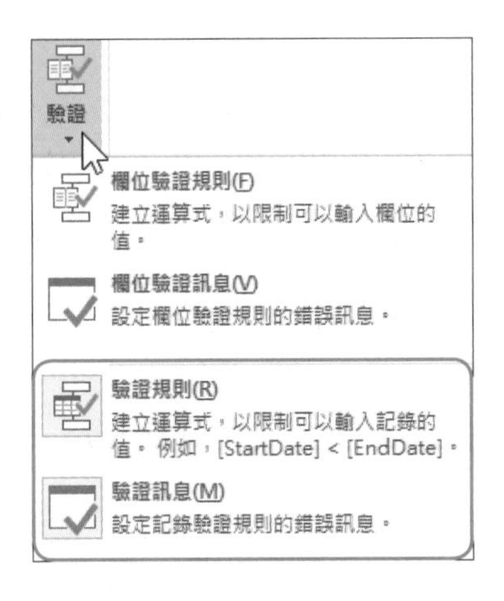

本章習題

❖選擇題

(　)1. 以下敘述何者正確，「OLE物件」資料類型欄位可儲存(A)Word文件檔 (B)Excel活頁簿檔 (C)MP3檔 (D)圖片檔。

(　)2. 以下敘述何者正確，「附件」資料類型欄位 (A)至多存放1個檔案 (B)可存放多個檔案 (C)存放檔案後無法再新增檔案 (D)無法移除已存放的檔案。

(　)3.「長文字」欄位的文字格式屬性可設為 (A)多媒體格式 (B)PDF格式 (C)RTF格式 (D)自動排列格式。

(　)4.「超連結」資料類型欄位的正確資料為 (A)http://www.edu.tw (B)database:employee (C)mailin:xxx@yyy.edu.tw (D)files//company。

(　)5. 以下何者屬欄位屬性的遮罩字元(A)0 (B)C (C)9 (D)^。

❖實作題

開啓資料庫檔案「ex07.accdb」。

1. 設定「訂單」資料表的欄位屬性。
   - 「產品名稱」必須有資料，為可重複索引鍵。
   - 「單價」標題設為「售價」，小數位數：0。
   - 「數量」預設值：1，僅能接受1至500；若輸入值不符，則顯示「數量必須在1至500之間」。
   - 「訂單編號」共五碼，第1個字元為英文字，其他為數字。請設定此欄位的輸入遮罩。
2. 設定「專案」資料表的驗證規則：結束日期應大於等於開始日期，違反驗證規則，即顯示「結束日期不能小於開始日期」。

表單的建立

我們建立了「資料表」，可以使用「資料工作表」來輸入與編輯資料。但「表單」卻可以提供更美觀的畫面來輸入與編輯資料，以及提供更方便、更有效率地管理資料的方法。本章將介紹簡易建立「表單」的各種方法。

學習目標

- 8-1 表單介紹
- 8-2 表單的檢視模式
- 8-3 使用表單建立工具建立表單
- 8-4 建立含子表單的表單
- 8-5 建立連結表單
- 8-6 建立導覽表單

我們建立了「資料表」，可以使用「資料工作表」來輸入與編輯資料。但「表單」卻可以提供更美觀的畫面來輸入與編輯資料，以及提供更方便、更有效率地管理資料的方法。本章介紹簡易建立「表單」的各種方法。

8-1 表單介紹

「資料表」是儲存資料的物件；「查詢」是一組處理資料的命令。輸入和編輯資料皆可在「資料工作表」進行，但是要建立美觀的使用者資料輸入介面，就需要建立「表單」，因爲「表單」能以加入圖形方式呈現。

「表單」是資料庫物件之一。「表單」不但可建立美觀的資料操作畫面，並能提供更友善的人機介面，如提供更便利的資料輸入方式，來降低人工輸入錯誤資料的發生。「結合」表單是直接連接到資料來源（如資料表或查詢）的表單，在處理資料的過程中，包含增添新的資料、更正資料、刪除資料或找尋資料等，皆可使用「結合」表單來處理，以提升使用者操作資料的效率。也可建立未連接到資料來源的「未結合」表單，表單內可應用按鈕、標籤或其他所需要的控制項。

「表單」內的資料來源可以是一個資料表或查詢的部分欄位，也可以是多個資料表的欄位組成，能讓使用者更有彈性地處理資料。

8-2 表單的檢視模式

8-2-1 表單檢視

「表單檢視」主要用來新增資料、更正資料、刪除資料、找尋或取代或篩選排序。完成「表單」建立的動作後，就可以切換至「表單檢視」模式處理資料。

表單檢視的常用版面可分爲單欄式表單、表格式表單、對齊式表單、分割表單。如下圖所示：

員工

員工

員工代號 1

姓名 陳予儀

性別

部門代號 1

職稱 總經理

到職日期 1986/4/1

電話 (04)3432-1123

照片

▲ 單欄式表單

員工

員工代號	姓名	性別	部門代號	職稱	到職日期	電話	照片
1	陳予儀		1	總經理	1986/4/1	(04)3432-1123	
2	陳祈庭		3	會計助理	1995/5/2	(07)4325-4333	

▲ 表格式表單

訂單

訂單編號	訂單日期	客戶代號	客戶寶號	業務員編號	姓名	產品代號	產品名稱	數量
1	2012/1/10	A01	語田貿易	11	余希任	F01	三門電冰箱	8

單價
NT$20,000

▲ 對齊式表單

員工

員工

員工代號	1
姓名	陳予儀
性別	☐
部門代號	1
職稱	總經理
到職日期	1986/4/1
電話	(04)3432-1123
照片	

員工代號	姓名	性別	部門代號	職稱	到職日期	電話	附件
1	陳予儀	☐	1	總經理	1986/4/1	(04)3432-1123	(2)
2	陳祈庭	☐	3	會計助理	1995/5/2	(07)4325-4333	(1)
3	劉羽慶	☑	4	人事經理	2002/12/1	(06)1240-4432	(0)
4	李慎竹	☐	3	會計經理	2006/5/1	(02)5249-1144	(0)
5	溫益傑	☑	4	人事助理	2007/5/1	(03)2524-4541	(0)
6	許銀發	☑	5	採購專員	1990/3/2		(0)
7	施齊芳	☐	5	採購經理	1986/4/1		(0)
11	余希任	☐	2	業務經理	1986/4/1	(02)2541-5251	(0)
12	易器揚	☑	2	業務助理	1999/10/1	(03)5241-6352	(0)
13	吳國鋅	☑	2	業務專員	1990/1/1	(02)3021-5241	(0)
14	陳惠津	☐	2	業務助理	2008/1/1	(03)6342-4401	(0)
*		☐					(0)

▲ 分割表單

8-2-2 資料工作表檢視

「資料工作表」是將資料以欄及列排列的方式呈現，以簡潔的介面編輯資料，但無法有效地美化畫面。當在「功能窗格」中開啟「資料表」時，也是使用「資料工作表」來編輯資料。在有子表單的表單中，子表單也以「資料工作表」的方式呈現一對多關聯中「多」的一方。

員工代號	姓名	性別	部門代號	職稱	到職日期	電話
1	陳予儀	☐	1	總經理	1986/4/1	(04)3432-1123
2	陳祈庭	☐	3	會計助理	1995/5/2	(07)4325-4333
3	劉羽慶	☑	4	人事經理	2002/12/1	(06)1240-4432
4	李慎竹	☐	3	會計經理	2006/5/1	(02)5249-1144
5	溫益傑	☑	4	人事助理	2007/5/1	(03)2524-4541
6	許銀發	☑	5	採購專員	1990/3/2	
7	施齊芳	☐	5	採購經理	1986/4/1	
11	余希任	☐	2	業務經理	1986/4/1	(02)2541-5251
12	易器揚	☑	2	業務助理	1999/10/1	(03)5241-6352
13	吳國鋅	☑	2	業務專員	1990/1/1	(02)3021-5241
14	陳惠津	☐	2	業務助理	2008/1/1	(03)6342-4401

▲ 資料工作表

8-2-3 版面配置檢視

「版面配置檢視」可加快表單和報表的設計。建立完成的表單也許不符合使用者需求，這時可以使用「版面配置檢視」和「設計檢視」來更改表單，以符合使用者需求。

在「版面配置檢視」可一面檢視資料，一面製作與變更表單。如某欄位資料無法全部顯示，就可將「控制項」欄寬調整到適當的寬度，是較直覺的表單設計方式。這是Access 2007版本以後推出的新功能。

「版面配置檢視」是以表格方式呈現，儲存格內包含一個控制項，在此模式中可變更控制項的格式、大小、位置等等，但某些變更無法在「版面配置」模式中進行，需要切換到「設計檢視」模式才能變更。

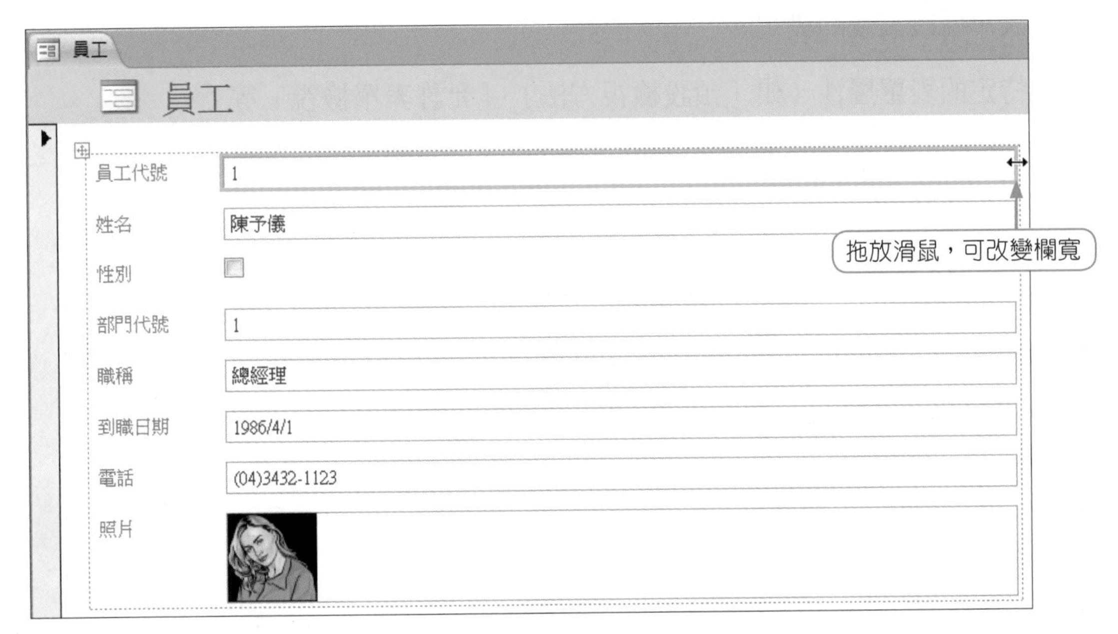

▲ 版面配置檢視

「版面配置」有兩種控制版面：

- 堆疊式版面配置：控制項以垂直方向排列，而控制項的標籤位於左欄。
- 表格式版面配置：控制項以水平方向排列，而控制項的標籤位於頂端。

8-2-4 設計檢視

▲ 表單控制項

提供較完整的表單設計功能，有些功能在版面配置檢視模式是無法或難以進行的，例如：

- 使用更多的控制項（如線條、矩形、子表單等）。
- 在「文字方塊」控制項中可直接編輯資料來源。
- 表單區段高度的設定。
- 特定的表單屬性（如「預設檢視方法」、「允許表單檢視」等）。

▲ 設計檢視

8-3 使用表單建立工具建立表單

表單工具中的「表單」、「分割表單」、「多重項目」、「資料工作表」可讓使用者快速建立表單。「空白表單」、「表單設計」和「表單精靈」皆能建立各式各樣的表單。本節將依序介紹各種表單建立工具的用法。

▲ 功能區的表單建立工具

8-3-1 建立「單欄式」表單

單欄式表單是以一個畫面輸入一筆記錄的方式配置。

開啓資料庫檔案「Ch08.accdb」，使用「員工」資料表建立單欄式表單。方法如下：

» STEP1 選擇功能窗格，按一下「員工」資料表選取表單的資料來源。

» STEP2 在「建立」功能區的「表單」群組，按一下「表單」，以建立單欄式表單，下圖為「版面配置檢視」模式。

»STEP3 在「設計」功能區的「檢視」群組，按一下「檢視」，進入「表單檢視」模式即可編輯資料。一次只能編輯一筆資料。

»STEP4 關閉表單視窗後，選「是（Y）」以儲存表單。

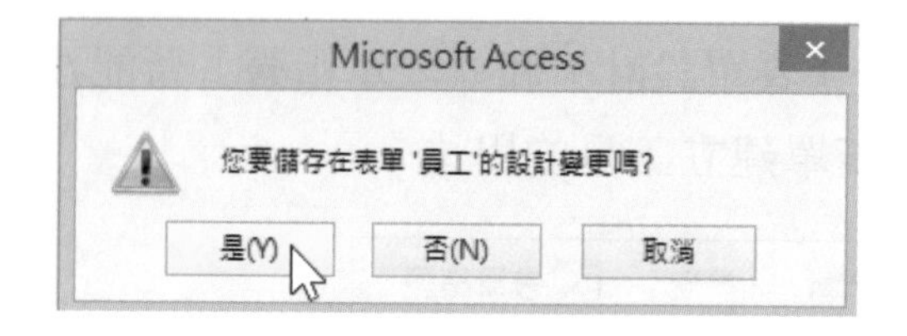

»STEP5 輸入要建立的表單名稱「員工-單欄式」，再按「確定」，即可在功能窗格中建立此「表單」物件。

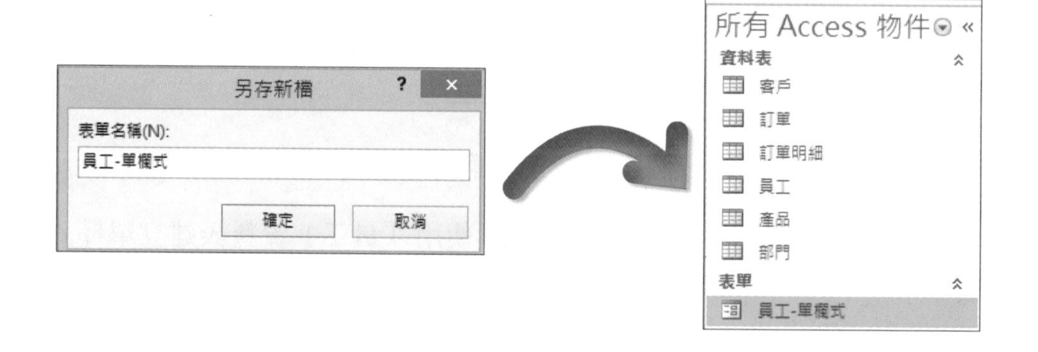

注意。。。。

✦ 表單物件中的表單名稱不能重複，但可和資料表、查詢或其他物件類型名稱相同。

✦ 表單資料來源可以是資料表或查詢。

8-3-2 建立「資料工作表」表單

「資料工作表」表單中的資料是以欄及列排列的方式編輯資料。

使用「員工」資料表建立「資料工作表」表單。方法如下：

»STEP1 在功能窗格中，按一下「員工」資料表。

»STEP2 在「建立」功能區的「表單」群組按一下「其他表單」，再按一下「資料工作表」。

員工

員工代號	姓名	性別	部門代號	職稱	到職日期	電話	附件
1	陳予儀		1	總經理	1986/4/1	(04)3432-1123	(2)
2	陳祈庭		3	會計助理	1995/5/2	(07)4325-4333	(1)
3	劉羽慶	✓	4	人事經理	2002/12/1	(06)1240-4432	(0)
4	李慎竹		3	會計經理	2006/5/1	(02)5249-1144	(0)
5	溫益傑	✓	4	人事助理	2007/5/1	(03)2524-4541	(0)
6	許銀發	✓	5	採購專員	1990/3/2		(0)
7	施齊芳		5	採購經理	1986/4/1		(0)
11	余希任		2	業務經理	1986/4/1	(02)2541-5251	(0)
12	易器揚	✓	2	業務助理	1999/10/1	(03)5241-6352	(0)
13	吳國鋅	✓	2	業務專員	1990/1/1	(02)3021-5241	(0)
14	陳惠津		2	業務助理	2008/1/1	(03)6342-4401	(0)
*							(0)

» STEP3 關閉表單視窗 × 後，選「是（Y）」以儲存表單。

» STEP4 輸入要建立的表單名稱「員工-資料工作表」，再按「確定」。即可在功能窗格中建立此表單物件。

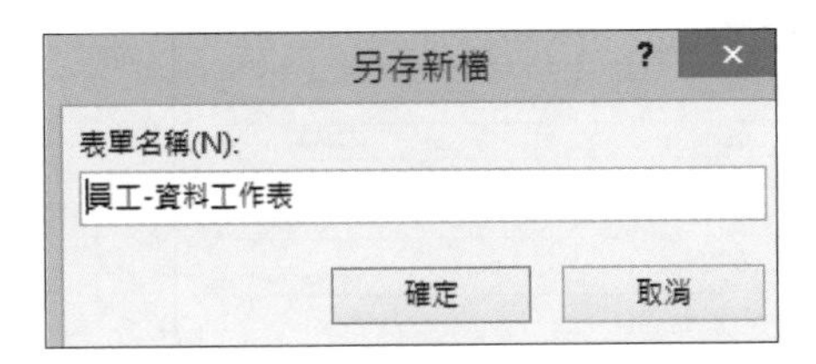

8-3-3 建立「分割表單」

「分割表單」包含「表單檢視」和「資料工作表檢視」兩個部分的版面。使用者可使用下方的「資料工作表檢視」瀏覽資料，而在上方編輯，較為方便。

使用「員工」資料表建立「分割表單」。方法如下：

STEP1 在功能窗格中按一下「員工」資料表。

STEP2 在「建立」功能區的「表單」群組按一下「其他表單」，再按一下「分割表單」，以建立分割表單。此為「版面配置檢視」模式。

STEP3 在「設計」功能區的「檢視」群組按一下「檢視」，進入「表單檢視」模式，即可編輯資料。

STEP4 關閉表單視窗 × 後，選「是（Y）」以儲存表單。

STEP5 輸入要建立的表單名稱「員工-分割表單」，再按「確定」。即可在功能窗格中建立此表單物件。

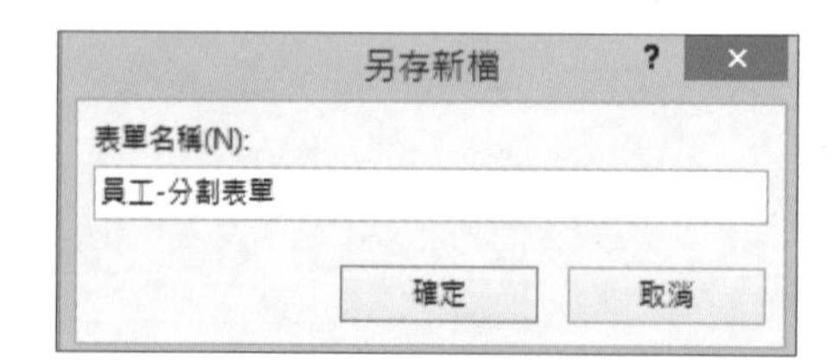

8-3-4 建立「多重項目」的表單

「多重項目」的表單類似「資料工作表」，可一次編輯多筆資料列，屬於表格式的排列方式。它與「資料工作表」不同的是：「多重項目」表單可於表單上加入圖片或其他控制項。

使用「員工」資料表建立「多重項目」表單。方法如下：

» STEP1 在功能窗格中按一下「員工」資料表。

» STEP2 在「建立」功能區的「表單」群組按一下「其他表單」，再按一下「多重項目」，以建立多重項目表單。此為「版面配置檢視」模式。

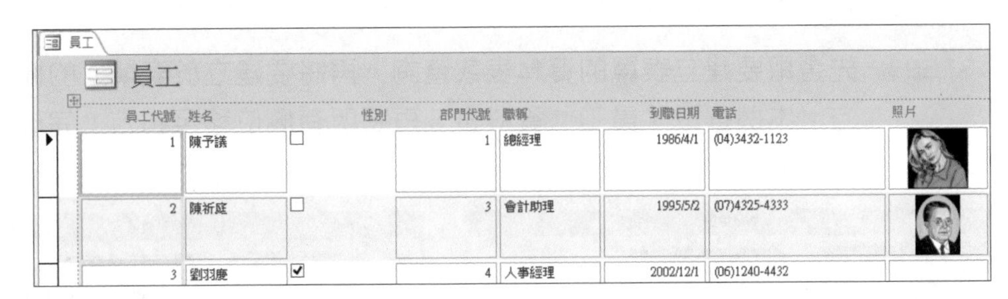

» STEP3 在「設計」功能區的「檢視」群組按一下「檢視」，進入「表單檢視」模式，即可編輯資料。

» STEP4 關閉表單視窗後，選「是（Y)」以儲存表單。

» STEP5 輸入要建立的表單名稱「員工-多重項目」，再按「確定」。即可在功能窗格中建立此表單物件。

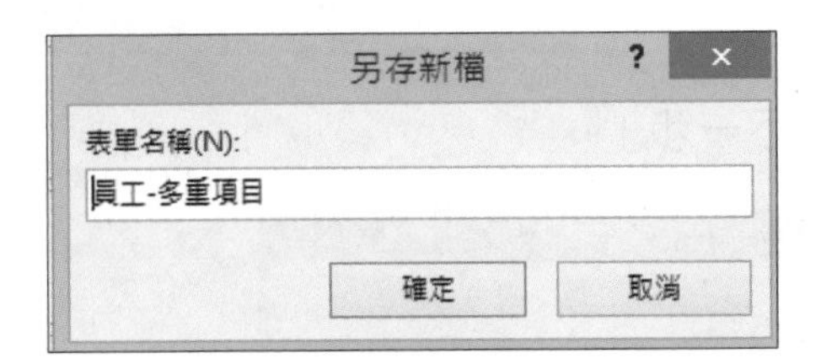

8-3-5 建立空白表單

「空白表單」完全由使用者自訂，若表單內只需少量的欄位，或是控制項排列較特殊，可考慮使用此種建立工具。

建立「空白表單」表單。方法如下：

● 在「建立」功能區的「表單」群組按一下「空白表單」，進入「版面配置檢視」模式；再使用「欄位清單」窗格加入「資料表」欄位。

說明。。。。

使用「欄位清單」窗格加入「資料表」欄位：在「設計」功能區的「工具」群組按一下「新增現有欄位」，可顯示／隱藏「欄位清單」窗格；也可以使用快速鍵ALT+F8。

8-3-6 使用「表單精靈」建立表單

「表單精靈」提供建立表單的指引步驟。資料來源可選擇單一或多「資料表」以及「查詢」，並能設定排序與資料群組。只需要依據步驟，即可完成表單的建立。

使用「表單精靈」，建立「員工」資料表的表單。方法如下：

» STEP1 在「建立」功能區的「表單」群組，按一下「表單精靈」。

» STEP2 先選取要建立表單的資料表或查詢，再將要建立於表單上的欄位移至右方。本例選取「員工」資料表，再將所有欄位移至右方，完成後按「下一步」。

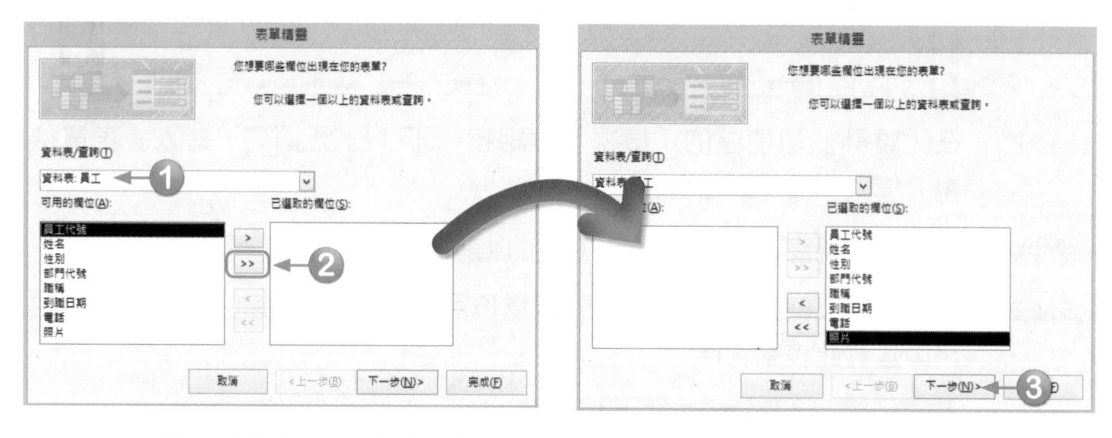

» STEP3 選取表單的配置方式，按「下一步」。

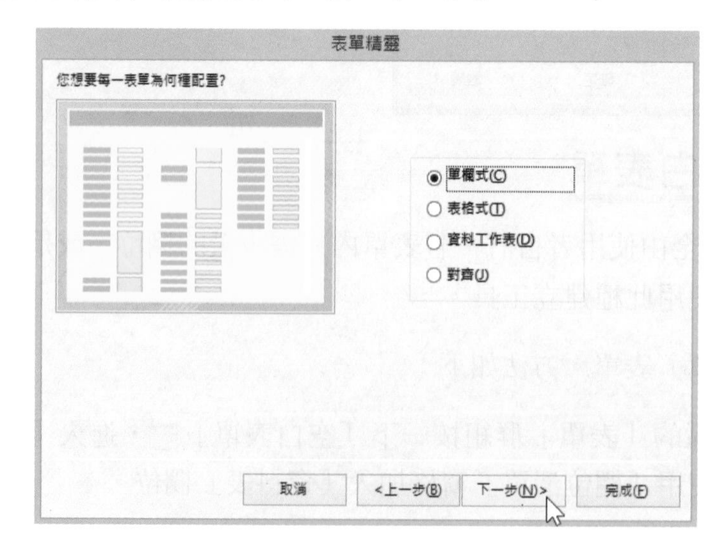

STEP4 輸入表單標題名稱，按「完成」。即可產生表單。

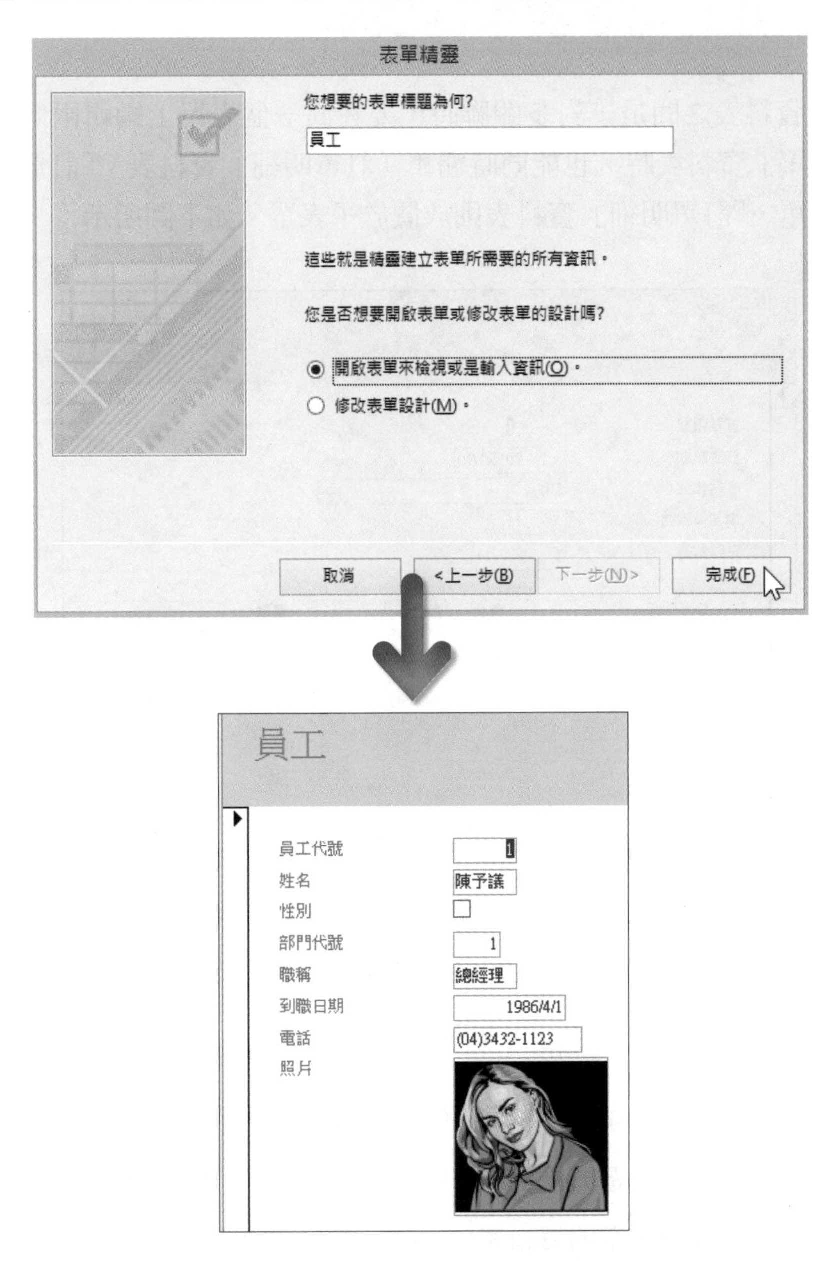

8-4 建立含子表單的表單

當兩個資料表之間是一對多關聯時，要在同一個表單上編輯兩個資料表。如編輯「訂單」資料表時，也能同時編輯「訂單明細」資料表。「訂單」資料表放置於主表單，「訂單明細」資料表則放置於子表單。如下圖所示：

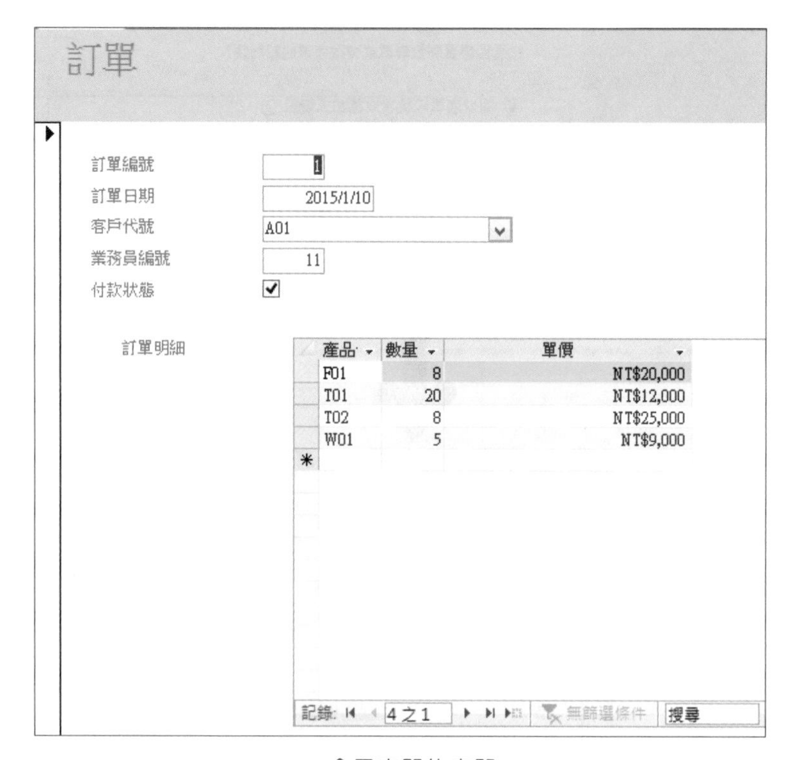

▲ 含子表單的表單

使用表單精靈建立含子表單的表單，方法如下：

» STEP1 在「建立」功能區的「表單」群組，按一下「表單精靈」。

» STEP2 先選取要建立表單的資料表（一對多關聯資料表「一」邊），再將要建立於表單上的欄位移至右方；完成後，選取要建立在子表單的資料表（一對多關聯資料表「多」邊），再將要建立於表單上的欄位移至右方，完成後按「下一步」。

請將下列的欄位分別移至右方：

- 「訂單」資料表：「訂單編號」、「訂單日期」、「客戶代號」、「業務員編號」、「付款狀態」。

- 「訂單明細」資料表：「產品代號」、「數量」。
- 「產品」資料表：「單價」。

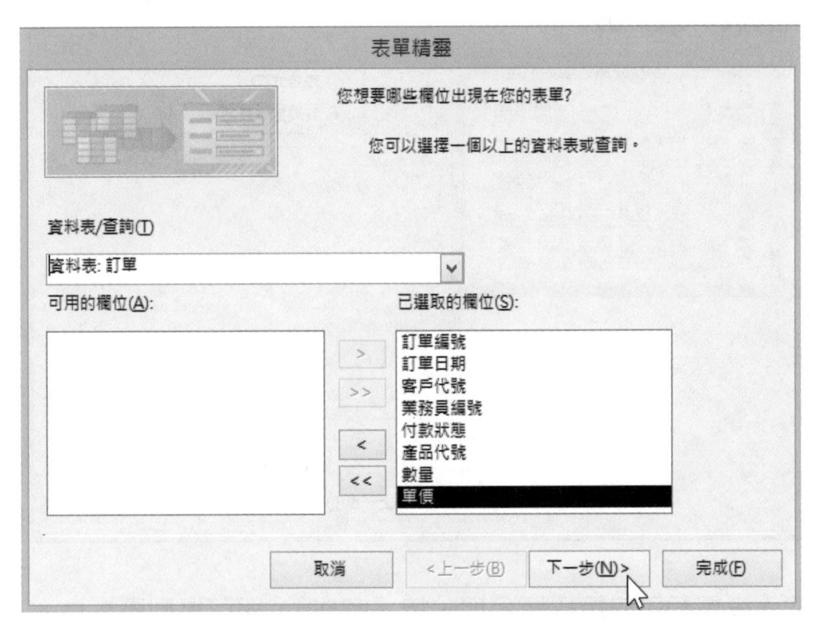

» STEP3 選取「以訂單」檢視資料和「有子表單的表單」，按「下一步」。

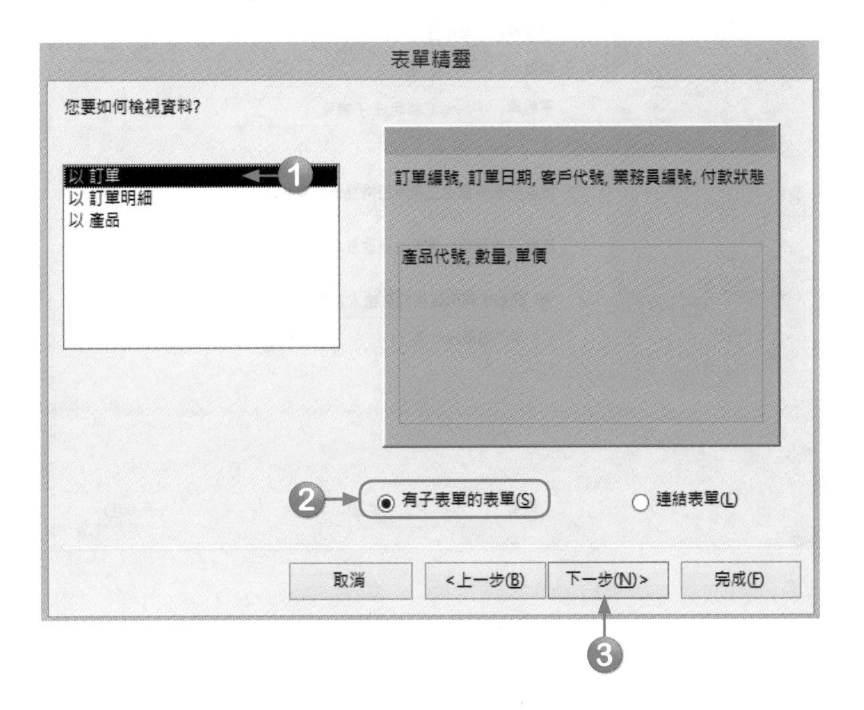

STEP4 選取表單的配置方式，按「下一步」。

表單精靈

您想要每一子表單為何種配置?

○ 表格式(T)
◉ 資料工作表(D)

取消 <上一步(B) 下一步(N)> 完成(F)

STEP5 輸入表單和子表單標題名稱，按「完成」，即可得到圖 8-11。

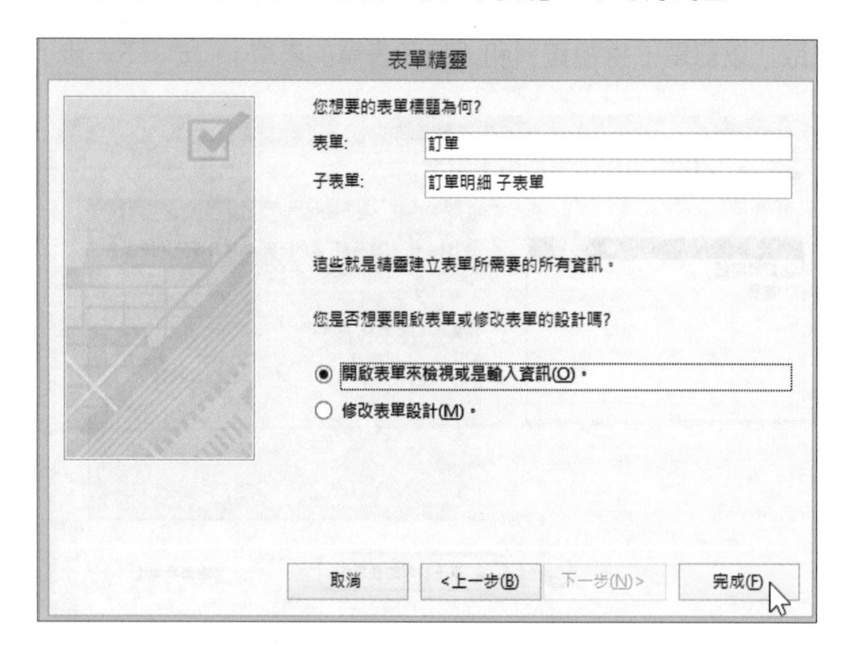

➡ **表8-1　含子表單的表單按鍵說明**

按鍵	動作
Tab或「Enter」鍵	移至下一個欄位。
Shift+Tab	移至上一個欄位。
在主資料表中按PageDown	移至下一筆記錄。
在主資料表中按PageUp	移至上一筆記錄。
在子表單中按Ctrl+Shift+Tab	移至主表單。
在子表單中按Ctrl+Tab	移至下一筆記錄的主表單。

8-5 建立連結表單

「連結表單」的表單會產生「切換按鈕」控制項連結到另一個表單，若主表單欄位很多，也可考慮使用此種表單操作方式。

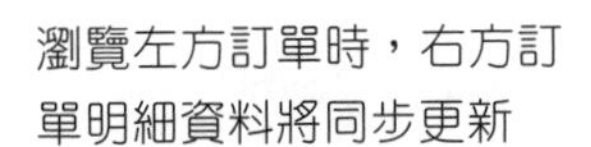

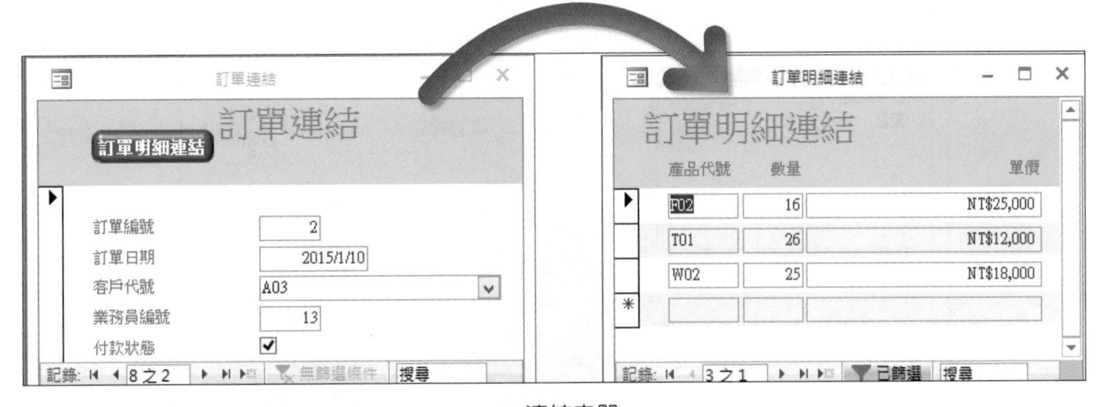

▲ 連結表單

使用表單精靈建立連結表單。方法如下：

STEP1 在「建立」功能區的「表單」群組，按一下「表單精靈」。

STEP2 請將下列的欄位分別移至右方，完成後，按「下一步」。

- 「訂單」資料表：「訂單編號」、「訂單日期」、「客戶代號」、「業務員編號」、「付款狀態」。
- 「訂單明細」資料表：「產品代號」、「數量」。

●「產品」資料表：「單價」。

表單精靈

您想要哪些欄位出現在您的表單?

您可以選擇一個以上的資料表或查詢。

資料表/查詢(T)

資料表: 訂單

可用的欄位(A):

已選取的欄位(S):

訂單編號
訂單日期
客戶代號
業務員編號
付款狀態
產品代號
數量
單價

取消 <上一步(B) 下一步(N)> 完成(F)

» STEP3 選取「以訂單」檢視資料和「連結表單」，按「下一步」。

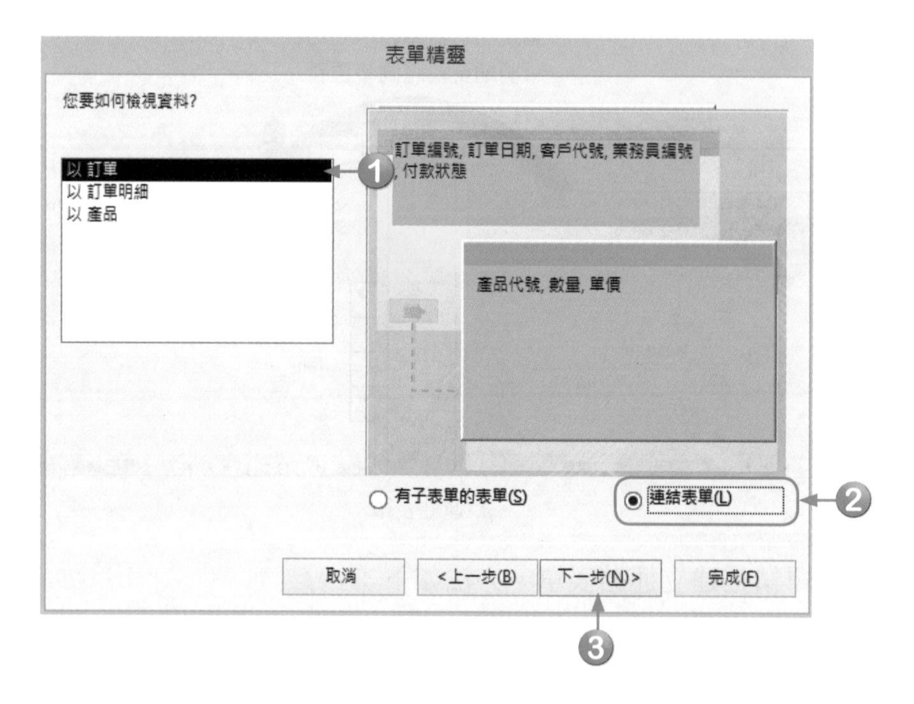

» STEP4 輸入表單和子表單標題名稱，按「完成」。

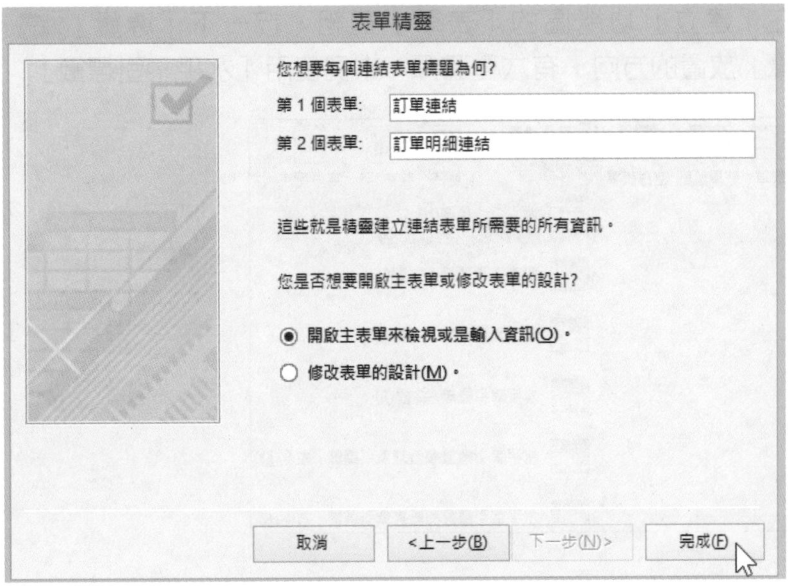

表單精靈

您想要每個連結表單標題為何?

第 1 個表單: 訂單連結

第 2 個表單: 訂單明細連結

這些就是精靈建立連結表單所需要的所有資訊。

您是否想要開啟主表單或修改表單的設計?

◉ 開啟主表單來檢視或是輸入資訊(O)。

○ 修改表單的設計(M)。

取消 | <上一步(B) | 下一步(N)> | 完成(F)

» STEP5 在「設計」功能區的「檢視」群組按一下「檢視」，進入「版面配置檢視」模式，將「訂單連結」標題移至「訂單明細連結」按鈕右方，再切換至「表單檢視」模式，即為導覽表單。

8-6 建立導覽表單

在建立多個表單、報表或其他物件後，需要互相的切換，以方便於管理各種不同類型的資料，因此需要藉由「選單」的建立，以提供較佳的使用者介面，而應用表單工具中的「導覽」工具，可讓我們快速的建立導覽表單。

導覽選單

訂單管理

員工 | 訂單

員工代號	姓名	性別	部門代號	職稱	到職日期	電話	附件
1	陳予議	☐	1	總經理	1986/4/1	(04)3432-1123	(2)
2	陳祈庭	☐	3	會計助理	1995/5/2	(07)4325-4333	(1)
3	劉羽賡	☑	4	人事經理	2002/12/1	(06)1240-4432	(0)
4	李慎竹	☐	3	會計經理	2006/5/1	(02)5249-1144	(0)
5	溫益傑	☑	4	人事助理	2007/5/1	(03)2524-4541	(0)
6	許銀發	☑	5	採購專員	1990/3/2		(0)
7	施齊芳	☐	5	採購經理	1986/4/1		(0)
11	余希任	☐	2	業務經理	1986/4/1	(02)2541-5251	(0)
12	易器揚	☑	2	業務助理	1999/10/1	(03)5241-6352	(0)
13	吳國鋅	☑	2	業務專員	1990/1/1	(02)3021-5241	(0)
14	陳惠津	☐	2	業務助理	2008/1/1	(03)6342-4401	(0)
*		☐					(0)

▲ 導覽表單

建立導覽表單（本例使用了8-3、8-4節所建立的表單物件），方法如下：

»STEP1 在「建立」功能區的「表單」群組，按一下「導覽」。依據「導覽」放置的方向，有六種選擇，本例使用「水平索引標籤」。

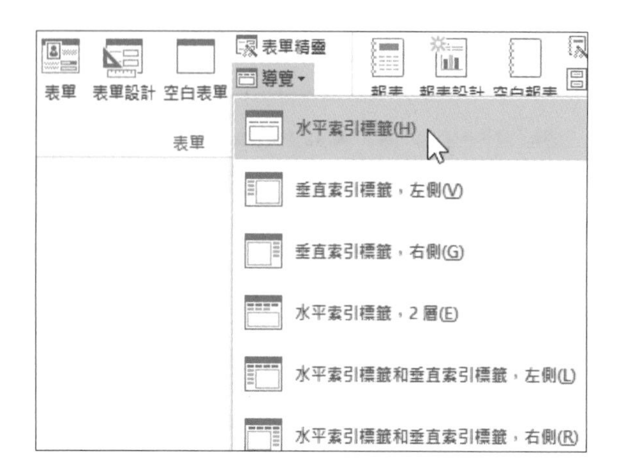

»STEP2 將「員工-資料工作表」表單拖曳到[新增]索引標籤上，即可將此表單加入導覽表單中。（要加入表單或報表物件至導覽表單中，也可在[新增]索引標籤上直接輸入表單或報表物件的名稱）

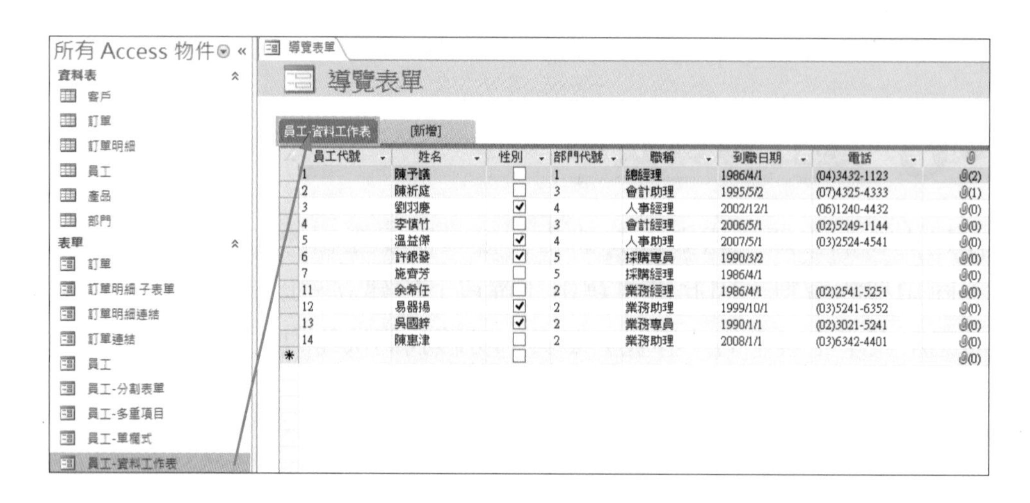

»STEP3 選取「員工-資料工作表」索引標籤，再按一下進入編輯狀態，將文字改為「員工」，按「Enter」鍵。

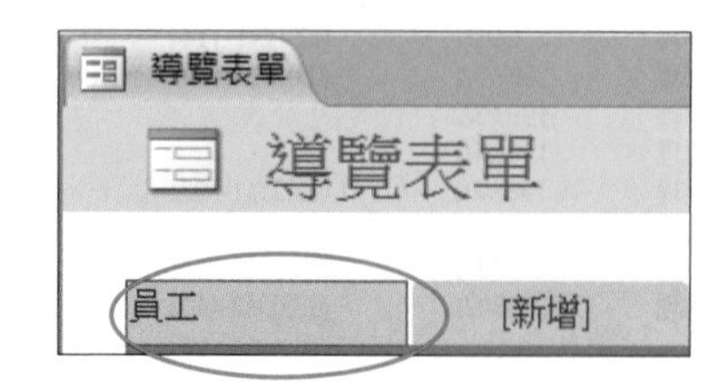

STEP4 選取[新增]索引標籤，再按一下進入編輯狀態，輸入「訂單」，按「Enter」鍵，即可將「訂單」表單加入導覽表單中。

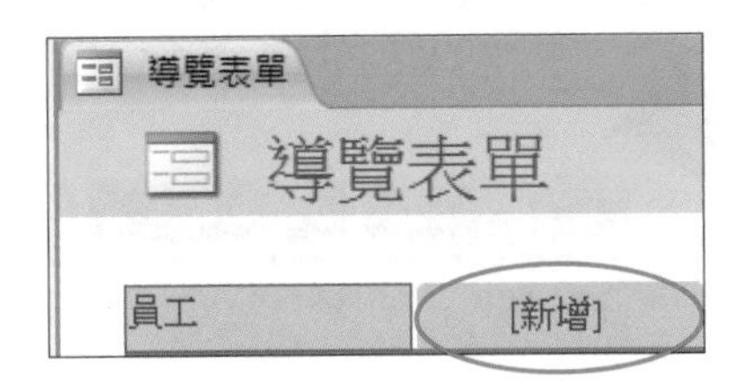

STEP5 「Shift」鍵按住不放，再分別按一下「員工」和「訂單」索引標籤，以同時選取兩個索引標籤。

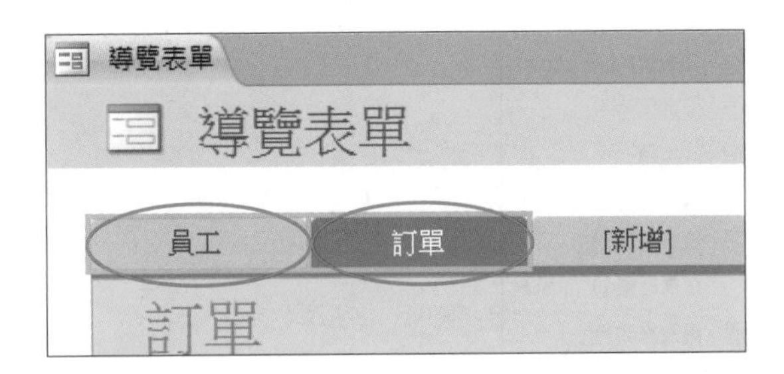

STEP6 在「格式」功能區的「控制項格式設定」群組，按一下「快速樣式」，選取下圖樣式。

»STEP7 選取「導覽表單」文字，輸入「訂單管理」文字。

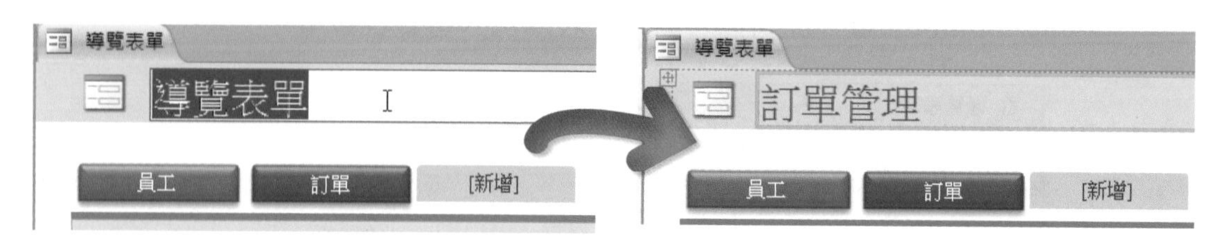

»STEP8 在表單上方處按右鍵，按一下「表單內容」，開啟表單屬性表。

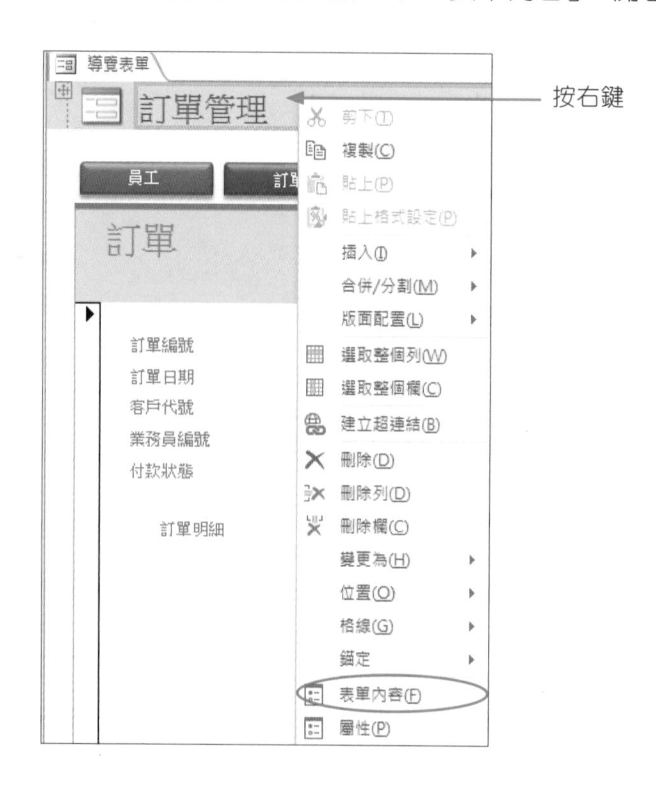

»STEP9 在「標題」處輸入「資訊系統」。

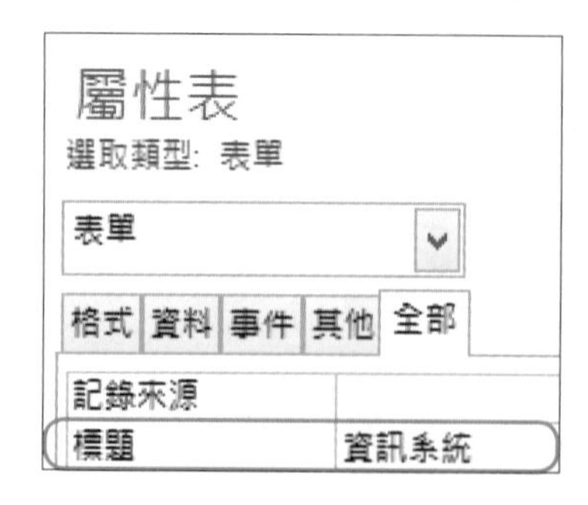

»STEP10 在「設計」功能區的「檢視」群組按一下「檢視」，進入「表單檢視」模式，即可使用導覽按鈕。

»STEP11 按一下「儲存檔案」，儲存為「導覽選單」，按確定。

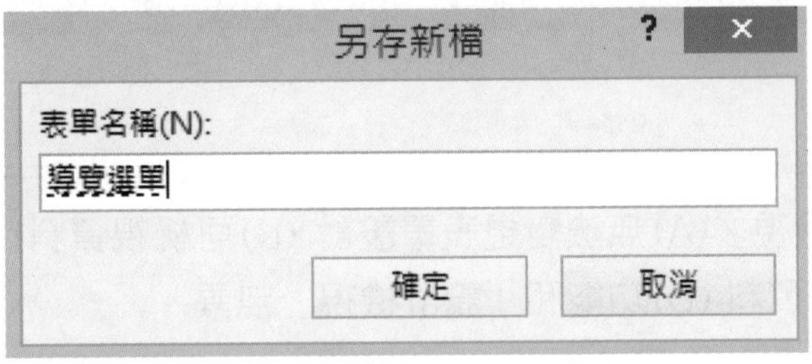

另存新檔
表單名稱(N):
導覽選單
確定 取消

»STEP12 關閉表單。

❖選擇題

(　)1. 表單的「版面配置檢視」(A)無法變更表單設計 (B)可檢視資料也能變更表單設計 (C)無法檢視資料 (D)功能和「設計檢視」無異。

(　)2. 建立表單的工具有哪些 (A)分割表單 (B)多重項目 (C)自動表單 (D)表單設計。

(　)3. 同時包含「表單檢視」和「資料工作表檢視」兩個部分的版面的表單為 (A) 分割表單 (B)多重項目 (C)資料工作表 (D)導覽。

(　)4. 當兩個資料表之間是一對多關聯時，要在同一個表單上編輯這兩個資料表時，可建立(A)多重項目表單 (B)分割表單 (C)含子表單的表單 (D)連結表單。

(　)5. 建立何種表單會自動產生「切換按鈕」控制項連結到另一個表單(A)多重項目表單 (B)分割表單 (C)含子表單的表單 (D)連結表單。

❖實作題

開啓資料庫檔案「ex08.accdb」。

1. 使用「部門」資料表，依下圖建立分割表單「部門」。

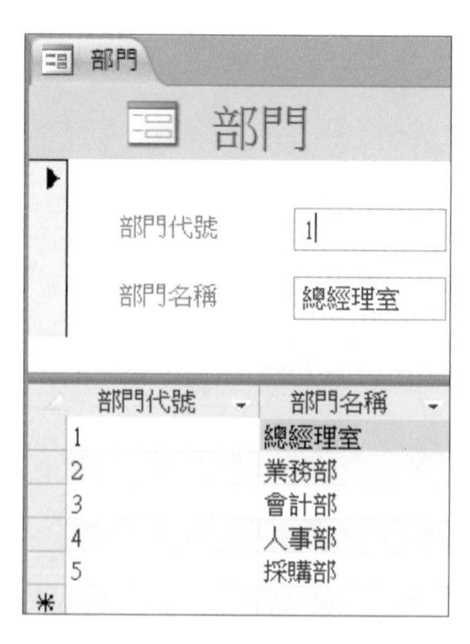

2. 使用「客戶」、「訂單」資料表，依下圖建立含子表單的表單「客戶」。

客戶

客戶代號 A01
客戶寶號 語田貿易
縣市 台北市
地址 松山區印仁信五路102-3號
郵遞區號 105
聯絡人 陳務宜
性別 ☑
電話 02-96346531

訂單

訂單編號	訂單日期	業務員編號	付款狀態
1	2015/1/10	11	☑
8	2016/1/30	13	☐
*			☐

NOTE

表單的進階設計

瞭解簡易建立表單的各種方法後，也需要瞭解表單結構，以及在表單中如何加入及使用控制項。另外，本章也說明了「樞紐分析表」和「樞紐分析圖」的製作方式。

學習目標

- 9-1 表單結構
- 9-2 控制項的介紹
- 9-3 插入標籤控制項
- 9-4 插入文字方塊控制項
- 9-5 商標、標題、日期及時間控制項
- 9-6 控制項格式化
- 9-7 控制項操作
- 9-8 控制項屬性
- 9-9 TAB鍵的順序
- 9-10 圖表製作

瞭解簡易建立表單的各種方法後，也需要瞭解表單結構，以及在表單中如何加入及使用控制項。另外，本章也說明了圖表製作方式。

9-1 表單結構

表單的結構分成五個區段，分別是「表單首」、「頁首」、「詳細資料」、「頁尾」、「表單尾」。要顯示／隱藏「表單首／尾」、「頁首／尾」區段，必須在「設計檢視」模式進行。

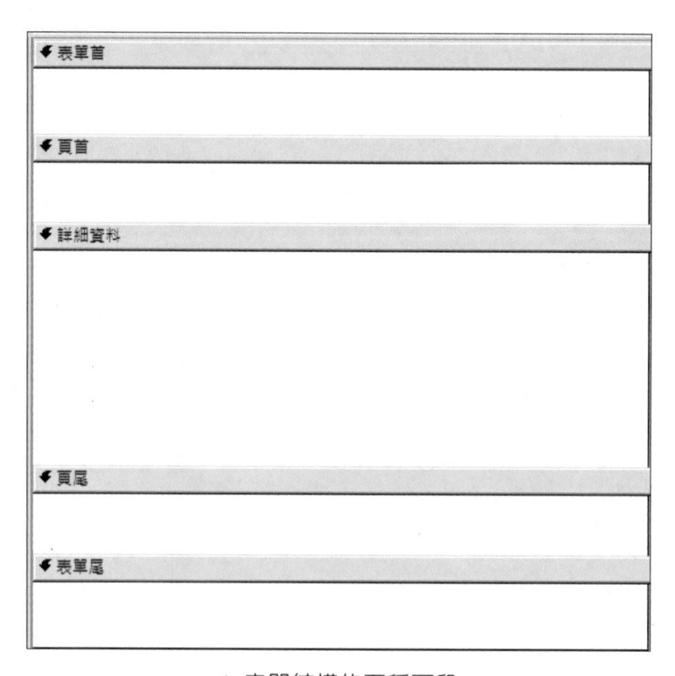

▲ 表單結構的五種區段

「表單首」區段

位於表單上方，通常用於顯示表單標題、商標、圖像、按鈕等等，列印時印於首頁。

「頁首」區段

「頁首」區段上的資料無法顯示，只提供列印，通常用於列印欄位名稱、日期／時間等等。列印時印於每一頁的上方。

「詳細資料」區段

通常用於顯示記錄資料的區段。表單必須存在「詳細資料」區段。

「頁尾」區段

「頁尾」區段上的資料無法顯示，只提供列印，通常用於列印頁碼、日期／時間等等，列印時印於每一頁的下方。

「表單尾」區段

位於表單下方，通常用於加總、計數「詳細資料」區段的資料，列印時印於末頁。

9-2 控制項的介紹

表單「設計檢視」模式讓使用者可更有彈性、更細部地設計表單，並且加入自訂控制項。

控制項是一種物件，不同控制項可顯示不同的資料，如文字、數值、圖片等等，可用來強化使用者介面。最常用的控制項有標籤、文字方塊等等。控制項分為三類：

- 結合控制項：控制項的資料來源為資料表或查詢中的某一欄位。修改結合控制項內的資料，即是修改此控制項所連結的資料表的欄位值。這些值可以是文字、日期、數字、是／否、圖片等。
- 未結合控制項：控制項不具有資料來源時（如未結合資料表或查詢中欄位資料），則稱為未結合控制項。如標籤就是屬於未結合控制項。
- 計算控制項：控制項的資料來源為運算式，運算式內可使用資料表或查詢中的欄位資料，也可使用表單中其他控制項的資料。

自訂表單的順序，可先使用「欄位清單」窗格設計「結合控制項」；再視需要設計「未結合控制項」。必要時加入「計算控制項」，是較有效率的自訂表單設計方式。

控制項可利用「屬性表」定義控制項的屬性。「屬性表」將於本章9-8節介紹。

開啟資料庫檔案「Ch09.accdb」，使用表單「設計檢視」模式，自行加入資料表欄位來建立自訂表單。方法如下：

STEP1 在「建立」功能區的「表單」群組，按一下「表單設計」，以建立自訂表單。

STEP2 若未顯示「欄位清單」面板，可在「設計」功能區的「工具」群組按一下「新增現有欄位」，以顯示「欄位清單」面板（或快速鍵Alt+F8）。

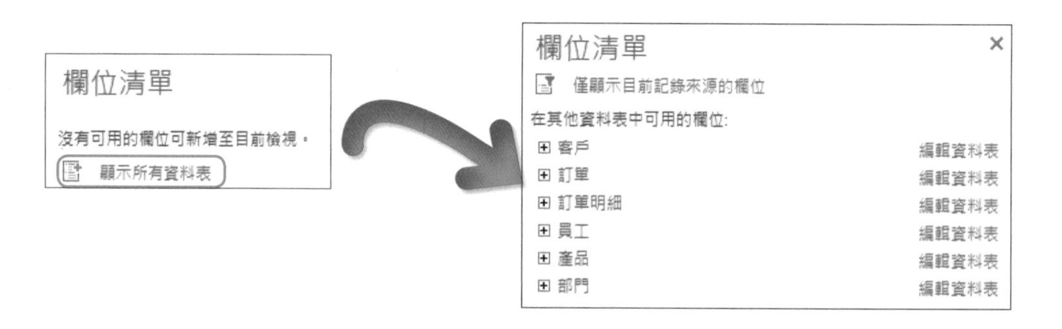

STEP3 連按兩下「欄位清單」面板的「員工」資料表（或按一下展開鈕），再分別連按兩下「員工」資料表的欄位（或拖放欄位至表單內），如下圖所示：

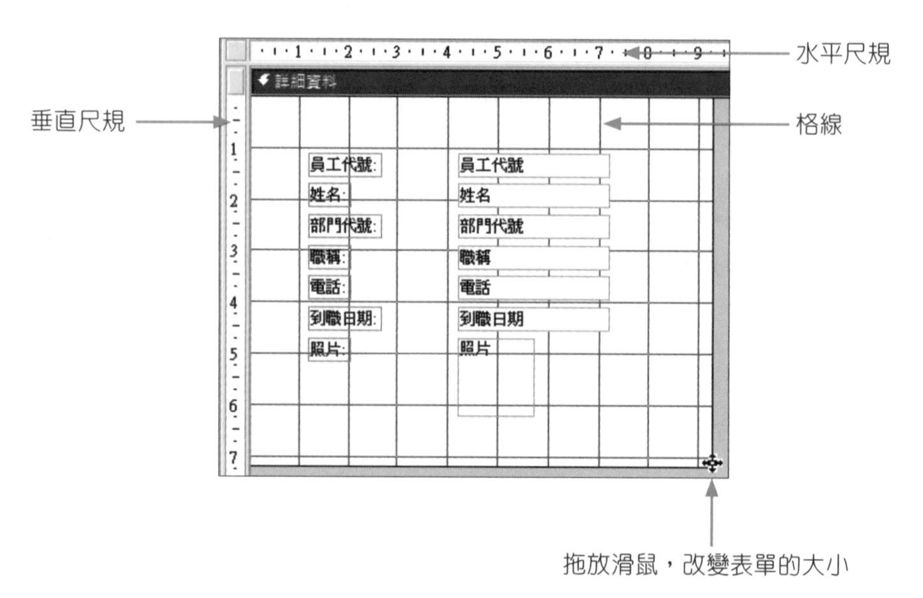

STEP4 按一下儲存表單後，關閉表單。

表單中可顯示或隱藏的項目

在「設計檢視」模式中，要顯示或隱藏的一些項目，可在表單空白處按右鍵，即顯示右圖「快顯功能表」。分別介紹如下：

- 尺規：可以用來對齊和選取控制項。要顯示／隱藏尺規，亦可在「排列」功能區的「調整大小和排序」群組內的「大小/空間」，按一下「尺規」。
- 格線：可以用來對齊控制項。要顯示／隱藏格線，亦可在「排列」功能區的「調整大小和排序」群組內的「大小/空間」，按一下「格線」。
- 貼齊格線：控制項是否要貼齊格線。在「排列」功能區的「調整大小和排序」群組內的「大小/空間」，按一下「貼齊格線」。
- 頁首/尾：可顯示／隱藏「頁首」和「頁尾」區段。
- 表單首/尾：可顯示／隱藏「表單首」和「表單尾」區段。
- 表單內容：顯示表單的屬性表。
- 屬性：可顯示／隱藏屬性表。

9-3 插入標籤控制項

「標籤」控制項常用來作爲表單標題或其他說明文字。要在表單上加入標籤控制項，方法如下：

»STEP1 在功能窗格中的「訂單」表單上按右鍵，按一下「設計檢視」。

»STEP2 在「設計」功能區的「控制項」群組，按一下「標籤」 *Aa*，然後在表單內要放置控制項的位置按一下；或拖放滑鼠以設定控制項的大小。

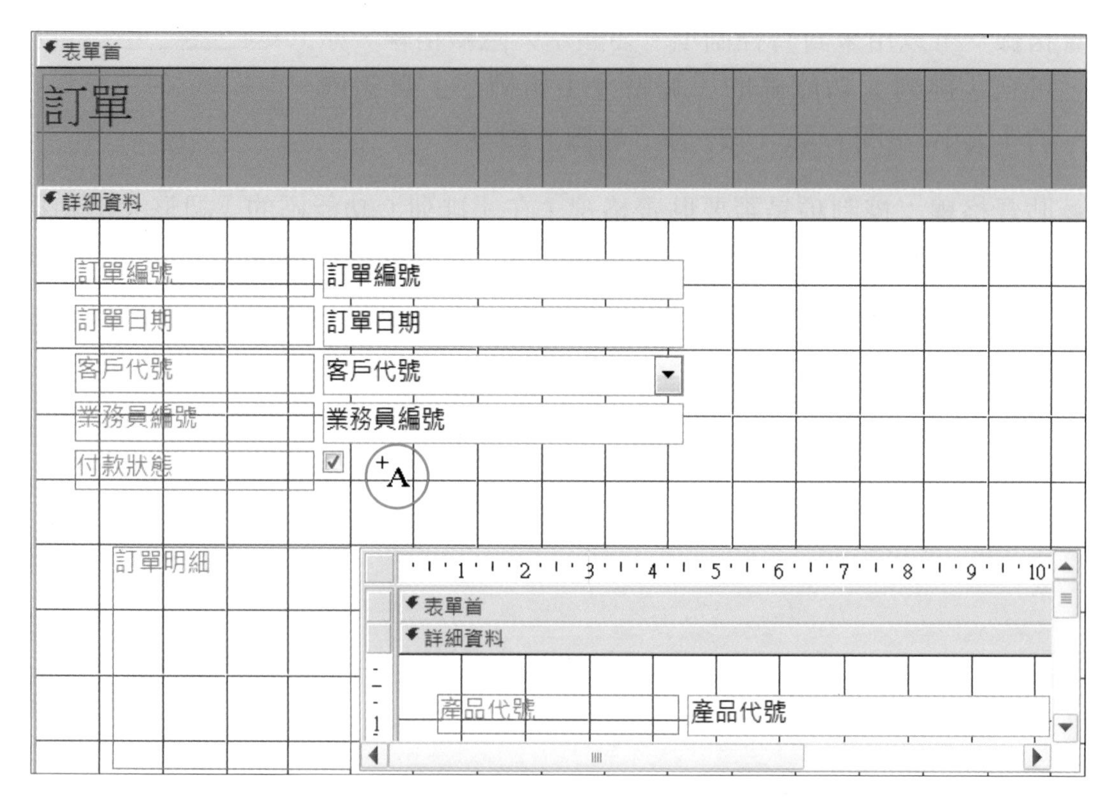

»STEP3 輸入「註明是否付款」文字。

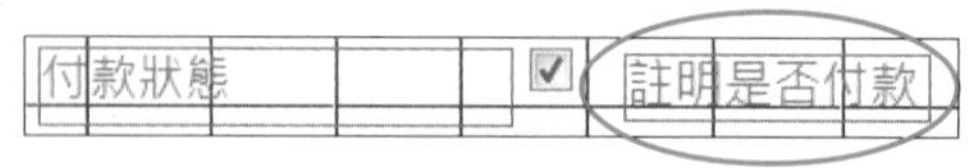

»STEP4 在「設計」功能區的「檢視」群組按一下「檢視」，即可檢視表單。

9-4 插入文字方塊控制項

文字方塊控制項可以是結合控制項或是計算控制項。要在表單上加入文字方塊的計算控制項，方法如下：

»STEP1 在功能窗格中的「訂單明細 子表單」表單上按右鍵，按一下「設計檢視」。

»STEP2 在「設計」功能區的「控制項」群組，按一下「文字方塊」ab|，然後在表單內要放置控制項的位置按一下；或拖放滑鼠以設定控制項的大小。

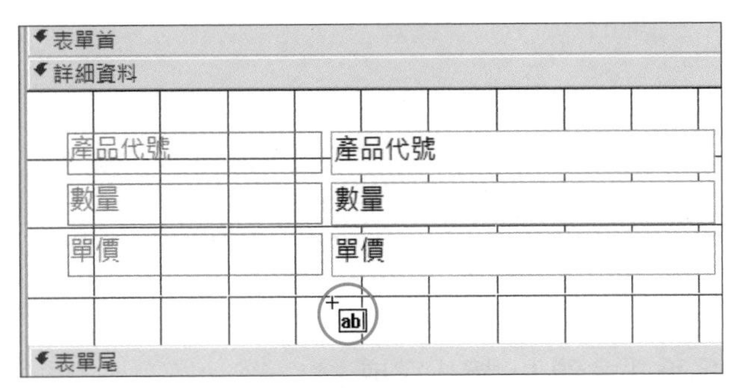

»STEP3 設定文字方塊的格式後按「下一步」(在「設計」功能區的「控制項」群組中的「使用控制項精靈」要在選用的狀態下，才會顯示出「文字方塊精靈」)。

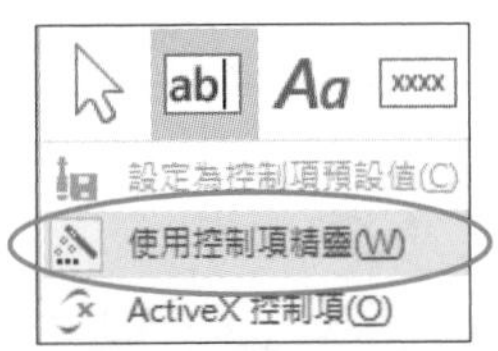

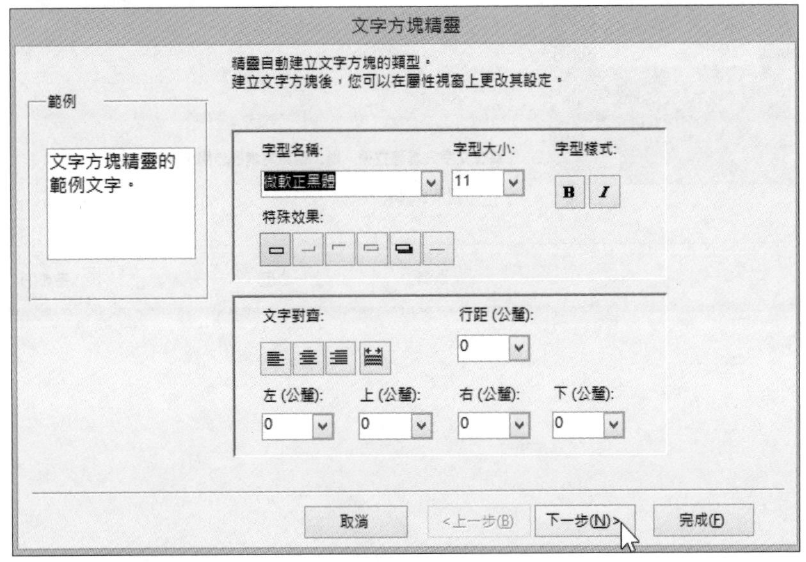

STEP4 選擇輸入法模式，按「下一步」。

文字方塊精靈

當這個文字方塊取得焦點後，指定輸入法模式。如果自動切換模式中有假名註解控制項，請輸入其控制項名稱。

試試看吧

文字方塊:

輸入法模式設定

輸入法模式: 無控制項

無控制項
中文輸入法
英文鍵盤

取消 <上一步(B) 下一步(N)> 完成(F)

STEP5 輸入文字方塊的名稱「金額」，按「完成」。

»STEP6 在文字方塊控制項上按一下選取後，再按一下進入編輯狀態，輸入「=[單價]*[數量]」，按「Enter」鍵。

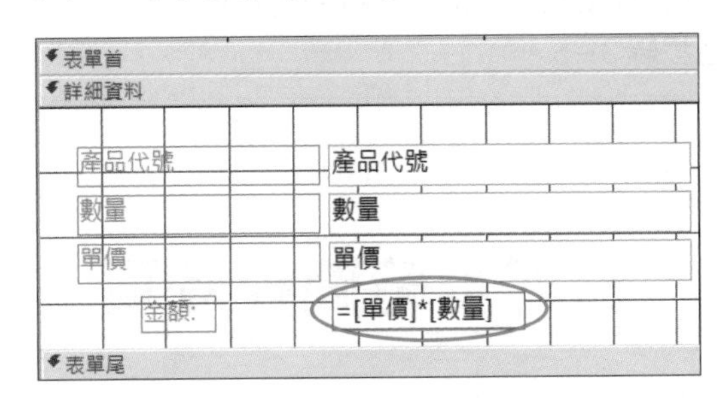

»STEP7 選取「數量」、「單價」、「金額」後，靠右對齊。

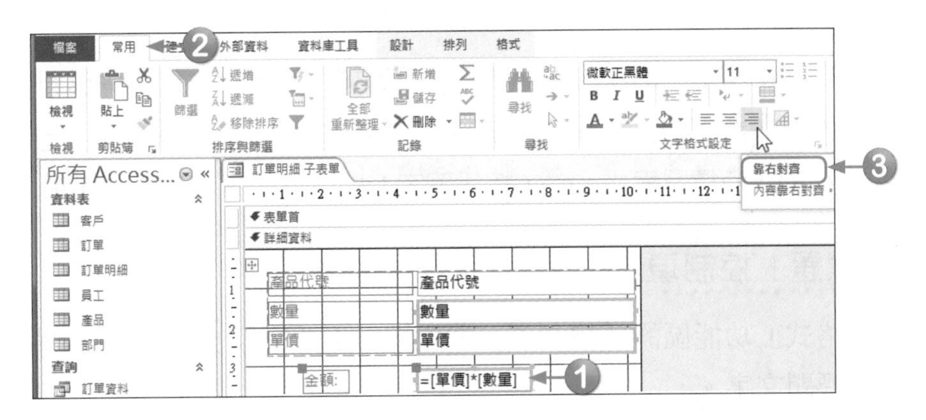

»STEP8 按一下 儲存表單後，關閉表單。

»STEP9 在功能窗格中的「訂單」表單上連按兩下，開啟「訂單」表單，即可得到如下畫面。

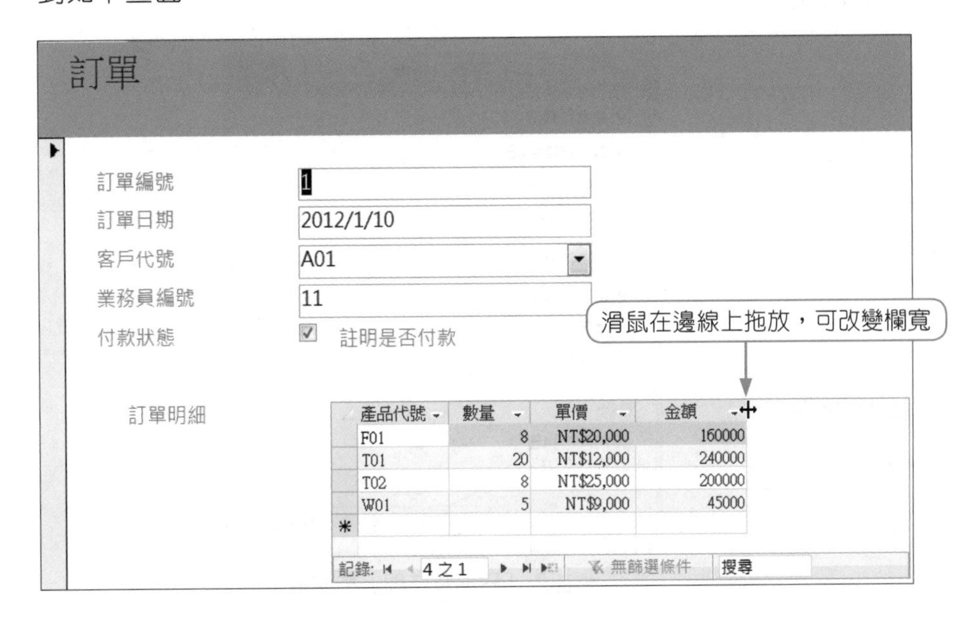

說明

若取消在「設計」功能區的「控制項」群組的「使用控制項精靈」的選用，「控制項精靈」將不會顯示出來，此例可省略步驟3~5。

9-5 商標、標題、日期及時間控制項

加入「商標」、「標題」、「日期及時間」控制項，以美化表單。

加入「商標」控制項

STEP1 在功能窗格中的「訂單」表單上按右鍵，按一下「設計檢視」。

STEP2 在「設計」功能區的「頁首/頁尾」群組按一下「商標」，選取ch09資料夾的「商標圖案.bmp」，按「確定」即可於「表單首」區段加入圖像。

加入「標題」控制項

在「格式」功能區的「控制項」群組按一下「標題」，可於「表單首」區段加入表單標題文字。

加入「日期及時間」控制項

在「格式」功能區的「控制項」群組按一下「日期及時間」，可於「表單首」區段加入日期及時間的組合。

▲ 加入「日期及時間」控制項

9-6 控制項格式化

在「版面配置檢視」模式中，控制項可以使用「格式」功能區的「字型」群組加以美化。

9-6-1 「字型」群組

「字型」群組包含設定控制項的字型，以及字型大小、粗體、斜體、底線、字型色彩、背景色彩、靠左、置中、靠右對齊文字、複製格式。先選取要格式化的控制項，再選取「格式」功能區「字型」群組中的工具即可。

▲「格式」功能區的「字型」群組

9-6-2 設定格式化條件

控制項上可視需要設定格式化條件。以下列舉四個範例，說明格式化條件的應用。

訂單日期為2015/2/1至2015/4/30間的訂單，將「訂單日期」欄位設為紅色字。方法如下：

» STEP1 在功能窗格中的「訂單」表單上按右鍵，再按一下「版面配置檢視」。

» STEP2 選取「訂單日期」欄位資料。

» STEP3 在「格式」功能區的「控制項格式設定」群組按一下「設定格式化的條件」，再按「新增規則」，依下圖設定後，按「確定」。

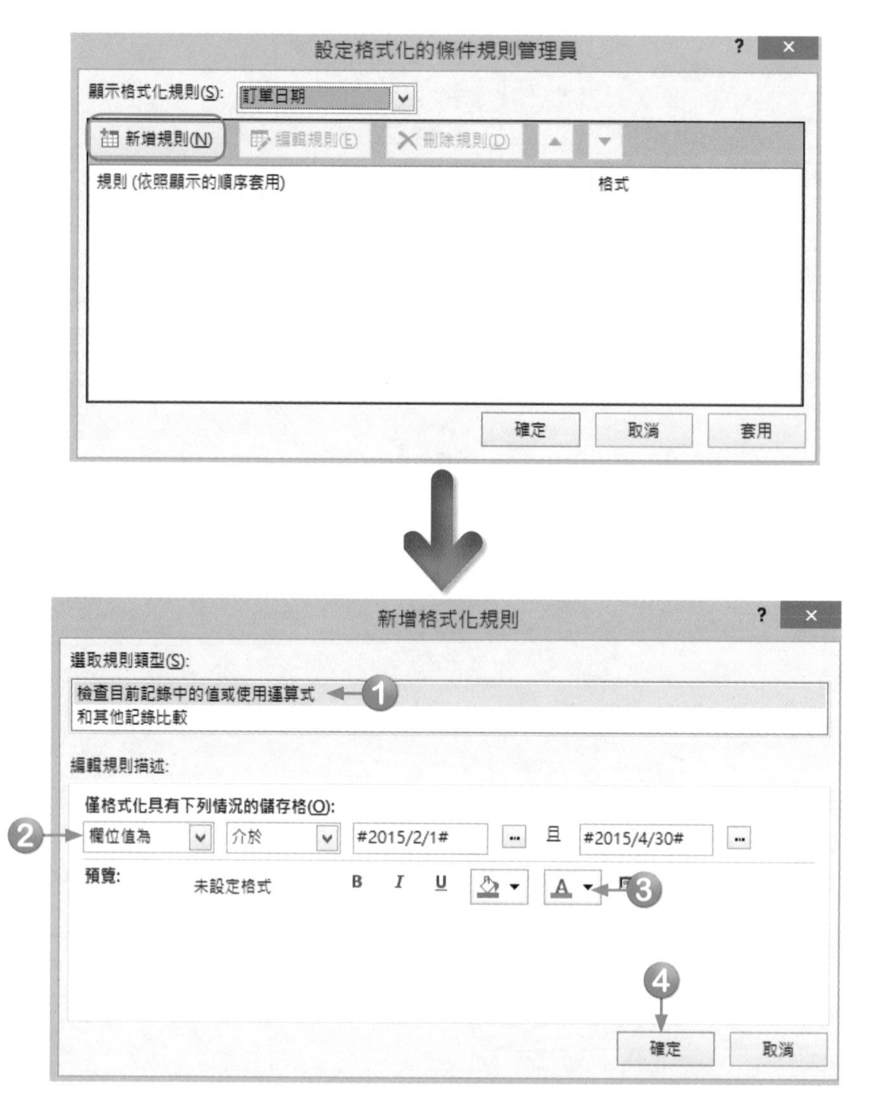

» STEP4 按「確定」。

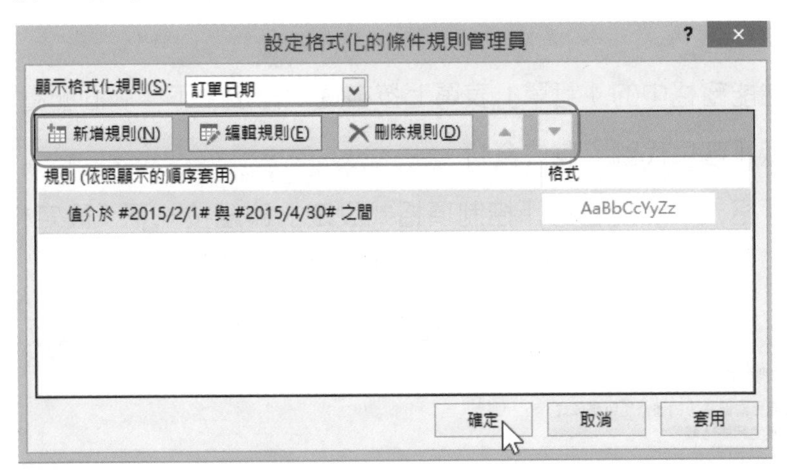

● 在「設定格式化的條件管理員」中，可依條件需要新增、編輯或刪除規則，若有多項規則，可調動規則套用的順序。

訂單年份若為2015年且未完成付款者，將「訂單編號」欄位填滿「黃色」背景顏色。方法如下：

» STEP1 在功能窗格中的「訂單」表單上按右鍵，再按一下「版面配置檢視」。

» STEP2 選取「訂單編號」欄位資料。

» STEP3 在「格式」功能區的「控制項格式設定」群組按一下「設定格式化的條件」，再按「新增規則」，依下圖設定後，按「確定」。

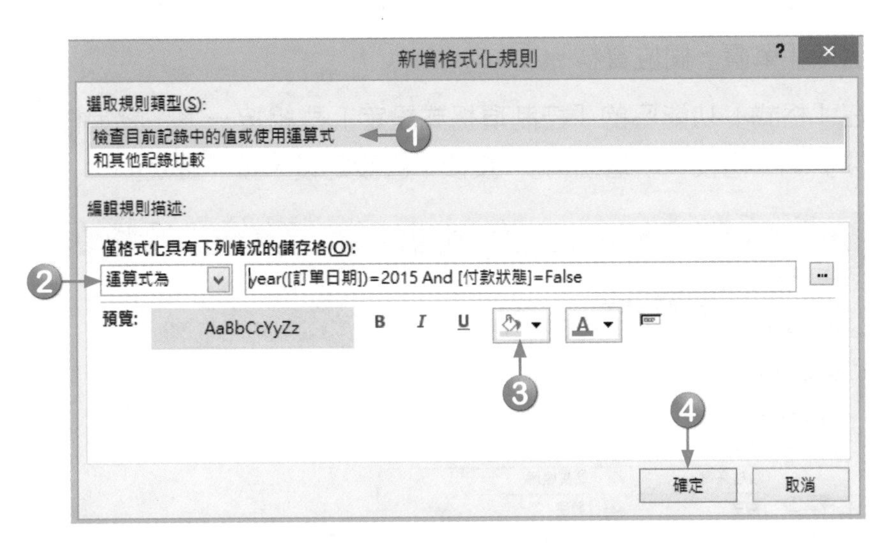

» STEP4 按「確定」。

當插入點移至「客戶代號」欄位時，將此欄位填滿「褐色2」背景顏色。方法如下：

» STEP1 在功能窗格中的「訂單」表單上按右鍵，再按一下「版面配置檢視」。

» STEP2 選取「客戶代號」欄位資料。

» STEP3 在「格式」功能區的「控制項格式設定」群組按一下「設定格式化的條件」，再按「新增規則」，依下圖設定後，按「確定」。

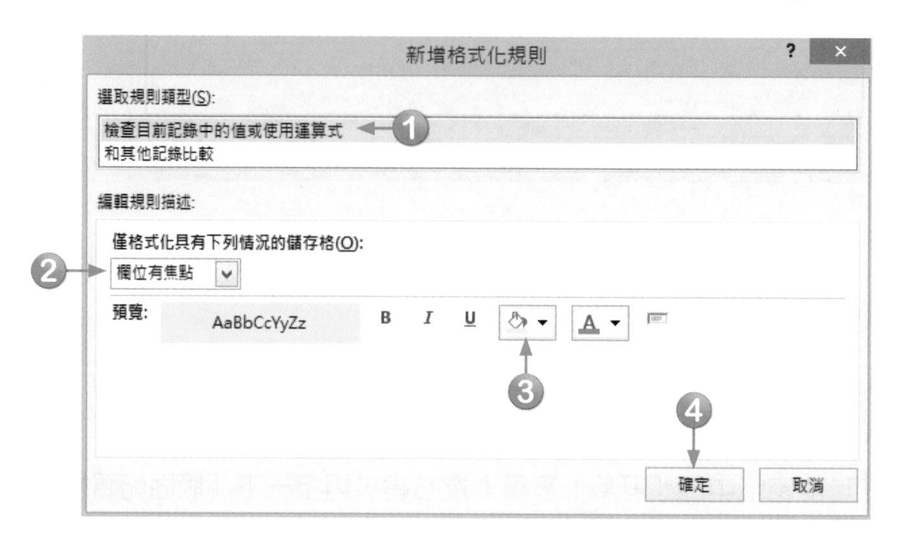

» STEP4 按「確定」。

亦可加入資料橫條。方法如下：

» STEP1 在功能窗格中的「產品2」表單上按右鍵，再按一下「版面配置檢視」。

» STEP2 選取「單價」欄位資料。

» STEP3 在「格式」功能區的「控制項格式設定」群組按一下「設定格式化的條件」，再按「新增規則」，按依下圖設定後，按「確定」。

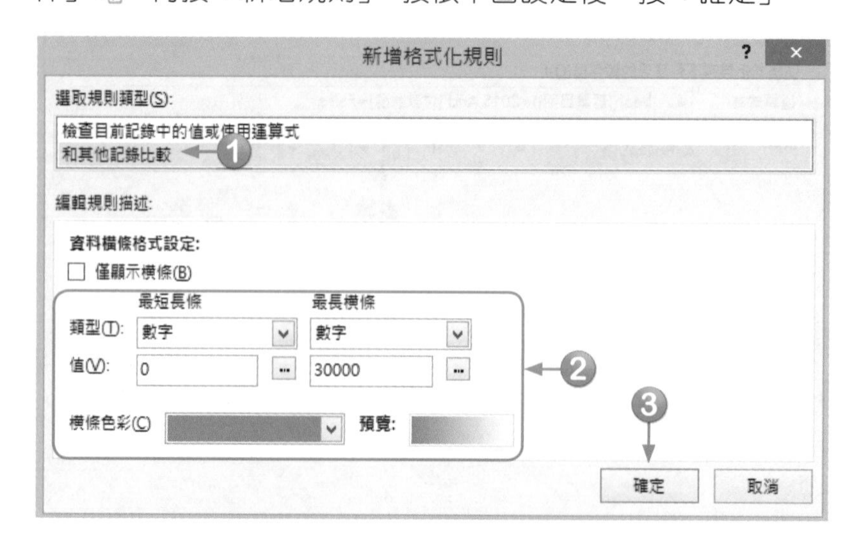

»STEP4 按「確定」。

9-6-3 佈景主題

Access爲表單預先建立多種佈景主題。在「版面配置檢視」模式／「設計」功能區／「佈景主題」群組中，可選擇多種佈景主題。

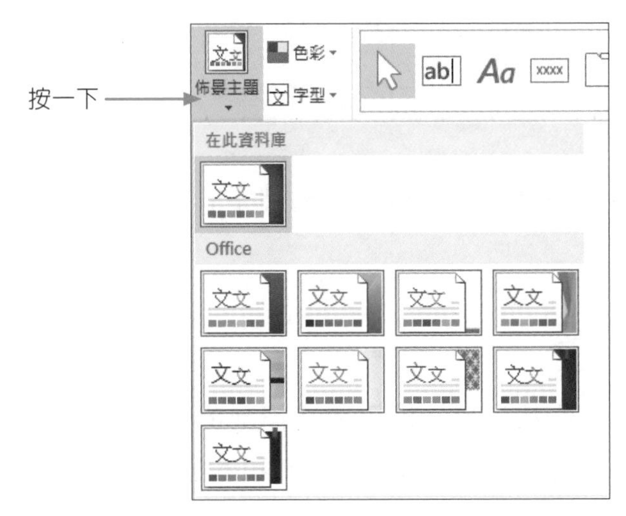

▲ 表單佈景主題

9-7 控制項操作

本節說明控制項如何操作。包含控制項的選取、搬移、複製、刪除、改變大小以及間距的調整。

請在功能窗格中的「員工」表單上按右鍵，再按一下「設計檢視」。

9-7-1 控制項的選取

- 選取單一控制項：按一下控制項。
- 選取多個控制項，方法如下：
  - 使用「Shift」鍵：按住「Shift」鍵不放，再分別按一下要選取的控制項。
  - 拖放滑鼠：拖放要選取的控制項的範圍。
  - 使用尺規：在尺規上按一下，可選取點選方向碰觸到的控制項。

- 要取消控制項的選取：在表單空白處按一下即可取消選取。

9-7-2 變更控制項的大小

選取控制項後，滑鼠置於控制項七個控點（左上角控點除外）的任一個控點上，然後拖放滑鼠，即可變更控制項的大小。

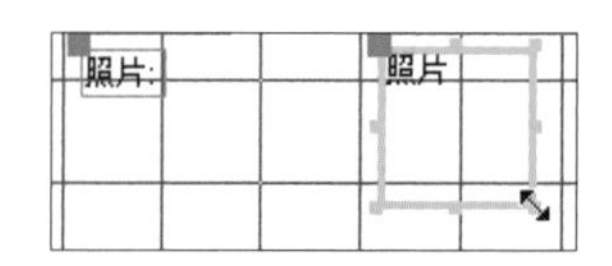

也可以使用「排列」功能區／「調整大小和排序」群組/「大小/空間」工具來調整控制項的大小。

9-7-3 控制項的搬移

滑鼠置於控制項邊框上拖放滑鼠，即可搬移控制項與其連結標籤。若滑鼠置於控制項左上角控點上拖放滑鼠，則僅搬移控制項本身，不含連結標籤。

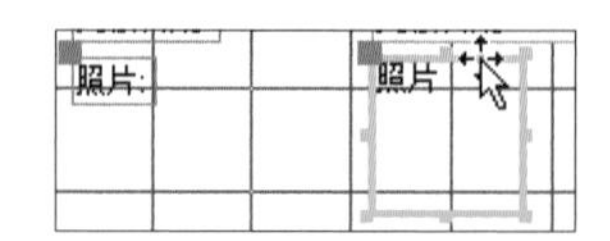

9-7-4 控制項的複製

複製控制項步驟如下：

- 方法1

STEP1 選取要複製的控制項。

STEP2 在「常用」功能區的「剪貼簿」群組按一下「複製」。

STEP3 在「常用」功能區的「剪貼簿」群組按一下「貼上」。

- 方法2

STEP1 在要複製的控制項上按右鍵，選取「複製」。

STEP2 在表單要放置的區段中按右鍵，選取「貼上」。

9-7-5 控制項的刪除

● 方法1

»STEP1 選取要刪除的控制項。

»STEP2 按「Delete」鍵。

● 方法2

»STEP1 在要刪除的控制項上按右鍵。

»STEP2 選取「刪除」。

9-7-6 控制項的對齊

在「設計檢視」模式中，選取要對齊的控制項，再選取在「排列」功能區的「調整大小和排序」群組內的「對齊」 內的工具，即可使選取的控制項對齊。

▲ 控制項對齊工具

將標籤向左對齊，方法如下：

»STEP1 在功能窗格中的「員工」表單上按右鍵，再按一下「設計檢視」。

»STEP2 選取要對齊的控制項。

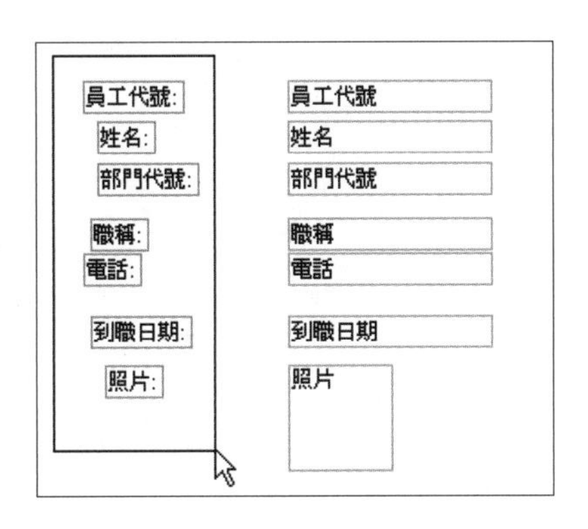

»STEP3 選取「排列」功能區的「調整大小和排序」群組內的「對齊」，按一下「向左」，所有選取的控制項皆靠最左邊的控制項對齊。

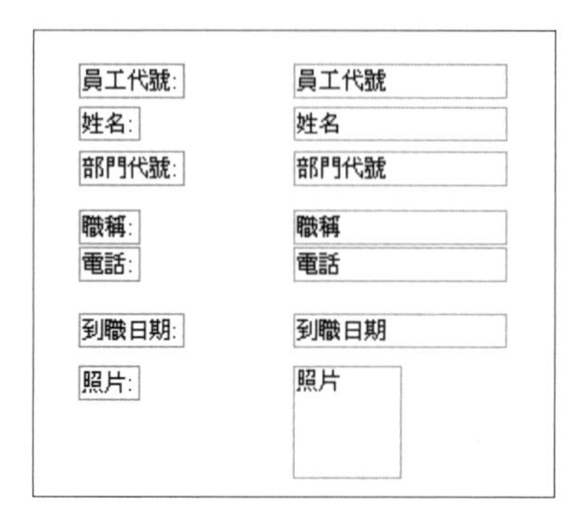

9-7-7 控制項的間距調整

在「設計檢視」模式中，選取要調整間距的控制項，再選取「排列」功能區的「調整大小和排序」群組內「大小/空間」的「間距」工具，即可調整控制項的間距。

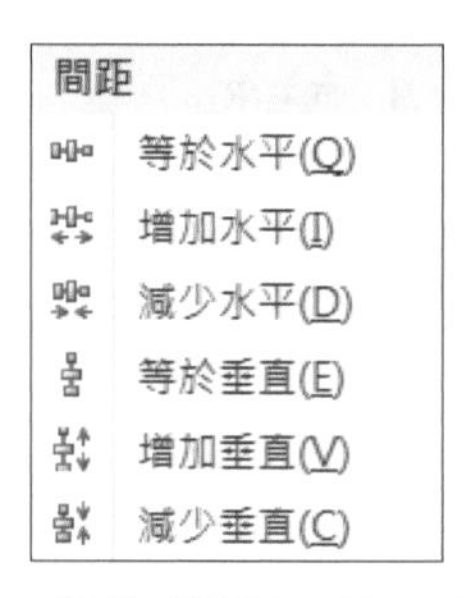

▲ 調整「間距」的工具

將選取欄位垂直均分，方法如下：

» STEP1 在功能窗格中的「員工」表單上按右鍵，再按一下「設計檢視」。

» STEP2 選取要垂直均分的控制項。

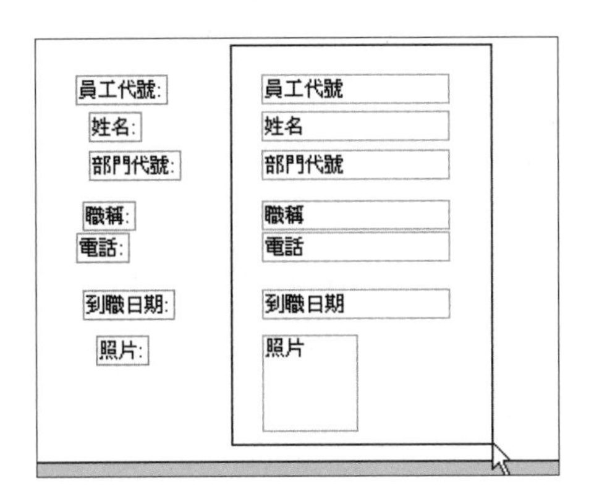

» STEP3 選取「排列」功能區的「調整大小和排序」群組內的「大小/空間」，按一下「等於垂直」。

9-8 控制項屬性

控制項屬性分類中有「格式」、「資料」、「事件」、「其他」四類標籤頁次；「全部」標籤頁次則包含所有的控制項屬性。

- 「格式」標籤頁次：包含有關控制項格式化設定的屬性。
- 「資料」標籤頁次：包含有關控制項連結資料的屬性。
- 「事件」標籤頁次：包含有關控制項各項事件發生要執行的動作。
- 「其他」標籤頁次：無法歸類爲以上三類標籤頁次的屬性，皆集中於此類。

如何顯示屬性表：

- 在「設計」功能區的「工具」群組按一下「屬性表」。
- 按「F4」功能鍵。
- 在控制項上連按兩下。

加入背景圖片

在「產品」表單上加入背景圖片「Ripple.jpg」。方法如下：

STEP1 在功能窗格中的「產品」表單上按右鍵，再按一下「設計檢視」。

STEP2 在表單選取區連按兩下，開啟表單的「屬性表」。

STEP3 選取「屬性表」的「格式」索引標籤，在「圖片」屬性按一下，再按 ，選取ch09資料夾的「背景圖.GIF」圖片檔，按「確定」。並將「圖片磁磚效果」屬性設為「是」。

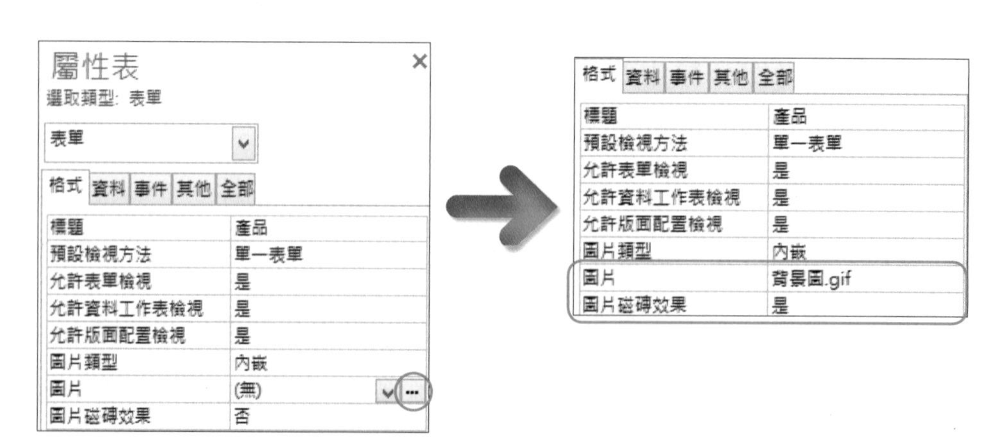

» STEP4 在「設計」功能區的「檢視」群組按一下「檢視」，切換至「表單檢視」，可得下圖：

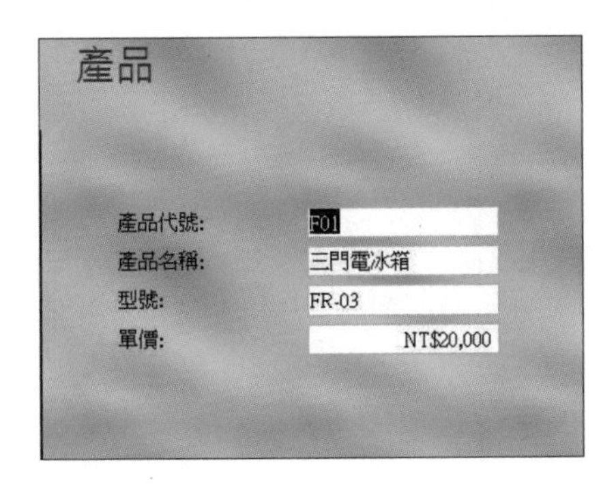

圖片相關屬性

圖片類型	內嵌
圖片	背景圖.gif
圖片磁磚效果	是
圖片對齊方式	中心
圖片大小模式	剪裁

▲ 圖片相關屬性

- 圖片對齊方式：可設定為左上、右上、中心、左下、右下、表單中心。
- 圖片類型：內嵌、連結的、分享模式。
- 圖片磁磚效果與圖片大小模式的屬性可見表9-1、表9-2。

➡ **表9-1** 圖片磁磚效果屬性

圖片磁磚效果屬性	說明
是	若圖片小於表單大小，則圖片如磁磚鋪設方式排列
否	圖片不以磁磚鋪設方式排列

➡ **表9-2 圖片大小模式屬性**

圖片大小模式屬性	說明
剪裁	圖片超過控制項大小時，超過的部分裁掉
拉長	圖片依控制項大小縮放
顯示比例	圖片依長寬等比例縮放
水平拉長	圖片依控制項水平拉長
垂直拉長	圖片依控制項垂直拉長

要刪除背景圖片，方法如下：

STEP1 選取「圖片」屬性的檔案名稱，按「Delete」鍵，再按「Enter」鍵。

屬性表

選取類型: 表單

表單

格式 資料 事件 其他 全部

標題	產品
預設檢視方法	單一表單
允許表單檢視	是
允許資料工作表檢視	是
允許版面配置檢視	是
圖片類型	內嵌
圖片	背景圖.gif
圖片磁磚效果	是

STEP2 按一下「是（Y)」，刪除圖片。

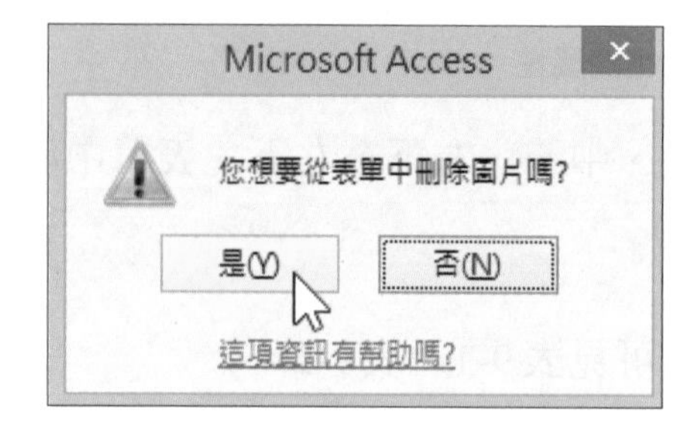

9-9 TAB鍵的順序

在「表單檢視」中按Tab鍵可將焦點移至下一個欄位。當表單設計完成，開始輸入資料時，按下Tab鍵後的定位順序如果需要改變，方法如下：

STEP1 在功能窗格中的「產品」表單上按右鍵，再按一下「設計檢視」。

STEP2 在「設計」功能區的「工具」群組按一下「TAB鍵順序」 。

STEP3 在選取區按一下來選取一列或拖放選取多列，放開滑鼠後，再拖拉選取的列到想要的Tab鍵順序位置。

STEP4 完成想要的順序後，按「確定」。

9-10 圖表製作

開啓資料庫檔案「Ch09.accdb」，製作圖表。方法如下：

建立圖表

STEP1 在「建立」功能區的「表單」群組按一下「表單設計」。

STEP2 在「設計」功能區的「控制項」群組按一下「圖表」，然後在表單內要放置控制項的位置按一下；或拖放滑鼠以設定控制項的大小。

STEP3 選取「客戶銷售彙總」查詢，按「下一步」。

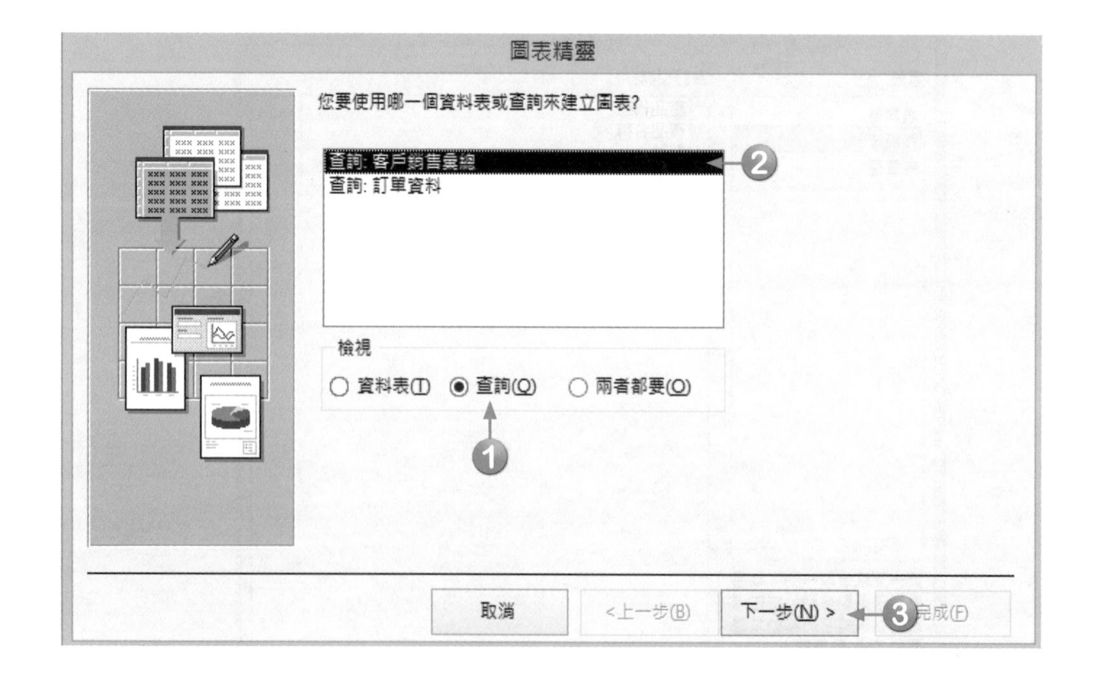

STEP4 將圖表所需欄位移至右方，按「下一步」。

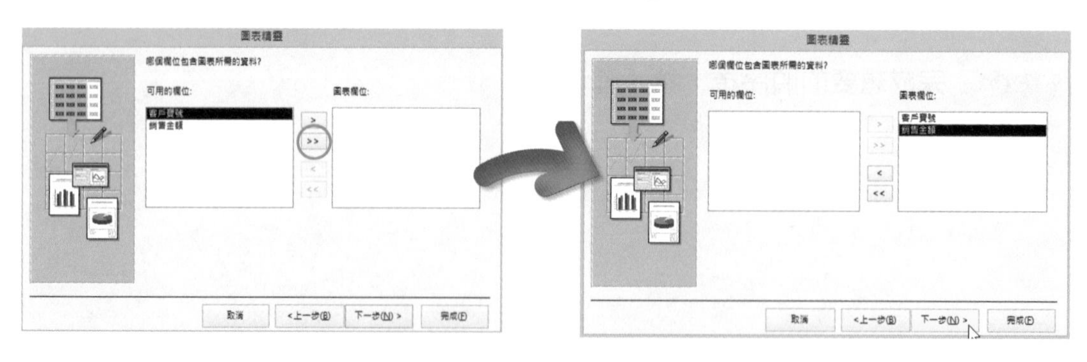

»STEP5 選取圖表類型「直條圖」，按「下一步」。

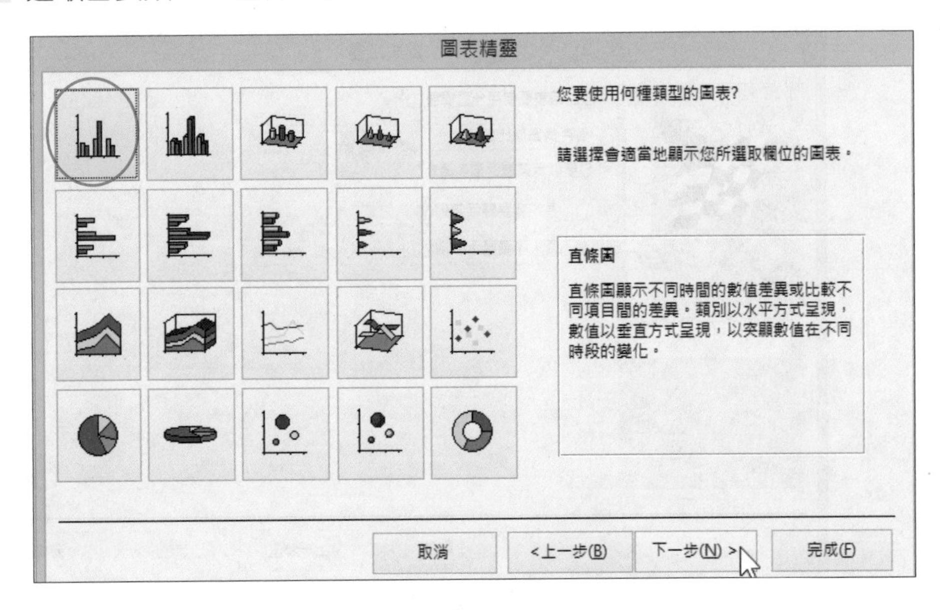

»STEP6 配置圖表中的欄位資料，按「下一步」。

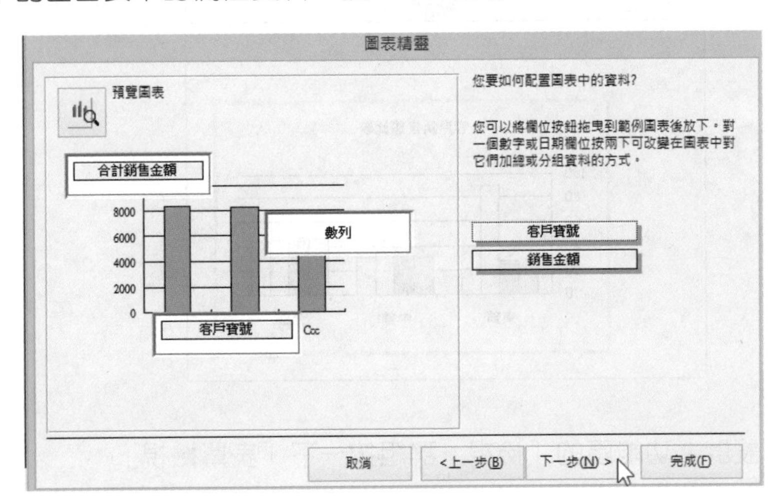

STEP7 輸入圖表標題，不顯示圖例，按「完成」。

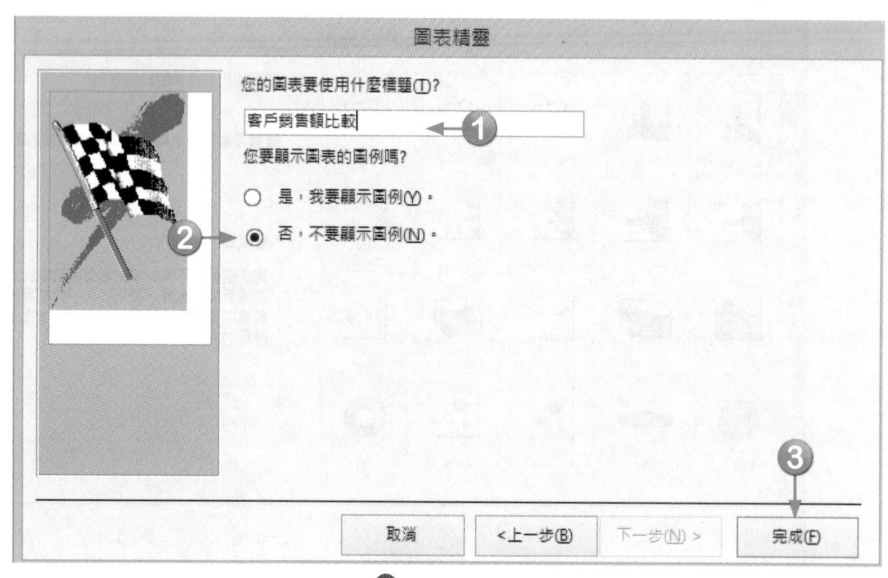

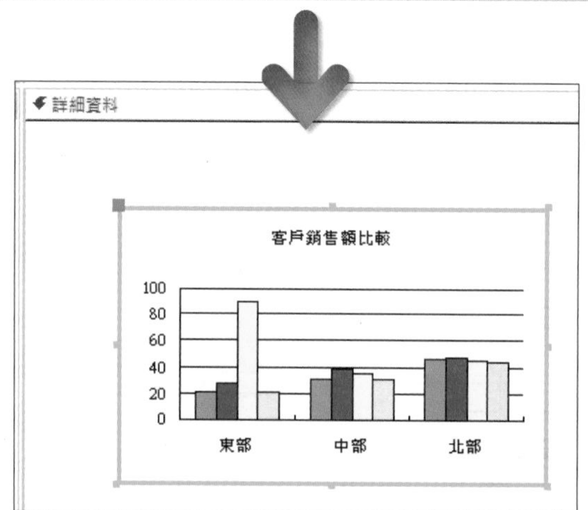

STEP8 在「設計」功能區的「檢視」群組按一下「表單檢視」。

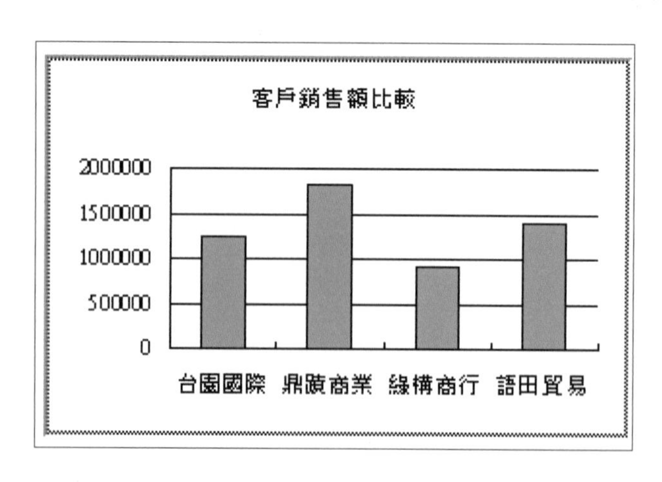

»STEP9 按一下快速存取工具列上的「儲存檔案」，儲存表單。

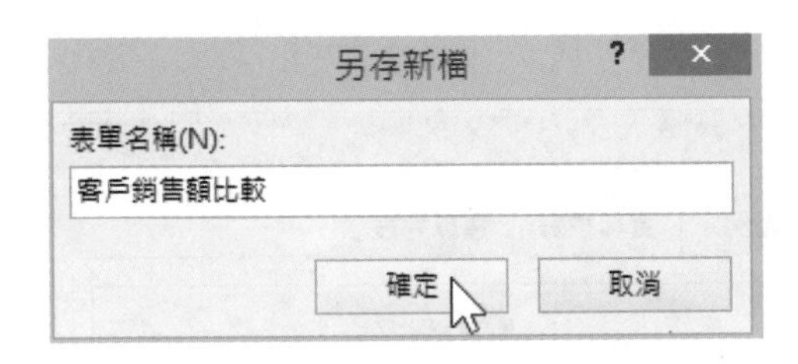

修改圖表

»STEP1 在圖表物件上連按兩下，以編輯Microsoft Graph圖表，選取圖表區，填滿淺黃色，於圖表物件外按一下以取消圖表物件編輯。

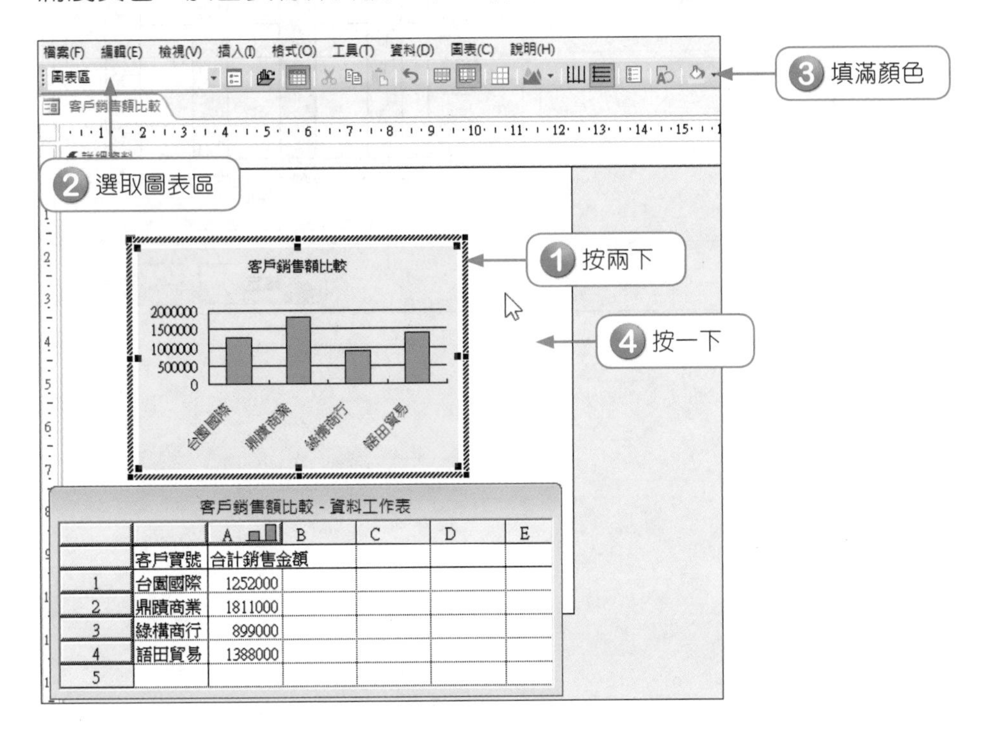

»STEP2 在「圖表」功能表內的「圖表選項」，按一下「圖表選項」，如下圖加入X與Y軸標題。。

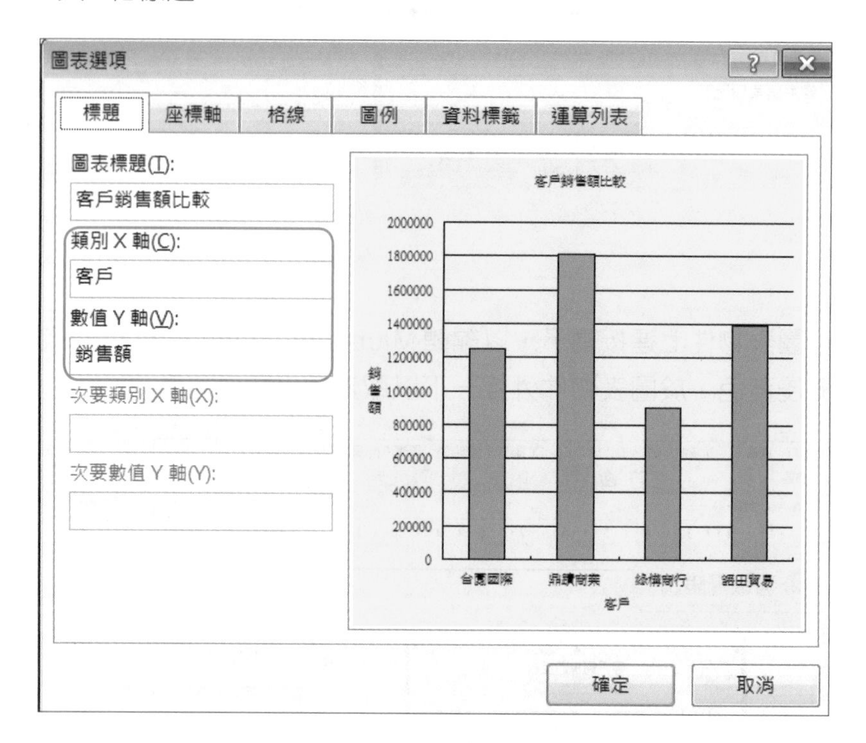

» STEP3 於Y軸標題上按右鍵，選取「座標軸標題格式」，再選取「對齊方式」改變文字方向，按「確定」。

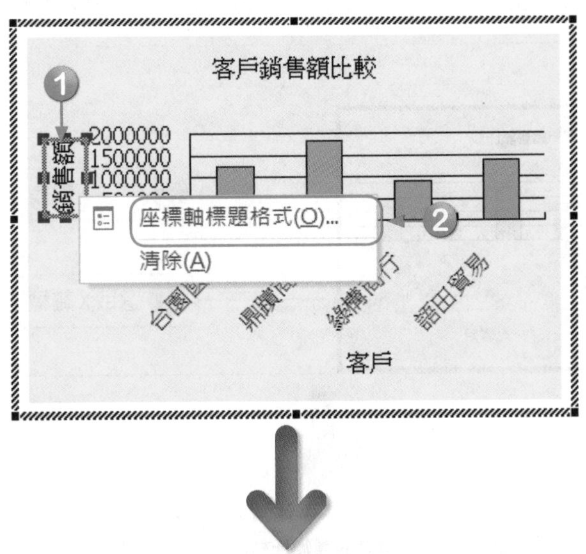

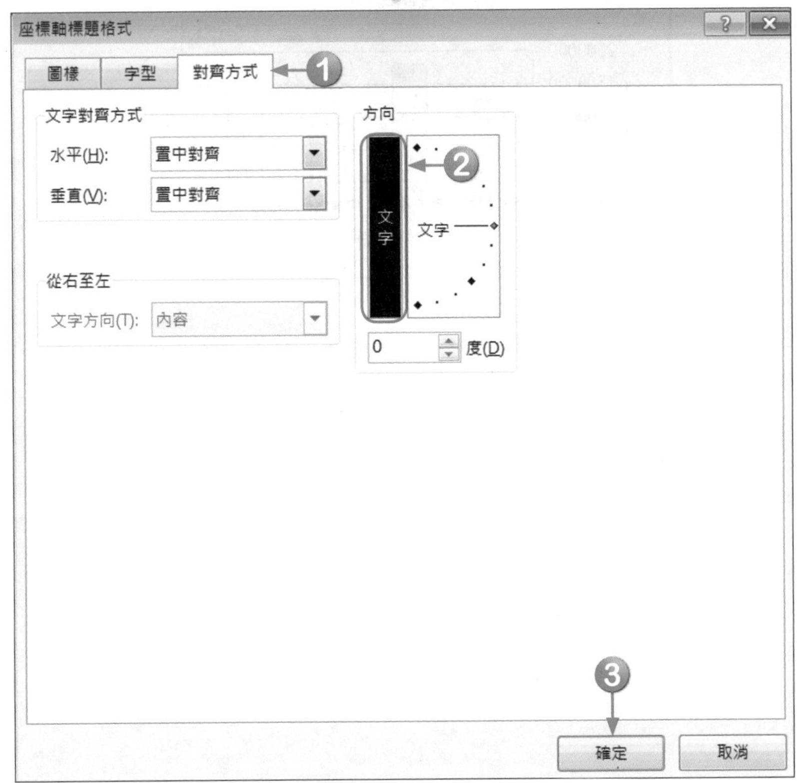

»STEP4 變更X軸標題文字為10點後，按一下圖表物件外面，以完成編輯圖表。

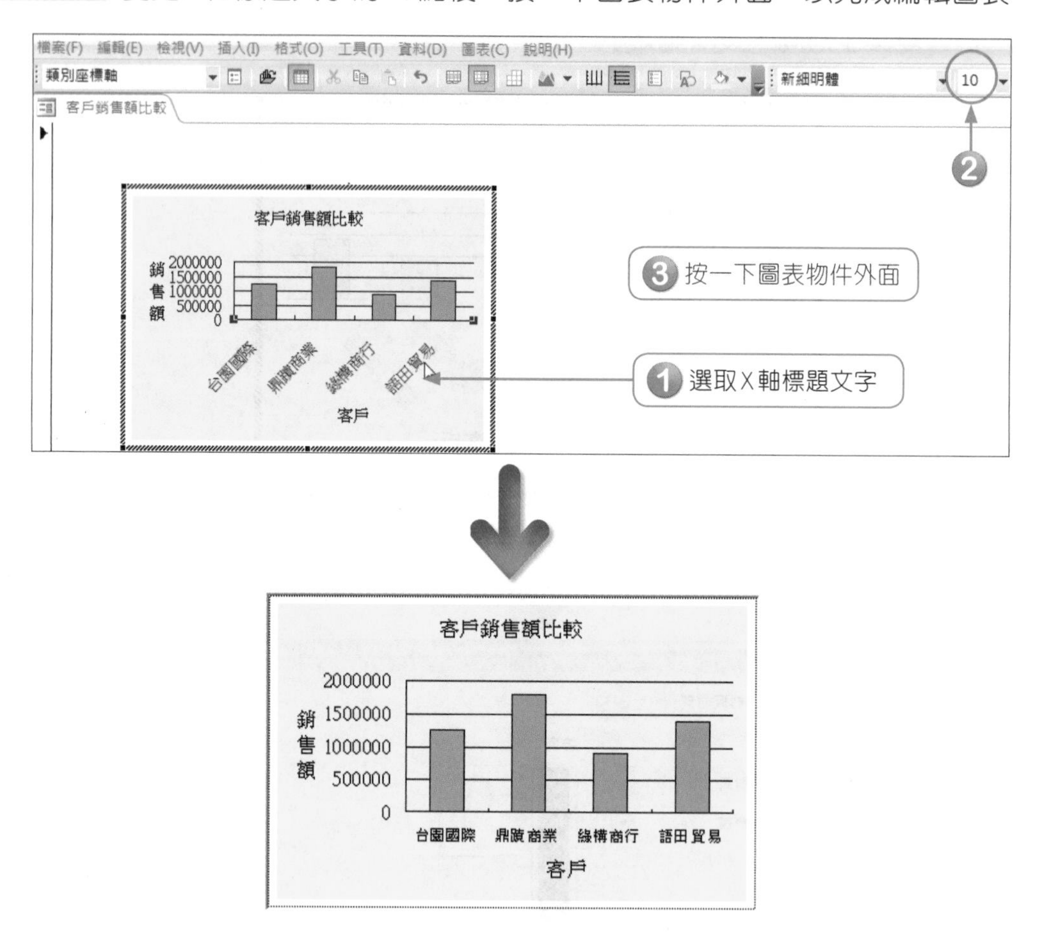

»STEP5 按一下快速存取工具列上的「儲存檔案」，儲存表單。

本章習題

❖選擇題

(　)1. 控制項的資料來源為資料表或查詢中的某一欄位，屬 (A)計算控制項 (B)結合控制項 (C)未結合控制項 (D)聯合控制項。

(　)2. 表單內的控制項，可 (A)搬移 (B)複製 (C)對齊 (D)格式化。

(　)3. 以下何者為文字方塊控制項的圖示 (A) ab| (B) Aa (C) XXXX (D) 。

(　)4. 以下何者非設計表單的控制項(A)標籤 (B)文字方塊 (C)樞紐分析表 (D)按鈕。

(　)5. 以下何者非「設定格式化的條件管理員」中的功能(A)新增規則 (B)編輯規則 (C)刪除規則 (D)複製規則。

(　)6. 以下何種不是控制項屬性標籤頁次？ (A)格式 (B)顯示 (C)資料 (D)其他。

(　)7. 控制項的「圖片大小模式」屬性有？ (A)剪裁 (B)拉長 (C)顯示比例 (D)黃金比例。

❖實作題

開啓資料庫檔案「ex09.accdb」

1. 使用「產品」資料表建立一表單，表單名稱：「產品資料」。其中，售價（貨幣格式，無小數位數）＝單價x（1-折扣）；紅色說明文字「折扣有效期限至105年12月31日止」置於「表單尾」，如下圖所示。

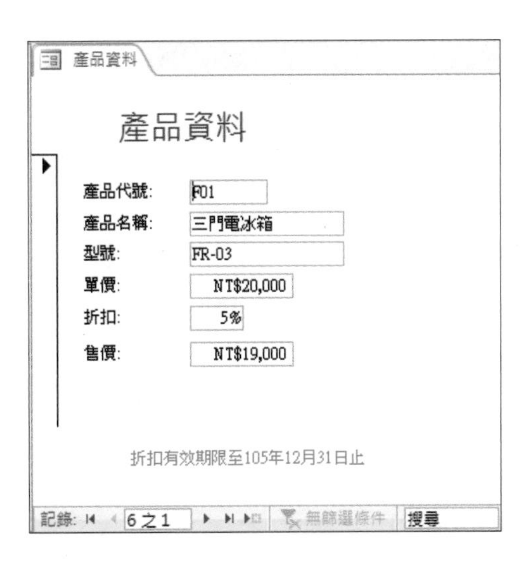

2. 使用「產品2」表單，在「折扣」欄位設定格式化條件，若折扣大於5%時，「折扣」欄位顯示紅色字。
3. 使用「產品2」表單，加入ch09資料夾中的背景圖片「Peace.jpg」，「圖片磁磚效果屬性」：是。

表單控制項的應用

表單的控制項應用可以編輯資料、美化表單，還可以降低錯誤資料的輸入，當然也能設計出更方便的資料編輯方式。上一章說明了部分的控制項，本章將針對其他控制項加以說明。

學習目標

- 10-1 選項群組控制項
- 10-2 清單方塊控制項
- 10-3 下拉式方塊控制項
- 10-4 索引標籤控制項
- 10-5 繫結物件框控制項
- 10-6 圖像控制項
- 10-7 超連結控制項
- 10-8 按鈕控制項

表單的控制項應用可以編輯資料、美化表單，還可以降低錯誤資料的輸入，當然也能設計出更方便的資料編輯方式。上一章說明了「標籤」、「文字方塊」、「商標」、「標題」、「日期及時間」等控制項，本章將針對其他控制項加以說明。

10-1 選項群組控制項

當我們在「員工」資料表輸入「性別」資料時，是使用核取方塊，選取爲「是」、未選取爲「否」；如果使用文字方塊來顯示，則選取顯示爲-1、未選顯示爲0，較無法表現資料的含義。如果使用選項的方式，可以選擇「男」或「女」，將會是更貼切的設計。

控制項中的核取方塊、選項按鈕和切換按鈕可以單獨使用，可以是結合或未結合的控制項；也可以包含在選項群組控制項中。

選項群組是數個核取方塊、選項按鈕或切換按鈕的集合，但只能從中選取一項，選取值只可以使用數字。通常選項按鈕 或切換按鈕會包含在選項群組控制項內結合使用，核取方塊最常單獨使用。

開啓資料庫檔案「Ch10.accdb」，自訂「員工資料」表單，「性別」使用選項群組控制項來輸入。方法如下：

STEP1 在「建立」功能區的「表單」群組按一下「表單設計」，以建立自訂表單。

STEP2 在表單上按右鍵，選取「格線」以隱藏格線。在表單選取區連按兩下，開啓「表單」屬性表，在「表單」屬性表的「資料」頁次中的「記錄來源」屬性，選取「員工」資料表。

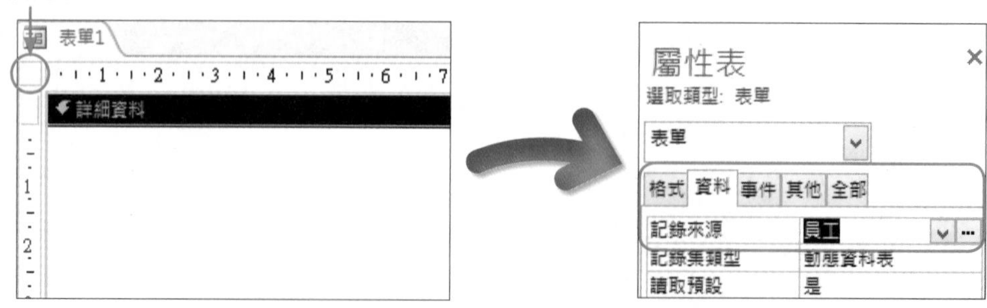

»STEP3 在「設計」功能區的「工具」群組，按一下「新增現有欄位」，以顯示「欄位清單」面板，再分別連按兩下「員工代號」、「姓名」欄位。

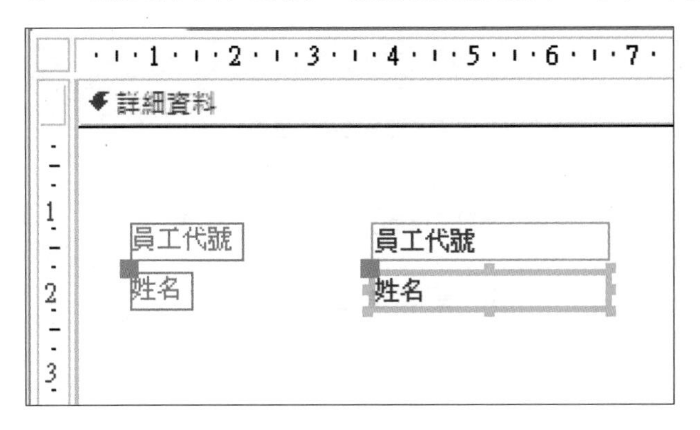

»STEP4 在「設計」功能區的「控制項」群組，按一下「選項群組」，然後於表單內在放置控制項的位置按一下。

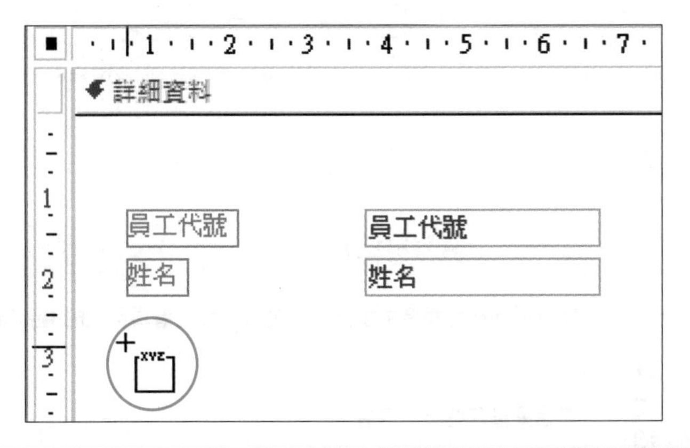

注意

進行本步驟之前，請確認「設計」功能區的「控制項」群組的 使用控制項精靈(W) ，是在選取的狀態；若按一下，取消成 ，將不會顯示出控制項精靈。

»STEP5 輸入選項使用的標籤「男」、「女」，按「下一步」。

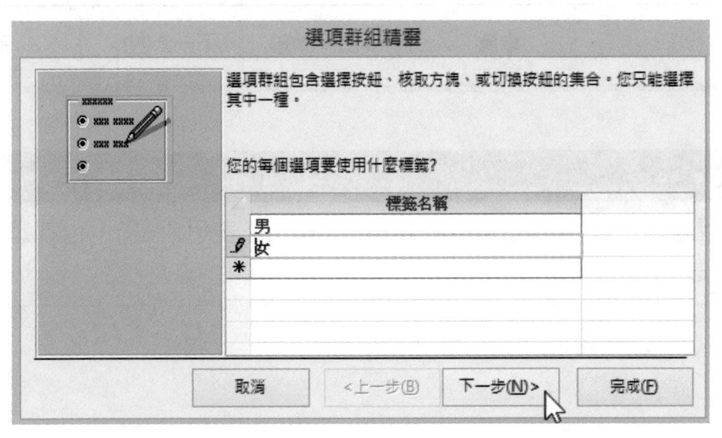

» STEP6 選擇預設值「是」，按「下一步」(預設值：資料輸入前，預先設定的值)。

» STEP7 輸入選項使用的值，本例直接按「下一步」。

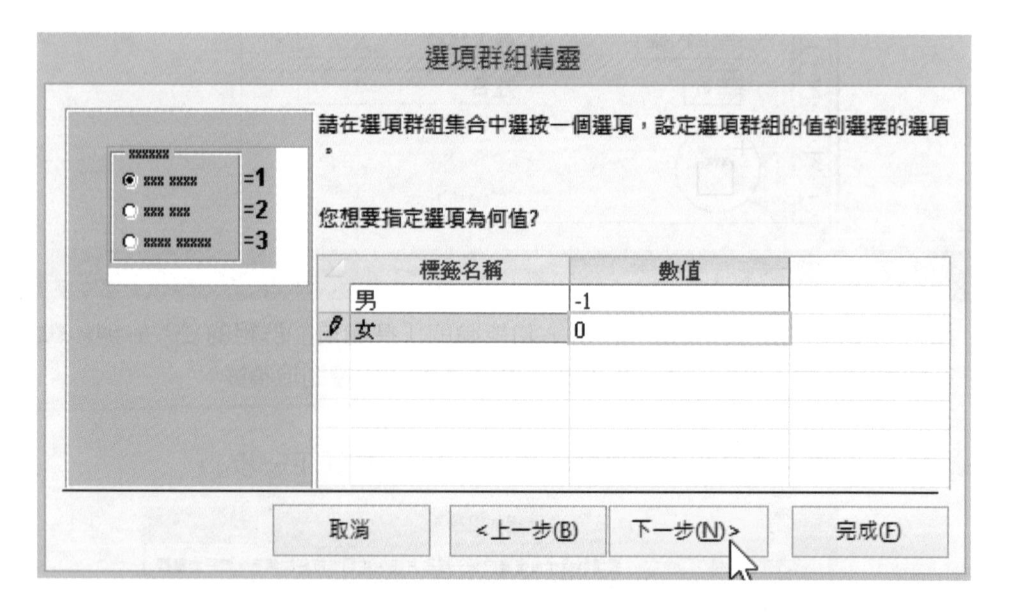

說明

「性別」欄位資料型態為「是/否」，儲存數值為-1和0，-1表示「是」，也就是「True」；0表示「否」，也就是「False」。

STEP8 上一步驟選項的值可供日後使用或儲存到選擇的欄位，本例選擇儲存到「性別」欄位，按「下一步」。

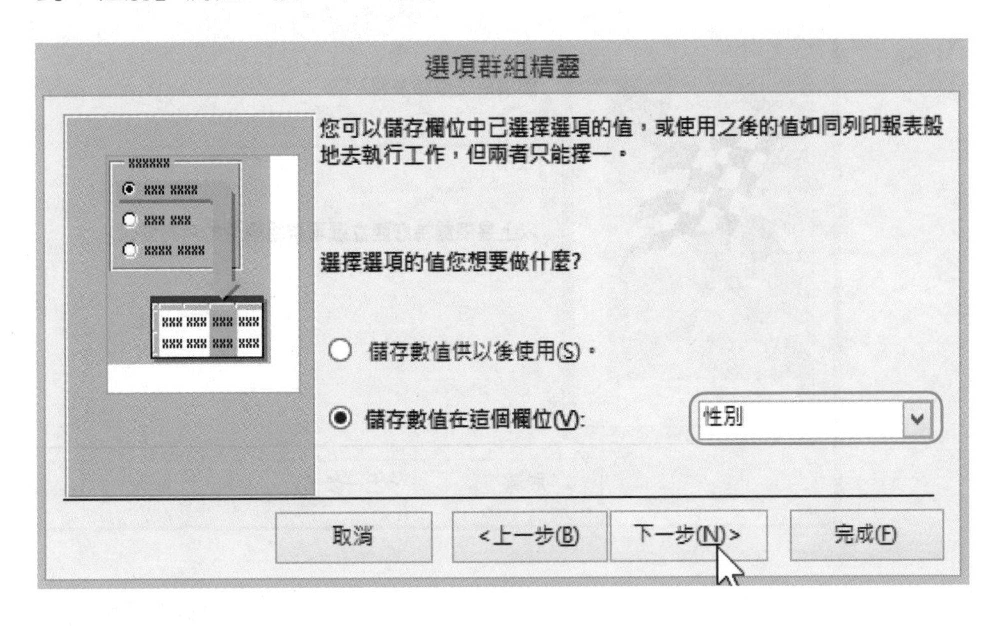

STEP9 選擇控制類型和樣式，本例直接按「下一步」。

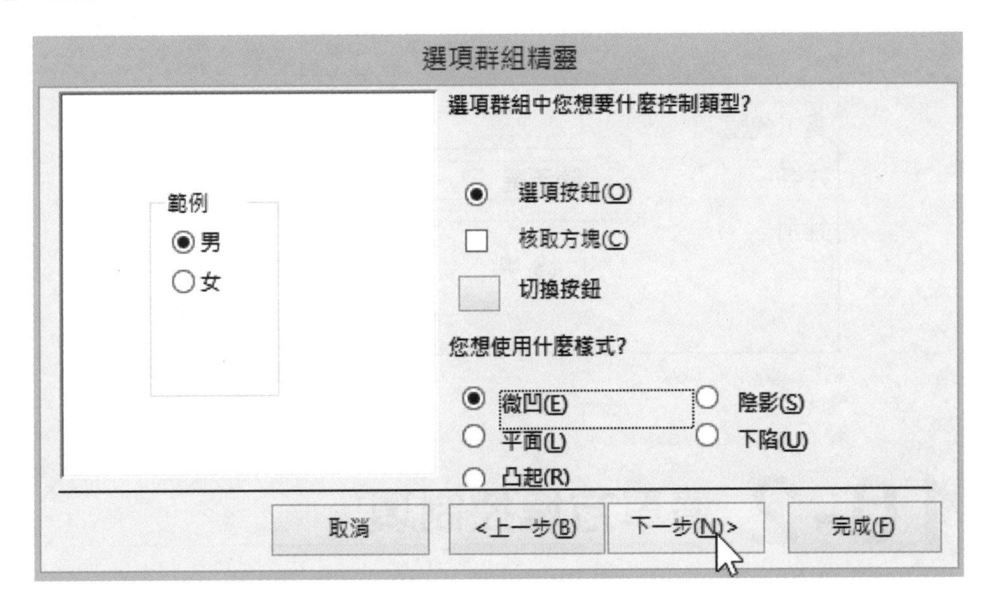

STEP10 輸入選項群組的標題，按「完成」。

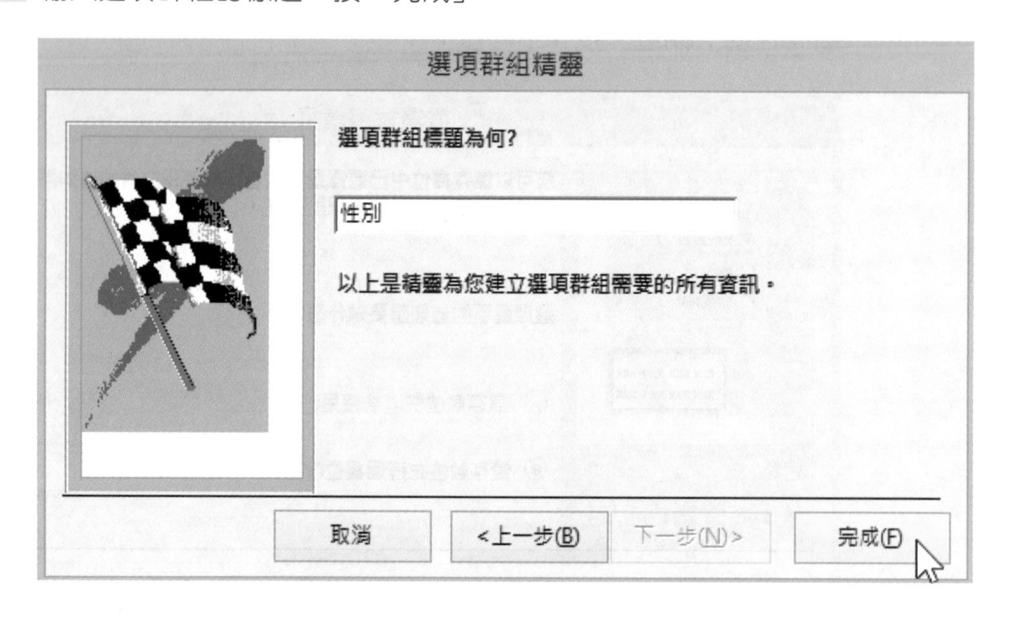

STEP11 調整選項群組的大小和位置後，在「設計」功能區的「檢視」群組按一下「檢視」，即可得到如下畫面：

員工代號 1
姓名 陳予議
性別 男 女

10-2 清單方塊控制項

輸入員工基本資料時，同時也會輸入員工所服務的部門。若可以在列示清單中直接挑選，一方面可節省輸入的時間；再則，可降低資料輸入的錯誤。

在「員工-清單方塊」表單，使用「清單方塊」控制項選取部門代號。方法如下：

STEP1 在功能窗格中的「員工-清單方塊」表單上按右鍵，按一下「設計檢視」。

»STEP2 在「設計」功能區的「控制項」群組按一下「清單方塊」，然後在表單內要放置控制項的位置按一下；或拖放滑鼠以設定控制項的大小。

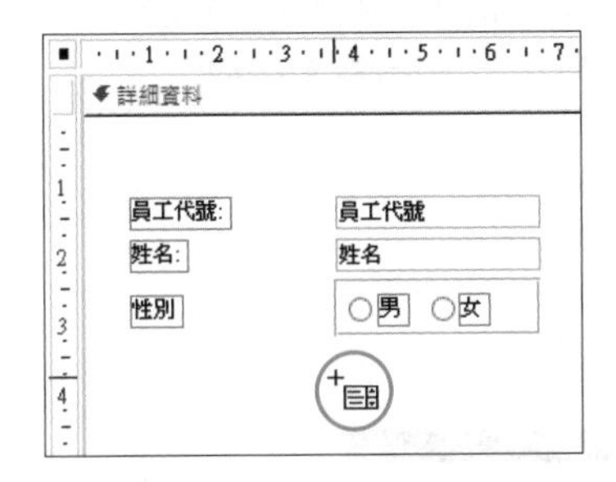

»STEP3 選擇清單方塊取得數值的方式，本例選擇第一項，按「下一步」。

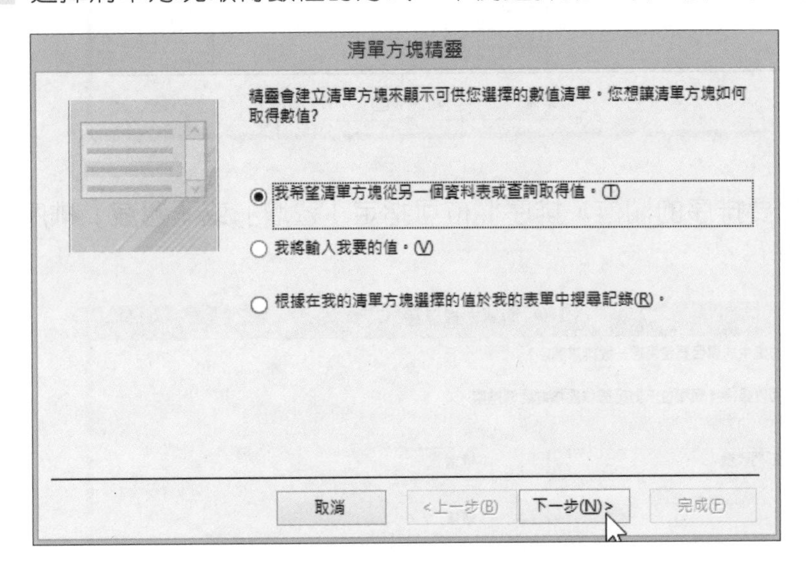

»STEP4 選擇提供清單方塊數值的資料表或查詢，本例選擇「部門」，按「下一步」。

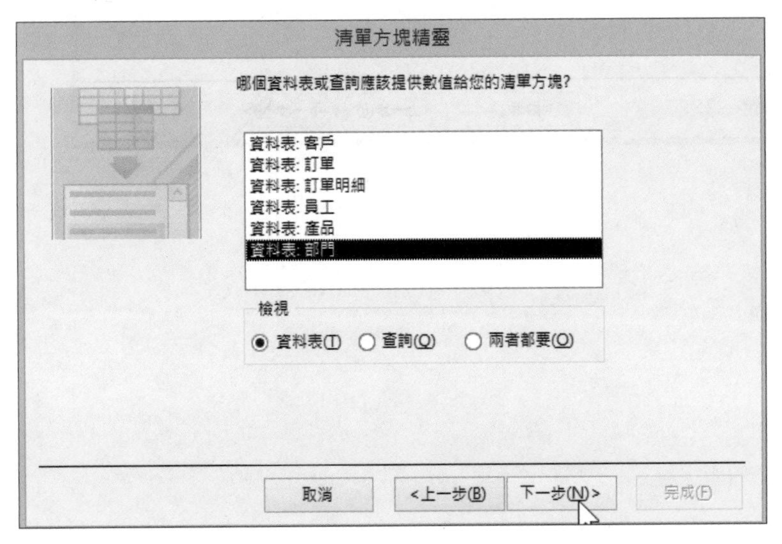

»STEP5 指定要放入清單方塊的欄位，請將所有欄位搬移至右方，按「下一步」。

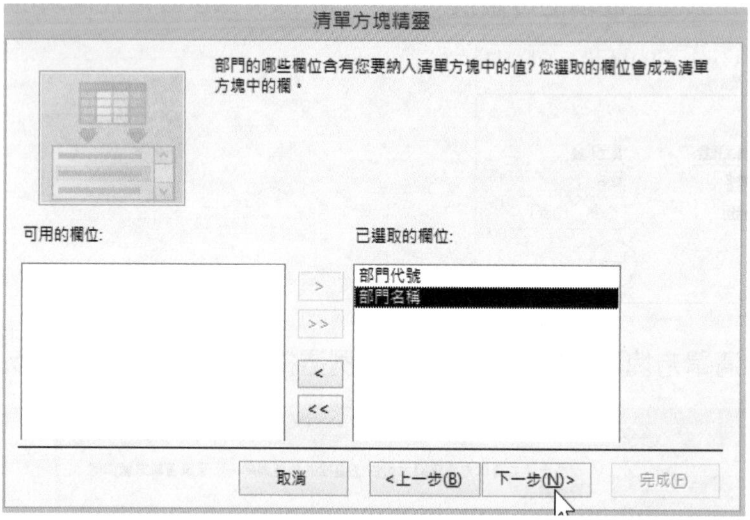

»STEP6 選擇要排序的欄位，排序欄位可指定「遞增」或「遞減」排序，按「下一步」。

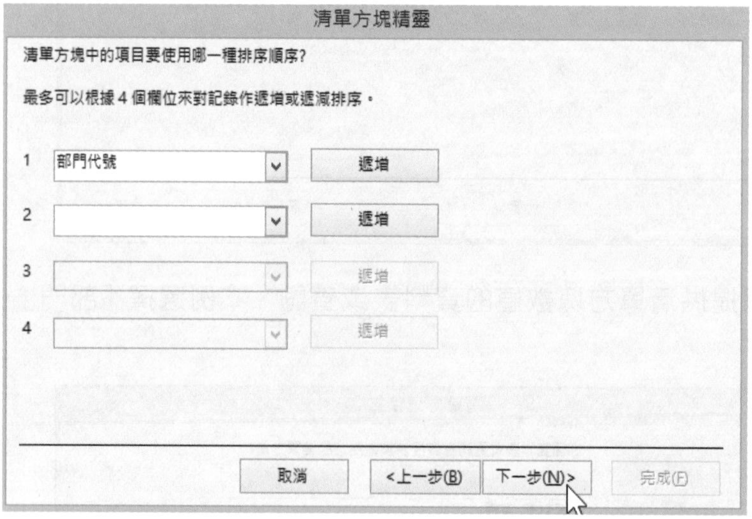

» STEP7 本例請取消「隱藏索引值」，並可依下圖調整欄位寬度，完成後按「下一步」。

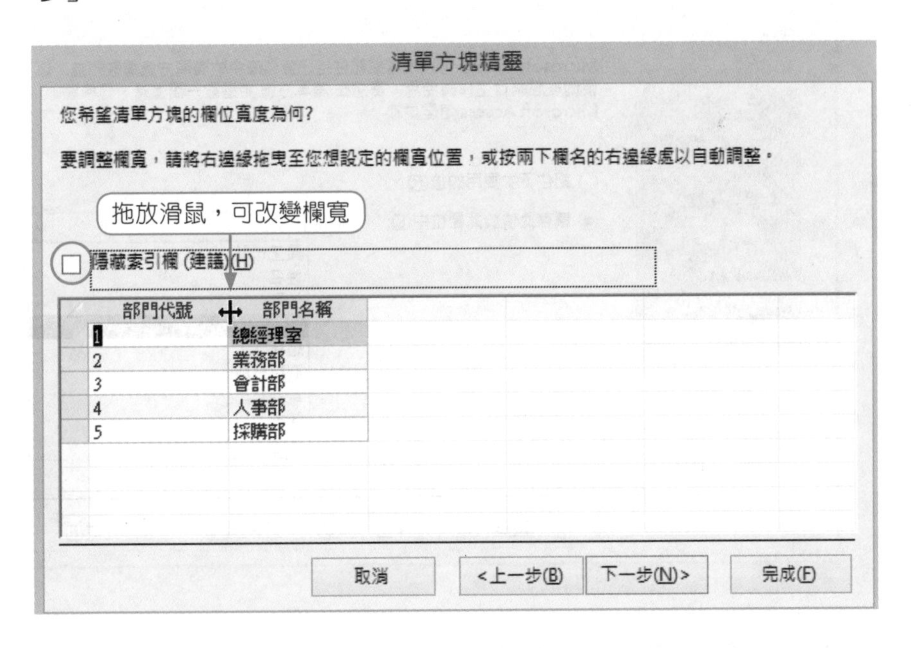

» STEP8 選取「部門代號」欄位，可供下一步驟使用，然後按「下一步」。

清單方塊精靈

當您選擇清單方塊中的一列時，可以儲存資料庫中該列的數值，或者可以在日後使用該數值執行某項動作。請選擇該列唯一的識別項。在您的清單方塊中哪一個欄含有您要儲存或應用在資料庫的數值?

可用的欄位:

部門代號
部門名稱

取消 | < 上一步(B) | 下一步(N) > | 完成(F)

»STEP9 將上一步驟選取的數值，儲存到「部門代號」欄位中，按「下一步」。

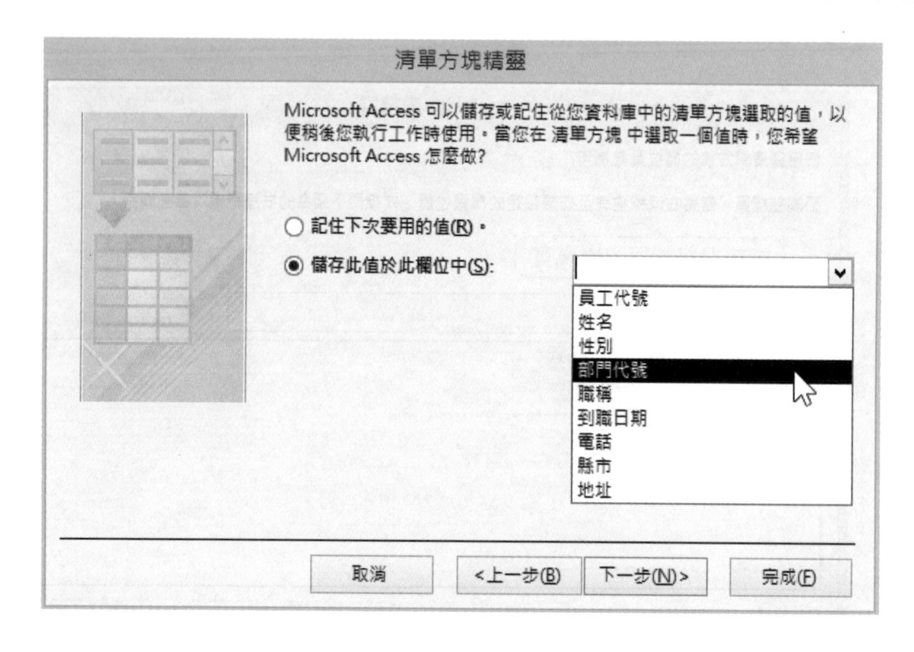

»STEP10 輸入清單方塊的標籤，按「完成」。

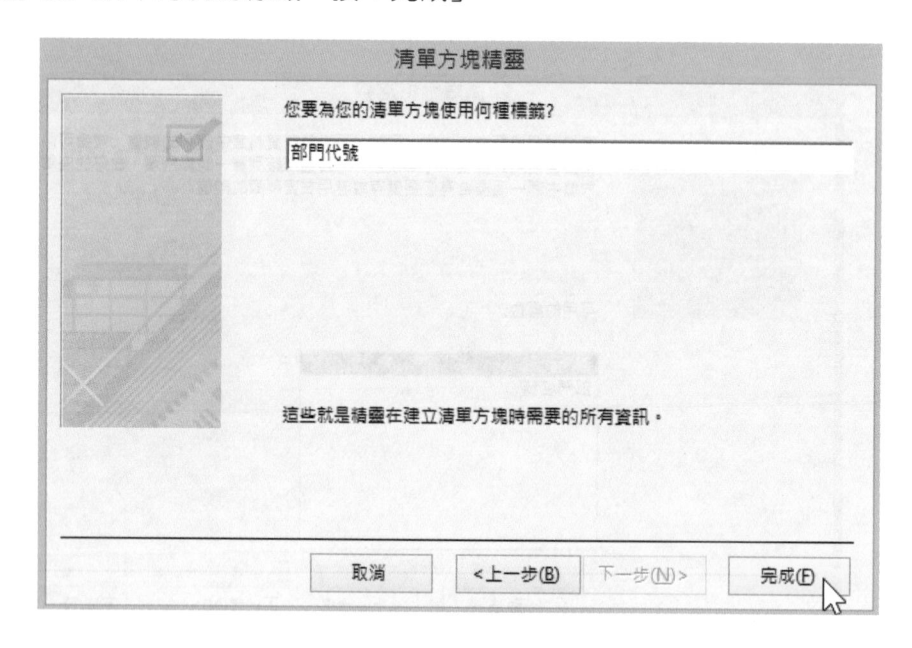

STEP11 調整清單方塊的大小和位置後，在「設計」功能區的「檢視」群組按一下「檢視」，即可得到如下畫面。

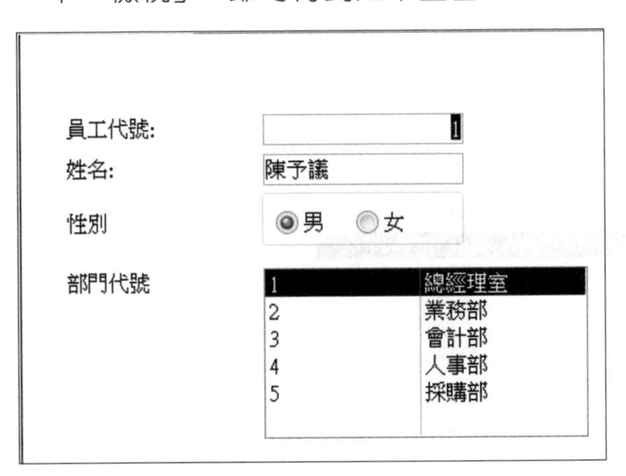

10-3 下拉式方塊控制項

「清單方塊」控制項較佔畫面空間，選項較少時可考慮使用，其優點是選取方便。但若選項過多時，選擇「下拉式方塊」控制項來替代「清單方塊」控制項，將是較好的選擇方案。另外，「清單方塊」控制項只能選取清單內的選項值，不能自行輸入其他值；而「下拉式方塊」控制項，除了可選取下拉式清單內的選項值，也能自行輸入其他值。

在「員工-下拉式方塊」表單，使用「下拉式方塊」控制項選取部門代號。方法如下：

STEP1 在功能窗格中的「員工-下拉式方塊」表單上按右鍵，按一下「設計檢視」。

STEP2 在「設計」功能區的「控制項」群組按一下「下拉式方塊」，然後在表單內要放置控制項的位置按一下；或拖放滑鼠以設定控制項的大小。

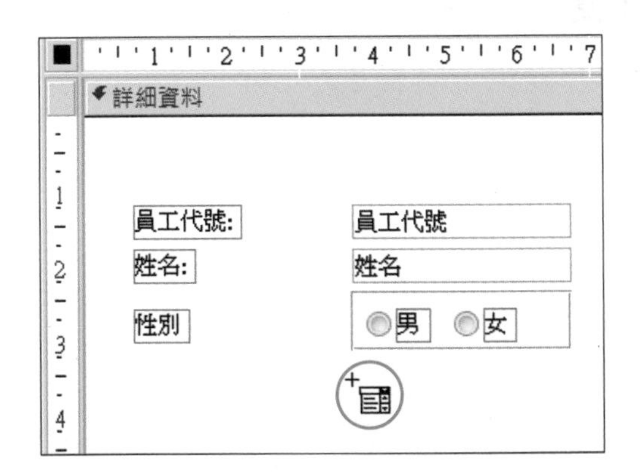

»STEP3 接下來參照上例「清單方塊」步驟3~11，即可得到如下畫面。

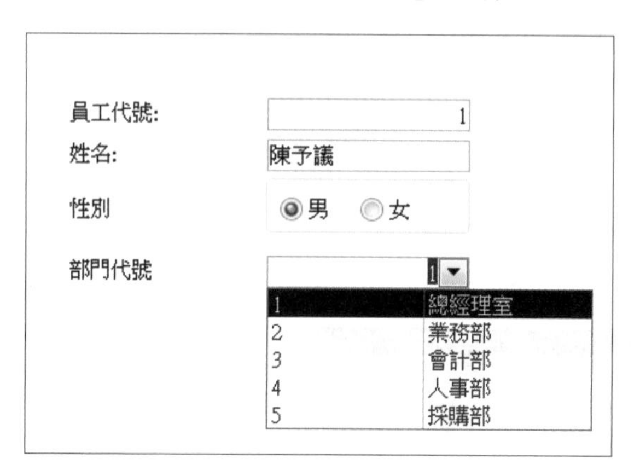

10-4 索引標籤控制項

當表單內的控制項很多時，就可以使用「索引標籤」控制項來分頁，以減少表單的使用空間。

在「員工-索引標籤」表單中，使用「索引標籤」控制項輸入資料。方法如下：

»STEP1 在功能窗格中的「員工-索引標籤」表單上按右鍵，按一下「設計檢視」。

»STEP2 在「設計」功能區的「控制項」群組，按一下「索引標籤」，然後在表單內要放置控制項的位置按一下；或拖放滑鼠以設定控制項的大小。

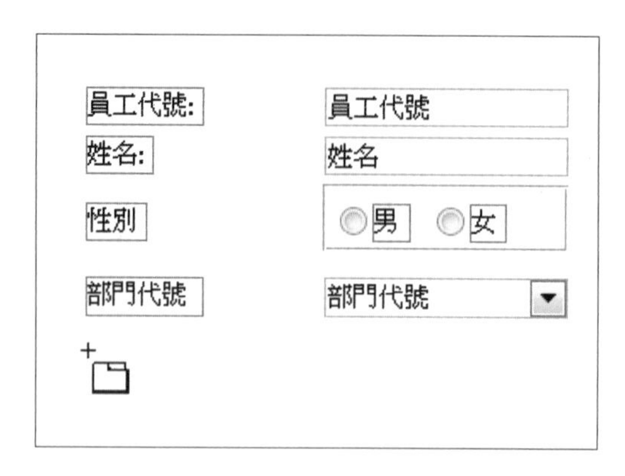

STEP3 在「設計」功能區的「工具」群組按一下「新增現有欄位」以顯示「欄位清單」面板，再分別將「職稱」、「到職日期」欄位拖放至索引標籤控制項中，按「下一步」。

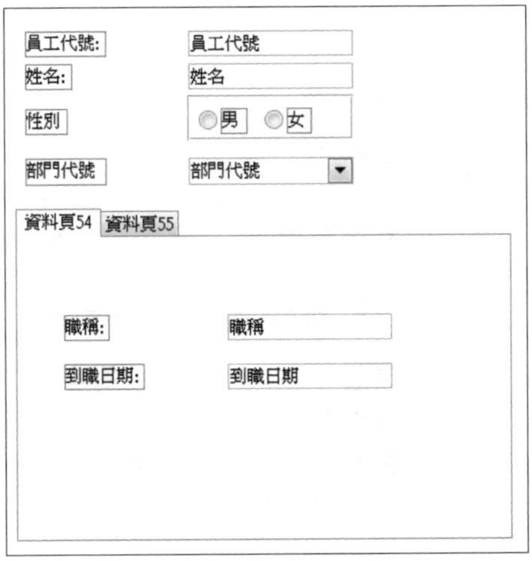

員工代號: 員工代號
姓名: 姓名
性別 男 女
部門代號 部門代號
資料頁54 資料頁55
職稱: 職稱
到職日期: 到職日期

STEP4 選取另一個索引標籤頁次，再分別將「電話」、「縣市」、「地址」欄位拖放至索引標籤控制項的另一個索引標籤頁次中，按「下一步」。

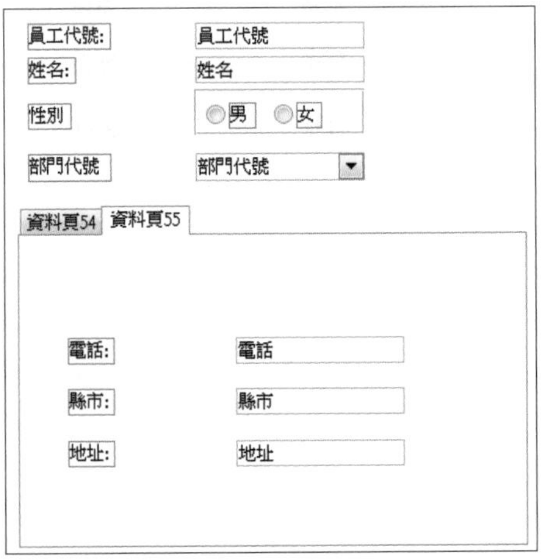

員工代號: 員工代號
姓名: 姓名
性別 男 女
部門代號 部門代號
資料頁54 資料頁55
電話: 電話
縣市: 縣市
地址: 地址

»STEP5 在索引標籤的標題上按右鍵，按一下「屬性」，以顯示「屬性表」面板，在「標題」屬性輸入文字「公司資料」，再選取另一索引標籤的標題，在「標題」屬性輸入「住家資料」。

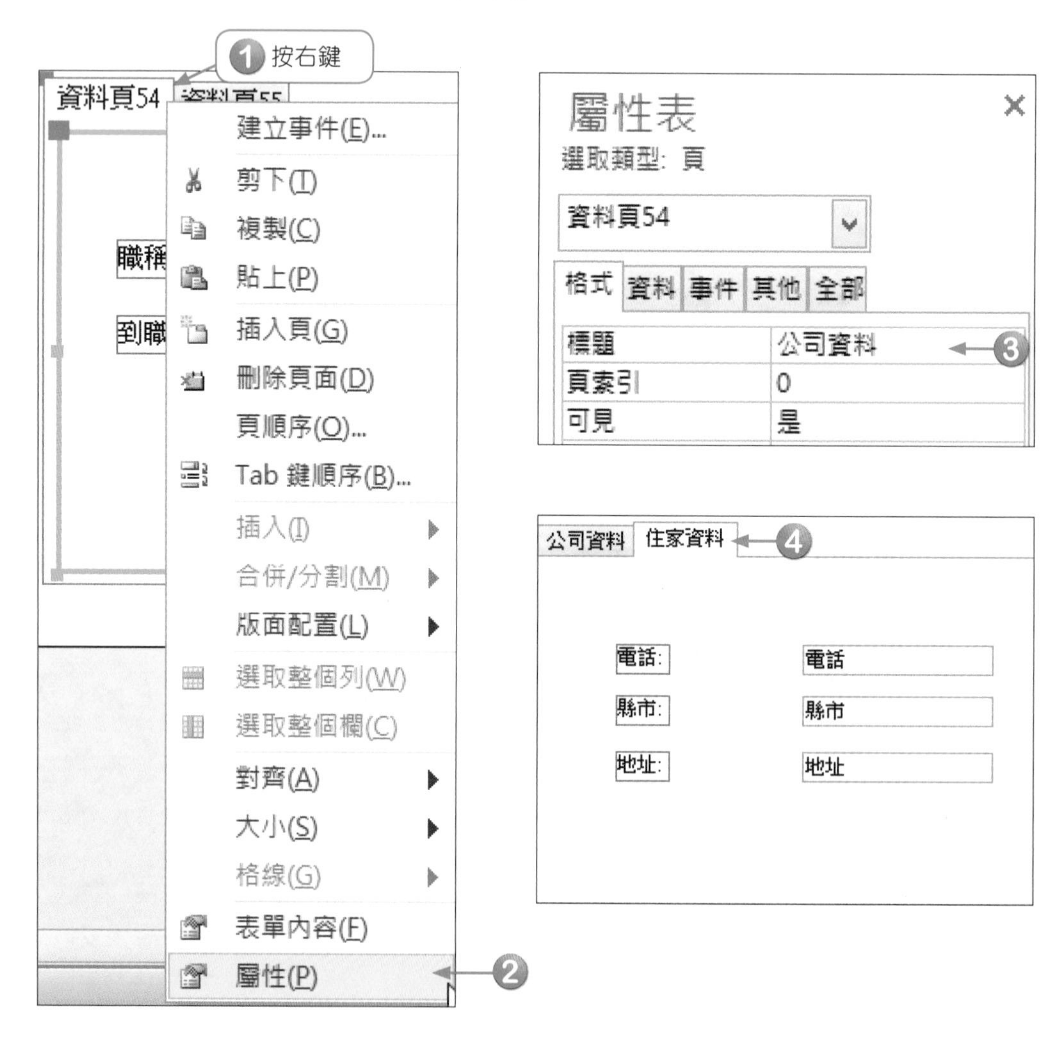

STEP6 可視需要調整控制項欄寬，在「設計」功能區的「檢視」群組按一下「檢視」，即可得到如下畫面。

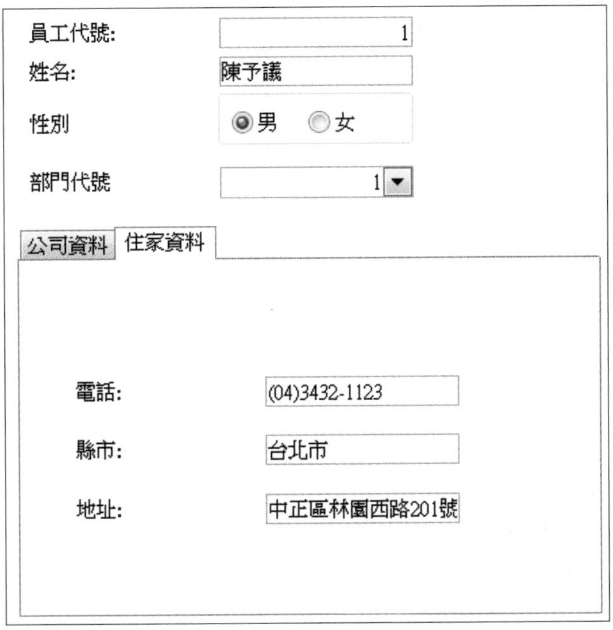

員工代號: 1
姓名: 陳予議
性別 ◉男 ○女
部門代號 1
公司資料 住家資料
電話: (04)3432-1123
縣市: 台北市
地址: 中正區林園西路201號

10-5 繫結物件框控制項

繫結物件框控制項的資料來源爲資料表或查詢中的某一欄位。修改結合控制項內的資料，即是修改此控制項所連結的資料表的欄位值。

在「產品-控制項」表單建立繫結物件框控制項，方法如下：

STEP1 在功能窗格中的「產品-控制項」表單上按右鍵，按一下「設計檢視」。

STEP2 在「設計」功能區的「控制項」群組按一下「繫結物件框」，然後在表單內拖放滑鼠以設定控制項的大小；或在要放置控制項的位置按一下。

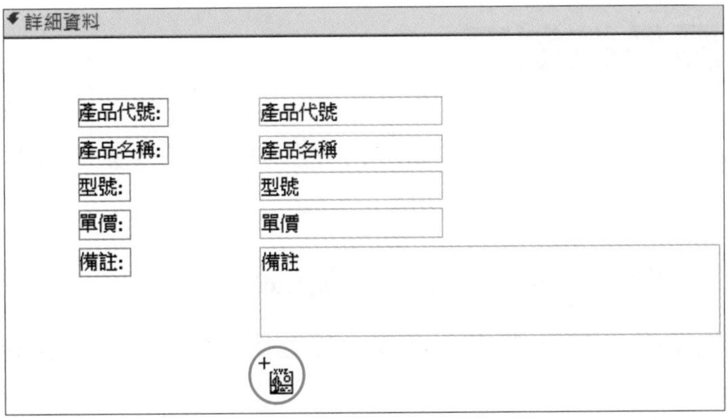

詳細資料
產品代號: 產品代號
產品名稱: 產品名稱
型號: 型號
單價: 單價
備註: 備註

» STEP3 在「繫結物件框」控制項邊框上連按兩下顯示屬性表，選取「資料」索引標籤，在「控制項資料來源」屬性選取「圖片」。

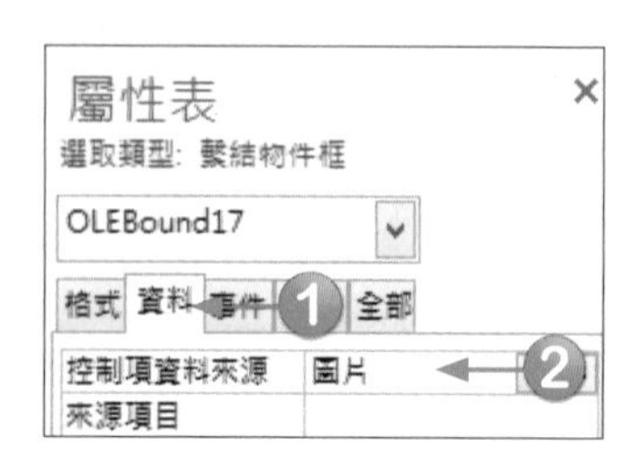

» STEP4 修改「繫結物件框」控制項標籤成「產品圖片:」文字，可視需要調整控制項位置與大小。

» STEP5 在「設計」功能區的「檢視」群組按一下「檢視」，可得到如下畫面：

10-6 圖像控制項

要在表單上放置圖片時，可使用「圖像」控制項。可放置的圖片格式包含bmp、gif、jpg、png、dib、wmf、emf和ico圖檔。

在「客戶-圖像」表單建立圖像控制項。方法如下：

» STEP1 在功能窗格中的「客戶-圖像」表單上按右鍵，按一下「設計檢視」。

» STEP2 選取「表單首」區段，在「設計」功能區的「控制項」群組按一下「插入圖像」，按「瀏覽」鈕選取ch10資料夾的「pic-1.jpg」。

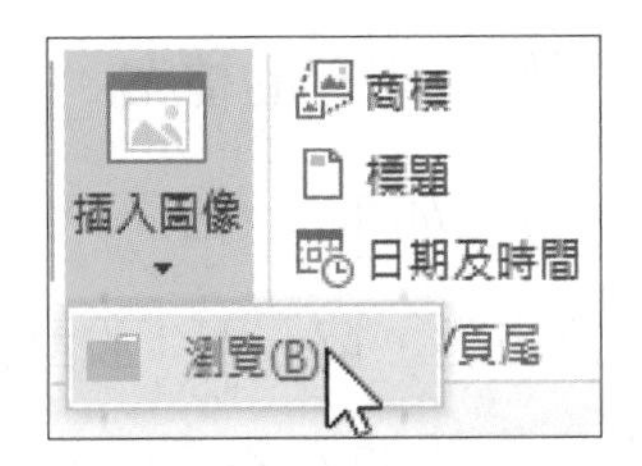

» STEP3 在「表單首」區段內拖放滑鼠以設定控制項的大小。

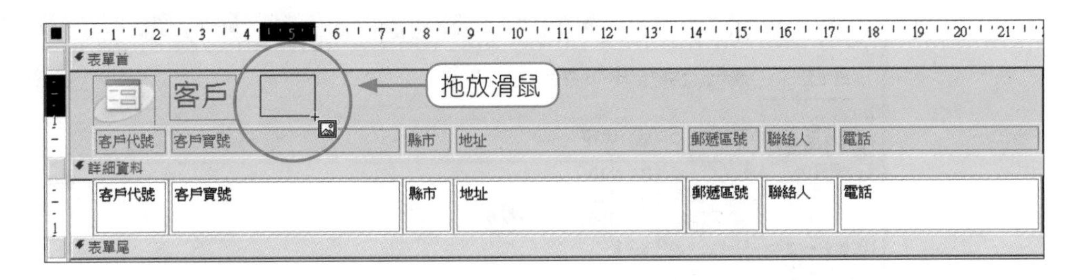

» STEP4 在「設計」功能區的「檢視」群組按一下「檢視」，可得到下圖：

客戶

客戶代號	客戶寶號	縣市	地址	郵遞區號	聯絡人	電話
A01	語田貿易	台北市	松山區印仁信五路102-3號	105	陳務宜	02-96346531
A02	綠構商行	桃園縣	中壢市太治北路17號	320	劉認珊	03-8620401
A03	台圖國際	台中市	南屯區一忠路2段30號	408	吳匯于	04-46302542
A04	鼎贖商業	高雄市	鼓山區耘耕路603號	813	朱悉信	07-7241277
A05	齊昂商行	台北市	內湖區金威路254號1樓	114	劉凱晉	02-23523512

此處也可使用「未繫結物件框」控制項，兩者差異是：

- 「圖像」控制項載入圖片的速度較快，支援的圖片格式較多。
- 「未繫結物件框」控制項除可顯示圖片外，還可放置其他類型的檔案。如MS Word文件檔、MS Excel活頁簿檔案等。

10-7 超連結控制項

可使用「超連結」控制項連結到網址、電子郵件或現存的檔案。

在「產品-控制項」表單建立超連結控制項。方法如下：

STEP1 在功能窗格中的「產品-控制項」表單上按右鍵，按一下「設計檢視」。

STEP2 在「設計」功能區的「控制項」群組按一下「插入超連結」，選取ch10中現存的檔案「FR-03.htm」，輸入要顯示的文字，按「確定」。

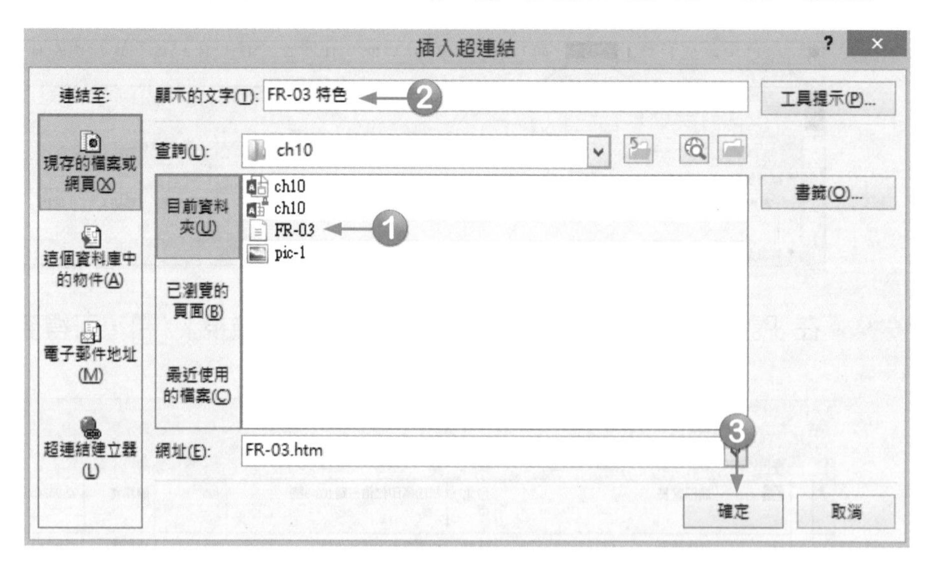

STEP3 搬移「超連結」控制項的位置，在「設計」功能區的「檢視」群組按一下「檢視」，可得到如下畫面。

產品代號: F01
產品名稱: 三門電冰箱
型號: FR-03
單價: NT$20,000
備註:
FR-03 特色
FR-03.htm

10-8 按鈕控制項

在表單上可以建立「按鈕」控制項，當按一下「按鈕」控制項，可執行單一或多項動作。動作可以由「巨集」或「程序」完成。

在自訂表單中，建立按鈕控制項。方法如下：

STEP1 在「建立」功能區的「表單」群組按一下「表單設計」以建立自訂表單。

STEP2 在「設計」功能區的「控制項」群組按一下「按鈕」，然後在表單內要放置控制項的位置按一下。

STEP3 選取「表單操作」類別，再選取「開啟表單」巨集指令，按「下一步」。

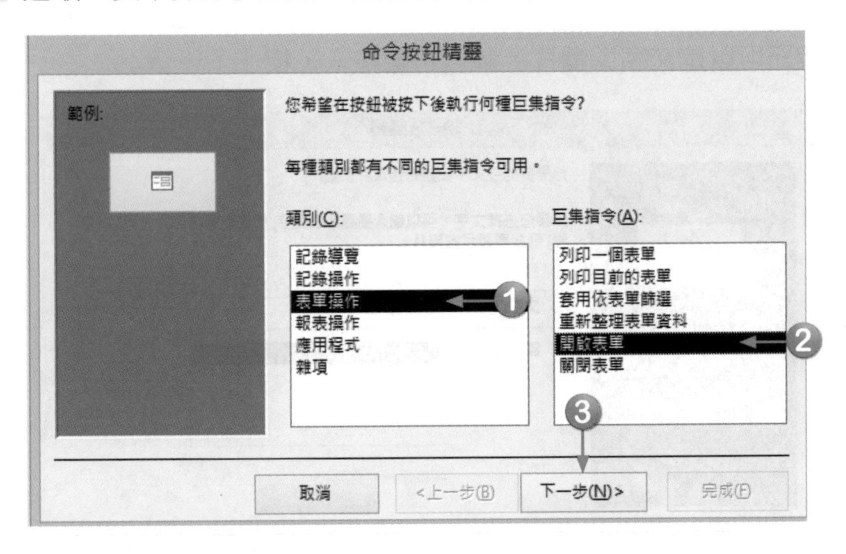

STEP4 選取所要開啟的「訂單」表單，按「下一步」。

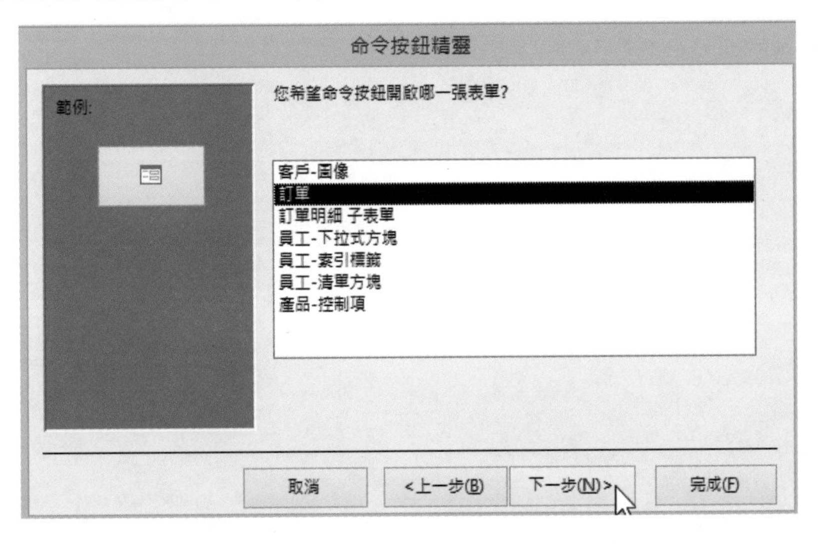

» STEP5 選取要顯示於表單上的資訊，按「下一步」。

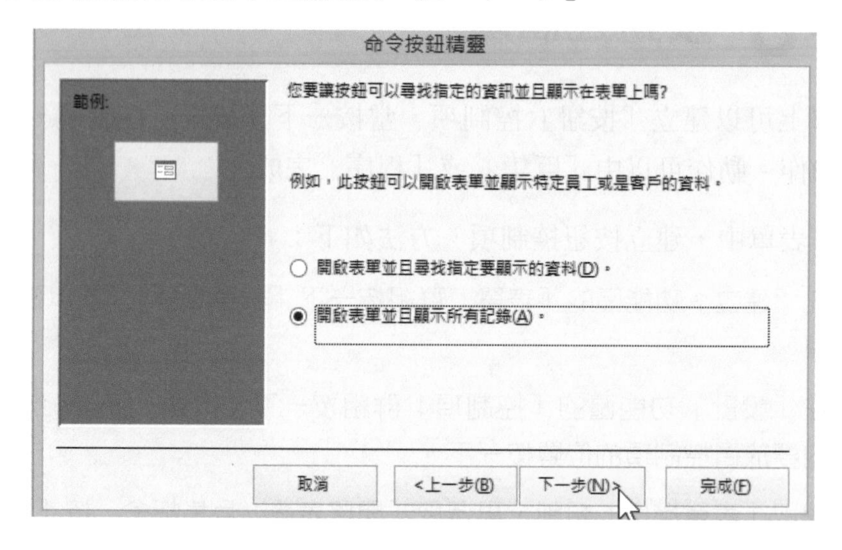

» STEP6 按鈕可以是文字或圖片，請依下圖輸入，按「下一步」。

命令按鈕精靈

範例:

訂單資料

您需要的是文字按鈕還是圖片按鈕?

如果您選擇文字，可以輸入要顯示的文字; 如果您選擇圖片，可以 [瀏覽] 尋找要顯示的圖片。

文字(T): 訂單資料

圖片(P): MS Access 表單

瀏覽(R)...

顯示所有圖片(S)

取消 <上一步(B) 下一步(N)> 完成(F)

» STEP7 可指定按鈕名稱供往後識別，按「完成」。

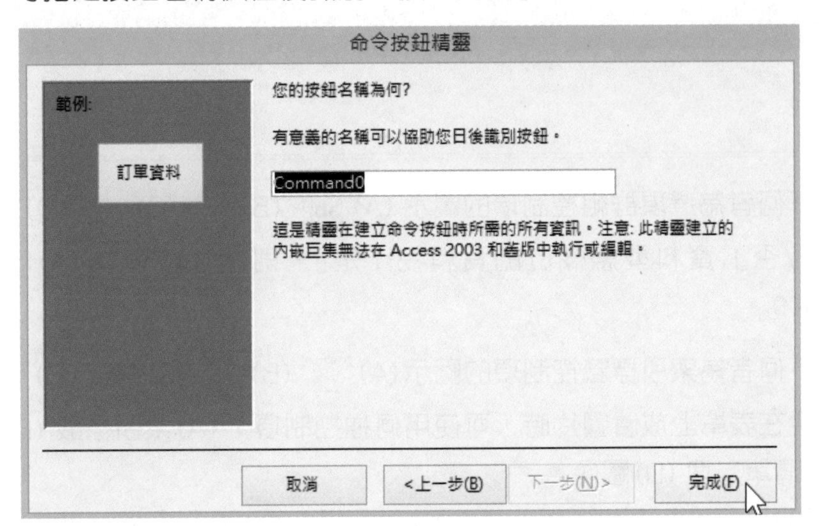

» STEP8 在「設計」功能區的「檢視」群組按一下「檢視」，可得到如下畫面，按一下按鈕可開啟「訂單」表單。

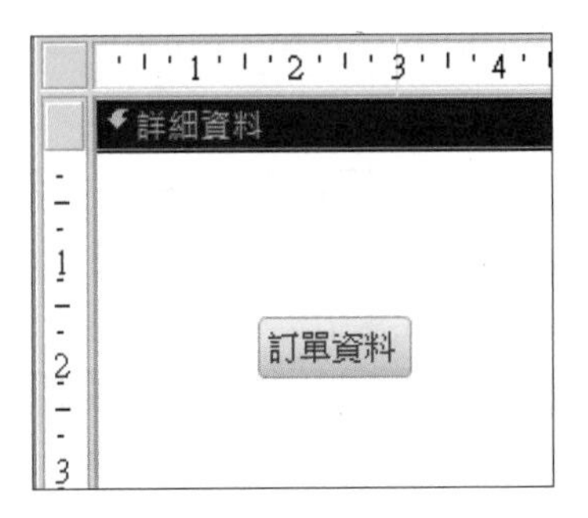

本章習題

❖選擇題

(　)1. 以下何者為選項群組控制項的圖示 (A) ab| (B) XYZ (C) xxxx (D) 🌐 。

(　)2.「是/否」資料型態欄位的資料為「是」，則儲存數值為 (A)1 (B)0 (C)-1 (D)10。

(　)3. 以下何者為索引標籤控制項的圖示(A) 📁 (B) XYZ (C) xxxx (D) 🌐 。

(　)4. 若要在表單上放置圖片時，可使用何種控制項？(A)索引標籤 (B)選項群組 (C)清單方塊 (D)圖像。

(　)5. 要連結到網址、電子郵件或現存的檔案，可使用何種控制項？(A)索引標籤 (B)超連結 (C)清單方塊 (D)圖像。

❖實作題

開啓資料庫「ex10.accdb」。

1. 修改「訂單」表單，「業務員編號」編輯時，使用「下拉式方塊」控制項，可顯示「員工」資料表之「員工代號」及「姓名」欄位資料。如下圖所示：

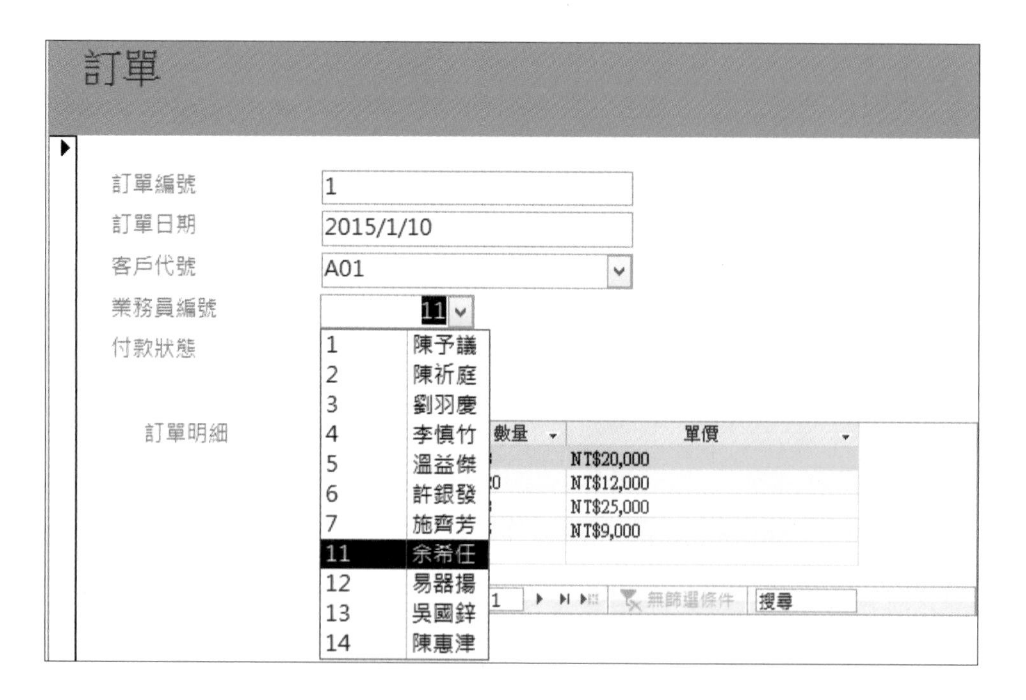

2. 建立新表單，表單名稱：「主選單」，其中「客戶資料」按鈕可開啓「客戶」表單；「產品資料」按鈕可開啓「產品」表單；「訂單資料」按鈕可開啓「訂單」表單；「關閉表單」按鈕可關閉「主選單」表單。四個按鈕的字型大小12點、字型色彩為深藍色、背景色彩：「綠色2」，在「表單首」區段加入「訂單管理系統」文字，如下圖所示：

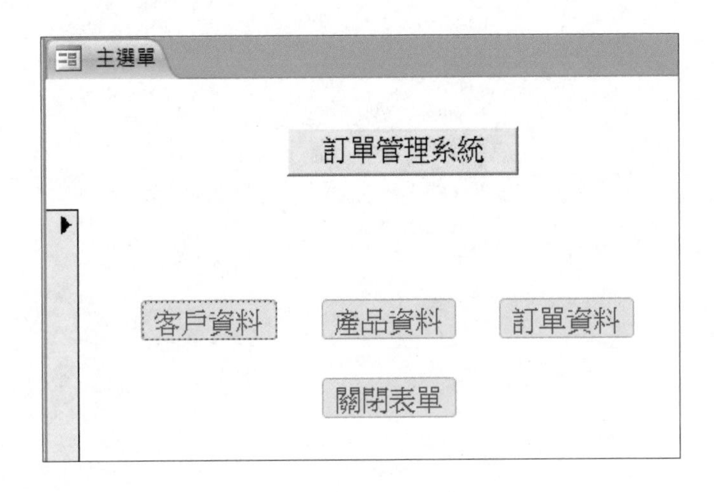

NOTE

Access 2013

報表的建立

資料使用「資料工作表」和「表單」輸入後，專為資訊輸出的資料庫物件，即是「報表」。「報表」提供簡易或分組統計的各式報表。本章說明建立「報表」的觀念，和簡易建立「報表」的方法。

學習目標

- 11-1 報表介紹
- 11-2 使用報表工具建立報表
- 11-3 使用報表精靈建立報表
- 11-4 使用標籤精靈建立標籤
- 11-5 使用明信片精靈建立明信片

使用「資料工作表」和「表單」輸入資料後，專爲資訊輸出的資料庫物件，即是「報表」。「報表」提供簡易或分組統計的各式報表。本章說明建立「報表」的觀念，和簡易建立「報表」的方法。

11-1 報表介紹

要建立「報表」前，應規劃好每一份報表要輸出的內容以及版面規劃，以及這些輸出的內容是由哪些資料表的哪些欄位而來。

接下來決定記錄來源，也就是這份報表的資料來源，記錄來源可以是「資料表」或是「查詢」。如果這份報表的資料來源，是由一個「資料表」中的欄位資料而來，則記錄來源爲此「資料表」即可。但如果這份報表的資料來源是由多個資料表的欄位而來，則可將這些欄位建立成一個「查詢」，再將此「查詢」作爲「報表」的記錄來源。亦可使用SQL指令作爲「報表」的記錄來源。

Access也提供了「報表精靈」，只要依照步驟回答問題後，就能根據回答的內容建立所需的「報表」。

11-1-1 各檢視模式介紹

以下說明「報表」的各種檢視模式及其使用時機：

- 報表檢視：若只要瀏覽報表上的資料是否正確；或可選取報表上的資料，複製到「剪貼簿」，再做資料的變更，則使用「報表檢視」模式。
- 版面配置檢視：若需要一面瀏覽報表上的資料，一面變更報表的設計，則使用「版面配置檢視」模式。
- 設計檢視：需要更細部的設計，包含各種控制項的設計時，則使用「設計檢視」模式。
- 預覽列印：在報表列印前，應先確認報表的版面正確無誤，則使用「預覽列印」模式。如果報表是多欄的格式，則「預覽列印」模式才可呈現出來。「報表檢視」模式和「版面配置檢視」模式只能呈現單欄格式。

11-1-2 報表的版面

報表的版面包含單欄式、表格式、對齊式、標籤式以及明信片報表。

客戶

客戶代號	A01
客戶寶號	語田貿易
縣市	台北市
地址	松山區印仁信五路102-3號
客戶代號	A02
客戶寶號	綠構商行
縣市	桃園縣
地址	中壢市太治北路17號

▲ 單欄式報表

客戶

客戶代號	客戶寶號	縣市	地址	郵遞區號	聯絡人	電話
A01	語田貿易	台北	松山區印仁信五路102-3號	105	陳務宜	02-96346531
A02	綠構商行	桃園	中壢市太治北路17號	320	劉認珊	03-8620401
A03	台園國際	台中	南屯區一忠路2段30號	408	吳匯于	04-46302542
A04	鼎讀商業	高雄	鼓山區耘耕路603號	813	朱悉信	07-7241277
A05	齊昂商行	台北	內湖區金威路254號1樓	114	劉凱晉	02-23523512

▲ 表格式報表

客戶

客戶代號	客戶寶號	縣市	地址	郵遞區號	聯絡人	電話
A01	語田貿易	台北市	松山區印仁信五路102-3號	105	陳務宜	02-96346531

客戶代號	客戶寶號	縣市	地址	郵遞區號	聯絡人	電話
A02	綠構商行	桃園縣	中壢市太治北路17號	320	劉認珊	03-8620401

▲ 對齊式報表

標籤式報表

如果需要寄發廣告信函，客戶的姓名、郵遞區號、地址都已儲存在資料表中，只要購買空白標籤，然後在Access設計好標籤格式，就可以將所需的標籤資料列印在空白標籤上，再黏貼於廣告信函上寄出。另外，也可應用於財產的盤點標籤上。Access也提供「標籤精靈」，讓使用者更容易製作標籤。

▲ 標籤式報表

明信片報表

若要寄發明信片，Access也提供「明信片精靈」，只要依照明信片精靈的步驟，就可自動產生明信片報表的控制項，讓使用者更容易製作明信片。

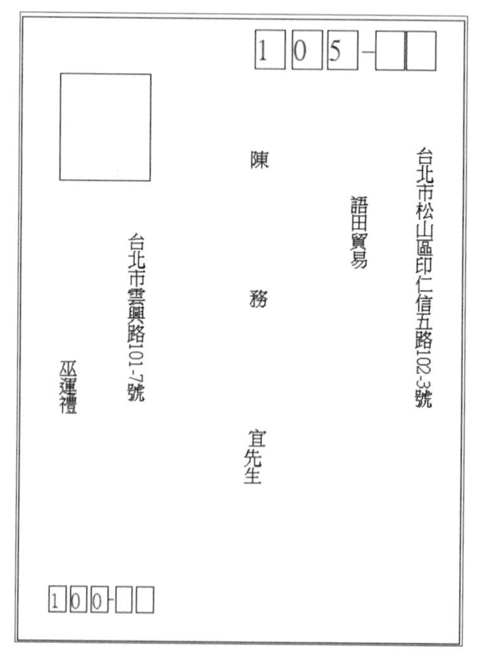

▲ 明信片報表

11-2 使用報表工具建立報表

我們可以使用「建立」功能區的「報表」群組工具來建立報表。

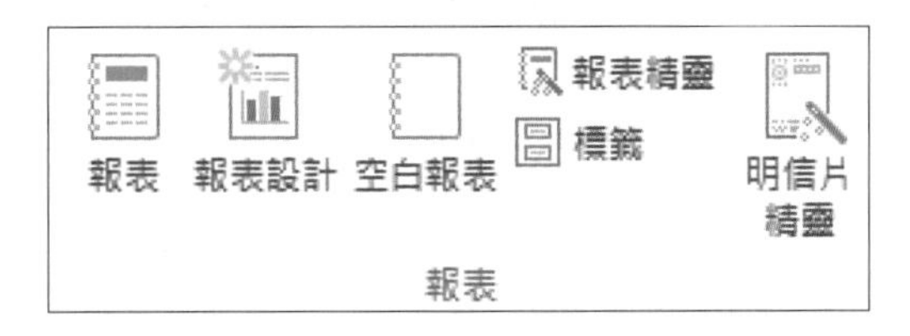

▲「建立」功能區的「報表」群組工具

11-2-1 使用「報表」工具建立報表

使用「報表」工具可以快速地建立一份報表，並在「版面配置檢視」模式下修改報表設計。

開啟資料庫檔案「Ch11.accdb」，使用「報表」工具建立「客戶」報表。方法如下：

» STEP1 按一下功能窗格中的「客戶」資料表。

» STEP2 在「建立」功能區的「報表」群組按一下「報表」，在「客戶寶號」欄按一下，滑鼠移到邊線上拖放，即可調整「客戶寶號」寬度。

客戶　2015年2月4日 下午 02:52:59

客戶代號	客戶寶號	縣市	地址	郵遞區號	聯絡人	電話
A01	語田貿易	台北市	松山區印仁信五路102-3號	105	陳務宜	02-96346531
A02	綠構商行	桃園市	中壢區太治北路17號	320	劉諮珊	03-8620401
A03	台園國際	台中市	南屯區一忠路2段30號	408	吳匯于	04-46302542
A04	鼎蹟商業	高雄市	鼓山區耘耕路603號	813	朱悉信	07-7241277
A05	齊昂商行	新北市	板橋區金威路254號1樓	220	劉凱晉	02-23523512

» STEP3 要檢視報表資料，在「設計」功能區的「檢視」群組按一下「檢視」，切換至「報表檢視」，即可得到下圖。

客戶　2015年2月4日 下午 02:52:59

客戶代號	客戶寶號	縣市	地址	郵遞區號	聯絡人	電話
A01	語田貿易	台北市	松山區印仁信五路102-3號	105	陳務宜	02-96346531
A02	綠構商行	桃園市	中壢區太治北路17號	320	劉諮珊	03-8620401
A03	台園國際	台中市	南屯區一忠路2段30號	408	吳匯于	04-46302542
A04	鼎蹟商業	高雄市	鼓山區耘耕路603號	813	朱悉信	07-7241277
A05	齊昂商行	新北市	板橋區金威路254號1樓	220	劉凱晉	02-23523512

5

» STEP4 按一下「儲存檔案」，儲存為「客戶」報表。

11-2-2 使用「空白報表」建立報表

使用「空白報表」工具，在「版面配置檢視」模式下自行加入控制項。

開啟資料庫檔案「Ch11.accdb」，使用「空白報表」建立「產品」報表。方法如下：

» STEP1 在「建立」功能區的「報表」群組，按一下「空白報表」。

» STEP2 按一下「顯示所有資料表」。(在「設計」功能區的「工具」群組按一下「新增現有欄位」，可顯示/隱藏「欄位清單」窗格)

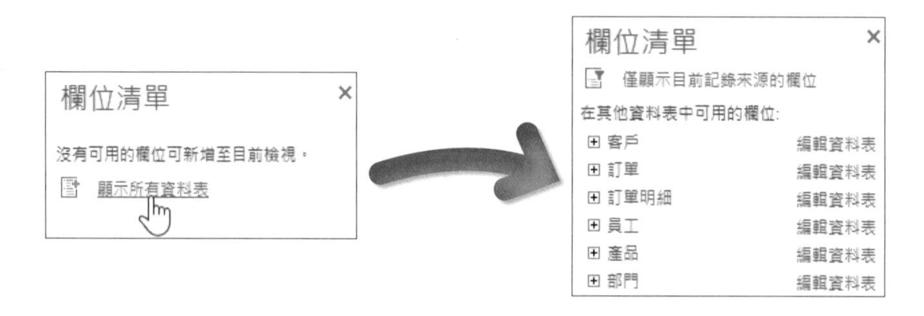

» STEP3 連按兩下「欄位清單」面板的「產品」資料表；或按一下展開鈕 ，再分別連按兩下欲放入空白報表中的欄位；或拖放欄位至空白報表內。如下圖所示：

產品代號	產品名稱	型號	單價
F01	三門電冰箱	FR-03	NT$20,000
F02	五門電冰箱	FR-05	NT$25,000
T01	32吋電視機	TV-32	NT$12,000
T02	42吋電視機	TV-42	NT$25,000
W01	7公斤洗衣機	WK-07	NT$9,000
W02	10公斤洗衣機	WK-10	NT$18,000

» STEP4 要檢視報表資料，在「設計」功能區的「檢視」群組按一下「檢視」，切換至「報表檢視」，即可得到下圖。

產品代號	產品名稱	型號	單價
F01	三門電冰箱	FR-03	NT$20,000
F02	五門電冰箱	FR-05	NT$25,000
T01	32吋電視機	TV-32	NT$12,000
T02	42吋電視機	TV-42	NT$25,000
W01	7公斤洗衣機	WK-07	NT$9,000
W02	10公斤洗衣機	WK-10	NT$18,000

STEP5 按一下「儲存檔案」，儲存為「產品」報表。

11-2-3 使用「報表設計」建立報表

使用「報表設計」工具，在「設計檢視」模式下自行加入控制項。

開啓資料庫檔案「Ch11.accdb」，要使用「報表設計」建立「部門」報表，方法如下：

STEP1 在「建立」功能區的「報表」群組按一下「報表設計」 。

STEP2 按一下「顯示所有資料表」。(在「設計」功能區的「工具」群組按一下「新增現有欄位」 ，可顯示/隱藏「欄位清單」窗格)

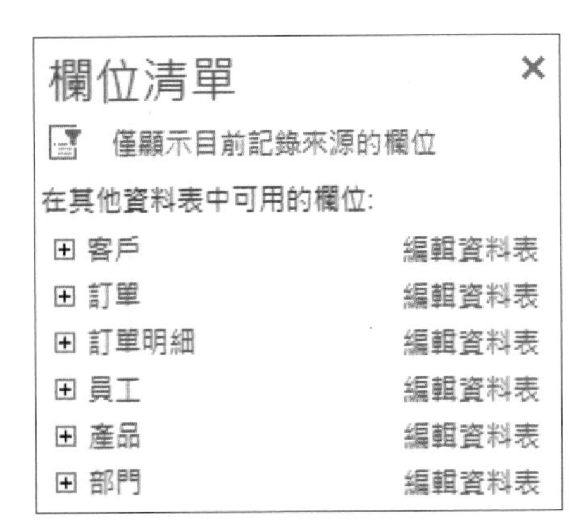

STEP3 連按兩下「欄位清單」面板的「部門」資料表；或按一下展開鈕 ，再分別連按兩下欲放入空白報表中的欄位；或拖放欄位至空白報表內，再選取所有控制項，往上拖放。

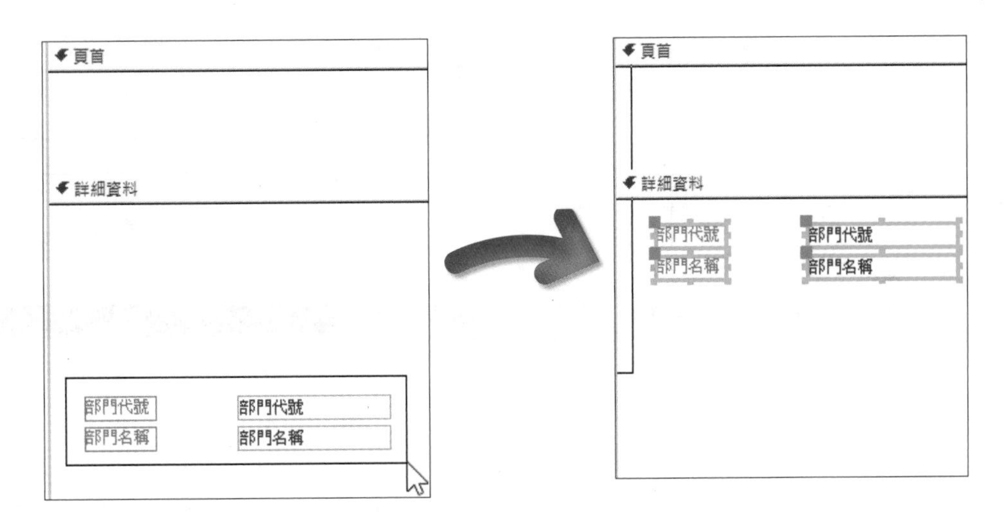

»STEP4 選取「部門代號」文字方塊控制項，在「常用」功能區的「字型」群組按一下「靠左對齊」。

»STEP5 調整「詳細資料」和「頁尾」區段的高度。

»STEP6 加入「標籤」控制項 於頁首，在「標籤」控制項上按右鍵，設定「填滿/背景顏色」：褐色2、「字型/前景顏色」：深藍、特殊效果：凸起的、大小12點、「標籤」調整大小，文字置中對齊，如下圖所示。

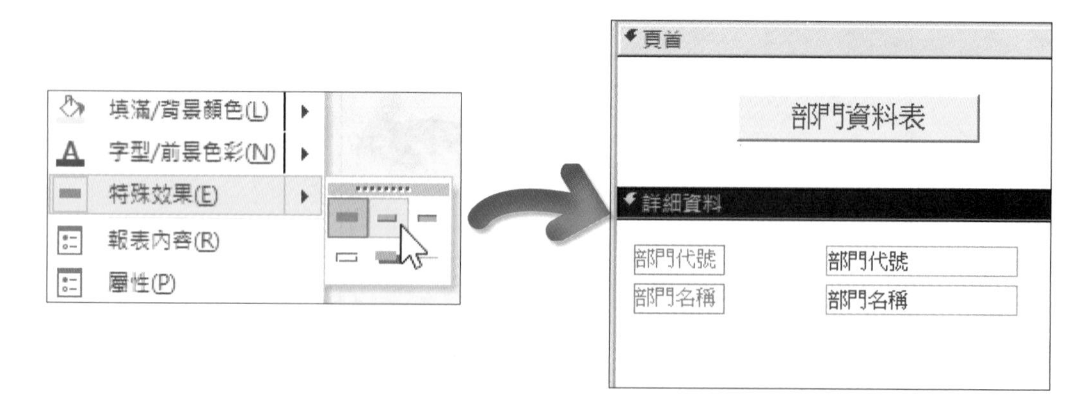

STEP7 要檢視報表資料，在「設計」功能區的「檢視」群組按一下「檢視」，切換至「報表檢視」，即可得到下圖。

部門資料表

部門代號 1
部門名稱 總經理室

部門代號 2
部門名稱 業務部

STEP8 按一下「儲存檔案」，儲存為「部門」報表。

11-3 使用報表精靈建立報表

報表精靈提供建立報表的指引步驟，資料來源可選擇單一或多資料表以及查詢，也可設定排序與資料群組，只要依據步驟，即可完成需要的「報表」。

開啟資料庫檔案「Ch11.accdb」，使用「報表精靈」建立「客戶訂單明細表」。方法如下：

STEP1 在「建立」功能區的「報表」群組按一下「報表精靈」。

STEP2 先選取要建立報表的資料表或查詢，本例請選取「查詢：訂單資料」，再將要建立於報表上的欄位移至右方，完成後按「下一步」。

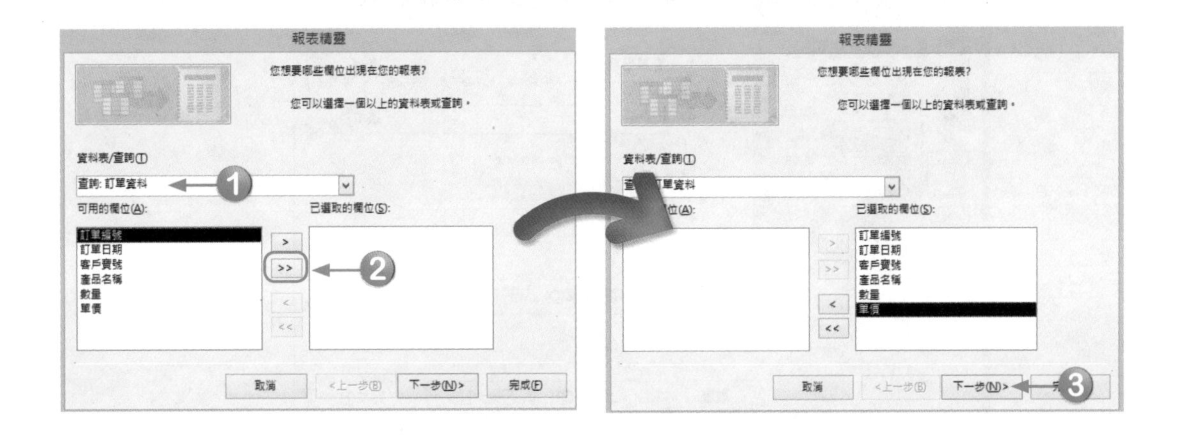

STEP3 選取增加群組層次的欄位，先將「客戶寶號」移至右方，再將「訂單編號」移至右方，按「下一步」。

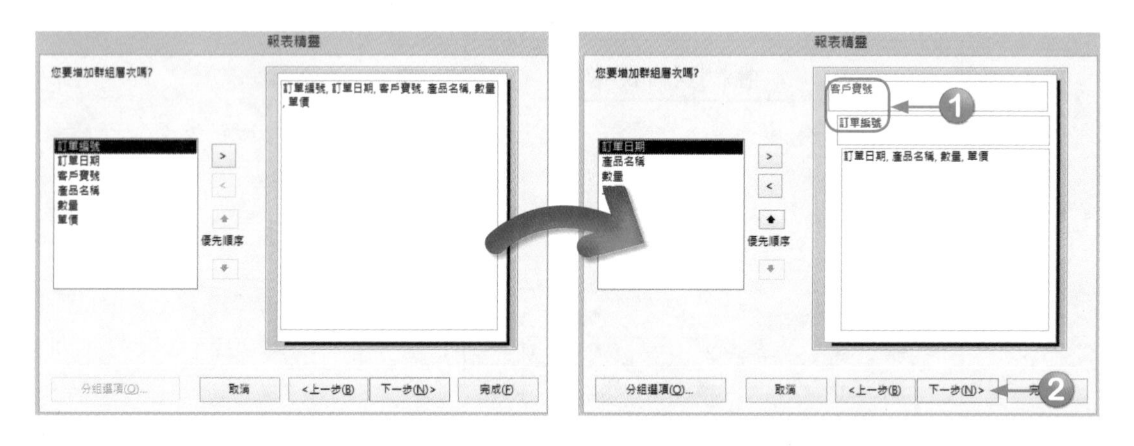

STEP4 選取步驟3右圖中的「分組選項（O）…」，分組層次欄位依需要選取「分組區間」，本例請按「取消」，再按「下一步」。

分組區間

您的分組層次欄位要用何種分組區間?

確定

取消

群組層次欄位: 客戶寶號、訂單編號

分組區間: 正常

正常
第 1 個字母
前面 2 個字母
前面 3 個字母
前面 4 個字母
前面 5 個字母

STEP5 詳細記錄可設定最多4個欄位的排序，亦可指定「遞增」或「遞減」。選取「訂單日期」後，按「摘要選項（O）…」。

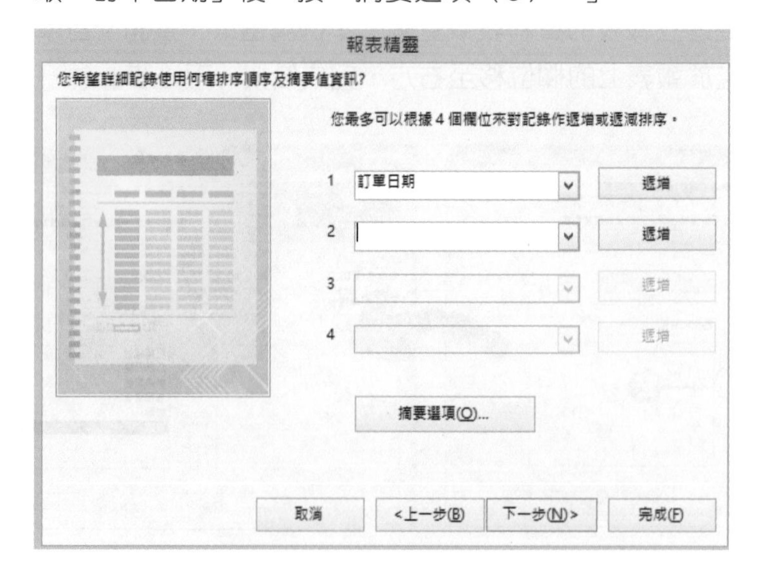

STEP6 「摘要選項」對話方塊可選取要計算的摘要值，並可選擇要顯示「詳細資料及摘要值」或「只有摘要值」，以及是否計算「合計比例」。依下圖選取後，按「確定」，再按「下一步」。

摘要選項

您要計算何種摘要值?

欄位	總計	平均	最小	最大
數量	☑	☐	☐	☐
單價	☐	☐	☐	☐

確定

取消

顯示

◉ 詳細資料及摘要值(D)

○ 只有摘要值(S)

☐ 計算合計比例(P)

STEP7 選取報表的版面配置方式。依下圖選取後，按「下一步」。

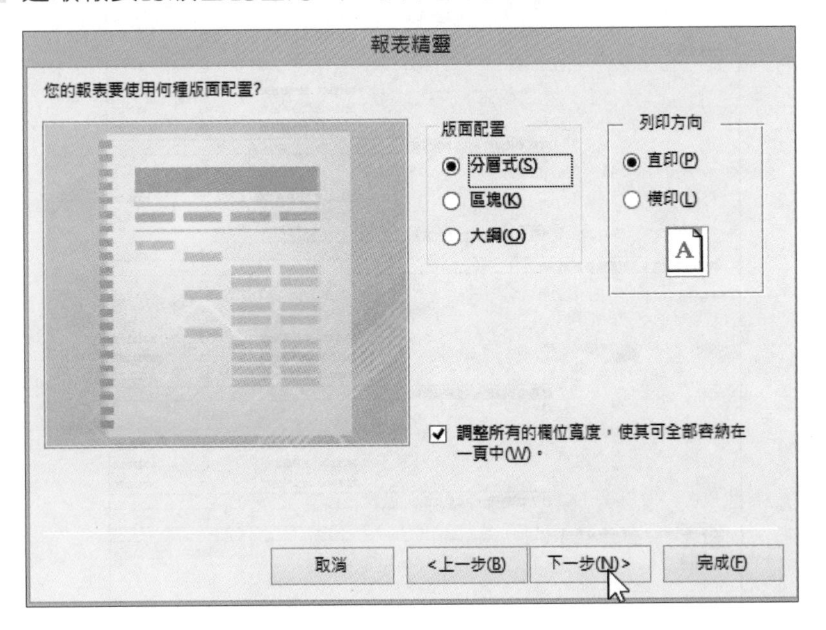

»STEP8 輸入報表標題「客戶訂單明細表」，依下圖輸入後，按「完成」，即可預覽列印。

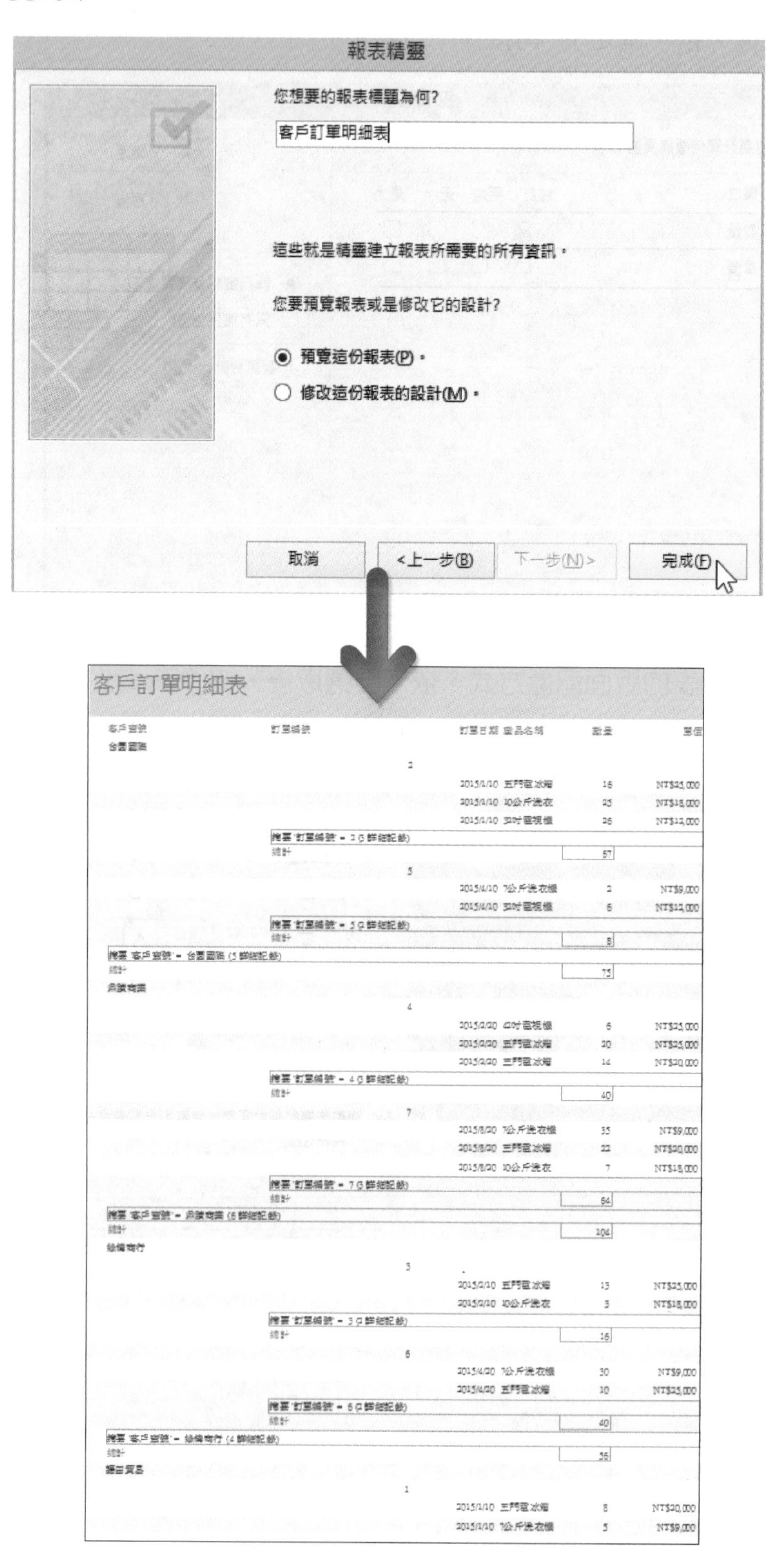

將「訂單編號」靠左對齊，「產品名稱」加寬並調整控制項位置。方法如下：

STEP1 在「預覽列印」功能區的「關閉預覽」群組按一下「關閉預覽列印」，切換至「設計檢視」。

STEP2 選取「訂單編號」，在「格式」功能區的「字型」群組按一下「靠左對齊文字」≡。

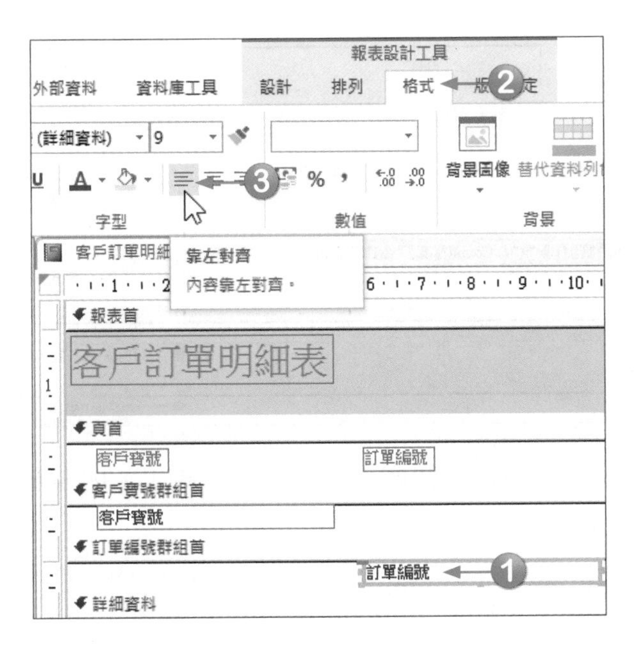

STEP3 調整控制項寬度和位置。

報表首
客戶訂單明細表
頁首
客戶寶號 訂單編號 訂單日期 產品名稱 數量 單價
客戶寶號群組首
客戶寶號
訂單編號群組首
訂單編號
詳細資料
訂單日期 產品名稱 數量 單價
訂單編號群組尾
="摘要 " & "訂單編號' = " & " " & [訂單編號] & " (" & Count(*) & " " & IIf(Count(*)=1,"詳細記錄","詳
總計 =Sum([數量
客戶寶號群組尾
="摘要 " & "客戶寶號' = " & " " & [客戶寶號] & " (" & Count(*) & " " & IIf(Count(*)=1,"詳細記錄","詳細記錄") & ")"
總計 =Sum([數量
頁尾
=Now() ="第 " & [Page] & " 頁，共 " & [Pages] " 頁"
報表尾
總計 =Sum([數量

»STEP4 按住「Shift」鍵，一起選取摘要值控制項 後，往左拖放以對齊「數量」欄位。

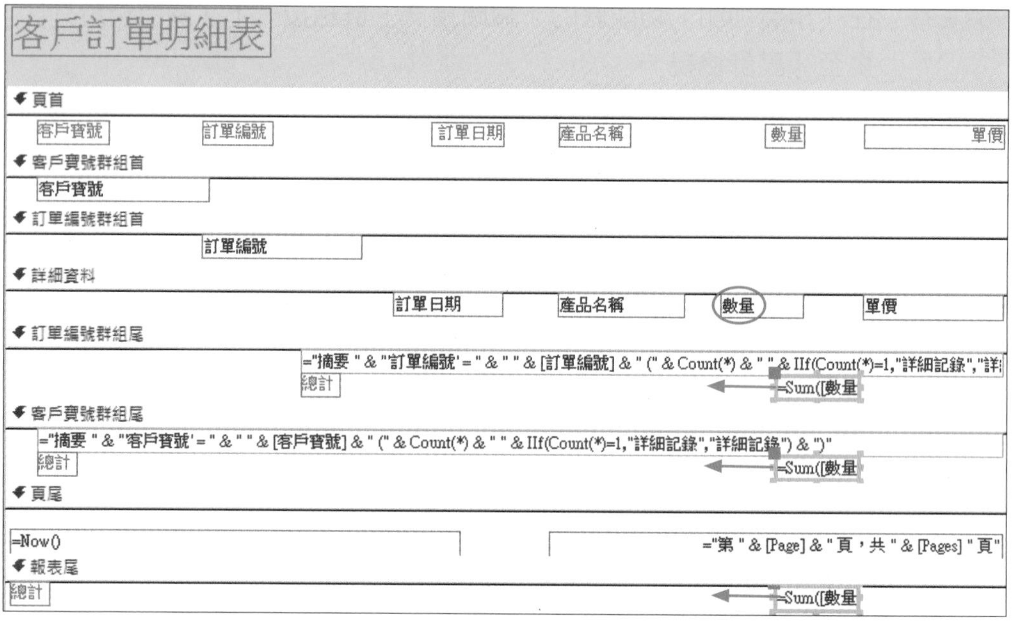

客戶訂單明細表

頁首

客戶寶號 訂單編號 訂單日期 產品名稱 數量 單價

客戶寶號群組首

客戶寶號

訂單編號群組首

訂單編號

詳細資料

訂單日期 產品名稱 數量 單價

訂單編號群組尾

="摘要 " & "'訂單編號' = " & " " & [訂單編號] & " (" & Count(*) & " " & IIf(Count(*)=1,"詳細記錄","詳

總計 =Sum([數量

客戶寶號群組尾

="摘要 " & "'客戶寶號' = " & " " & [客戶寶號] & " (" & Count(*) & " " & IIf(Count(*)=1,"詳細記錄","詳細記錄") & ")"

總計 =Sum([數量

頁尾

=Now()

="第 " & [Page] & " 頁，共 " & [Pages] " 頁"

報表尾

總計 =Sum([數量

»STEP5 在「設計」功能區的「檢視」群組，按一下「檢視」，切換至「報表檢視」，按「完成」，即可得下圖。

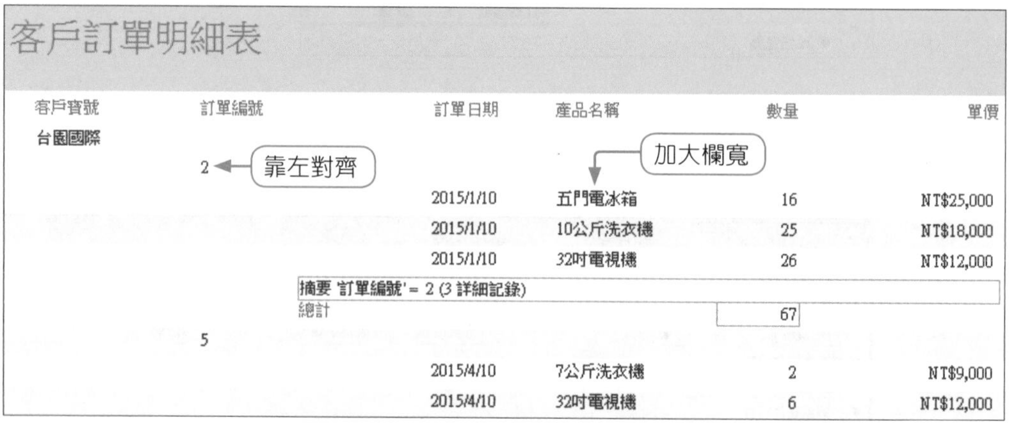

客戶訂單明細表

客戶寶號	訂單編號	訂單日期	產品名稱	數量	單價
台園國際					
	2				
		2015/1/10	五門電冰箱	16	NT$25,000
		2015/1/10	10公斤洗衣機	25	NT$18,000
		2015/1/10	32吋電視機	26	NT$12,000

摘要 '訂單編號' = 2 (3 詳細記錄)

總計 67

客戶寶號	訂單編號	訂單日期	產品名稱	數量	單價
	5				
		2015/4/10	7公斤洗衣機	2	NT$9,000
		2015/4/10	32吋電視機	6	NT$12,000

靠左對齊

加大欄寬

11-4 使用標籤精靈建立標籤

標籤精靈提供建立標籤的指引步驟。資料來源可選擇資料表或查詢，也可設定標籤資料的排序。只要依據步驟，即可完成標籤報表的建立。

開啓資料庫檔案「Ch11.accdb」，使用「標籤精靈」建立「標籤 客戶」報表。方法如下：

STEP1 在功能窗格中選取「客戶」資料表。

STEP2 在「建立」功能區的「報表」群組按一下「標籤」 。

STEP3 標籤可選取製造廠商和製造廠商的產品編號，若無適當大小，就需要自訂。請選取「自訂…」。

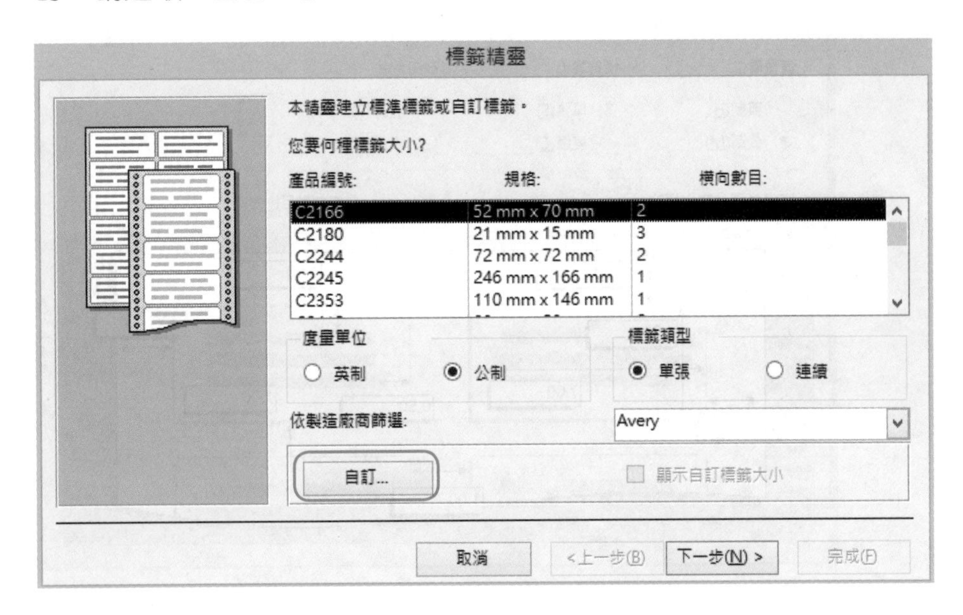

STEP4 可建立一個以上的標籤格式，分別賦予標籤名稱；按「新增（N）…」建立新標籤。

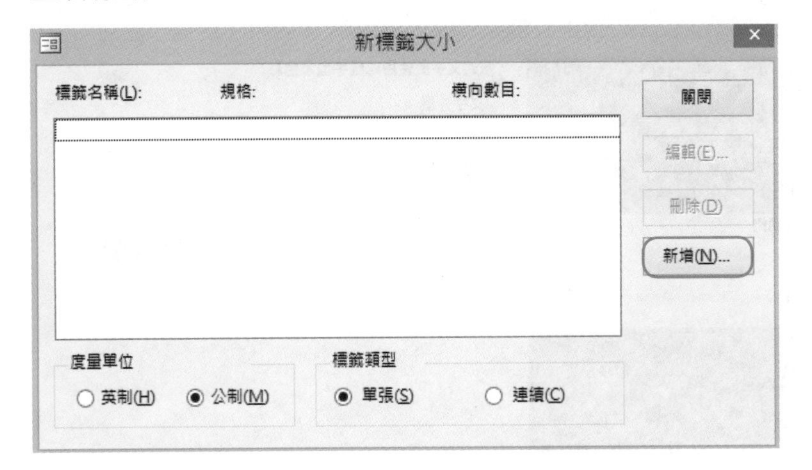

» STEP5 依下圖分別填入標籤名稱、標籤橫向數目和各項距離，按「確定」，再按「關閉」，再按「下一步」。

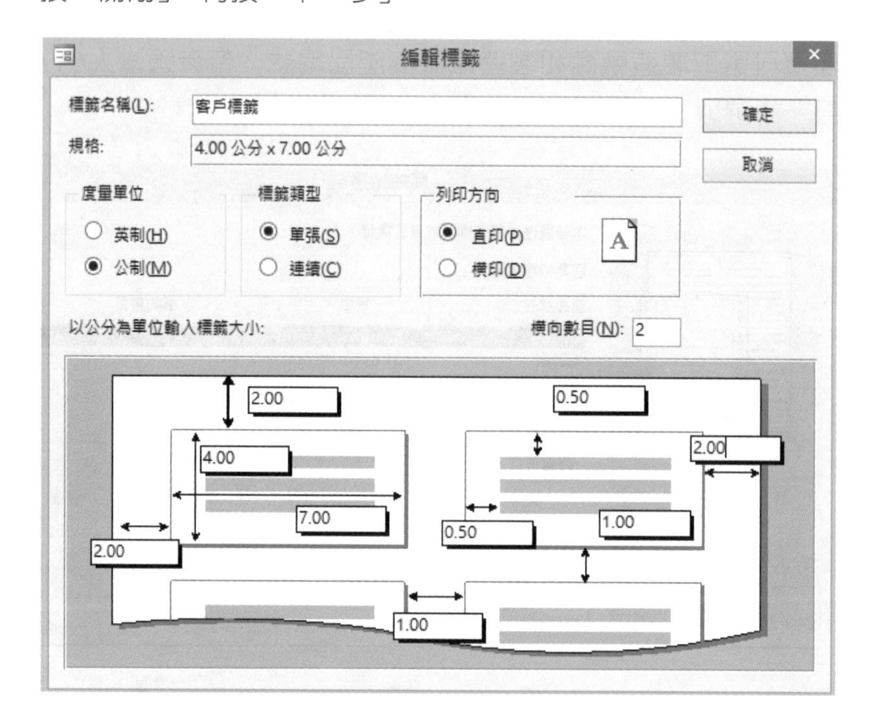

» STEP6 設定標籤上資料的字型格式及色彩後，按「下一步」。

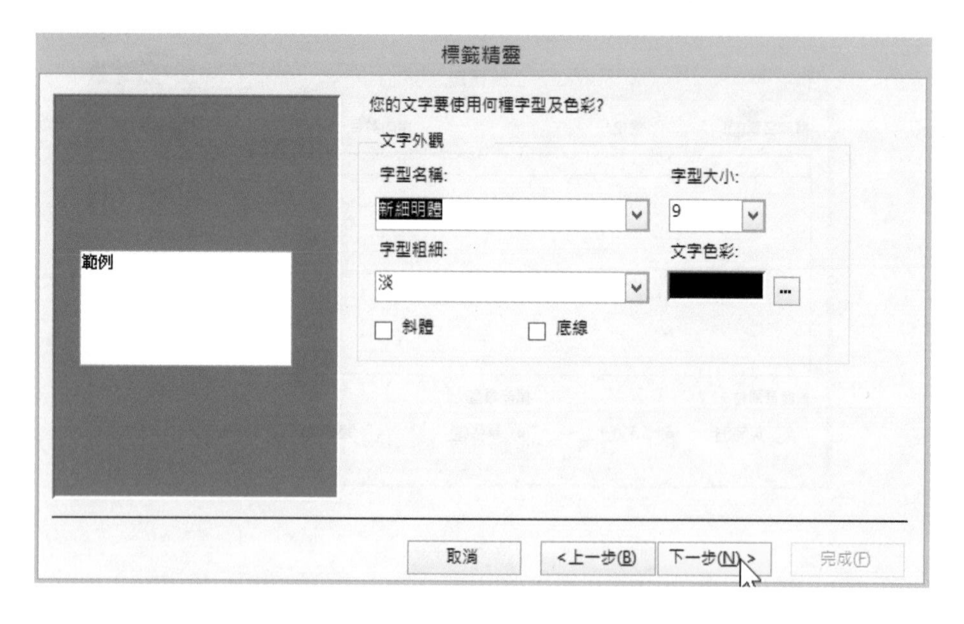

STEP7 將要印在標籤上的欄位資料連按兩下移至右方。請依照下圖編排後，按「下一步」。

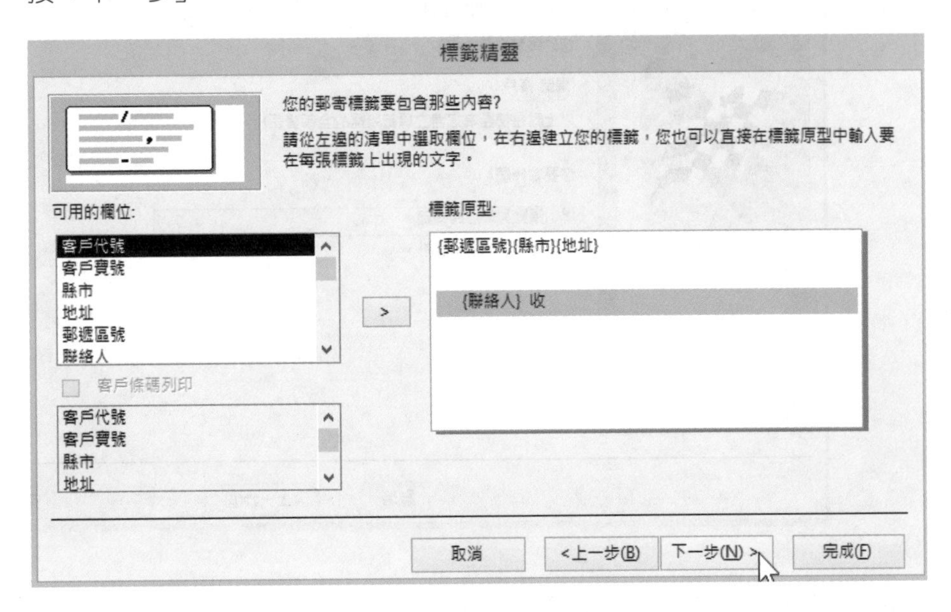

STEP8 可選取一個或多個要排序的欄位，按「下一步」。

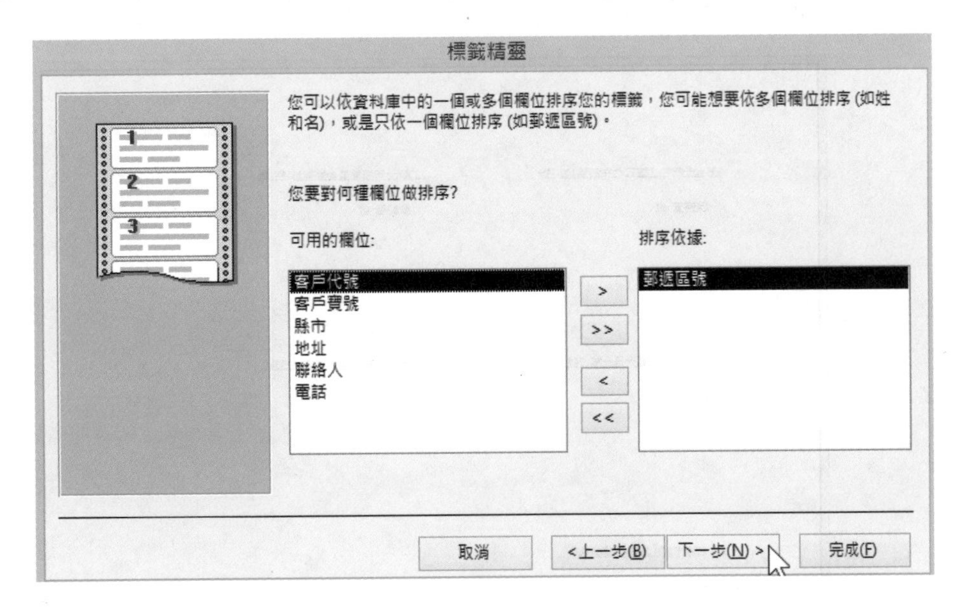

STEP9 輸入標籤的報表標題，按「完成」。

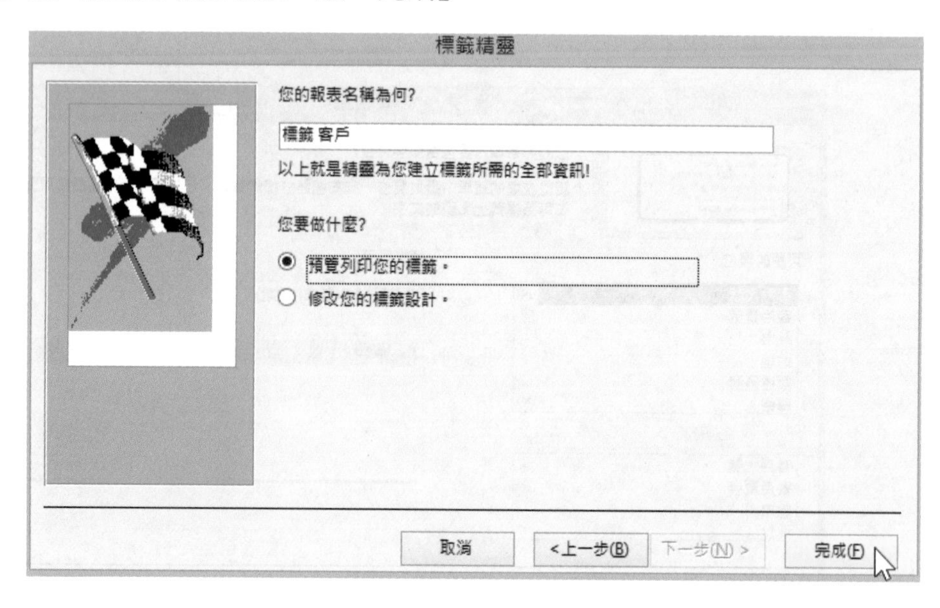

STEP10 在「預覽列印」模式下，標籤如下圖所示。按一下「預覽列印」功能區的「關閉預覽列印」 以關閉預覽列印。(可依需求在「預覽列印」功能區的「版面配置」群組，按一下「版面設定」，以變更版面)

11-5 使用明信片精靈建立明信片

明信片精靈提供建立明信片的指引步驟；資料來源可選擇資料表或查詢，也可設定明信片資料的排序。只要依據步驟，即可完成明信片的建立。

開啟資料庫檔案「Ch11.accdb」，使用「明信片精靈」建立「明信片 客戶」報表。方法如下：

»STEP1 在「建立」功能區的「報表」群組按一下「明信片精靈」，明信片依「普通明信片」範本建立，按「下一步」。

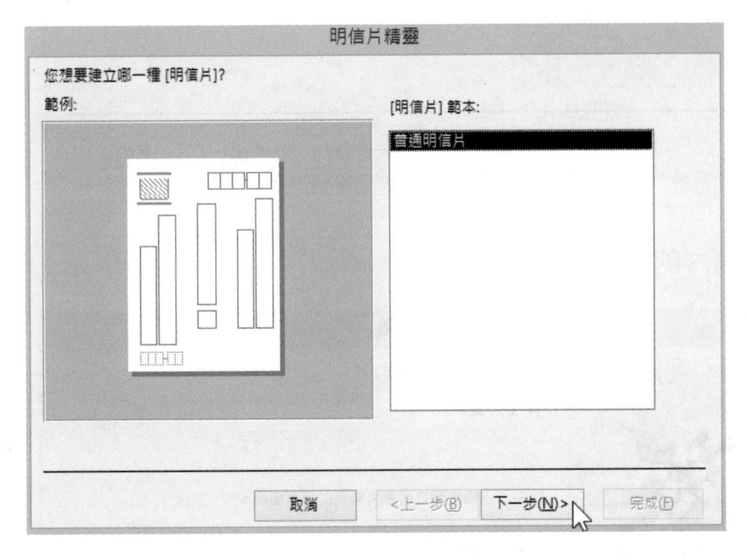

»STEP2 先選取「資料表：客戶」，接著明信片各部位資料請依下圖設定；結合欄位可以選取欄位名稱或自行輸入，按「下一步」。（寄件人地址：台北市雲興路100號）

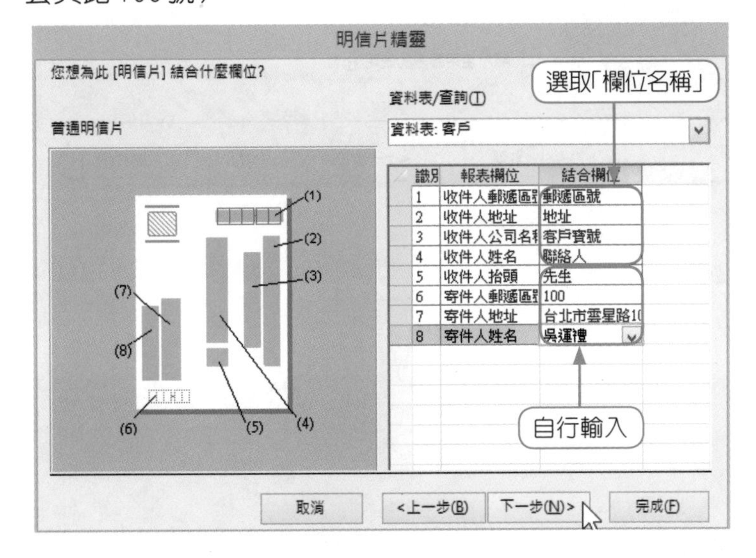

»STEP3 可選取最多4個排序欄位，並可指定「遞增」或「遞減」，按「下一步」。

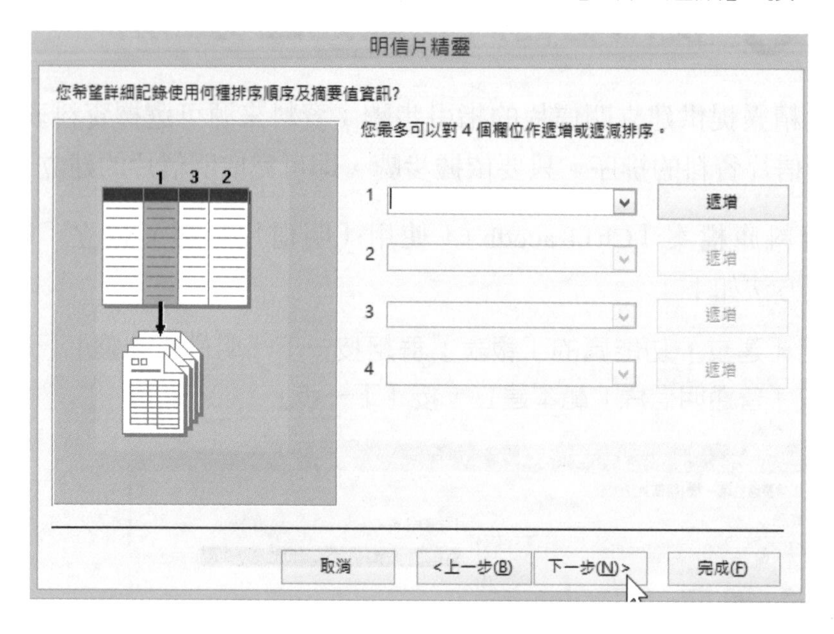

»STEP4 輸入明信片的報表標題，按「完成」。

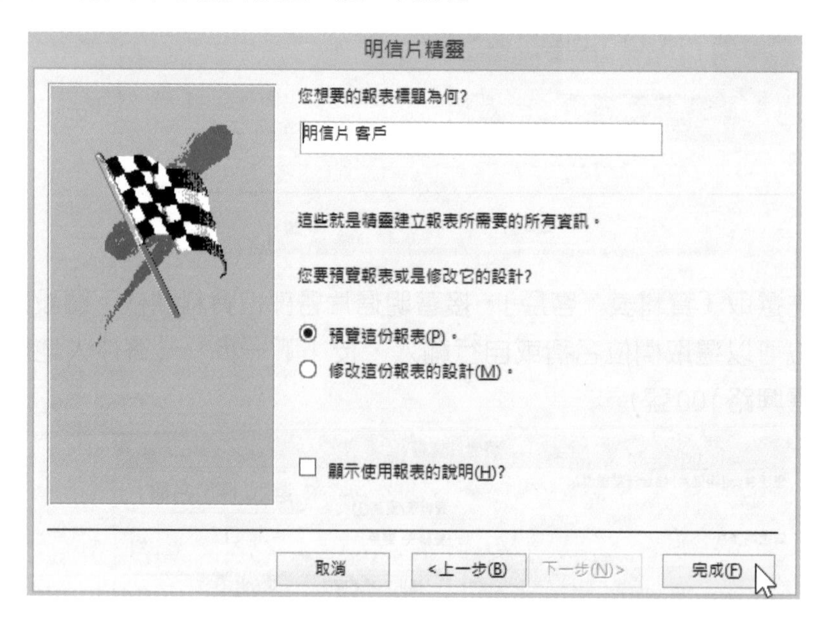

STEP5 即可預覽列印，得到下圖。

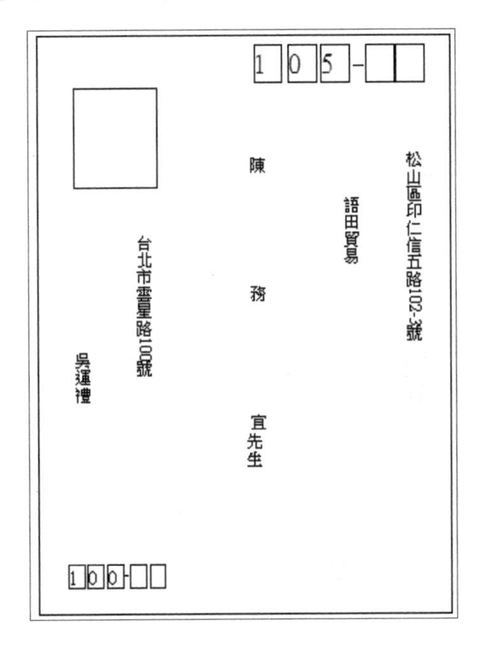

客戶地址需要再做修正：

STEP1 在「預覽列印」功能區的「關閉預覽」群組按一下「關閉預覽列印」。

STEP2 在功能窗格中的「明信片 客戶」報表上按右鍵，按一下「設計檢視」。

STEP3 請依下圖，將「=[地址]」改為「=[縣市] & [地址]」。

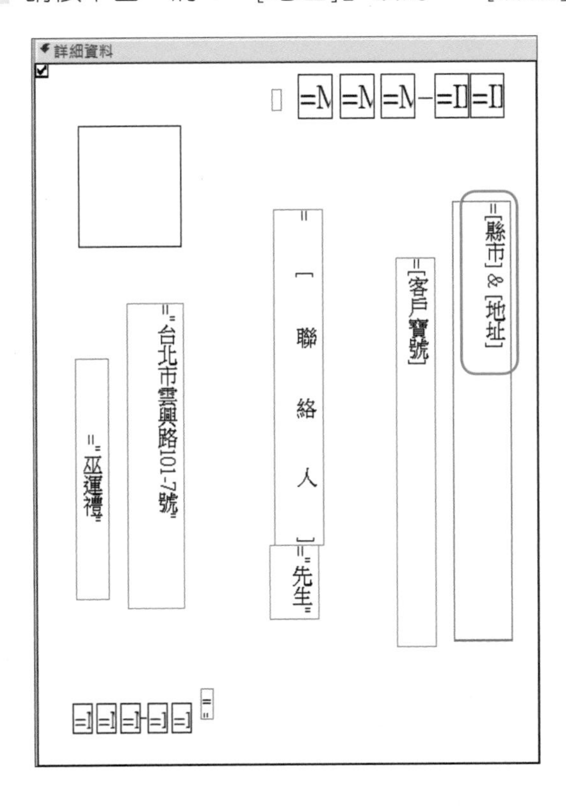

STEP4 在「設計」功能區的「檢視」群組，按一下「檢視」，切換至「預覽列印」，即可再預覽明信片。

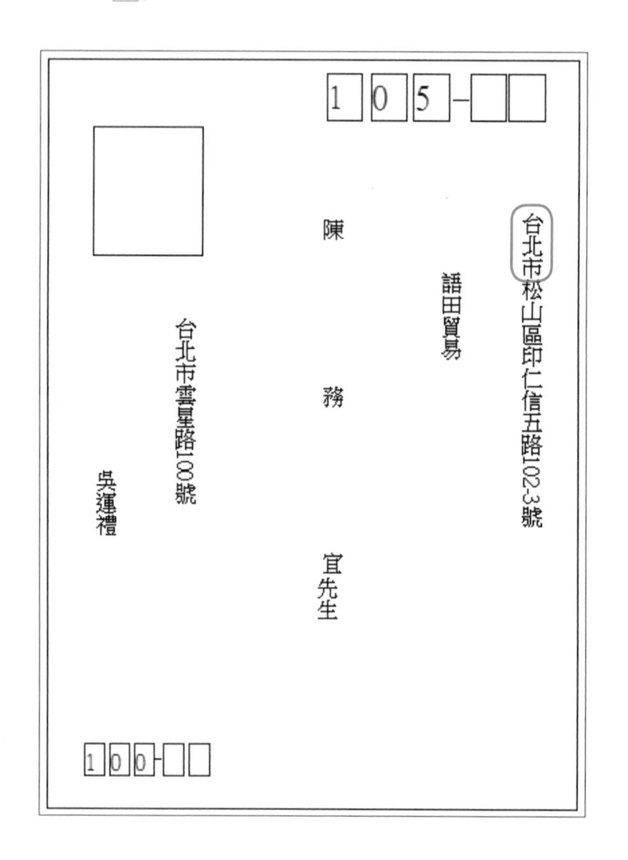

本章習題

❖選擇題

(　)1.「報表」物件包含哪些檢視模式(A)報表檢視 (B)版面配置檢視 (C)設計檢視 (D)樞紐分析表檢視。

(　)2. 若要寄發廣告信函給客戶，可使用何種工具建立報表？(A)報表 (B)報表精靈 (C)標籤 (D)明信片精靈。

(　)3. 若要寄發明信片，可使用何種工具建立報表？(A)報表 (B)報表精靈 (C)標籤 (D)明信片精靈。

(　)4. 使用何種工具建立報表，能提供建立報表的指引步驟？(A)報表 (B)報表設計 (C)報表精靈 (D)空白報表。

(　)5. 使用報表精靈，以下哪些摘要值無法計算？(A)標準差 (B)總計 (C)平均 (D)最大。

❖實作題

開啓資料庫檔案「ex11.accdb」

1. 建立「產品訂單資料表」報表，格式如下圖（使用報表精靈，版面配置：「區塊」，直印）。

產品訂單資料表

產品名稱	單價	訂單編號	訂單日期	客戶寶號	數量
10公斤洗衣機	NT$18,000	2	2015/1/10	台園國際	25
		3	2015/2/10	綠構商行	3
		7	2015/8/20	鼎蹟商業	7
		8	2016/1/30	語田貿易	18
總計					53
32吋電視機	NT$12,000	1	2015/1/10	語田貿易	20
		2	2015/1/10	台園國際	26
		5	2015/4/10	台園國際	6
		8	2016/1/30	語田貿易	12
總計					64
42吋電視機	NT$25,000	1	2015/1/10	語田貿易	8

2. 使用「標籤精靈」，資料來源：「客戶」資料表，自訂標籤大小，製作出3欄的「標籤 客戶」報表，標籤內的資料與11-4節標籤內的資料相同，依「郵遞區號」排序。

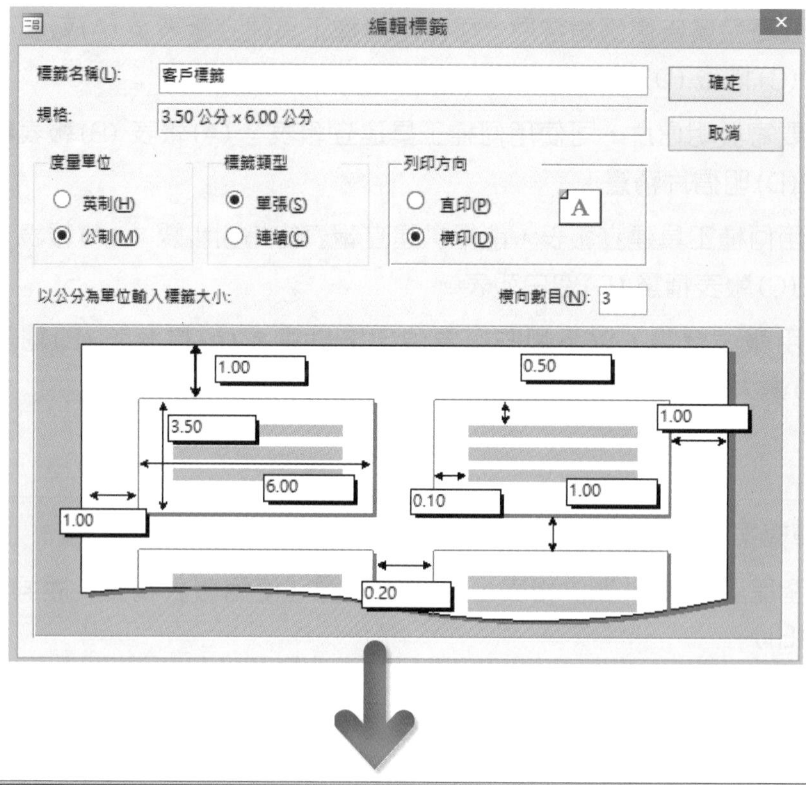

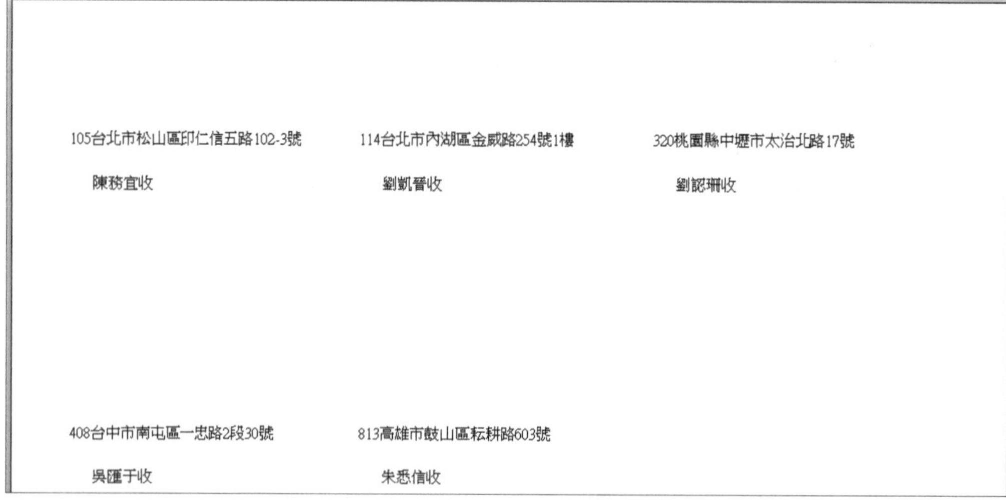

報表的進階設計

上一章說明了建立「報表」的觀念，和簡易建立「報表」的方法。本章將進一步修改設計和加入相關控制項，以及針對報表的列印加以說明。

學習目標

- 12-1 報表的結構
- 12-2 群組和排序
- 12-3 加入計算欄位
- 12-4 加入格式化條件
- 12-5 加入背景圖片
- 12-6 報表的佈景主題
- 12-7 列印報表

上一章中說明了建立「報表」的觀念和簡易建立「報表」的方法。本章將進一步地修改設計和加入相關控制項，以及針對報表的列印加以說明。

12-1 報表的結構

報表的結構分成下列區段，要檢視報表的區段，必須切換至「設計檢視」模式。

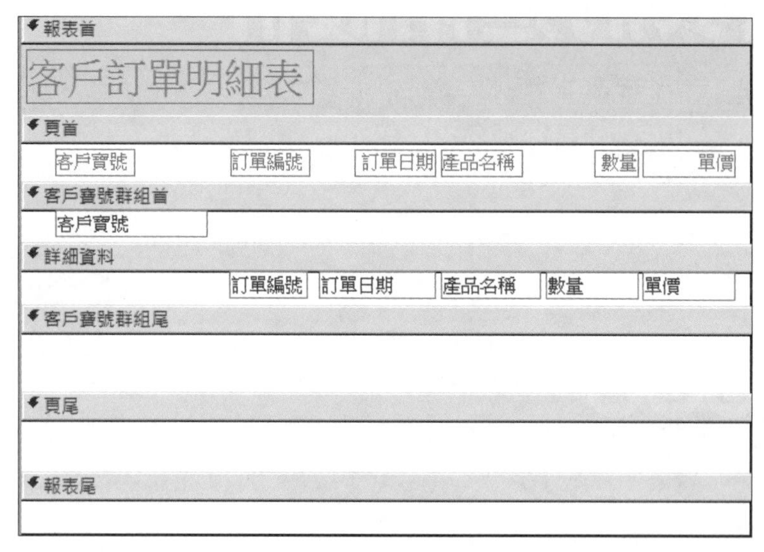

▲ 報表的結構

- 報表首：只列印於報表起始位置，頁首之前。通常放置報表標題、列印日期或標誌等等。
- 頁首：列印於每一頁的頂端，通常放置欄位名稱、列印日期等。
- 群組首：列印於每一個群組之前，通常放置群組名稱，如果訂單要依照客戶來分組，則群組首可放置客戶名稱。
- 詳細資料：列印記錄來源的每一筆記錄。
- 群組尾：在每一個群組之後列印，通常放置群組的統計數值，如加總、平均值或計數。
- 頁尾：列印於每一頁的底部，通常放置頁碼或每頁說明文字。
- 報表尾：只列印於報表最後一頁，在最後一頁的頁尾之前。通常放置整份報表的統計數值，如加總、平均值或計數。

12-2 群組和排序

下圖為「客戶訂單明細表」報表：

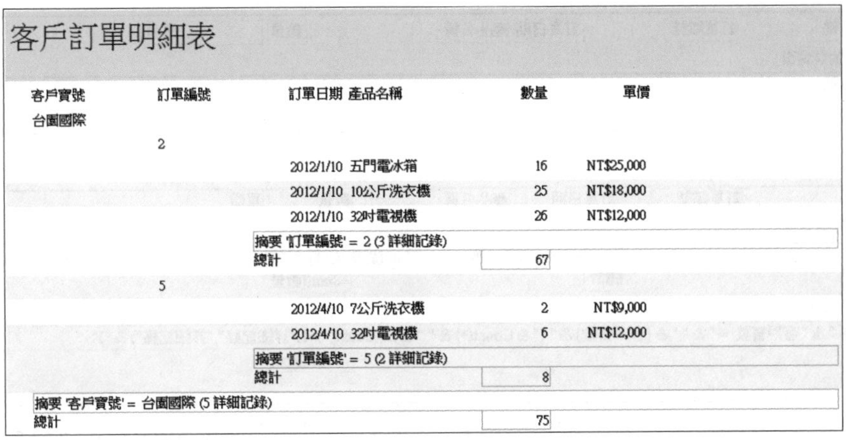

客戶訂單明細表

客戶實號	訂單編號	訂單日期	產品名稱	數量	單價
台園國際					
	2				
		2012/1/10	五門電冰箱	16	NT$25,000
		2012/1/10	10公斤洗衣機	25	NT$18,000
		2012/1/10	32吋電視機	26	NT$12,000
	摘要 '訂單編號' = 2 (3 詳細記錄)				
	總計			67	
	5				
		2012/4/10	7公斤洗衣機	2	NT$9,000
		2012/4/10	32吋電視機	6	NT$12,000
	摘要 '訂單編號' = 5 (2 詳細記錄)				
	總計			8	
摘要 '客戶實號' = 台園國際 (5 詳細記錄)					
總計				75	

▲ 客戶訂單明細表

假設我們要計算出每一筆訂單的產品金額，以及以「客戶」、「訂單」為群組計算出每一筆訂單的小計金額，和每位客戶的訂單總金額，並調整版面的編排和加入格式化條件。如下圖所示：

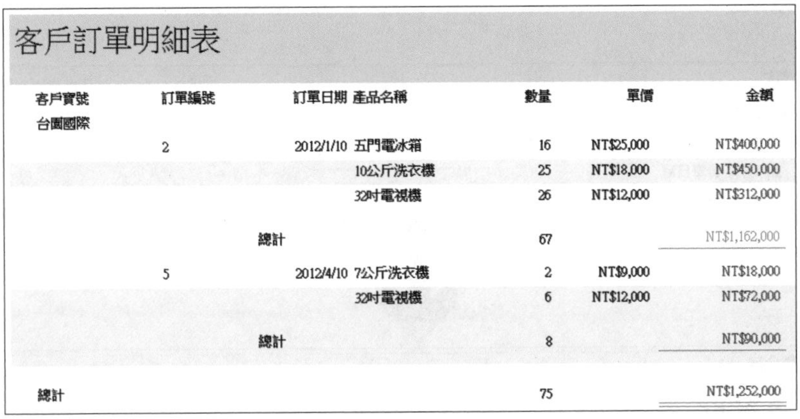

客戶訂單明細表

客戶實號	訂單編號	訂單日期	產品名稱	數量	單價	金額
台園國際						
	2	2012/1/10	五門電冰箱	16	NT$25,000	NT$400,000
			10公斤洗衣機	25	NT$18,000	NT$450,000
			32吋電視機	26	NT$12,000	NT$312,000
		總計		67		NT$1,162,000
	5	2012/4/10	7公斤洗衣機	2	NT$9,000	NT$18,000
			32吋電視機	6	NT$12,000	NT$72,000
		總計		8		NT$90,000
總計				75		NT$1,252,000

▲ 修改後的客戶訂單明細表

開啓資料庫檔案「Ch12.accdb」，要調整版面的編排，方法如下：

» STEP1 選取功能窗格中的「客戶訂單明細資料表」，在報表上按右鍵，按一下「設計檢視」。

STEP2 將「訂單編號」控制項拖放至「詳細資料」區段。

報表首
客戶訂單明細表
頁首
客戶寶號　訂單編號　訂單日期　產品名稱　數量　單價
客戶寶號群組首
客戶寶號
訂單編號群組首
詳細資料
訂單編號　訂單日期　產品名稱　數量　單價
訂單編號群組尾
="摘要 " & "'訂單編號' = " & " " & [訂單編號] & " (" & Count(*) & " " & IIf(Count(*)=1,"詳細記錄","詳
總計　=Sum([數量
客戶寶號群組尾
="摘要 " & "'客戶寶號' = " & " " & [客戶寶號] & " (" & Count(*) & " " & IIf(Count(*)=1,"詳細記錄","詳細記錄") & ")"
總計　=Sum([數量
頁尾
=Now()　="第 " & [Page] & " 頁，共 " & [Pages] & " 頁"
報表尾
總計　=Sum([數量

STEP3 在「設計」功能區的「分組及合計」群組按一下「群組及排序」，顯示「群組、排序與合計」窗格後，選取「群組對象 訂單編號」列，再按「較多 ▶」，選取「沒有頁首區段」，即可刪除「訂單編號群組首」區段。

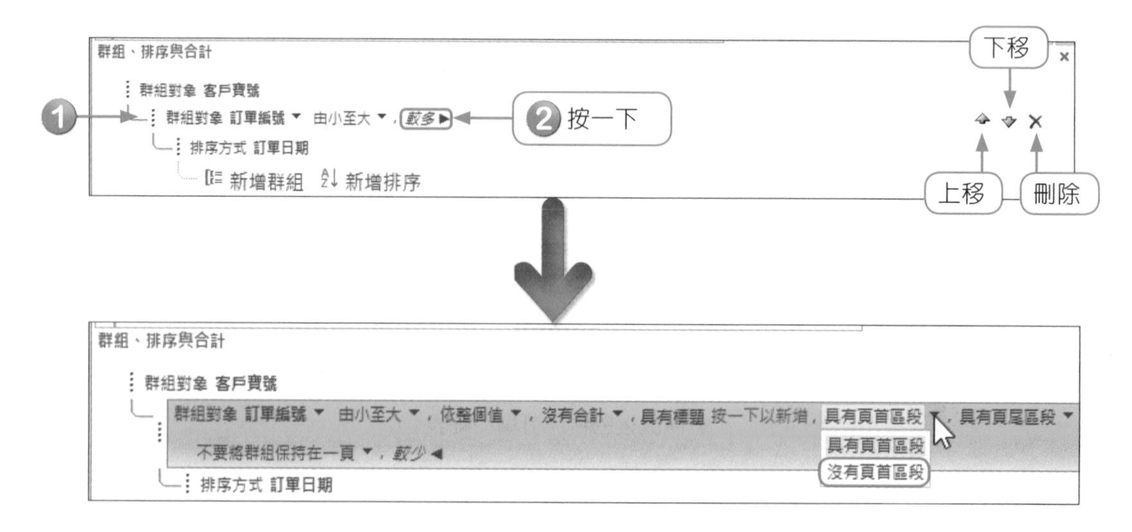

STEP4 按住「Shift」鍵，選取「訂單編號」和「訂單日期」控制項，在「設計」功能區的「工具」群組按一下「屬性表」 。

詳細資料
訂單編號 訂單日期 產品名稱 數量 單價

STEP5 將屬性表「格式」索引標籤的「隱藏重複值」改成「是」。

左邊框距離	0.053cm
右邊框距離	0.053cm
隱藏重複值	是

STEP6 選取下圖兩個控制項，按「Delete」鍵刪除。

訂單編號群組尾
="摘要 " & "訂單編號' = " & " " & [訂單編號] & " (" & Count(*) & " " & IIf(Count(*)=1,"詳細記錄","詳
總計 =Sum([數量
訂單編號群組尾
="摘要 " & "客戶寶號' = " & " " & [客戶寶號] & " (" & Count(*) & " " & IIf(Count(*)=1,"詳細記錄","詳細記錄") & ")"
總計 =Sum([數量

STEP7 在「設計」功能區的「檢視」群組按一下「檢視」，切換至「報表檢視」 ，即可得到下圖。

客戶訂單明細表

客戶寶號	訂單編號	訂單日期	產品名稱	數量	單價
台園國際					
	2	2012/1/10	五門電冰箱	16	NT$25,000
			10公斤洗衣機	25	NT$18,000
			32吋電視機	26	NT$12,000
		總計		67	
	5	2012/4/10	7公斤洗衣機	2	NT$9,000
			32吋電視機	6	NT$12,000
		總計		8	
總計				75	

要將「訂單編號群組首」區段高度設為0，可如下圖，將滑鼠移至下圖位置，向上拖放至「訂單編號群組首」區段即可。

說明

報表區段要隱藏起來時，將區段屬性表中「格式」索引標籤的「可見」改成「否」。

12-3 加入計算欄位

開啓資料庫檔案「Ch12.accdb」，要加入計算欄位，方法如下：

STEP1 選取功能窗格中的「客戶訂單明細資料表-2」，在報表上按右鍵，按一下「設計檢視」。

STEP2 在「設計」功能區的「控制項」群組，按一下「標籤」Aa，在「頁首」區段加入「金額」標籤控制項，黑色字。

STEP3 在「設計」功能區的「控制項」群組按一下「文字方塊」ab|，在「詳細資料」區段內要放置的位置按一下，以加入「金額」的計算欄位控制項。在控制項內按一下進入編輯狀態後，輸入「=[數量]*[單價]」，調整計算欄位控制項的大小、位置，刪除計算欄位控制項的連結標籤，設定靠右對齊。

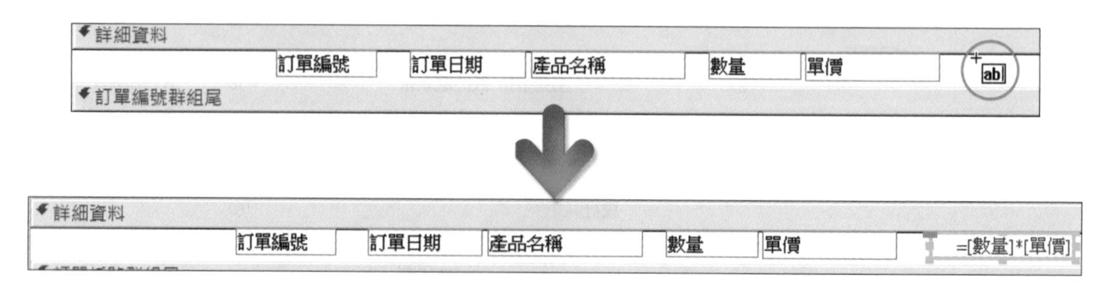

STEP4 選取「金額」的計算欄位控制項，在「設計」功能區的「工具」群組按一下「屬性表」，將屬性表「格式」索引標籤設為「格式」:「貨幣」,「小數位數」:0,「框線樣式」:「透明」。

格式 | 資料 | 事件 | 其他 | 全部

格式	貨幣
小數位數	0
可見	是
寬度	2.492cm
高度	0.444cm
頂端距離	0cm
左邊距離	15.797cm
背景樣式	正常的
背景顏色	背景 1
框線樣式	透明

» STEP5 選取「數量」的加總控制項 ，將其屬性表中的「框線樣式」也設為「透明」。

» STEP6 選取「金額」的計算欄位控制項，按Ctrl+C複製。在「訂單編號群組尾」區段內，按Ctrl+V貼上，搬移至要放置的地點，將運算式「=[數量]*[單價]」改為「=Sum（[數量]*[單價]）」加入Sum函數，再將此變更過的控制項分別複製到「客戶寶號群組尾」區段和「報表尾」區段，再調整控制項位置。

報表首
客戶訂單明細表
頁首
客戶寶號 訂單編號 訂單日期 產品名稱 數量 單價 金額
客戶寶號群組首
客戶寶號
訂單編號群組首
詳細資料
訂單編號 訂單日期 產品名稱 數量 單價 =[數量]*[單價]
訂單編號群組尾
總計 =Sum([數量 =Sum([數量]*[單價])
客戶寶號群組尾
總計 =Sum([數量 =Sum([數量]*[單價])
頁尾
=Now() ="第 " & [Page] & " 頁，共 " & [Pages] & " 頁"
報表尾
總計 =Sum([數量 =Sum([數量]*[單價])

STEP7 在「設計」功能區的「控制項」群組按一下「線條」，分別於總計金額下方加入「線條」控制項，再將線條框線色彩設為藍色(在「格式」功能區的「控制項格式設定」群組按一下「圖案外框」，選取藍色。

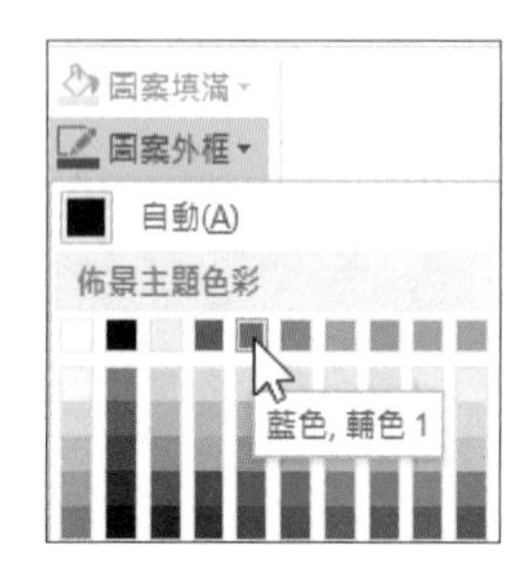

STEP8 在「設計」功能區的「檢視」群組按一下「檢視」，進入報表檢視，即可得到下圖。

客戶訂單明細表

客戶寶號	訂單編號	訂單日期	產品名稱	數量	單價	金額
台園國際						
	2	2012/1/10	五門電冰箱	16	NT$25,000	NT$400,000
			10公斤洗衣機	25	NT$18,000	NT$450,000
			32吋電視機	26	NT$12,000	NT$312,000
	總計			67		NT$1,162,000
	5	2012/4/10	7公斤洗衣機	2	NT$9,000	NT$18,000
			32吋電視機	6	NT$12,000	NT$72,000
	總計			8		NT$90,000
總計				75		NT$1,252,000

說明。。。。

可建立參數查詢，作為報表的記錄來源。例如，列印訂單資料時，可依照指定的訂單開始日期與結束日期篩選列印。

12-4 加入格式化條件

開啟資料庫檔案「Ch12.accdb」，在每筆訂單的金額大於等於1,000,000時，以紅色字顯示。方法如下：

STEP1 選取功能窗格中的「客戶訂單明細資料表-3」，在報表上按右鍵，按一下「設計檢視」。

STEP2 選取「訂單編號群組尾」區段的金額控制項，在「格式」功能區的「控制項格式設定」群組，按一下「設定格式化的條件」，再按「新增規則」，依下圖設定後，按「確定」，再按「確定」。

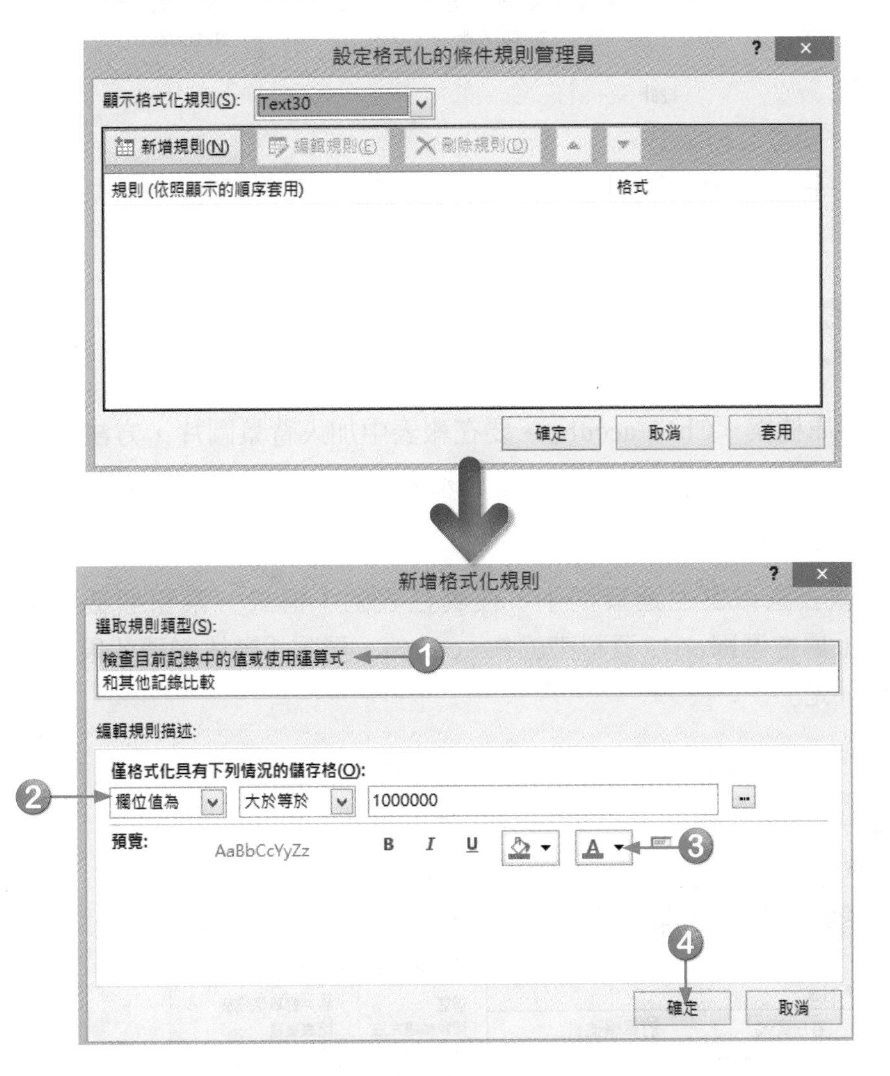

STEP3 在「設計」功能區的「檢視」群組按一下「檢視」進入報表檢視，即可得到下圖：

客戶訂單明細表

客戶實號	訂單編號	訂單日期	產品名稱	數量	單價	金額
台園國際						
	2	2012/1/10	五門電冰箱	16	NT$25,000	NT$400,000
			10公斤洗衣機	25	NT$18,000	NT$450,000
			32吋電視機	26	NT$12,000	NT$312,000
		總計		67		NT$1,162,000
	5	2012/4/10	7公斤洗衣機	2	NT$9,000	NT$18,000
			32吋電視機	6	NT$12,000	NT$72,000
		總計		8		NT$90,000
總計				75		NT$1,252,000

12-5 加入背景圖片

開啟資料庫檔案「Ch12.accdb」，要在報表中加入背景圖片，方法如下：

STEP1 選取功能窗格中的「客戶訂單明細資料表-4」，在報表上按右鍵，按一下「設計檢視」。

STEP2 在報表選取區上連按兩下，在屬性表的「格式」索引標籤中的「圖片」屬性選取ch12資料夾的Peace.jpg，再將「圖片磁磚效果」屬性設成「是」。

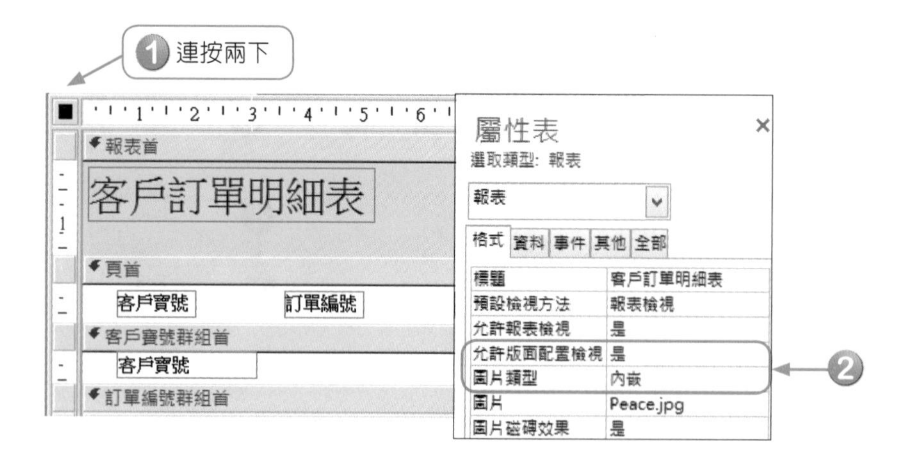

» STEP3 選取下圖範圍的控制項，在「格式」功能區的「字型」群組，選取「背景色彩」:「透明的」。

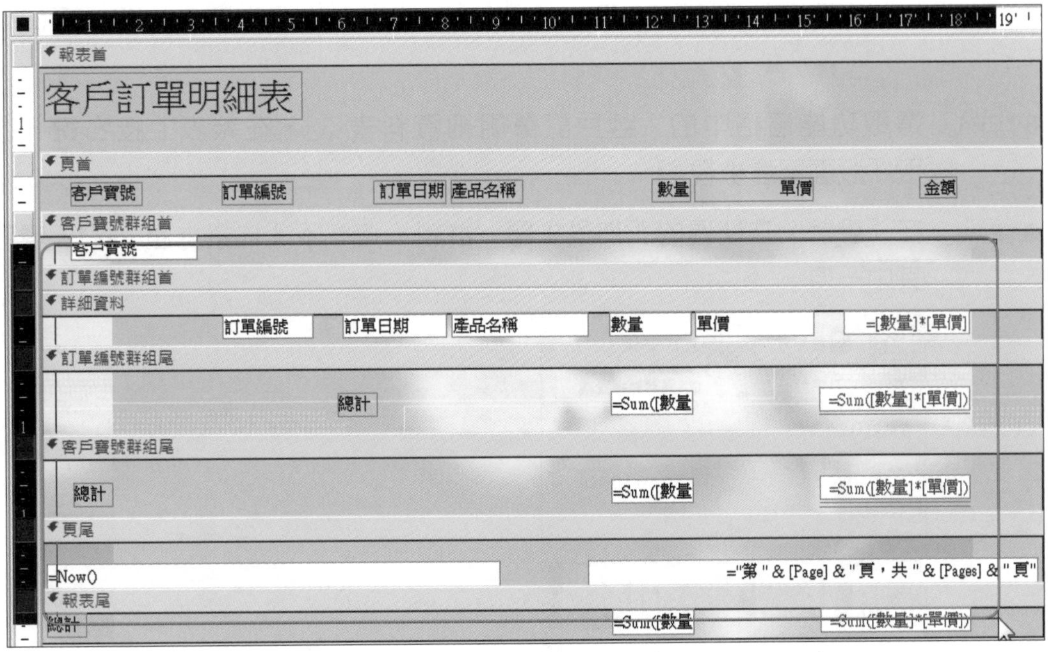

報表首
客戶訂單明細表
頁首
客戶寶號 訂單編號 訂單日期 產品名稱 數量 單價 金額
客戶寶號群組首
客戶寶號
訂單編號群組首
詳細資料
訂單編號 訂單日期 產品名稱 數量 單價 =[數量]*[單價]
訂單編號群組尾
總計 =Sum([數量 =Sum([數量]*[單價])
客戶寶號群組尾
總計 =Sum([數量 =Sum([數量]*[單價])
頁尾
=Now() ="第 " & [Page] & " 頁，共 " & [Pages] & " 頁"
報表尾
總計 =Sum([數量 =Sum([數量]*[單價])

» STEP4 在「設計」功能區的「檢視」群組，按一下「檢視」進入報表檢視 ，即可得到下圖。

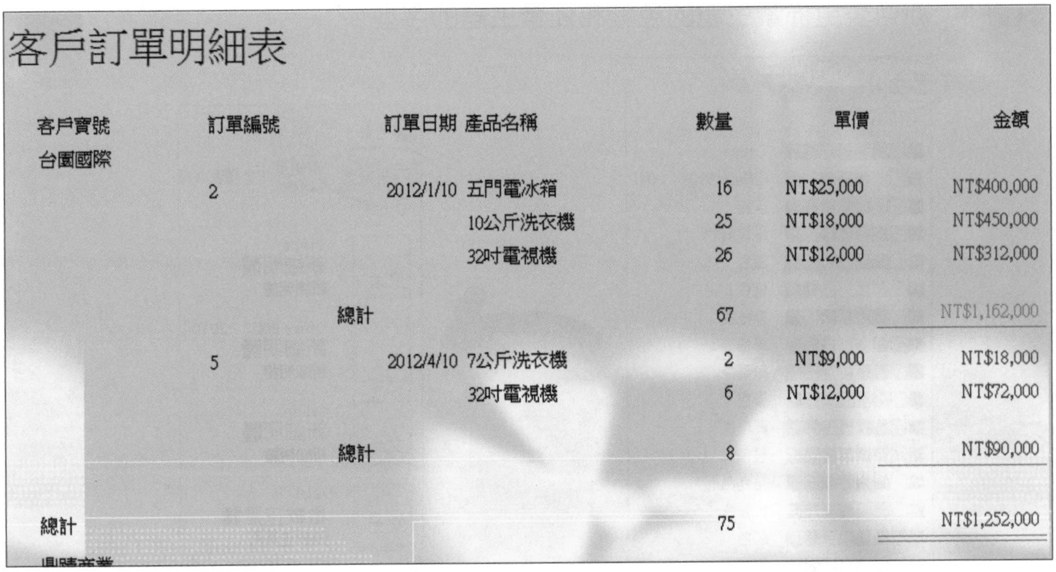

客戶訂單明細表

客戶寶號	訂單編號	訂單日期	產品名稱	數量	單價	金額
台園國際						
	2	2012/1/10	五門電冰箱	16	NT$25,000	NT$400,000
			10公斤洗衣機	25	NT$18,000	NT$450,000
			32吋電視機	26	NT$12,000	NT$312,000
		總計		67		NT$1,162,000
	5	2012/4/10	7公斤洗衣機	2	NT$9,000	NT$18,000
			32吋電視機	6	NT$12,000	NT$72,000
		總計		8		NT$90,000
總計				75		NT$1,252,000

12-6 報表的佈景主題

開啓資料庫檔案「Ch12.accdb」，在報表中使用「佈景主題」功能。方法如下：

STEP1 選取功能窗格中的「客戶訂單明細資料表-3」，在報表上按右鍵，選取「版面配置檢視」。

STEP2 在「設計」功能區的「佈景主題」群組，按一下「佈景主題」，選取其中一項。

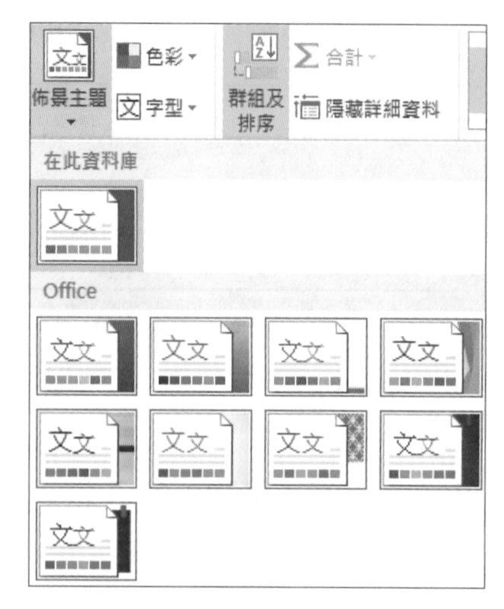

STEP3 亦可變更佈景主題的色彩和佈景主題的字型。

12-7 列印報表

在列印報表之前應先預覽列印、設定報表的版面、檢視報表外觀，正確無誤後再列印出來。

12-7-1 預覽列印

預覽列印的方法：在功能窗格中的「報表」物件上按右鍵，選取「預覽列印」：

「預覽列印」功能區的工具說明

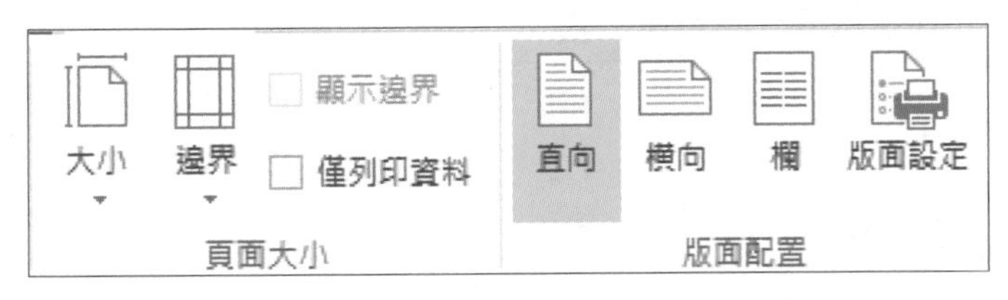

▲「預覽列印」功能區的「頁面大小」和「版面配置」群組

表12-1 「預覽列印」功能區的「頁面大小」和「版面配置」群組工具說明

工具	說明
大小	設定列印紙張的大小
邊界	設定上、下、左、右邊界
顯示邊界	是否要顯示邊界
僅列印資料	僅列印資料，不印出標籤
直向	列印紙張的方向為直向
橫向	列印紙張的方向為橫向
欄	包含欄的格線設定、欄大小和欄版面配置
版面設定	包含列印選項、頁、欄的設定

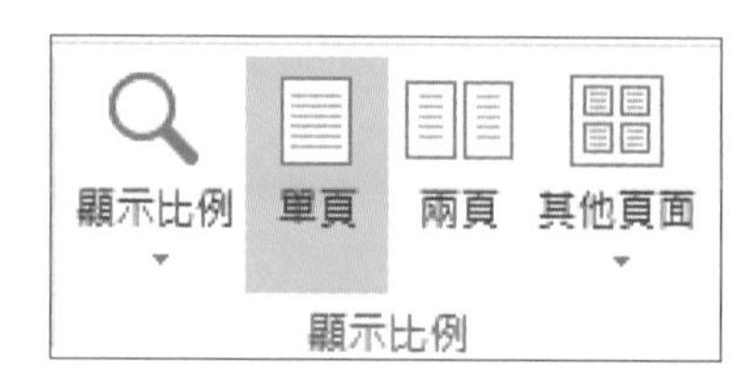

▲「預覽列印」功能區的「顯示比例」群組

表12-2　「預覽列印」功能區的「顯示比例」群組工具說明

工具	說明
顯示比例	可將顯示比例縮小或放大
單頁	視窗顯示一頁
兩頁	視窗顯示兩頁
其他頁面	視窗顯示可選擇四、八或十二頁

12-7-2 版面設定

調整報表的版面，分為三個頁次：「列印選項」、「頁」、「欄」。

▲「版面設定」的「列印選項」頁次

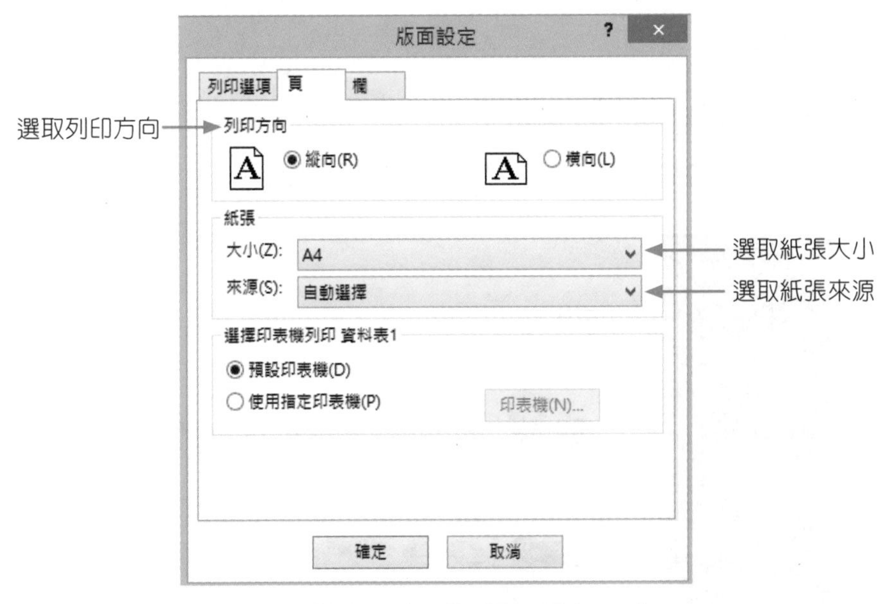

▲「版面設定」的「頁」頁次

▲「版面設定」的「欄」頁次

12-7-3 列印

資料正確無誤後，要列印出來了！

»STEP1 按一下「檔案」，再選取「列印」中的「列印」。

»STEP2 設定所需的選項後按「確定」，即可由印表機印出。

說明。。。。

當數台印表機透過有線或無線網路，連接或分享於區域網路時，若我們要列印資料，可選擇最適合的印表機列印。

❖選擇題

(　　)1. 報表的結構不含那些區段(A)報表首 (B)詳細資料 (C)日期資料 (D)頁首。

(　　)2. 報表的結構中，哪項區段列印於每一頁的頂端，通常放置欄位名稱 (A)報表首 (B)詳細資料 (C)日期資料 (D)頁首。

(　　)3. 有關報表設計，以下敘述何者正確？(A)可加入背景圖片 (B)可加入圖片 (C)可加入背景音樂 (D)控制項可加入格式化條件。

(　　)4.「預覽列印」功能區的「顯示比例」群組工具，可選擇 (A)單頁 (B)兩頁 (C).四頁 (D)二十頁。

(　　)5. 列印報表前，提供選擇的列印功能包含 (A)列印邊框樣式 (B)印表機 (C)列印範圍 (D)份數。

❖實作題

開啓資料庫檔案「ex12.accdb」。

1. 建立「產品訂單資料表」報表。金額＝數量x單價，格式如下圖（使用報表精靈，依「訂單編號」遞增排序，版面配置：「區塊」，橫印）。

產品訂單資料表

產品名稱	訂單編號	訂單日期	客戶寶號	單價	數量	金額
10公斤洗衣機	2	2015/1/10	台園國際	NT$18,000	25	450,000
	3	2015/2/10	綠構商行		3	54,000
	7	2015/8/20	鼎踳商業		7	126,000
	8	2016/1/30	語田貿易		18	324,000
總計					53	954,000
32吋電視機	1	2015/1/10	語田貿易	NT$12,000	20	240,000
	2	2015/1/10	台園國際		26	312,000
	5	2015/4/10	台園國際		6	72,000
	8	2016/1/30	語田貿易		12	144,000
總計					64	768,000
42吋電視機	1	2015/1/10	語田貿易	NT$25,000	8	200,000

2. 建立「客戶訂單統計表」報表。訂單總金額 = 客戶所有訂單金額的加總（訂單金額 = 數量 x 單價），格式如下圖。

客戶訂單統計表

客戶寶號		訂單總金額
台園國際		1,252,000
鼎躊商業		1,811,000
綠構商行		899,000
語田貿易		1,388,000
	總計	NT$5,350,000

巨集的建立

應用之前所學的「資料表」、「查詢」和「報表」，已可簡易管理資料，包含資料的輸入、處理與資訊的輸出。本章說明的「巨集」將著重在執行工作的自動化，包含「巨集」的建立與執行，以及相關應用。

學習目標

- 13-1 巨集介紹
- 13-2 巨集的建立
- 13-3 修改巨集
- 13-4 巨集的執行
- 13-5 資料巨集的建立
- 13-6 子巨集的建立
- 13-7 內嵌巨集
- 13-8 巨集偵錯
- 13-9 使用快速存取工具列
- 13-10 巨集指令介紹

應用之前所學的「資料表」、「查詢」和「報表」，已可簡易管理資料，包含資料的輸入、處理與資訊的輸出。本章說明的「巨集」將著重在執行工作的自動化，包含「巨集」的建立與執行，以及相關應用。

13-1 巨集介紹

何謂「巨集」物件？一個「巨集」物件可以包含一個以上的巨集指令；而一個巨集指令可以執行一個動作。「巨集」物件組合數個巨集指令，就可用以執行自動化工作。

以下就各種「巨集」分別加以說明：

獨立巨集

獨立巨集可以單獨執行，也可以在表單、報表或控制項的事件屬性中，觸發事件時才執行。獨立巨集存在於功能窗格中。獨立巨集方便於重複使用。

內嵌巨集

內嵌巨集無法單獨執行，只能內嵌在於表單、報表或控制項的事件屬性中，觸發事件時才執行。在功能窗格中看不到內嵌巨集。每個內嵌巨集都是獨立的，變更後不會影響其他的控制項。

資料巨集

資料巨集是Access 2010版本後的新功能，使用於資料表內發生事件時所觸發執行的動作。當資料表中新增、更改或刪除資料時，可依照發生的事件驅動「資料巨集」。

巨集內可加入If條件的控制流程，當條件成立時，才執行If區塊內的指令，也可視需要加入Else If和Else區塊來擴充If區塊。

另外，在一個巨集內也可以包含多個子巨集區塊。每個子巨集區塊可包含所要執行的巨集指令，以執行特定的工作。子巨集可由RunMacro巨集指令以其名稱來呼叫。

Access提供了新的巨集建立器，讓使用者能輕易地建立與修改使用者介面（UI）巨集（如獨立巨集、內嵌巨集）。巨集建立器包含建立巨集指令窗格和巨集指令目錄。新增巨集指令時，提供IntelliSense功能，輸入時，IntelliSense會建議可能的值，以供選取正確的值。巨集指令目錄內巨集指令根據類型加以分組而且可搜尋指令。巨集指令目錄包含資料庫內已建立的巨集，方便於複製或重複使用。

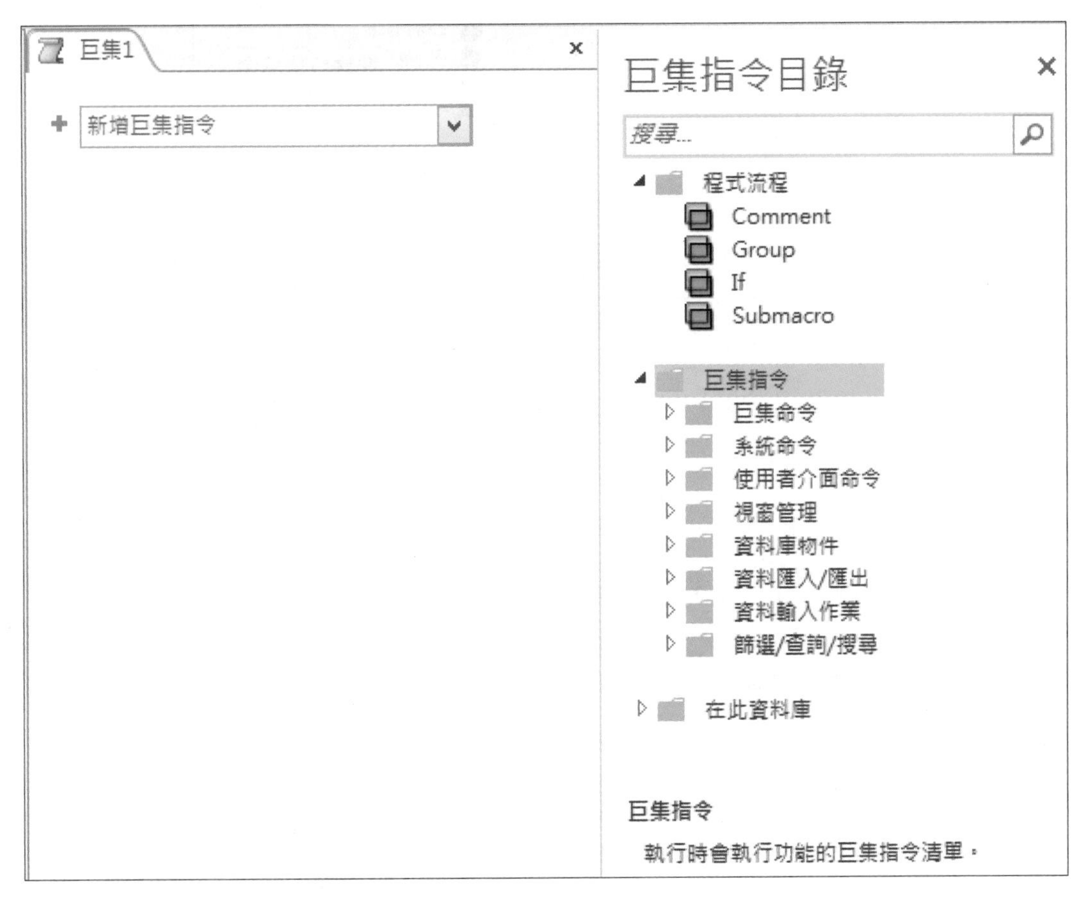

▲ 巨集建立器

13-2 巨集的建立

開啓資料庫檔案「Ch13.accdb」，下例將建立一個「巨集」物件：可先顯示提示訊息方塊文字「編輯客戶電話」，再編輯「客戶」表單的「電話」欄位。方法如下：

» STEP1　在「建立」功能區的「巨集與程式碼」群組中，按一下「巨集」。

» STEP2 在 + [| ▾] 欄新增要執行的巨集指令 MesageBox，此指令可顯示含有警告或提示訊息的訊息方塊。

新增巨集指令方法如下圖：

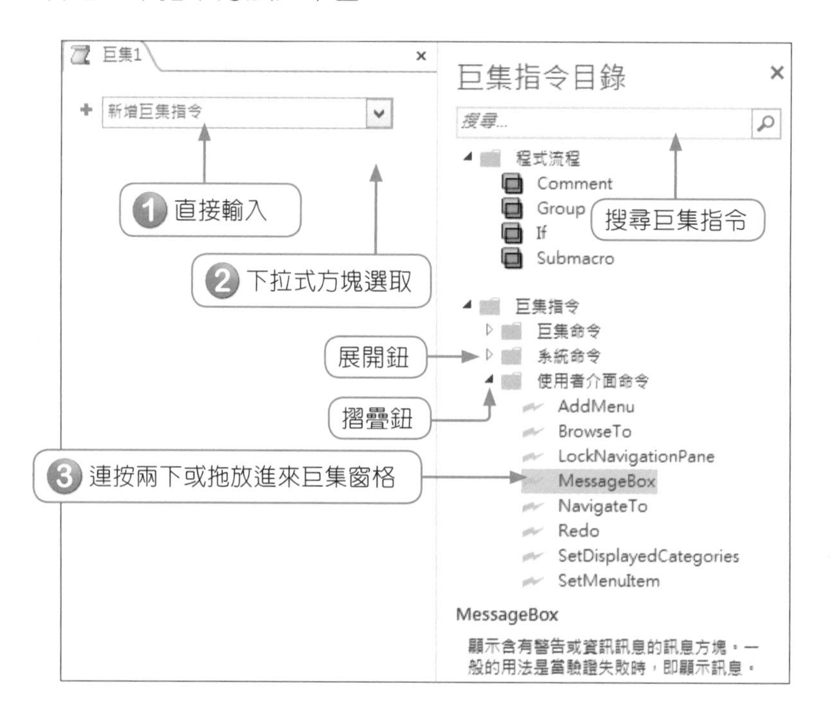

» STEP3 依照下圖，分別設定巨集指令引數。

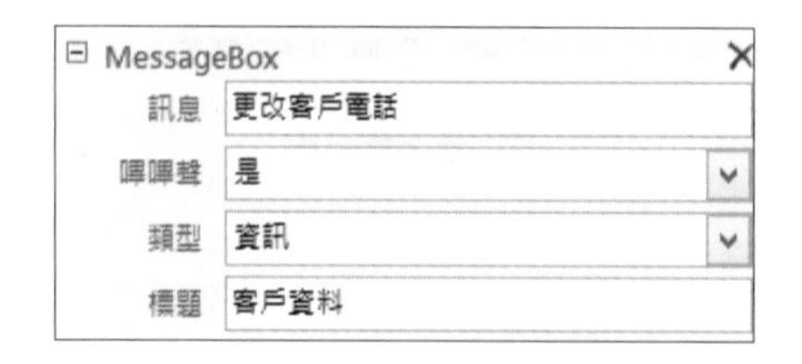

» STEP4 在「新增巨集指令」下拉式清單中選取「OpenForm」巨集指令，並依照下圖設定巨集指令引數，以開啓「客戶」表單。

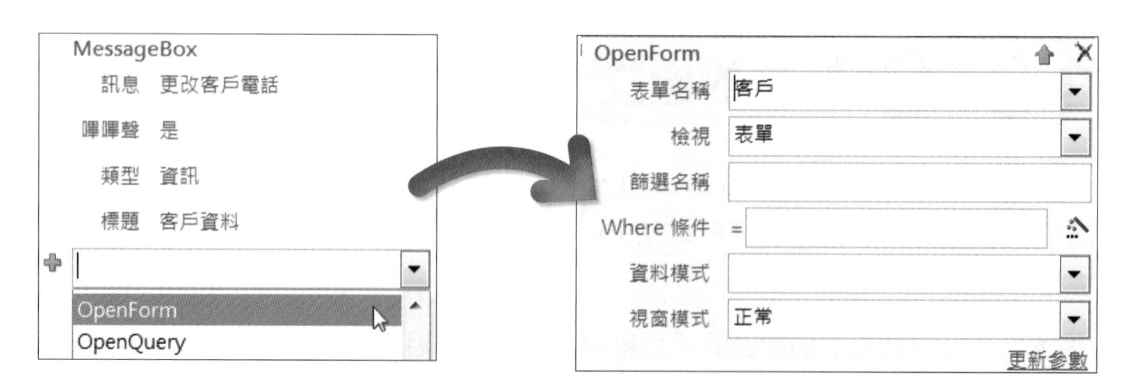

»STEP5 新增巨集指令「GoToControl」，並依照下圖設定「巨集指令引數」，以編輯「電話」控制項。

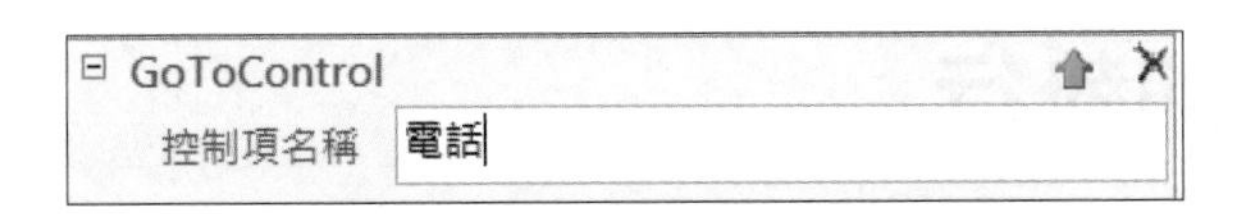

»STEP6 按一下快速存取工具列的儲存檔案，輸入巨集名稱「客戶電話更改」，按「確定」，再關閉巨集窗格。

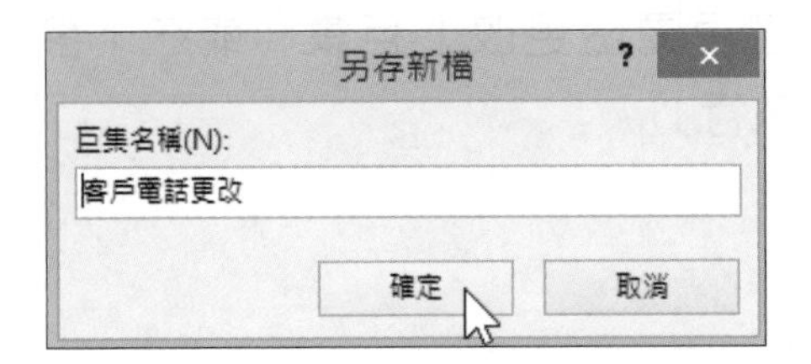

13-3 修改巨集

「巨集」建立完成後，視需要可以隨時再做修改。

要修改已建立的「巨集」，方法如下：

»STEP1 在功能窗格中的「客戶電話更改」巨集上按右鍵，按一下「設計檢視」，即可進行修改，如下圖所示。

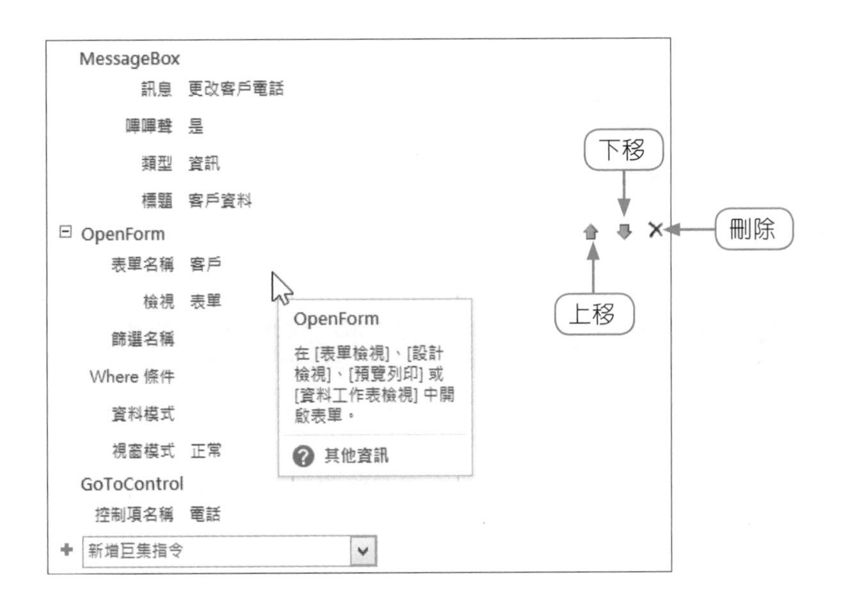

» STEP2 修改完成後，按一下快速存取工具列的儲存檔案 。

13-4 巨集的執行

「巨集」物件建立後即可執行，一次完成自動化的工作。開啟資料庫檔案「Ch13.accdb」，執行「客戶電話更改」巨集，方法如下：

» STEP1 連按兩下功能窗格中的「客戶電話更改」巨集（或在「客戶電話更改」巨集上按右鍵，選取「執行」）。

» STEP2 在訊息方塊上按「確定」。

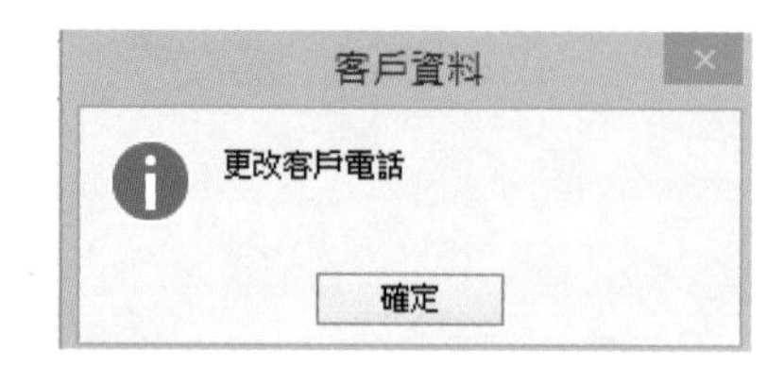

» STEP3 進入「客戶」表單後，焦點自動跳至「電話」控制項上。

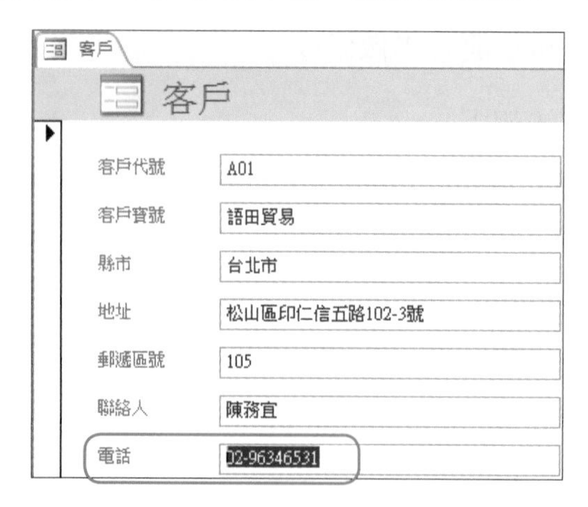

» STEP4 關閉表單。

說明。。。。

- 要在「設計檢視」模式中執行巨集，請在「設計」功能區的「工具」群組按一下「執行」 ，即可執行巨集。
- 若巨集物件名稱命名為「AutoExec」，則每次開啟資料庫檔案時，將自動執行此巨集物件。

13-5 資料巨集的建立

每當資料表新增、更新或刪除資料，便會發生資料表事件。資料巨集可以依據相對應事件的發生，來立即執行特定的工作。

請使用下列程序，將資料巨集附加至「工作」資料表事件中：

- 若「工作狀態」欄位資料輸入「完成」後，則「完成比率」欄位資料自動更新爲100%。方法如下：

»STEP1 在功能窗格中的「工作」資料表連按兩下，開啓「工作」資料表。

»STEP2 在「表格」功能區的「前置事件」群組，按一下「變更前」。新增「IF」陳述式，依下圖設定。

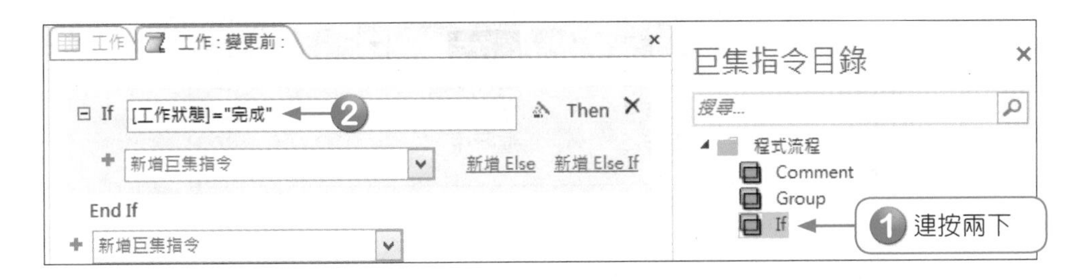

»STEP3 在「新增巨集指令」下拉式清單中選取「SetField」指令(或從「巨集指令目錄」中，新增資料巨集指令「SetField」)，再依下圖設定。

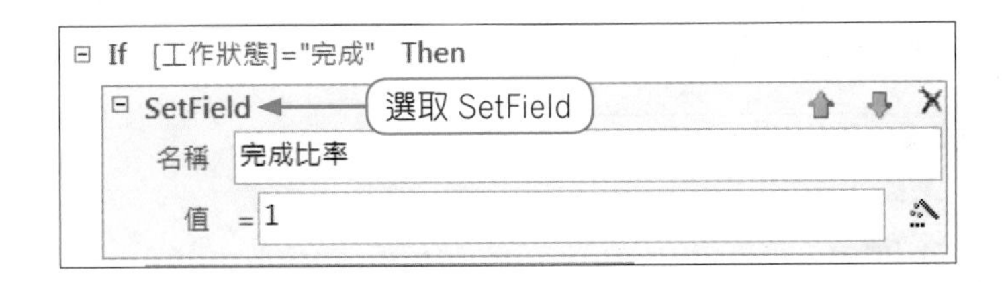

»STEP4 在「設計」功能區的「關閉」群組，按一下「關閉」 。再按一下「是(Y)」，儲存資料巨集。

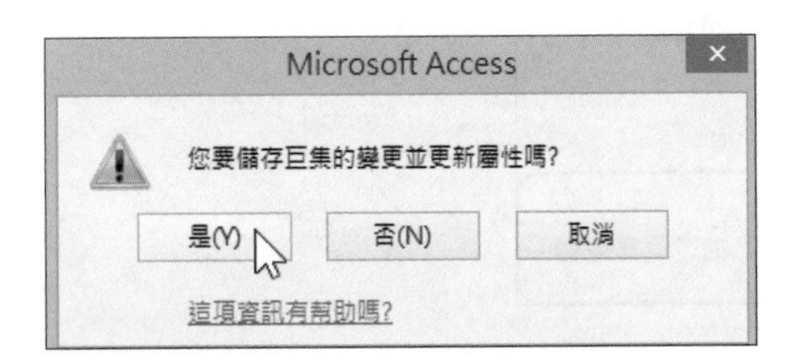

»STEP5 在資料工作表內，將「工作狀態」選取「完成」後，按向下鍵移至下一筆資料，「完成比率」自動更新至100%。

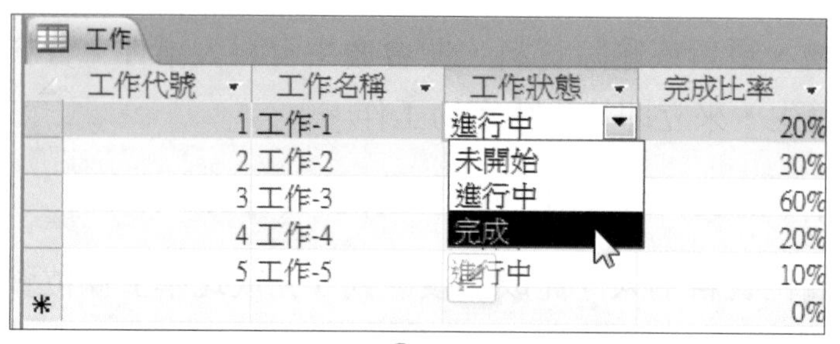

工作

工作代號	工作名稱	工作狀態	完成比率
1	工作-1	進行中	20%
2	工作-2		30%
3	工作-3		60%
4	工作-4		20%
5	工作-5	進行中	10%
*			0%

工作

工作代號	工作名稱	工作狀態	完成比率
1	工作-1	完成	100%
2	工作-2	進行中	30%
3	工作-3	進行中	60%
4	工作-4	進行中	20%
5	工作-5	進行中	10%
*			0%

自動更新

若要刪除資料巨集，方法如下：

»STEP1 在功能窗格中的「工作」資料表連按兩下，開啓「工作」資料表。

»STEP2 在「表格」功能區的「指定的巨集」群組，按一下「指定的巨集」，選取「重新命名/刪除巨集」。

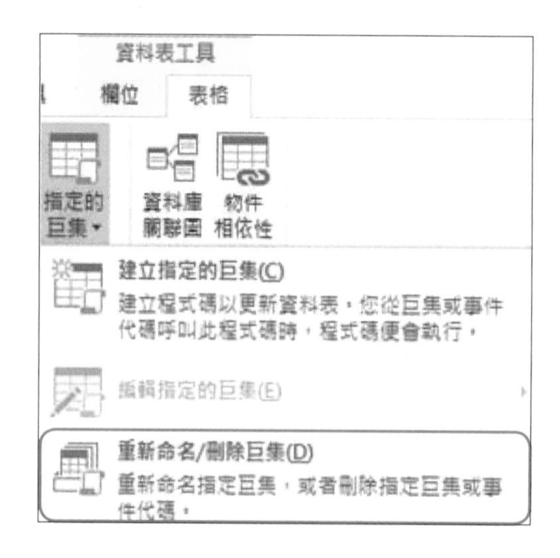

STEP3 在「資料巨集管理員」對話方塊中，在要刪除的事件資料巨集，按一下「刪除」。

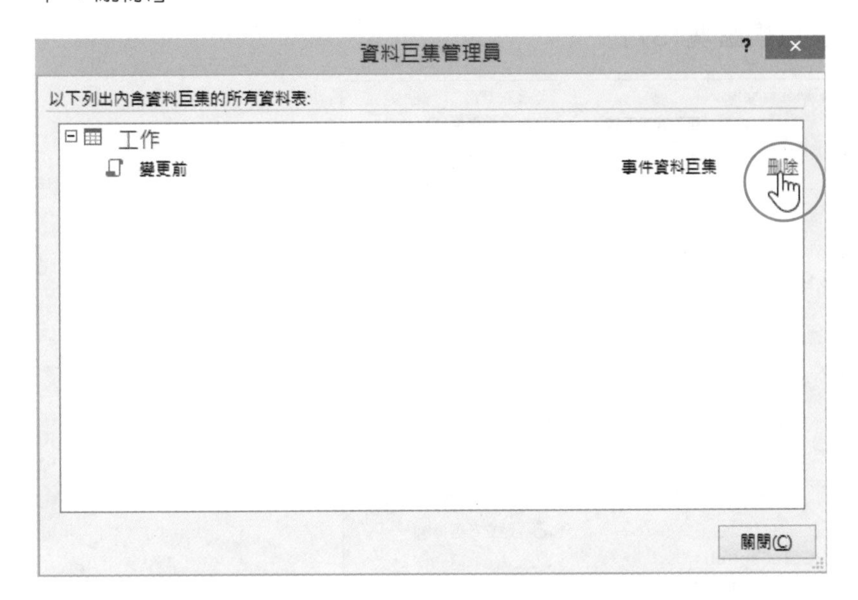

STEP4 按一下「是」。再關閉「資料巨集管理員」對話方塊。

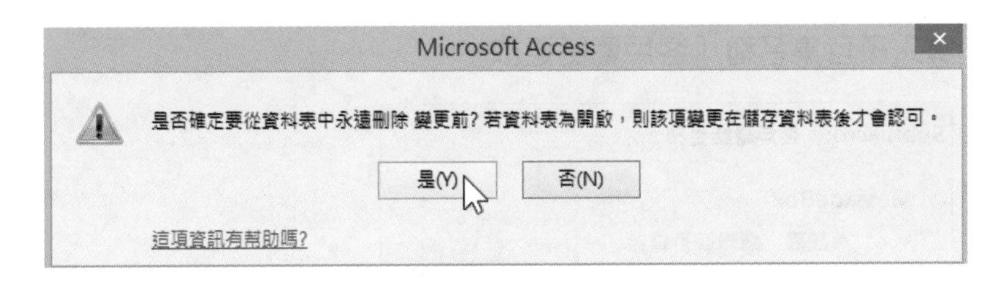

STEP5 按一下快速存取工具列的儲存檔案，儲存資料表。

13-6 子巨集的建立

「巨集」可以將數個「子巨集」集中於一個巨集物件統一管理。「巨集」中每一個「子巨集」都必須賦予子巨集名稱。

開啟資料庫檔案「Ch13.accdb」，建立「子巨集建立」，包含兩個子巨集：「客戶電話更改」和「客戶資料列印」。方法如下：

STEP1 在功能窗格中的「子巨集建立」巨集上按右鍵，按一下「設計檢視」。

»STEP2 按住「Ctrl」鍵，逐一選取「MessageBox」、「OpenForm」、「GoToControl」巨集指令後，放開「Shift」鍵，在選取區按右鍵，選取「建立子巨集區塊(S)」。

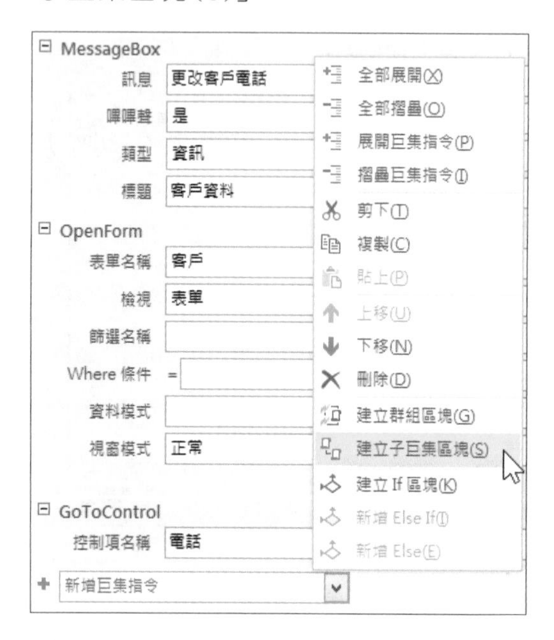

»STEP3 填入子巨集名稱「客戶電話更改」。

Submacro: 客戶電話更改

MessageBox

訊息 編輯客戶電話

»STEP4 在「巨集指令目錄」窗格中，連按兩下「程式流程」類別的「SubMarco」，建立第2個子巨集，填入子巨集名稱「客戶資料列印」，在此子巨集中新增巨集指令「OpenReport」，設定巨集引數如下。

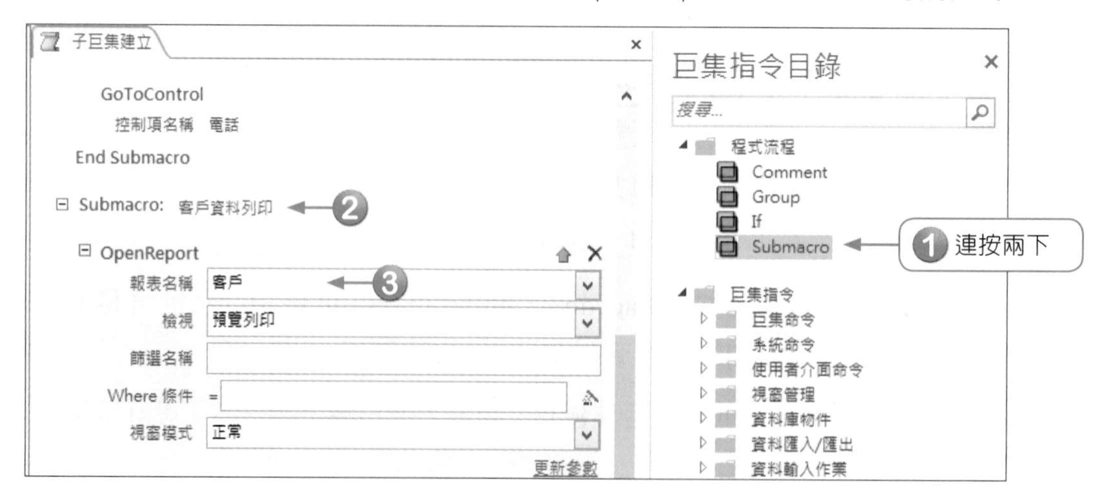

»STEP5 按一下快速存取工具列的儲存檔案，再關閉巨集窗格。

執行含有子巨集的巨集物件時，只會執行巨集內的第一個子巨集，當執行到第二個子巨集時便會停止執行。若要執行第一個子巨集以外的子巨集，可內嵌於表單、報表、控制項的事件屬性中，或使用「RunMacro」巨集指令。

要執行巨集物件內的子巨集，方法如下：

»STEP1 在「建立」功能區的「巨集與程式碼」群組中按一下「巨集」。

»STEP2 新增「RunMacro」巨集指令，巨集指令引數「巨集名稱」中選取子巨集「子巨集建立.客戶資料列印」。

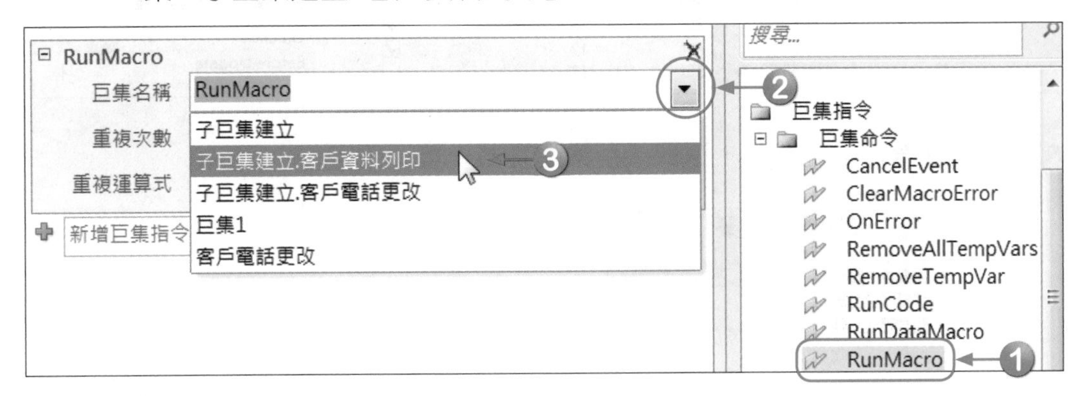

»STEP3 按一下快速存取工具列的儲存檔案，儲存巨集名稱「客戶資料列印」後即可執行。

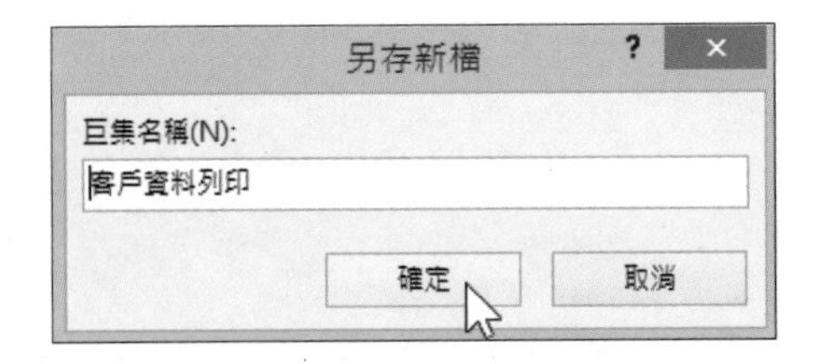

13-7 內嵌巨集

內嵌巨集的巨集指令是內嵌於表單、報表或控制項的事件屬性中，觸發事件時才執行。在功能窗格中看不到內嵌巨集。

開啟資料庫檔案「Ch13.accdb」，若要在「訂單」表單中按一下訂單內的客戶代號，即可開啟該「客戶」的表單。方法如下：

»STEP1 在功能窗格中的「訂單」表單上連按兩下，以開啟「訂單」表單。

» STEP2 在「資料工作表」功能區的「工具」群組按一下「屬性表」，選取「客戶代號」欄位，按一下「屬性表」中「事件」標籤的「On Click」屬性，再按一下選擇建立器。

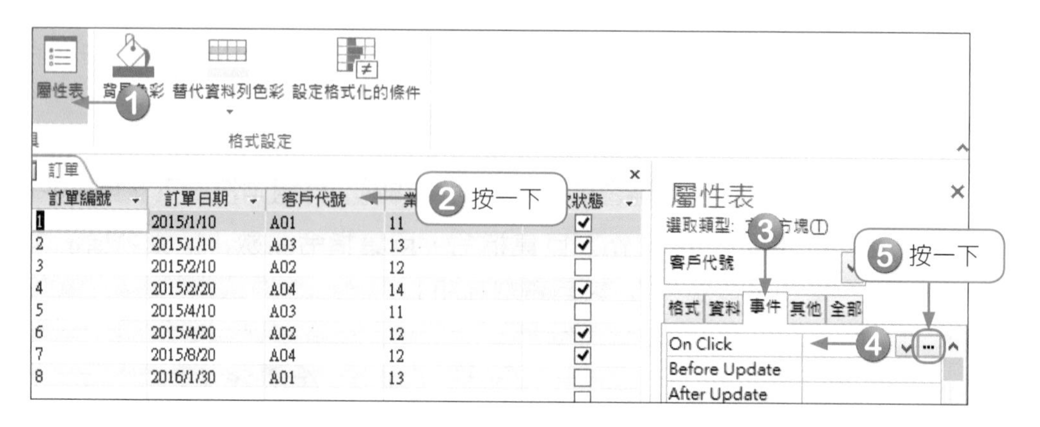

» STEP3 在選擇建立器中，選取「巨集建立器，按「確定」。

» STEP4 在「新增巨集指令」下拉式清單中選取「OpenForm」巨集指令，如下圖設定。

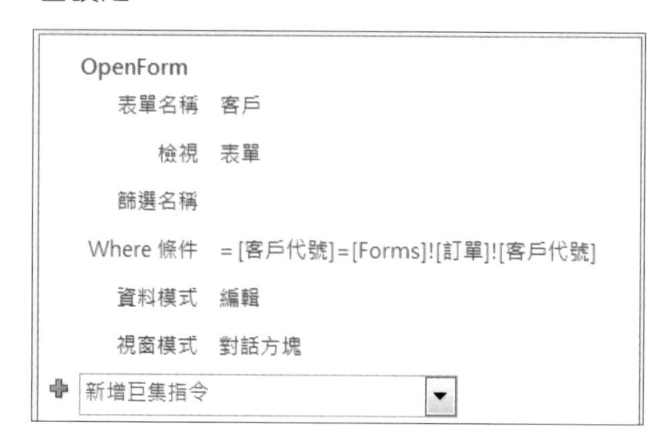

STEP5 在「設計」功能區的「關閉」群組按一下「儲存檔案」，再關閉巨集建立器。

STEP6 按一下「訂單」中的客戶代號，即可開啟「客戶」表單。

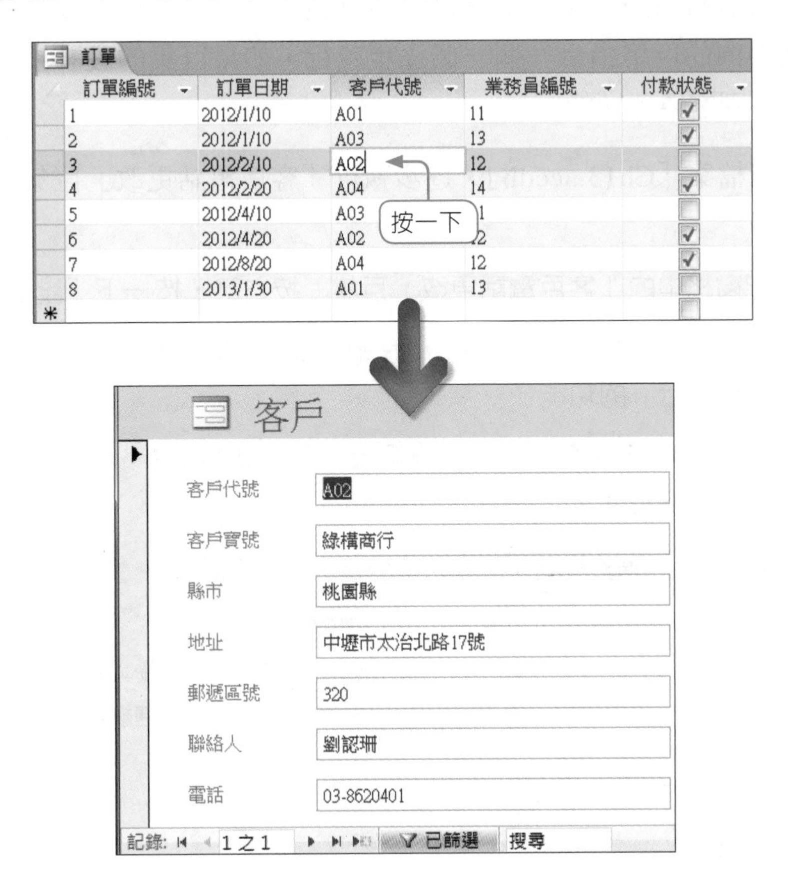

以上步驟，已在「訂單」表單的「客戶代號」文字方塊的「On Click」屬性，建立了內嵌巨集。

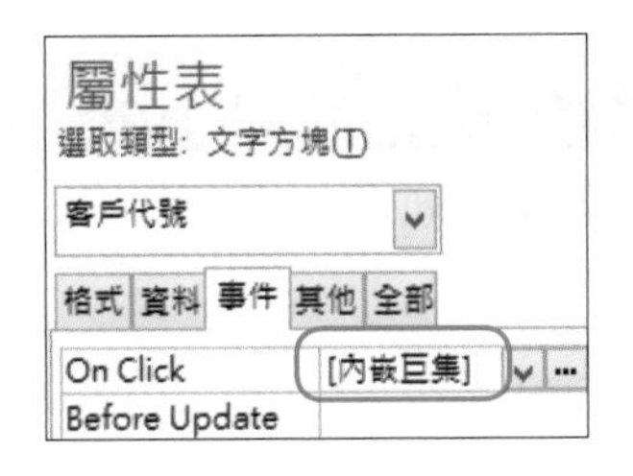

13-8 巨集偵錯

執行巨集時若有錯誤，為找出有錯誤的巨集指令，可使用「逐步執行」工具，讓巨集物件內的巨集指令一個一個逐步執行，如果巨集的設計出了問題，需要除錯時，特別需要此功能。

開啓資料庫檔案「Ch13.accdb」，逐步執行「客戶電話更改」巨集。方法如下：

» STEP1 在功能窗格中的「客戶電話更改」巨集上按右鍵，按一下「設計檢視」。

» STEP2 在「設計」功能區的「工具」群組中按一下「逐步執行」 以啓用「逐步執行」的功能。

» STEP3 在「設計」功能區的「工具」群組按一下「執行」 ! ，將顯示「巨集逐步執行」對話方塊。

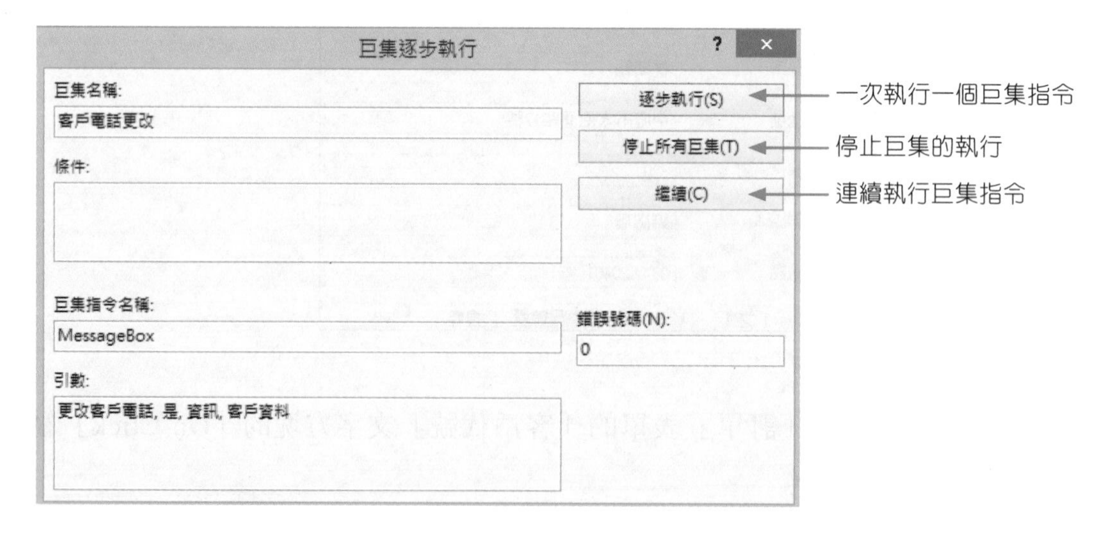

說明

按快速鍵 CTRL+BREAK 可停止巨集的執行。

13-9 使用快速存取工具列

若要更方便地執行巨集，可將巨集放置於快速存取工具列上。

要將巨集物件「客戶電話更改」放置於快速存取工具列上，方法如下：

» STEP1 按一下「自訂快速存取工具列」的箭頭，選取「其他命令（M）…」。

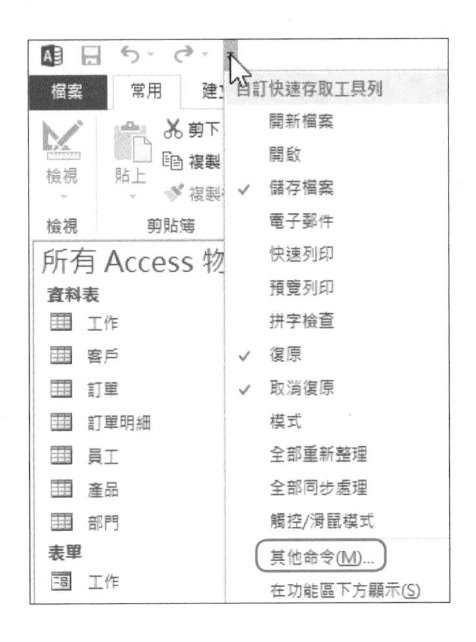

» STEP2 依下圖選取「巨集」命令，再選取「客戶電話更改」巨集，按「新增」，再按「修改」以更換圖示。

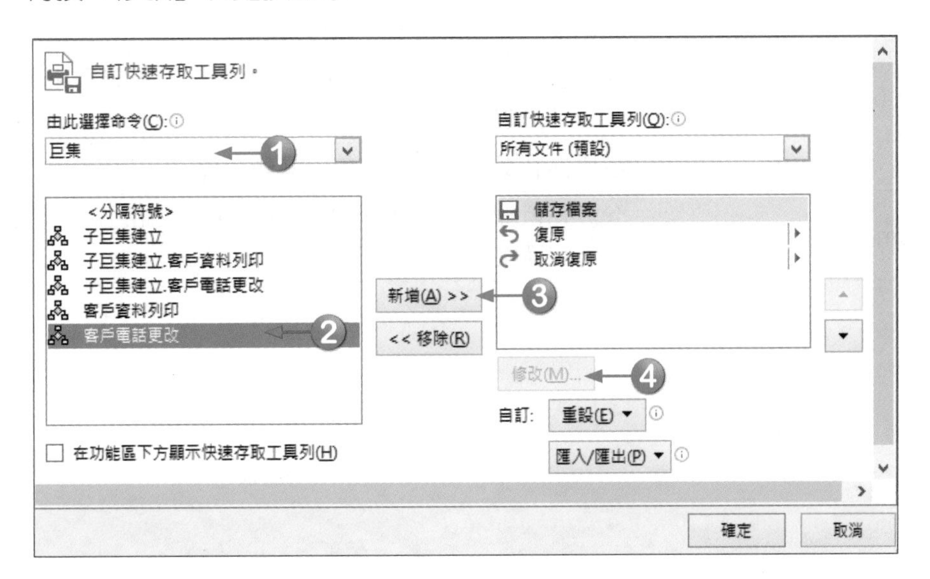

» STEP3 選一圖示，按「確定」，再按「確定」。

» STEP4 即完成「快速存取工具列」上的「巨集」按鈕。

13-10 巨集指令介紹

➡ 表13-1 程式流程：可變更巨集指令執行順序或協助建構巨集的區塊清單

巨集指令	說明
comment	顯示在執行巨集時的未執行資訊。
Group	允許巨集指令和程式流程在已命名、可摺疊且未執行的區塊中進行分組。
If	若條件判斷為True，則執行邏輯區塊。
Submacro	允許在巨集中使用僅能由RunMacro或OnError巨集指令呼叫之指定巨集指令集合。

➡ 表13-2　巨集命令：對巨集進行變更的巨集指令清單

巨集指令	說明
CancelEvent	取消造成內含此巨集指令的巨集執行的Microsoft Access事件。例如，如果BeforeUpdate事件會造成驗證巨集執行且驗證失敗，請使用此巨集指令以取消資料更新。
ClearMarcoError	清除MacroError物件最後的錯誤。
OnError	定義錯誤處理行為。
RemoveAllTempVars	移除所有暫存變數。
RemoveTempVar	移除暫存變數。
RunCode	執行Visual Basic Function程序。若要執行Sub程序或事件程序，請建立呼叫Sub程序或事件程序的Function程序。
RunDataMarco	執行資料巨集。
RunMacro	執行巨集。您可使用此巨集指令，執行其他巨集中的巨集、重複巨集、在特定條件下執行巨集，或將巨集附加到自訂的功能表指令中。
RunMenuCommand	執行Microsoft Access功能表指令。當巨集執行此命令時，此命令必須適合目前的檢視。
SetLocalVar	以給定值設定區域變數。
SetTempVar	以給定值設定暫存變數。
SingleStep	暫停巨集執行，並開啓[巨集逐步執行]對話方塊。
StopAllMacros	停止所有正在執行的巨集。如果系統訊息的回應與顯示已關閉，則此巨集指令也會予以開啓。發生錯誤而必須停止所有巨集時，您可以使用此巨集指令。
StopMacro	停止所有正在執行的巨集。如果系統訊息的回應與顯示已關閉，則此巨集指令也會予以開啓。符合特定條件時，請使用此巨集指令停止巨集。

➡ 表13-3　系統命令：對資料庫系統進行變更的巨集指令清單

巨集指令	說明
Beep	使電腦發出嗶嗶聲。請使用此巨集指令提醒錯誤情況或重要外觀的變更。
CloseDatabase	關閉目前的資料庫
DisplayHourglassPointer	執行巨集時，將正常指標變更為漏斗形狀（或其他您所選擇的圖示）。巨集完成後會還原為正常指標。
QuitAccess	結束Microsoft Access。請選取其中一個儲存選項。

➡ 表13-4　使用者介面命令：控制螢幕顯示內容的巨集指令清單

巨集指令	說明
AddMenu	將功能表新增至表單或報表的自訂功能表列。功能表列的每個功能表必須有不同的AddMenu巨集指令。此外，為表單、表單控制項或報表新增自訂快顯功能表，以及對所有Microsoft Access視窗新增全域功能表列或全域快顯功能表。
BrowseTo	將子表單的載入物件變更為子表單控制項。
LockNavigationPane	用來鎖定或解除鎖定[功能窗格]。
MessageBox	顯示含有警告或資訊訊息的訊息方塊。一般的用法是當驗證失敗時，即顯示訊息。
NavigateTo	瀏覽至指定的[功能窗格]群組和類別。
Redo	取消復原上一個使用者動作。
SetDisplayedCategories	用來指定要顯示在[功能窗格]中的類別。
SetMenuItem	對於使用中視窗，在自訂功能表中設定功能表項目（啟用或停用，核取或取消），包含全域功能表。只對使用功能表列巨集所建立的自訂功能表有效。
UndoRecord	復原上一個使用者動作。

➡ 表13-5　視窗管理：管理資料庫視窗的巨集指令清單

巨集指令	說明
CloseWindow	關閉指定的視窗，若未指定則關閉使用中的視窗。
MaximizeWindow	將使用中視窗最大化以填滿Microsoft Access視窗。
MinimizeWindow	將使用中視窗最小化為Microsoft Access視窗底部的標題列。
MoveAndSizeWindow	移動並調整使用中視窗的大小。如果您留下空白的引數，Microsoft Access將使用目前的設定值。度量單位即在Windows[控制台]所設定的標準單位（英吋或公分）。
RestoreWindow	將最大化或最小化的視窗還原成先前的大小。此巨集指令必定會影響使用中的視窗。

表13-6　資料庫物件：在資料庫的控制項和物件上進行變更的巨集指令清單

巨集指令	說明
GoToControl	在使用中的資料工作表或表單上，將焦點移到指定的欄位或控制項。
GoToPage	在使用中表單所指定的頁面上，將焦點移到第一個控制項。請使用GoToControl巨集指令，將焦點移到特定的欄位或其他控制項。
GoToRecord	在資料表、表單或查詢結果集中，使指定的記錄成為現用的記錄。
OpenForm	在[表單檢視]、[設計檢視]、[預覽列印]或[資料工作表檢視]中開啓表單。
OpenReport	在[設計檢視]或[預覽列印]中開啓報表，或立即列印報表。
OpenTable	在[資料工作表檢視]、[設計檢視]或[預覽列印]中開啓資料表。
PrintObject	列印目前的物件。
PrintPreview	預覽列印目前的物件。
RepaintObject	完成指定的物件中任何未完成的螢幕更新或控制項的重新計算，若未指定物件，則針對使用中物件執行。
SelectObject	選取指定的資料庫物件，然後您可以執行要套用至物件的巨集指令。如果在Access視窗中並未開啓此物件，請在[功能窗格]中選取此物件。
SetProperty	設定控制項屬性。

表13-7　資料匯入/匯出：匯入、匯出、傳送和收集的巨集指令清單

巨集指令	說明
AddContactFromOutlook	從Outlook新增連絡人。
EMailDatabaseObject	將指定的資料庫物件含入電子郵件裡，在電子郵件裡可檢視和轉寄該物件。您可將物件郵寄給任何使用Microsoft MAPI標準介面的電子郵件應用程式。
ExportWithFormatting	輸出指定資料庫物件中的資料至Microsoft Excel(.xls)、RTF格式(.rtf)、MS-DOS文字(.txt)、HTML(.htm)或Snapshot(.snp)格式。
SaveAsOutlookContact	將目前的記錄儲存為Outlook連絡人。
WordMailMerge	執行合併列印作業。

➡ 表13-8　資料輸入作業：對資料進行變更的巨集指令清單

巨集指令	說明
DeleteRecord	刪除目前記錄。
EditListItems	編輯查閱清單中的項目。
SaveRecord	儲存目前記錄。

➡ 表13-9　篩選/查詢/搜尋：篩選、查詢和搜尋記錄的巨集指令清單

巨集指令	說明
ApplyFilter	在資料表、表單或報表中，使用篩選、查詢或SQL WHERE子句來限制或排序資料表內的記錄，或者限制或排序表單或報表的基準資料表或查詢的記錄。
FindNextRecord	尋找符合最近FindRecord巨集指令或[尋找]對話方塊所指定準則的下一筆記錄。請使用此巨集指令，移動至符合相同準則的記錄。
FindRecord	尋找符合指定準則的第一筆或下一筆記錄。可在使用中的表單或資料工作表中尋找記錄。
OpenQuery	開啓選取或交叉資料表查詢或執行巨集指令查詢。您可以在[資料工作表檢視]、[設計檢視]或[預覽列印]中開啓查詢。
Refresh	重新整理檢視中的記錄。
RefreshRecord	重新整理目前記錄。
RemoveFilterSot	刪除目前篩選。
Requery	強迫重新查詢使用中物件的指定控制項，如果不指定控制項，則重新查詢此物件。如果指定的控制項不是以資料表或查詢為基礎，則此巨集指令將強迫控制項重新計算。
SearchForRecord	依據準則搜尋物件的記錄。
SetFilter	在資料表、表單或報表中，使用篩選、查詢或SQL WHERE子句來限制或排序資料表內的記錄，或者限制或排序表單或報表的基準資料表或查詢的記錄。
SetOrderBy	對資料庫的記錄套用排序，或對表單或報表的基準資料庫或查詢的記錄套用排序。
ShowAllRecords	從使用中的資料表、查詢或表單中，移除任何套用的篩選。從資料表、結果集或表單的基準資料表或查詢中顯示所有記錄。

本章習題

❖選擇題

( )1. 以下何種物件可包含一個以上的巨集指令？(A)資料表 (B)查詢 (C)表單 (D)巨集。

( )2. 巨集可以單獨執行，也可以在表單、報表或控制項的事件屬性中，觸發事件時才執行，此類巨集屬 (A)獨立巨集 (B)內嵌巨集 (C)資料巨集 (D)以上皆非。

( )3. 巨集只能內嵌在於表單、報表或控制項的事件屬性中，觸發事件時才執行，此類巨集屬 (A)獨立巨集 (B)內嵌巨集 (C)資料巨集 (D)以上皆非。

( )4. 當資料表中新增、更改或刪除資料時，可依照發生的事件驅動的巨集，此類巨集屬 (A)獨立巨集 (B)內嵌巨集 (C)資料巨集 (D)以上皆非。

( )5. 以下敘述，何者正確？(A)巨集中可包含數個子巨集 (B)內嵌巨集存在於功能窗格中 (C)巨集執行無法逐步執行 (D)可於快速存取工具列上執行巨集。

❖實作題

開啟資料庫檔案「ex13.accdb」。

1. 建立「產品單價更正」巨集，執行此巨集後，結果如下：

   a. 顯示下圖訊息方塊，訊息是「更正產品的單價」。

   b. 開啟「產品」表單。

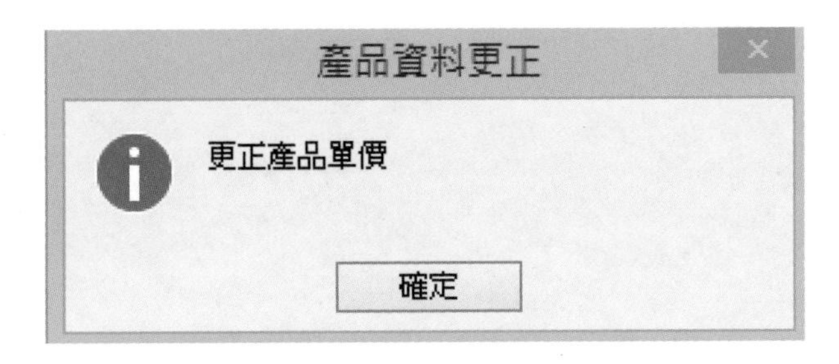

   c. 將焦點移至「產品」表單的「單價」欄位上更正單價。

2. 建立「檢查是否有資料」巨集，當開啟「部門資料表」報表時，若無任何資料時，將自動執行此巨集，執行結果如下：

   a. 顯示下圖訊息方塊。

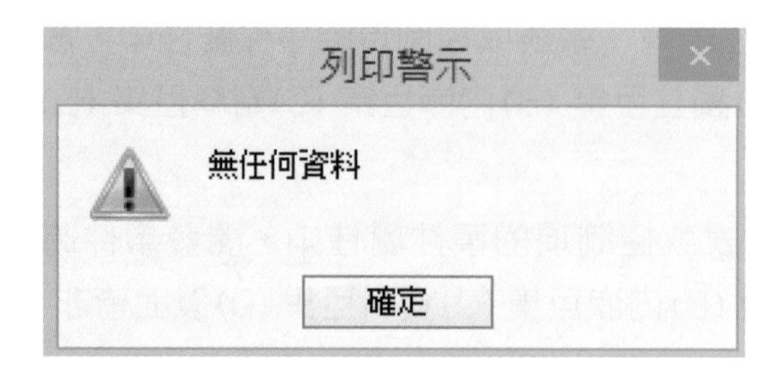

   b. 停止開啟「部門資料表」報表。

資料的匯入與匯出

本章介紹資料的匯入與匯出。在資料的需求上，有時需要使用到外部的資料，將外部不同格式的資料匯入資料庫中加以運用。資料庫中的資料也能與外界分享，例如與不同的程式、不同的資訊系統分享，因此也需要將資料匯出到不同的檔案格式中。

學習目標

- 14-1 匯入/匯出Access檔案
- 14-2 匯入/匯出Excel檔案
- 14-3 結合Word合併列印
- 14-4 匯入/匯出HTML
- 14-5 匯入/匯出XML

在資料的需求上，也許不只需要資料表的資料，有時需要使用到外部的資料，需要的資料可能在另一個資料庫中；也可能在MS Excel的工作表、純文字檔或是全球資訊網上，或者是其他格式的資料。因此，需要將外部的資料匯入資料庫中，加以運用。

資料庫中的資料為了能與外界分享，例如：與不同的程式、不同的資訊系統分享，或與其他企業交換資料，因此也需要以不同的檔案格式匯出。

在Access資料庫間匯入和匯出物件時，功能上有所差異：

- 匯入資料庫物件時，一次可匯入多個物件；但匯出資料庫物件時，一次只能匯出一個物件。
- 匯入資料表物件時，除實際匯入資料表物件外，還可選擇連結資料表，不需將整個資料表匯入；但匯出資料表物件時，無此選項。
- 匯出資料表物件時，可選取只匯出資料表的定義（空白資料表），或定義和資料一起匯出；但匯入資料表物件時，則將整個資料表物件匯入。

當執行匯入與匯出動作時，可選擇同時將動作儲存成規格，將來可以重複地執行所儲存的規格，並且可結合Microsoft Outlook使用。

➡ 表14-1　Access匯入、連結或匯出的格式

程式或格式	是否允許匯入？	是否允許連結？	是否允許匯出？
Microsoft Office Access	是	是	是
Microsoft Office Excel	是	是	是
Microsoft Office Word			是 （可匯出至RTF檔）
HTML文件	是	是	是
Outlook資料夾	是	是	
文字或逗點分隔值(CSV)檔案	是	是 （僅限新增記錄）	是
ODBC資料庫（如SQL Server）	是	是	是
XML檔	是		是
PDF或XPS檔			是
SharePoint清單	是	是	是
資料服務		是(唯讀)	
電子郵件			是

14-1 匯入/匯出Access檔案

14-1-1 匯入Access檔案

匯入資料庫物件時，一次可匯入多個物件。如果已存在同名物件，不會自動取代原來物件，而在匯入的物件名稱加上「1」、「2」……以此類推。例如匯入「產品」資料表，但已存在「產品」資料表，則匯入後的物件名稱為「產品1」資料表。

開啟資料庫檔案「Ch14.accdb」，由「客戶.accdb」匯入「客戶1」資料表，方法如下：

» STEP1 在「外部資料」功能區的「匯入與連結」群組按一下「Access」。

» STEP2 按「瀏覽（R）…」，選取ch14資料夾中要匯入的Access資料庫檔案「客戶.accdb」，匯入方式與位置有兩個選項：

- 第1項：直接匯入資料庫物件。匯入資料庫物件時，若資料庫已存在同名的物件，則不會直接覆蓋，新的物件會以不同名稱建立。
- 第2項：只建立資料表的連結。

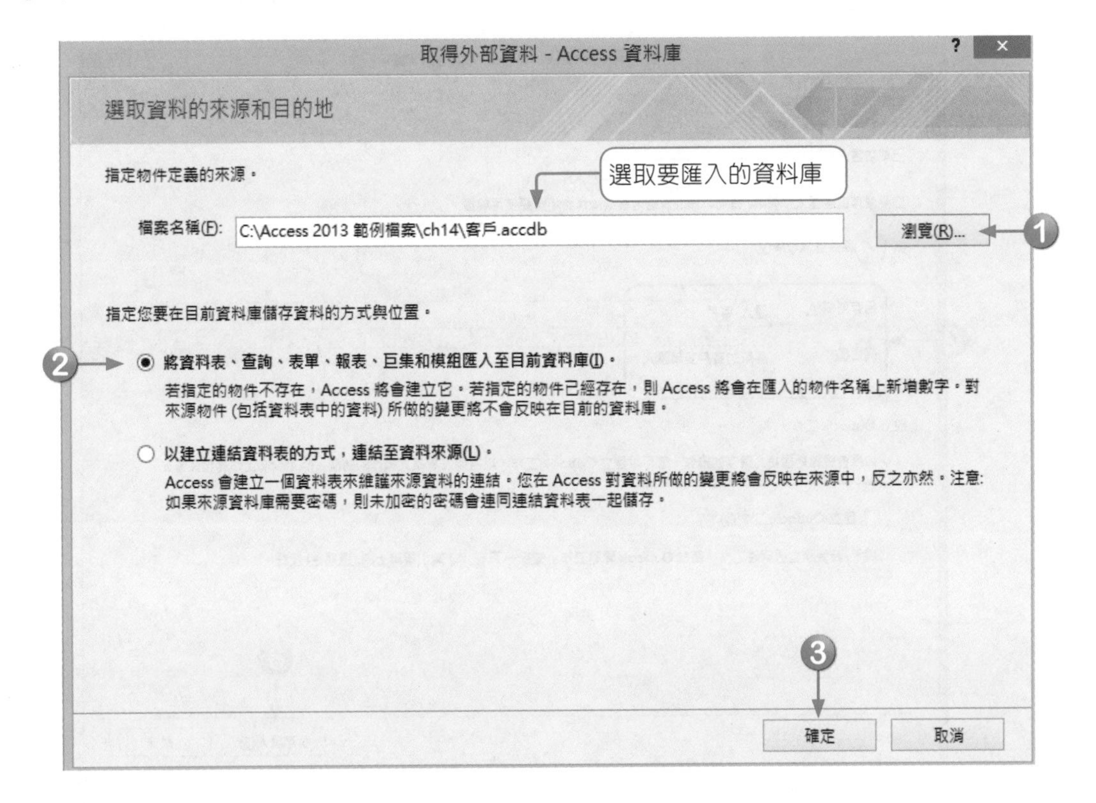

»STEP3 選取要匯入的資料庫物件，按「確定」。

»STEP4 按「關閉」，即完成資料庫物件的匯入。本例請選取「儲存匯入步驟」，依照下圖輸入後，按「儲存匯入」。即可將匯入動作儲存成規格。

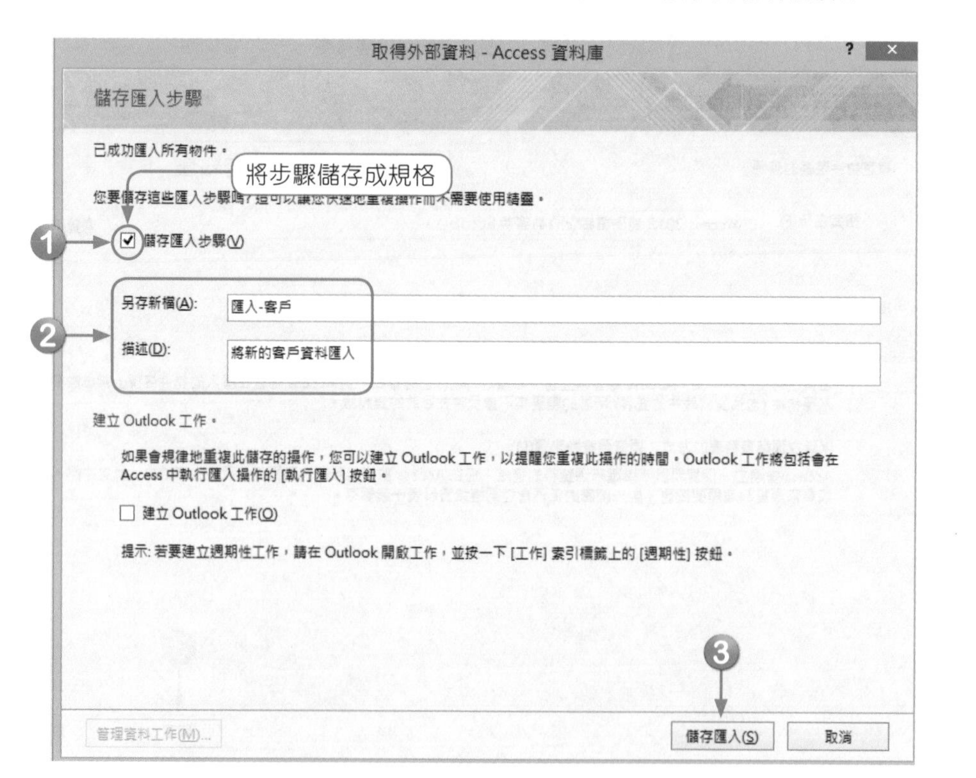

»STEP5 匯入後，在功能窗格中建立了「客戶1」資料表。

若匯入的工作將來需要重複執行，方法如下：

- 在「外部資料」功能區的「匯入與連結」群組按一下「儲存的匯入」，選取要執行的工作，再按「執行」即可。

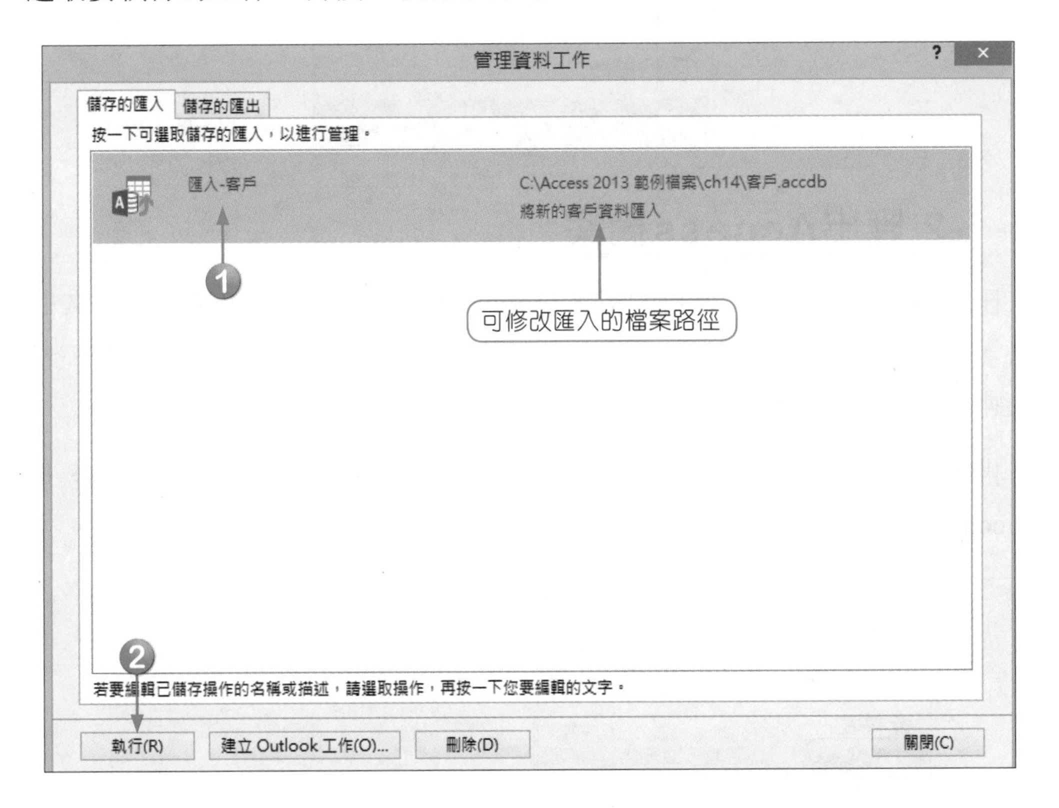

在步驟2若選取第2項「以建立連結資料表的方式，連結至資料來源」，則會在功能窗格中建立連結資料表。

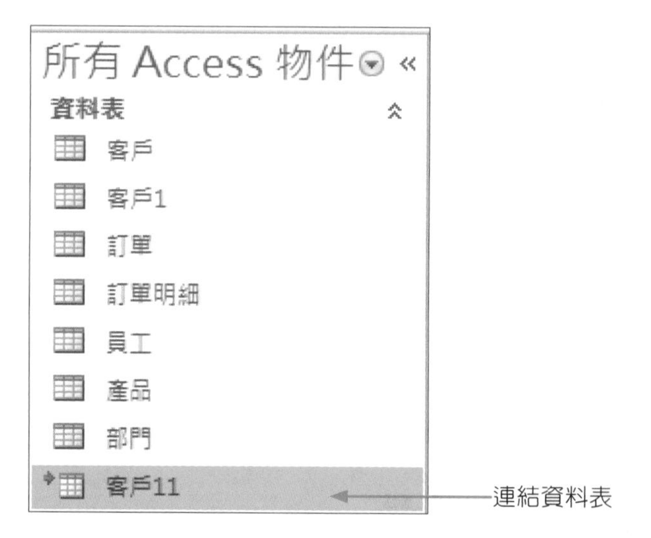

14-1-2 匯出Access檔案

匯出資料庫物件時，若目的檔案有相同的物件名稱時，可選擇另取名稱。另外，匯出資料表時，可選取「只匯出資料表的定義」，或「定義和資料一起匯出」兩種選項。

開啟資料庫檔案「Ch14.accdb」，要將「客戶」資料表匯出至「客戶.accdb」，方法如下：

» STEP1 在功能窗格中，按一下要匯出的「客戶」資料表。

» STEP2 在「外部資料」功能區的「匯出」群組，按一下「Access」。

» STEP3　按「瀏覽（R）…」，選取ch14資料夾，輸入要匯出的Access資料庫檔案「客戶.accdb」，按「確定」。

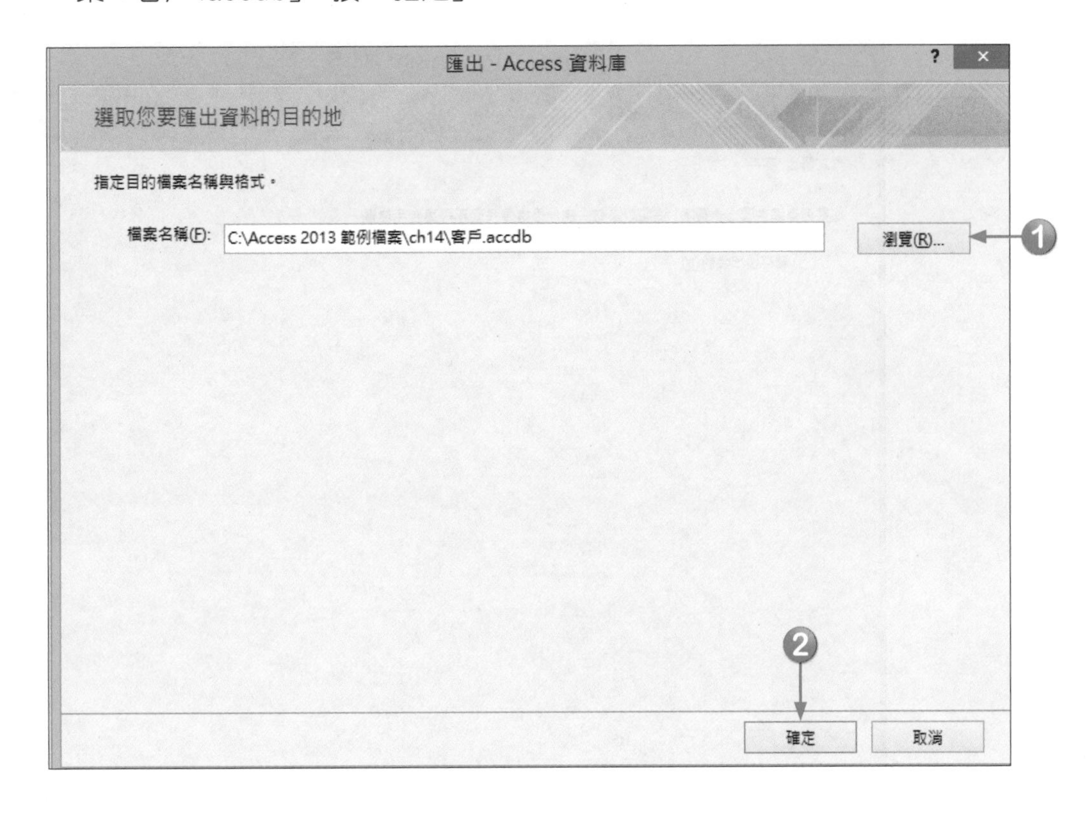

» STEP4　若是匯出資料表，則可選取要匯出資料庫物件的方式，按「確定」。

匯出
匯出客戶至:
客戶
在客戶.accdb
匯出資料表
定義及資料(D)
只有定義(F)
確定
取消

»STEP5 按「關閉」即完成資料庫物件的匯出（若選取「儲存匯出步驟」，可將匯出動作儲存成規格）。

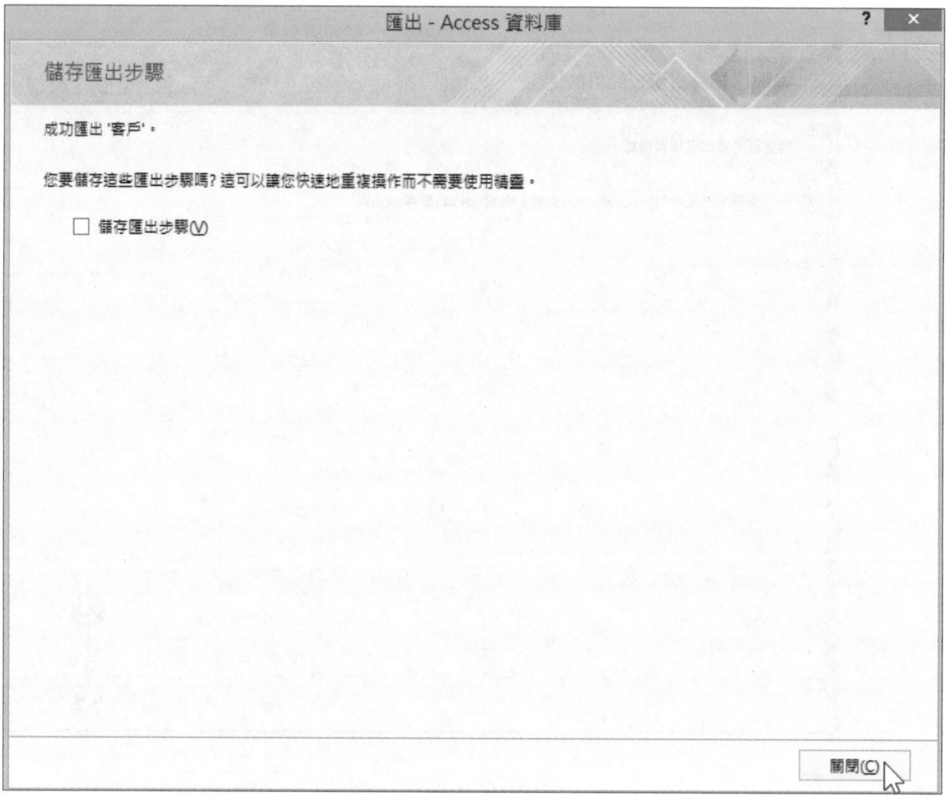

匯出 - Access 資料庫

儲存匯出步驟

成功匯出 '客戶'。

您要儲存這些匯出步驟嗎? 這可以讓您快速地重複操作而不需要使用精靈。

☐ 儲存匯出步驟(V)

關閉(C)

14-2 匯入/匯出Excel檔案

14-2-1 匯入Excel

可將Excel工作表資料匯入為「資料表」物件。

開啓資料庫檔案「Ch14.accdb」，要將Excel檔案「客戶2.xls」匯入至「客戶」資料表中，方法如下：

»STEP1 在「外部資料」功能區的「匯入與連結」群組按一下「Excel」。

»STEP2 選取要匯入的Excel檔案，匯入方式與位置有三個選項：

- 第1項：建立新的資料表。若資料庫已存在同名的物件，則可選擇直接覆寫。
- 第2項：將Excel工作表資料直接匯入所選取的資料表中。

● 第3項：只建立資料表的連結。

本例選取第2項，匯入至「客戶」資料表。

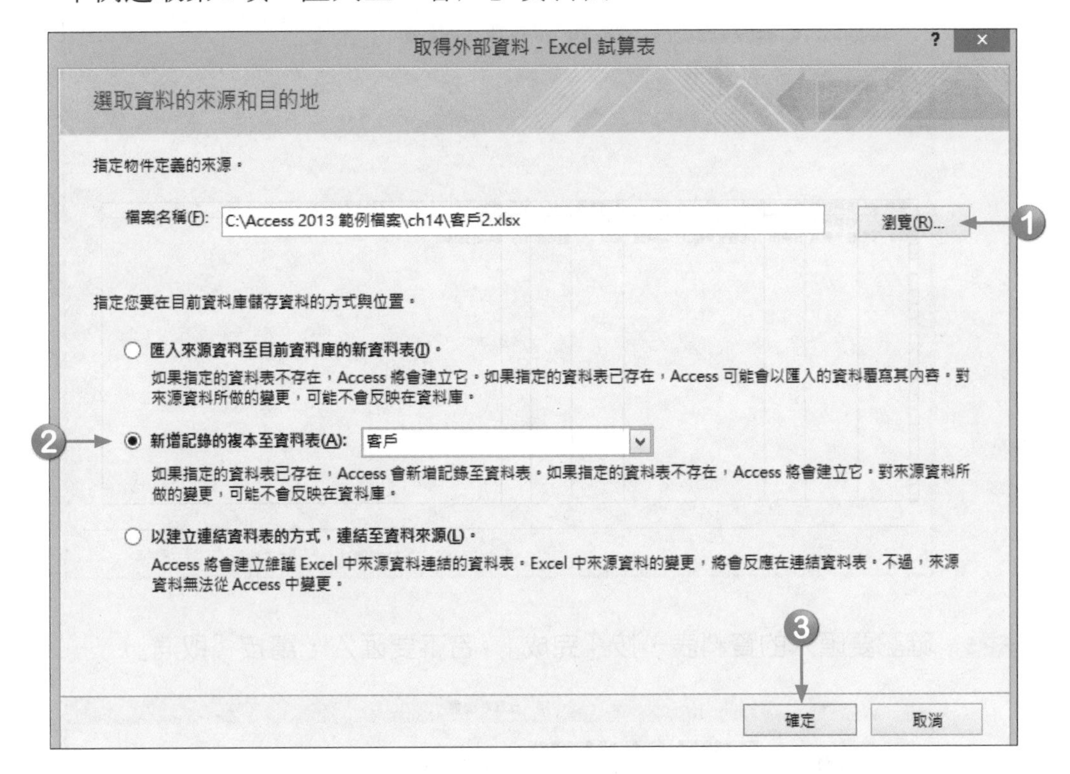

» STEP3 選取要匯入的工作表或範圍名稱，直接按「下一步」。

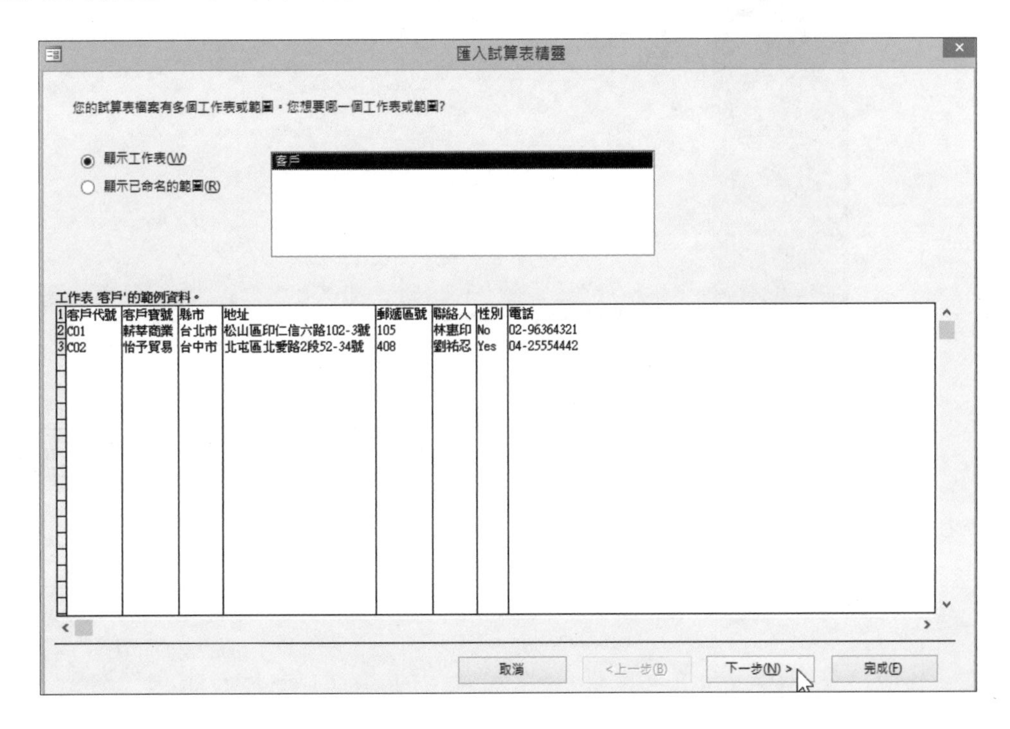

»STEP4 確認第一列是否為欄位名稱，直接按「下一步」。

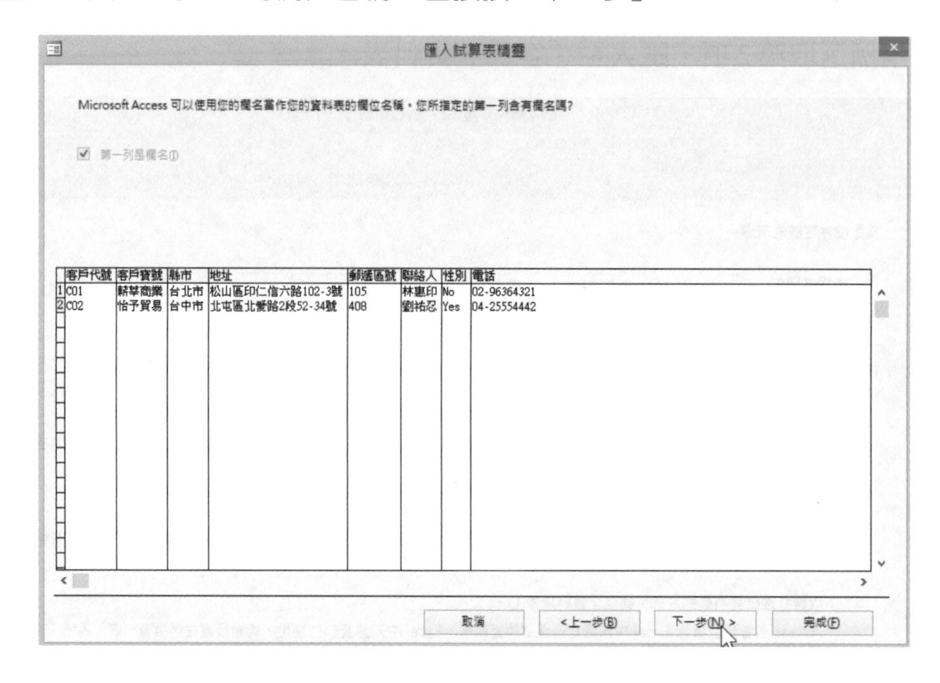

»STEP5 確認要匯入的資料表，按「完成」(若不要匯入，請按「取消」)。

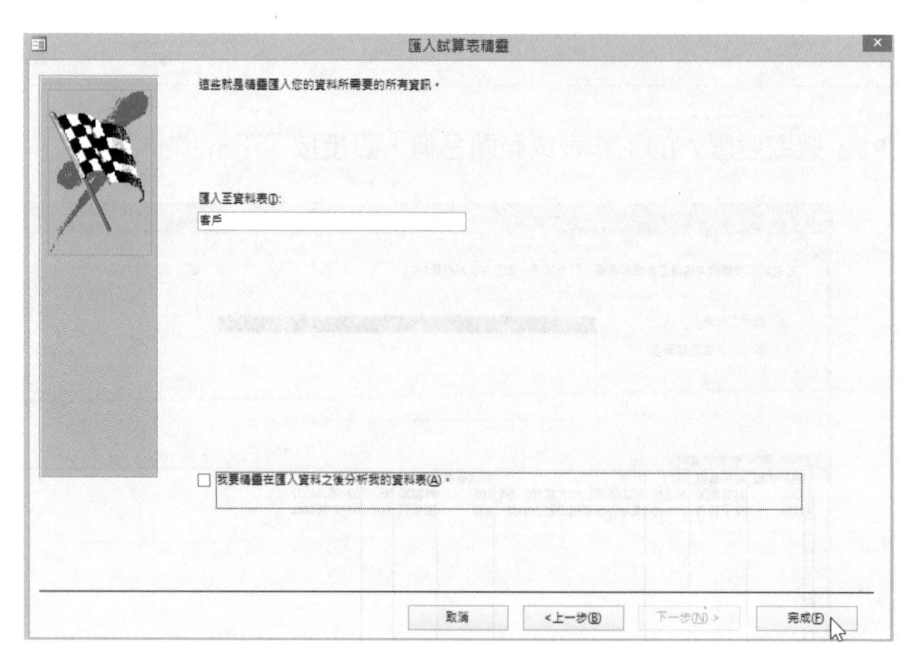

STEP6 按「關閉」。

匯入後，可開啓「客戶」資料表，檢視記錄。

客戶代號	客戶寶號	縣市	地址	郵遞區號	聯絡人	性別	電話
A01	語田貿易	台北市	松山區印仁信五路102-3號	105	陳務宜	☑	02-96346531
A02	綠構商行	桃園市	中壢區太治北路17號	320	劉認珊	☐	03-8620401
A03	台園國際	台中市	南屯區一忠路2段30號	408	吳匯于	☐	04-46302542
A04	鼎蹟商業	高雄市	鼓山區耘耕路603號	813	朱悉信	☑	07-7241277
A05	齊昂商行	新北市	板橋區金威路254號1樓	220	劉凱晉	☑	02-23523512
C01	薪莘商業	台北市	松山區印仁信六路102-3號	105	林惠印	☐	02-96364321
C02	怡予貿易	台中市	北屯區北愛路2段52-34號	408	劉祐忍	☑	04-25554442

匯入的記錄

14-2-2 匯出Excel

可將「資料表」物件匯出為Excel的活頁簿檔案。

開啓資料庫檔案「Ch14.accdb」，要將「客戶」資料表匯出至Excel檔案「客戶.xlsx」，方法如下：

STEP1 在功能窗格中按一下要匯出的「客戶」資料表。

STEP2 在「外部資料」功能區的「匯出」群組，按一下「Excel」。

STEP3 按「瀏覽（R）…」，指定要匯出的Excel活頁簿檔案名稱與檔案格式，按「確定」。

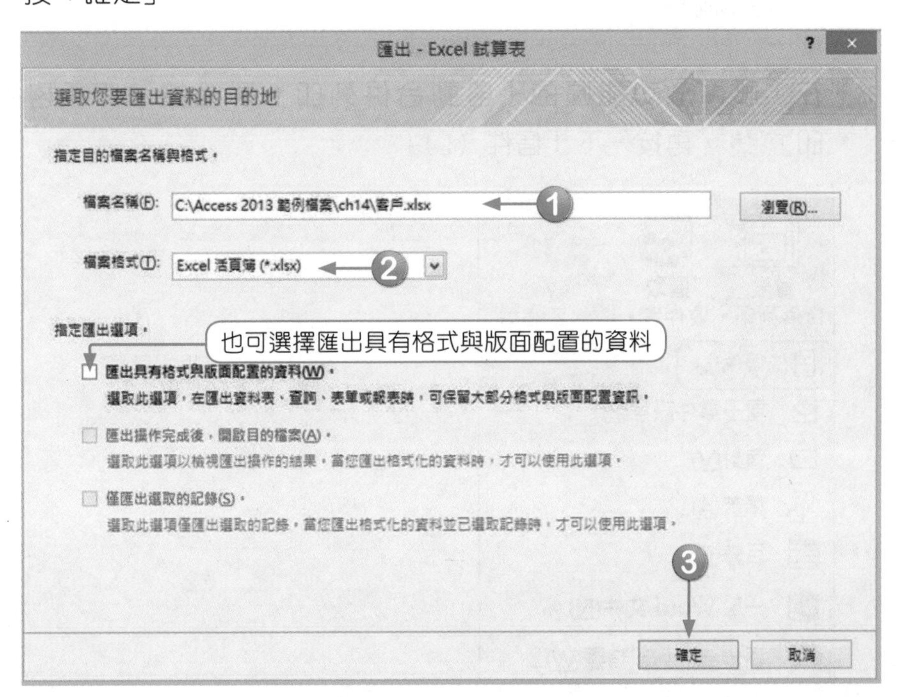

»STEP4 按「關閉」，即完成Excel活頁簿檔案的匯出（若選取「儲存匯出步驟」，則可將匯出工作儲存成規格）。

14-3 結合Word合併列印

Word文件可結合Access資料庫，將「資料表」或「查詢」當成資料來源。例如，要寄發說明會邀請函給客戶，邀請函的內容相同，只有部分資料不同。在下述例子當中，只有客戶名稱不同，若客戶名稱已經儲存於Access資料庫中，就可以使用「與Microsoft Office Word合併」功能，將客戶名稱分別自動插入Word文件中，產生要寄發的邀請函。

使用ch14資料夾中的Word檔案「邀請函.docx」，結合Access檔案「Ch14.accdb」中的「客戶」資料表，自動產生要寄發的邀請函。方法如下：

»STEP1 開啓Microsoft Office Word 2013，開啓ch14資料夾中的「邀請函.docx」。

先生/女士：

本公將於1月2日上午在台北國際會議中心舉行「家用電器說明會」研討會，現場將邀請電高公司、頂科公司等重量級廠商發表針對家用電器新技術與發展現況發表演說。

»STEP2 在「郵件」功能區的「啓動合併列印」群組按一下「啓動合併列印」，再按一下「信件（L）」。

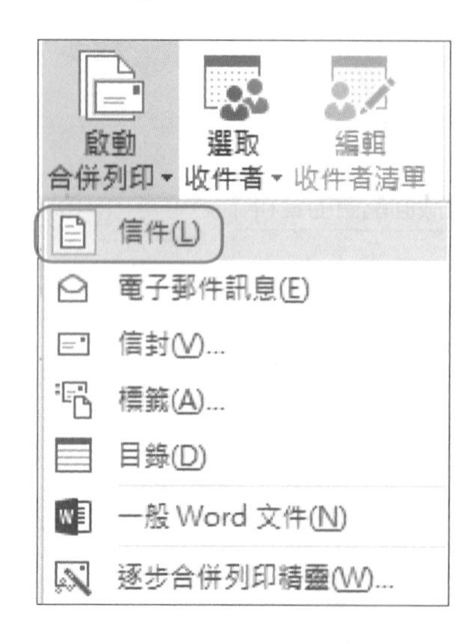

» STEP3　在「郵件」功能區的「啓動合併列印」群組，按一下「選取收件者」，再按一下「使用現有清單（E）…」，接著選取本書範例檔案ch14資料夾中的「ch14.accdb」。

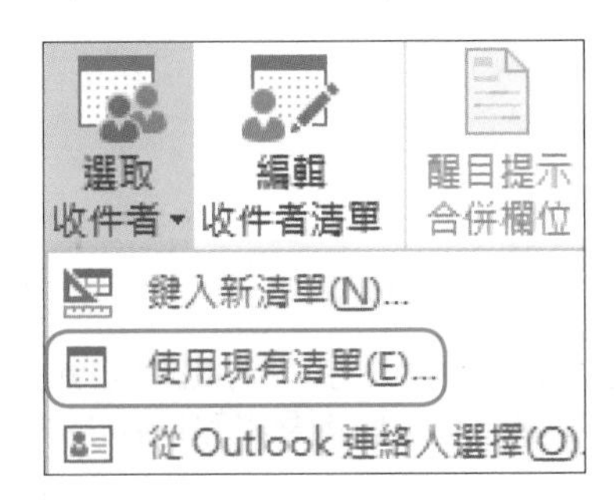

» STEP4　選取「客戶」，按「確定」。

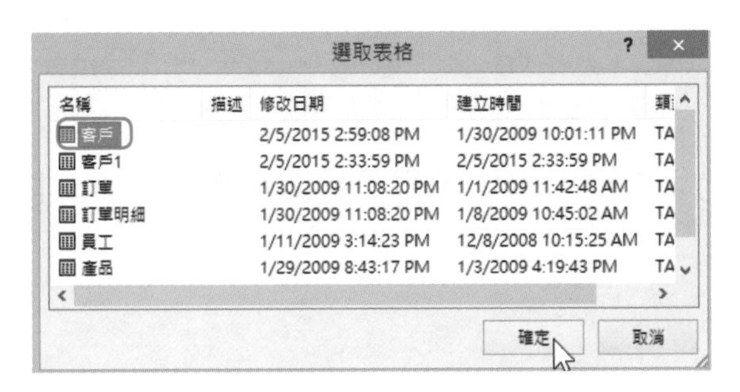

» STEP5　在「郵件」功能區的「啓動合併列印」群組內的「編輯收件者清單」，可調整收件者清單內容（例如排序和篩選），按「確定」。

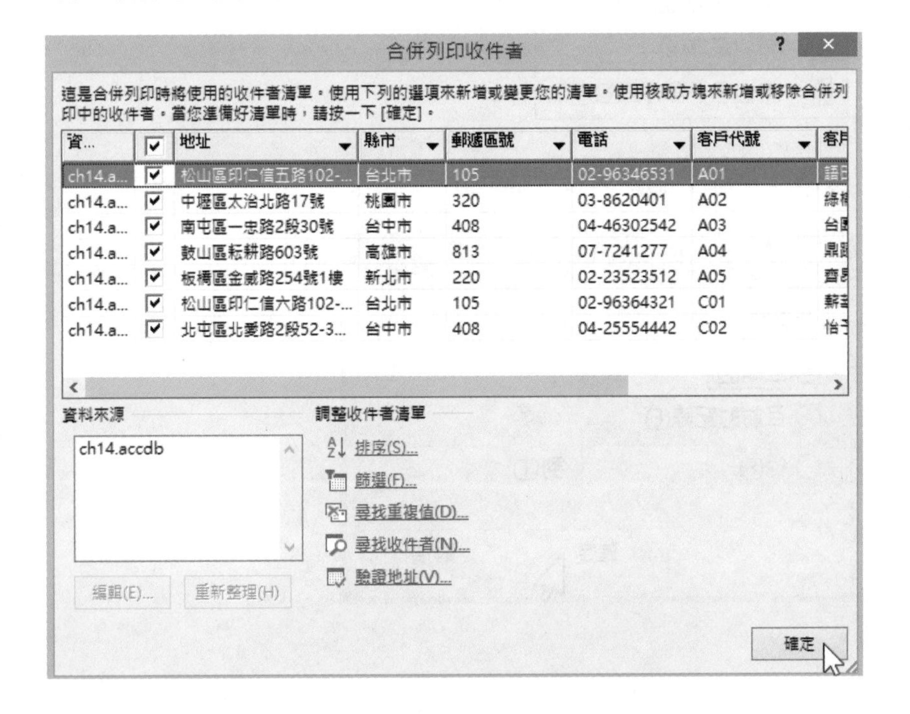

»STEP6 在「先生/女士」左邊按一下，在「郵件」功能區的「書寫與插入欄位」群組，在「插入合併欄位」下拉式清單中選取「連絡人」欄位。

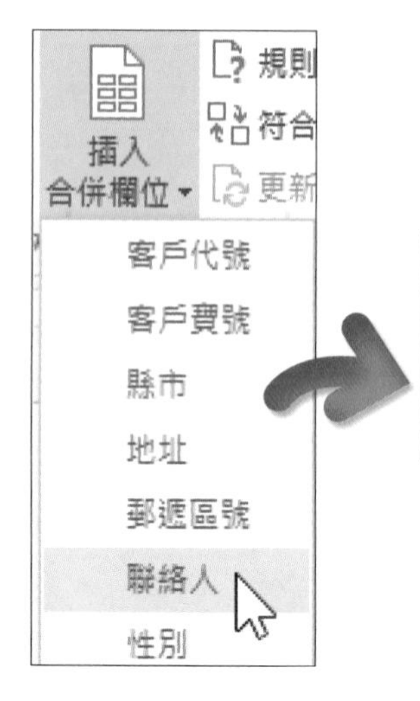

»STEP7 在「郵件」功能區的「完成」群組選取「完成與合併」中的「編輯個別文件（E）…」。

»STEP8 選取「全部」記錄，按「確定」。

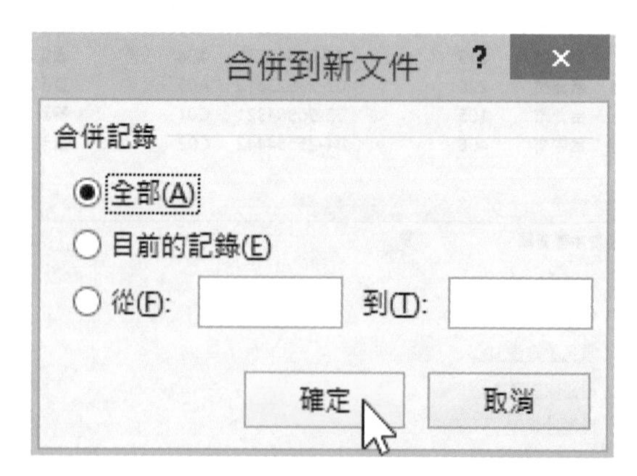

» STEP9 即可產生一份合併文件。

陳務宜先生/女士：

連絡人由收件者清單而來

本公將於 1 月 2 日上午在台北國際會議中心舉行「家用電器說明會」研討會，現場將邀請電高公司、頂科公司等重量級廠商發表針對家用電器新技術與發展現況發表演說。

14-4 匯入/匯出HTML

HTML（HyperText Markup Language）稱爲超文件標示語言，是設計網頁最基本的語言。單純使用HTML設計的網頁，是屬於靜態的網頁。

HTML是由SGML（標準通用標示語言）發展而來，經全球資訊網聯盟（W3C）發佈與維護，Web瀏覽器如Internet Explorer、FireFox、Chrome…等等皆能解譯HTML文件。

HTML提供標記元素的使用，範例如下：

```
<HTML>
<HEAD>
<META HTTP-EQUIV="Content-Type" CONTENT="text/html; charset=big5">
<TITLE> 部門 </TITLE>
</HEAD>
<BODY>
<TABLE BORDER=1>
<CAPTION> 部門 </CAPTION>
<TR><TH> 部門代號 </TH><TH> 部門名稱 </TH></TR>
<TR><TD>6</TD><TD> 管理部 </TD></TR>
<TR><TD>7</TD><TD> 研發部 </TD></TR>
<TR><TD>8</TD><TD> 電腦室 </TD></TR>
</TABLE>
</BODY>
</HTML>
```

▲「部門2.html」原始檔

在Internet Explorer開啓「部門2.html」，畫面如下：

部門

部門代號	部門名稱
6	管理部
7	研發部
8	電腦室

▲ 在Internet Explorer 開啓「部門2.html」

14-4-1 匯入HTML

開啓資料庫檔案「Ch14.accdb」，要將HTML檔案「部門2.html」匯入至「部門」資料表中，方法如下：

» STEP1 在「外部資料」功能區的「匯入與連結」群組按一下「其他」，再按一下「HTML文件（H）」。

» STEP2 按「瀏覽（R）…」，選取ch14資料夾中要匯入的HTML檔案「部門2.html」，選第2項，按「確定」。

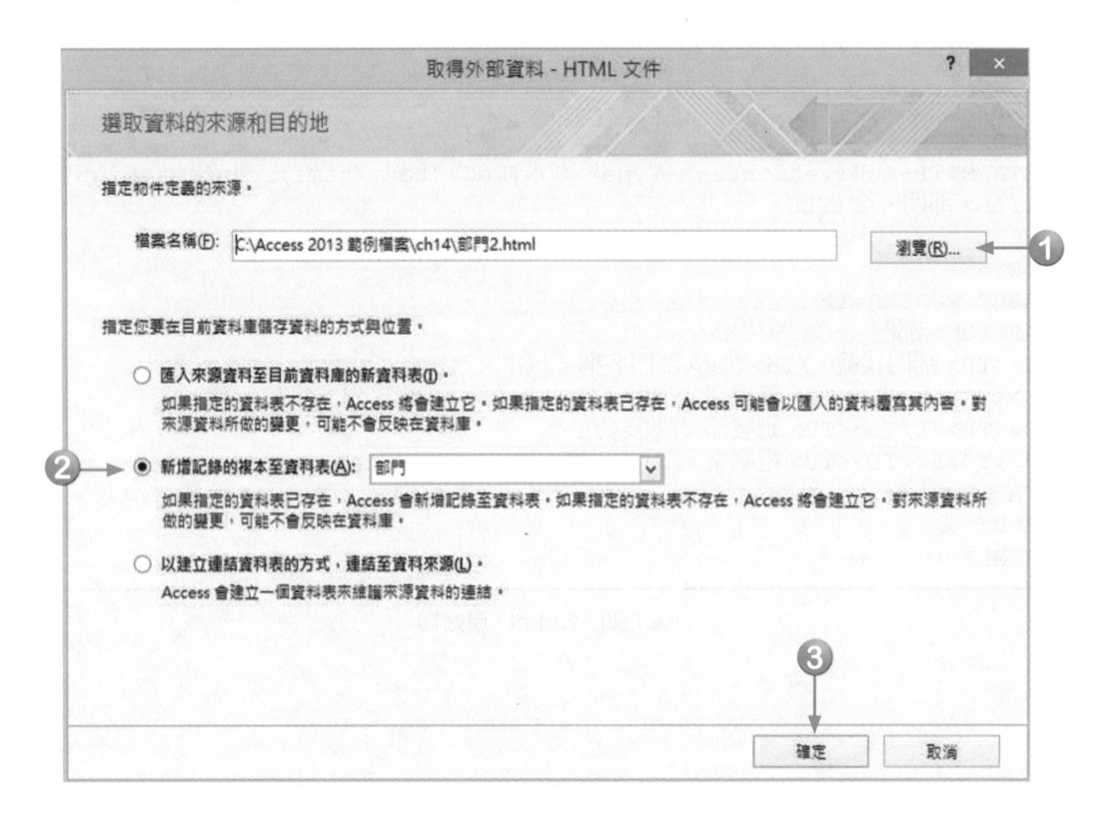

STEP3 選取「第一列是欄名」，按「下一步」。

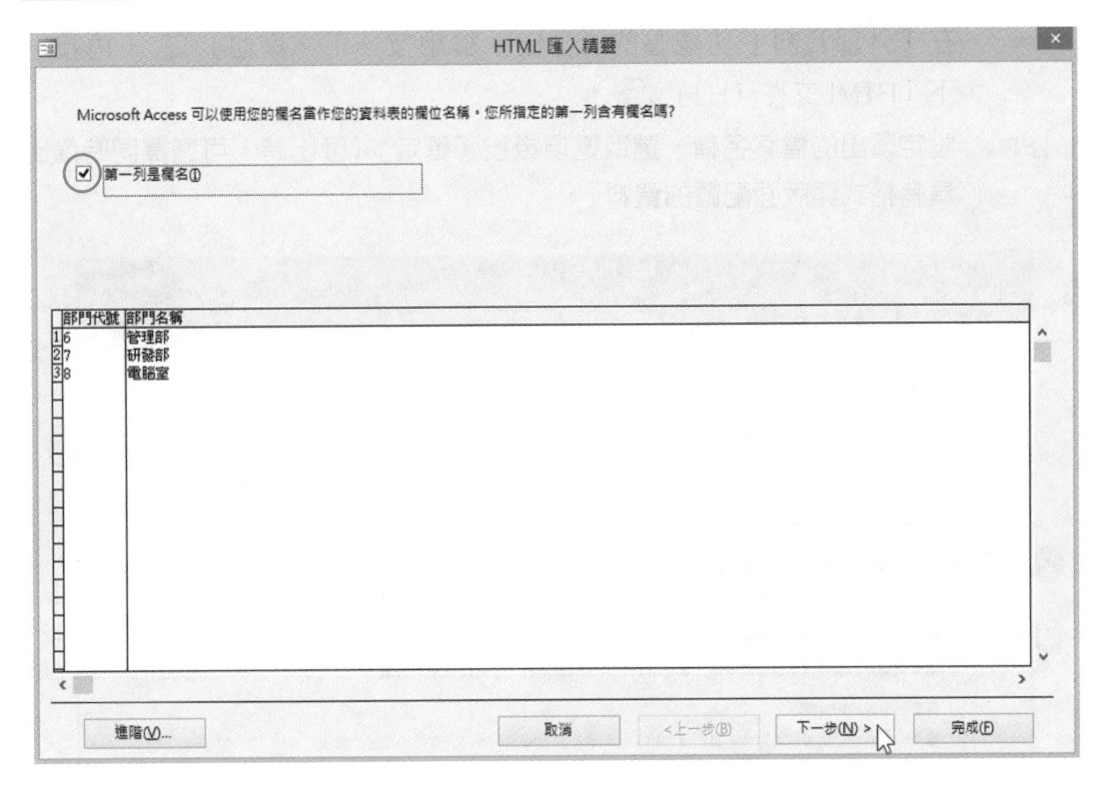

STEP4 確認要匯入的資料表「部門」，按「完成」，再按「關閉」，即可匯入3筆記錄。

STEP5 開啓「部門」資料表，已匯入3筆記錄。

部門代號	部門名稱
1	總經理室
2	業務部
3	會計部
4	人事部
5	採購部
6	管理部
7	研發部
8	電腦室

14-4-2 匯出HTML

開啓資料庫檔案「Ch14.accdb」，將「部門」資料表匯出成HTML檔案「部門.html」，方法如下：

»STEP1 在功能窗格中，按一下要匯出的「部門」資料表。

»STEP2 在「外部資料」功能區的「匯出」群組按一下「其他」，再按一下「HTML文件（H）」。

»STEP3 設定匯出的檔案名稱，選取選項後按「確定」(匯出時，可選擇同時匯出具有格式與版面配置的資料)。

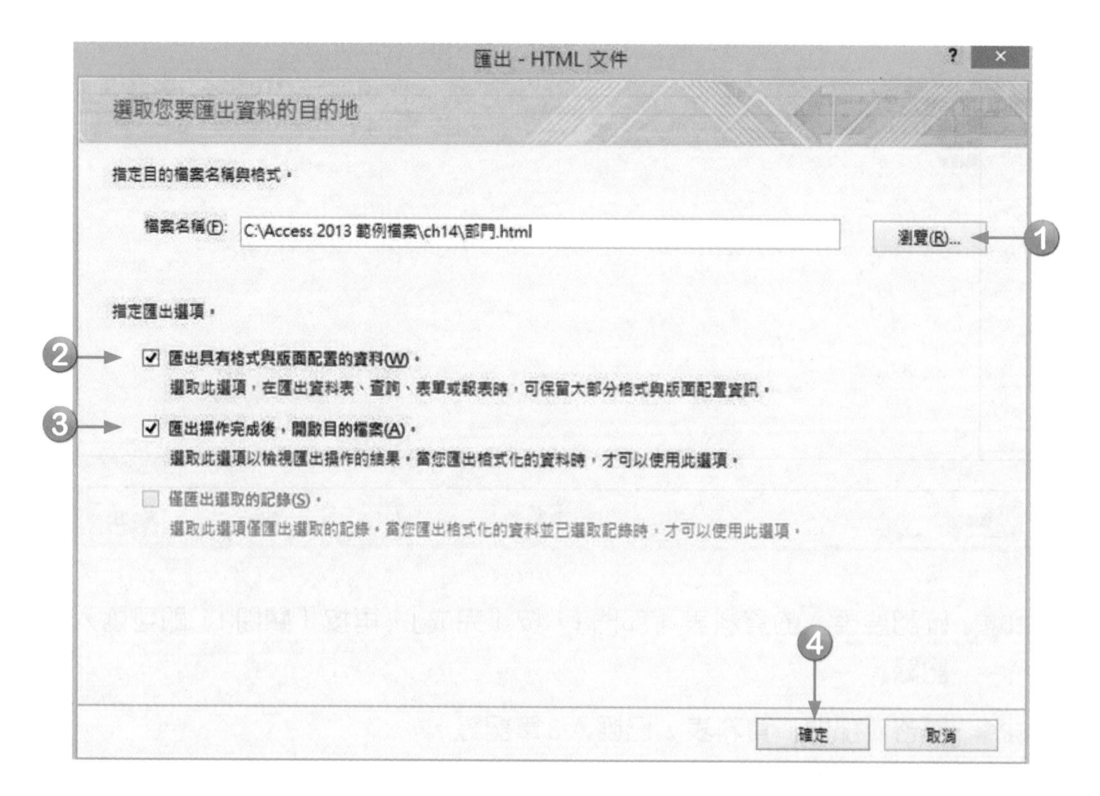

»STEP4 選擇檔案的編碼方式，按「確定」。

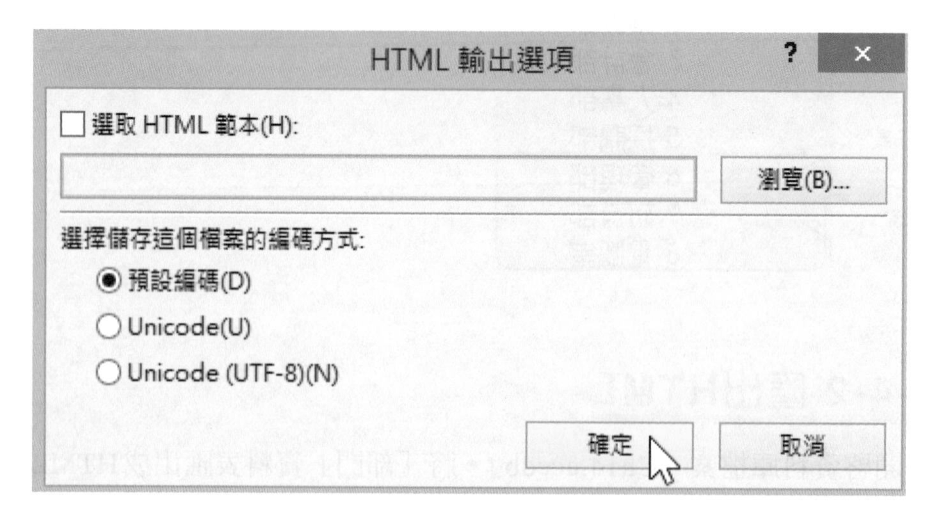

STEP5 按「關閉」，下圖為Web瀏覽器(IE)開啓HTML檔案「部門.html」的畫面。

部門

部門代號	部門名稱
1	總經理室
2	業務部
3	會計部
4	人事部
5	採購部
6	管理部
7	研發部
8	電腦室

14-5 匯入/匯出XML

由於HTML超文件標示語言不容易定義資料，擴充性和易讀性都不佳；而XML（eXtensible Markup Language）可延伸標記語言解決了HTML的問題，常用於企業間的資料交換。

XML使用一組標記來描述資料的項目，XML並無法取代HTML。HTML較適合顯示資料；而XML則適合描述資料。

Access除了可以匯入與匯出XML檔案，同時也支援結構描述檔（XML Schema Definition；XSD）和可擴展的樣式語言（eXtensible Style Language；XSL）。結構描述檔（XSD）爲用來規範XML文件的資料結構與型態的定義檔；而可擴展的樣式語言（XSL）爲版面描述的標示語言，定義了XML資料的版面規劃與呈現方式。

下圖為「客戶資料.xml」檔案內容：

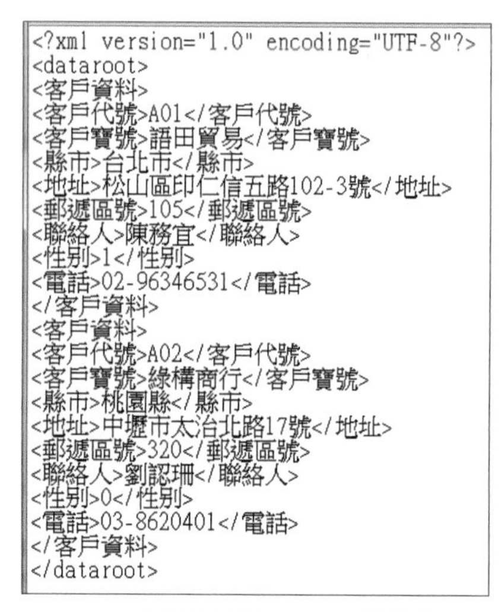

```
<?xml version="1.0" encoding="UTF-8"?>
<dataroot>
<客戶資料>
<客戶代號>A01</客戶代號>
<客戶寶號>語田貿易</客戶寶號>
<縣市>台北市</縣市>
<地址>松山區印仁信五路102-3號</地址>
<郵遞區號>105</郵遞區號>
<聯絡人>陳務宜</聯絡人>
<性別>1</性別>
<電話>02-96346531</電話>
</客戶資料>
<客戶資料>
<客戶代號>A02</客戶代號>
<客戶寶號>綠構商行</客戶寶號>
<縣市>桃園縣</縣市>
<地址>中壢市太治北路17號</地址>
<郵遞區號>320</郵遞區號>
<聯絡人>劉認珊</聯絡人>
<性別>0</性別>
<電話>03-8620401</電話>
</客戶資料>
</dataroot>
```

▲「客戶資料.xml」原始檔

14-5-1 匯入XML

開啓資料庫檔案「Ch14.accdb」，匯入XML檔案「客戶資料.xml」，以產生新資料表「客戶資料」，方法如下：

» STEP1 在「外部資料」功能區的「匯入與連結」群組按一下「XML檔案」。

» STEP2 按「瀏覽（R）…」，選取ch14資料夾中要匯入的「客戶資料.xml」，按「確定」。

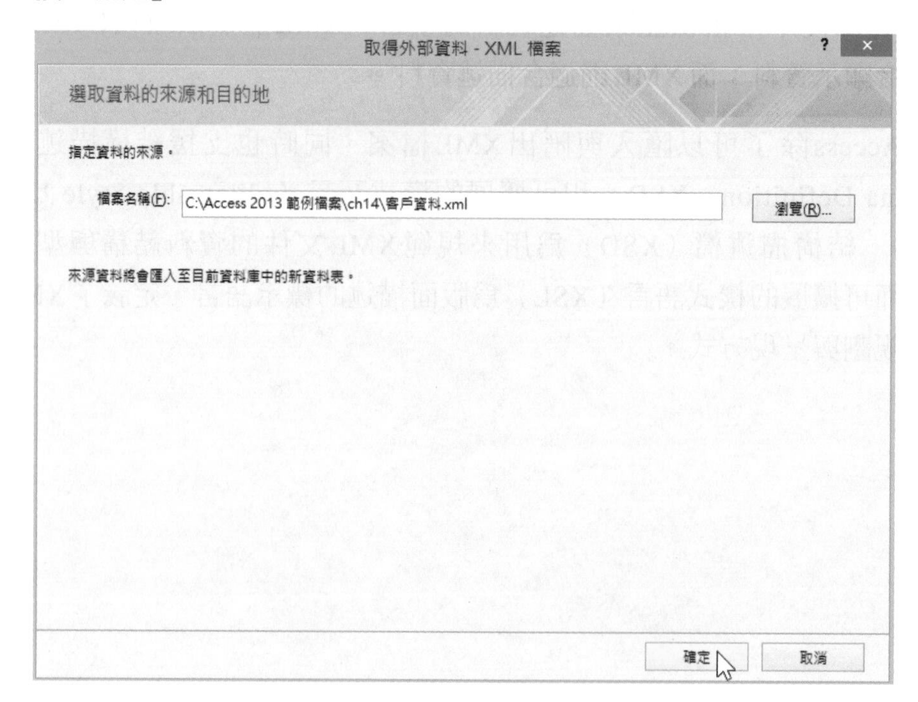

STEP3 可選擇「匯入選項」按「確定」。

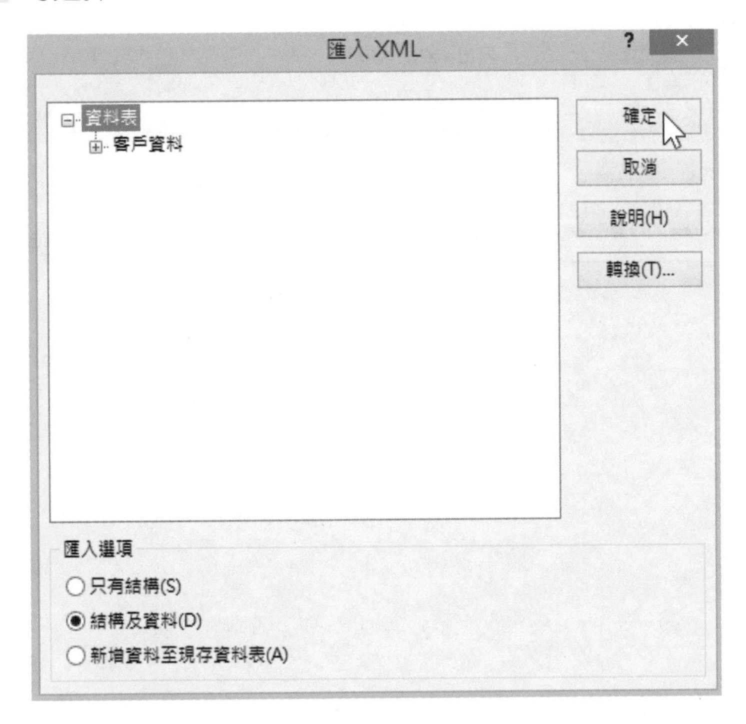

STEP4 按「關閉」，即完成資料的匯入。開啟「客戶資料」資料表，如下圖所示：

客戶代號	客戶寶號	縣市	地址	郵遞區號	聯絡人	性別	電話
A01	語田貿易	台北市	松山區印仁信五路102-3號	105	陳務宜	1	02-96346531
A02	綠構商行	桃園市	中壢區太治北路17號	320	劉認珊	0	03-8620401

14-5-2 匯出XML

開啟資料庫檔案「Ch14.accdb」，將「客戶資料」資料表匯出成XML檔案「客戶資料-2.xml」，方法如下：

STEP1 在「功能窗格」中按一下「客戶資料」資料表。

STEP2 在「外部資料」功能區的「匯出」群組，按一下「XML檔案」。

» **STEP3** 指定要匯出資料的路徑和檔案名稱「客戶資料-2.xml」，按「確定」。

匯出 - XML 檔案

選取您要匯出資料的目的地

指定目的檔案名稱與格式。

檔案名稱(F): C:\Access 2013 範例檔案\ch14\客戶資料-2.xml 瀏覽(R)...

確定 取消

» **STEP4** 選取要匯出的資料的檔案格式，按「確定」。

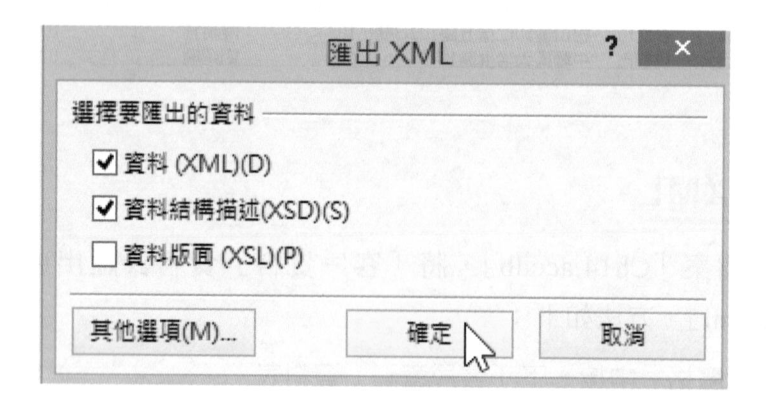

» **STEP5** 按「關閉」即完成資料的匯出。

匯出檔案包含「客戶資料-2.xml」和「客戶資料-2.xsd」。

本章習題

❖選擇題

(　)1. Access可匯入的檔案格式，包含 (A)Microsoft Office Word (B)Microsoft Office Excel (C)HTML文件 (D)PDF。

(　)2. Access可匯出的檔案格式，包含 (A)RTF (B)Microsoft Office Excel (C)HTML文件 (D)Outlook資料夾。

(　)3. 以下敘述，何者正確？ (A)Access可匯入電子郵件 (B)Access可匯入XML (C)Access資料庫可結合Word合併列印 (D)資料庫可結合Powerpoint合併列印。

(　)4. Access資料庫結合Word合併列印時，(A)可排序 (B)不可排序 (C)可篩選 (D)不可篩選　收件者清單。

(　)5. 匯出XML檔可選擇那些要匯出的資料 (A)DDC (B)XML (C)XSD (D)XSL。

❖實作題

開啓資料庫「ex14.accdb」

1. 以連結方式匯入「訂單.accdb」的所有「資料表」。
2. 使用「salary.docx」和「ex14.accdb」中的「員工」資料表，應用MS Word 2013「合併列印」功能產生所有員工的「員工薪資表.docx」文件檔(合計11頁)。

民國 101 年 01 月

員工薪資表

員工姓名	職稱	月薪
陳予議	總經理	100000

民國 101 年 01 月

員工薪資表

員工姓名	職稱	月薪
陳祈庭	會計助理	25000

民國 101 年 01 月

員工薪資表

員工姓名	職稱	月薪
劉羽慶	人事經理	60000

NOTE

Access 2013

資料庫工具的應用

學會了Access資料庫物件的使用，別忽略了還有一些好用和重要的資料庫工具，可以協助我們應用及管理資料庫。本章將說明在資料庫系統中重要的資料庫工具及用法。

學習目標

- 15-1 分割資料庫
- 15-2 轉換資料庫
- 15-3 壓縮及修復資料庫
- 15-4 資料庫以密碼加密
- 15-5 分析執行效能
- 15-6 資料庫文件產生器
- 15-7 建立Web App 應用程式

學會了Access資料庫物件的使用，可別忽略了還有一些好用和重要的資料庫工具，可以協助我們應用及管理資料庫。本章將說明在資料庫系統中重要的資料庫工具及用法。

15-1 分割資料庫

若要建立一個資料管理的共享環境，可透過網路來分享資料庫中的資料，因此可將資料庫分割為前端資料庫和後端資料庫。

前端資料庫：包含查詢、表單、報表物件和VBA程式，存取資料則透過連結資料表連結至後端資料庫。前端資料庫放置於使用者電腦中，每位使用者必須擁有前端資料庫檔案複本，檔案類型為.accdb。若要防止使用者任意變更資料庫的物件，可將前端資料庫檔案（accdb檔案）儲存為純執行檔案（accde檔案）。在純執行檔案（accde檔案）中使用者無法變更查詢、表單、報表物件內容，VBA程式也經過編譯，無法呈現VBA的原始程式碼。

後端資料庫：包含資料表物件，通常放置於後端伺服器中，提供給使用者分享資料，後端伺服器中可依使用者的角色，設定適當的安全性權限管理。

分割資料庫的優點：

- 提高傳輸效能：網路上只傳輸資料表中的資料，而不含其他物件（例如查詢、表單、報表物件和VBA程式）。
- 可用性更高：因為只會在網路上傳送資料，所以完成資料庫交易(例如記錄編輯)的速度會更快，使編輯資料變得更容易。
- 提高資料安全性：因後端伺服器擁有較完善的安全性權限管理功能，較易於防止使用者不當使用資料，或惡意的入侵者竊取資料庫中的資料。
- 提高資料可靠性：使用者端的電腦若故障，不會影響其他使用者的作業。後端伺服器只要做好完善的資料備援作業，萬一後端伺服器有任何問題，可以迅速的復原。
- 彈性化的開發環境：因為每一位使用者都是使用前端資料庫的本機複本，每一個使用者都可以獨立開發查詢、表單、和其他資料庫物件，而不會影響其他使用者。

分割資料庫前，應先備份資料庫，因資料庫分割後無法自動還原，若資料庫分割後，再決定不分割資料庫，才有備份的原資料庫可以使用。

若要將資料庫「Ch15.accdb」分割爲前端資料庫「Ch15.accdb」和後端資料庫「Ch15_be.accdc」(Access Signed Package)，請開啓資料庫檔案「Ch15.accdb」，方法如下：

» STEP1 在「資料庫工具」功能區的「移動資料」群組，按一下「Access資料庫」，將出現資料庫分割精靈。

» STEP2 按一下「分割資料庫」，以分割資料庫。若不分割資料庫，請按一下「取消」。

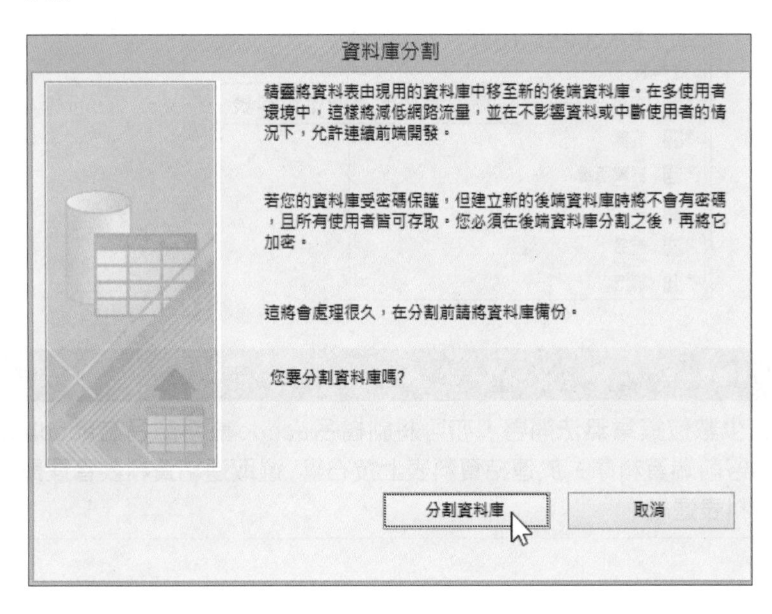

» STEP3 建立後端資料庫ch15_be，按一下「分割」。（可指定後端資料庫檔案的路徑和檔名）

»STEP4 資料庫分割後，按一下「確定」。

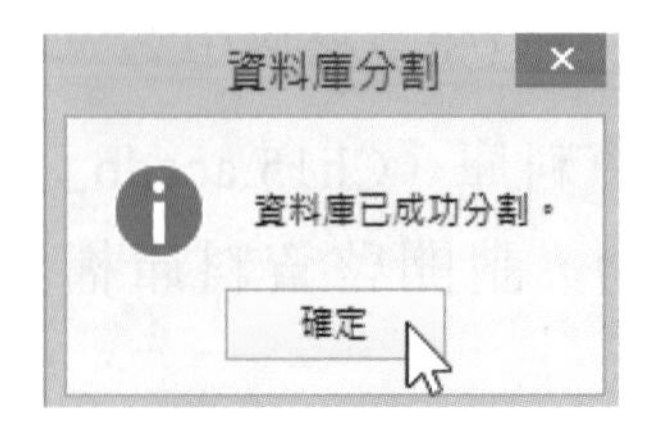

資料庫檔案「Ch15.accdb」已分割爲前端資料庫「Ch15.accdb」(資料表爲連結資料表）和後端資料庫「Ch15_be.accdc」(只保留資料表物件，因缺少數位簽章無法開啟，亦可將副檔名改爲accdb，請參考下方說明)。

說明。。。。

後端資料庫如缺少數位簽章無法開啓，亦可將副檔名accdc重新命名為accdb後，即可開啓。另外需開啓前端資料庫，於連結資料表上按右鍵，選取連結資料表管理員功能，以變更至正確的資料表連結。

15-2 轉換資料庫

Access 2013軟體除開啓此版本的資料庫檔案外，也可開啓舊的資料庫檔案，如Access 2000或Access 2002~2003資料庫檔案（.mdb）；但舊的Access軟體（Access 2007以前的版本程式）卻無法開啓Access 2007-2013的資料庫檔案（.accdb)。所以，可將.accdb檔案格式轉換爲.mdb檔案格式；但.accdb檔案內若含有新版新增的功能（如附件、多重值欄位、資料巨集、計算欄位資料類型、導覽控制項等)，將無法轉換。也可將舊的.mdb檔案格式轉換成Access 2007-2010的.accdb檔案格式，以支援新增的功能。

開啓資料庫檔案「Ch15-2.accdb」。要將.accdb檔案格式產生Access 2002~2003的.mdb檔案格式的複本，方法如下：

STEP1 選取「檔案」的「另存新檔」／「將資料庫儲存為」／「Access 2002-2003資料庫(*.mdb)」，按一下「另存新檔」。

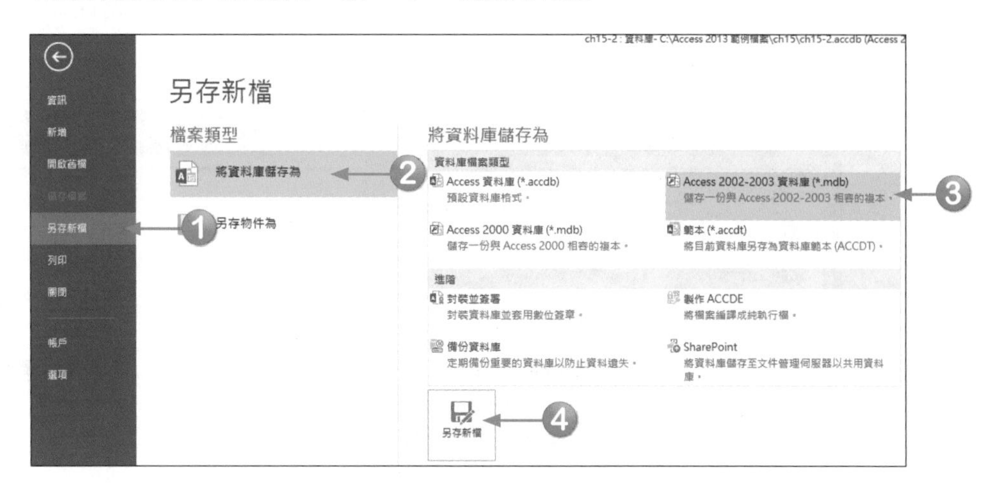

STEP2 按「儲存」，即可另存Access 2002~2003的檔案格式「Ch15-2.mdb」。

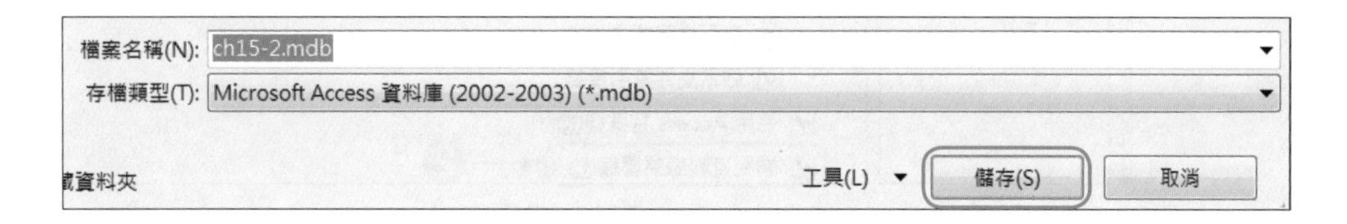

15-3 壓縮及修復資料庫

資料庫檔案在使用一段時間後，儲存於磁碟的位置會過於分散；刪除的記錄空間未回收；使用時，電源中斷或硬體發生問題而影響到資料庫檔案正常運作。解決以上問題皆可使用資料庫壓縮與修復功能。資料庫壓縮與修復功能，除可使資料庫正常運作外，還可以提昇資料庫運作的效能，避免磁碟空間的浪費。

經壓縮與修復的資料庫檔案會取代原始資料庫檔案。方法如下：

STEP1 開啓資料庫檔案「Ch15-2.accdb」(檔案大小776KB)。

STEP2 選取「檔案」的「資訊」／「壓縮及修復資料庫」。

STEP3 關閉資料庫檔案後，資料庫檔案即被壓縮。

若資料庫檔案在每次關閉時，就要壓縮資料庫，其方法如下：

»STEP1 開啓資料庫檔案「Ch15-2.accdb」。

»STEP2 按一下「檔案」，按一下「選項」。

»STEP3 按一下「目前資料庫」選項類別，選取「關閉資料庫時壓縮」，按「確定」。

»STEP4 按「確定」，目前資料庫檔案需重啓，資料庫檔案壓縮功能才生效。

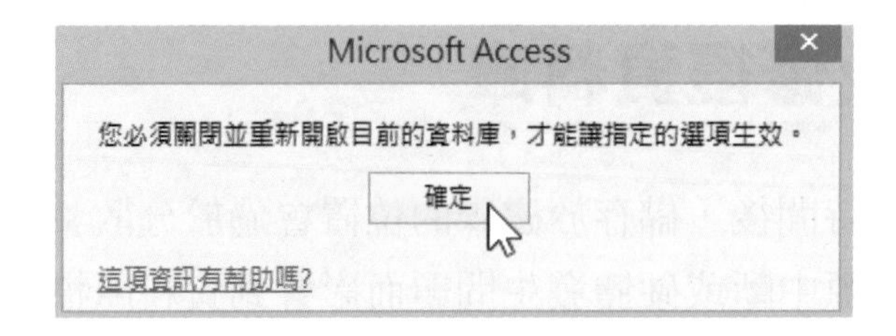

15-4 資料庫以密碼加密

為限制他人存取資料庫，可使用密碼加密，但資料庫檔案須先以獨佔式開啓，方能將資料庫檔案加密。

15-4-1 資料庫以密碼加密

以獨佔開啓資料庫檔案「Ch15-3.accdb」。方法如下：

» STEP1 按一下「檔案」的「關閉」，先關閉目前開啓的資料庫檔案。

» STEP2 按一下「開啓其他檔案」並選取要開啓的目的資料夾。

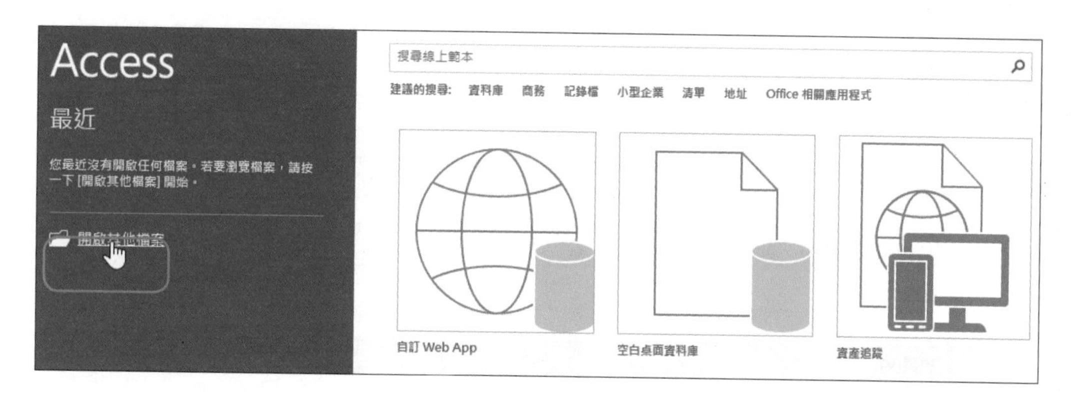

» STEP3 選取要開啓的資料庫檔案「Ch15-3.accdb」，以獨佔式開啓。

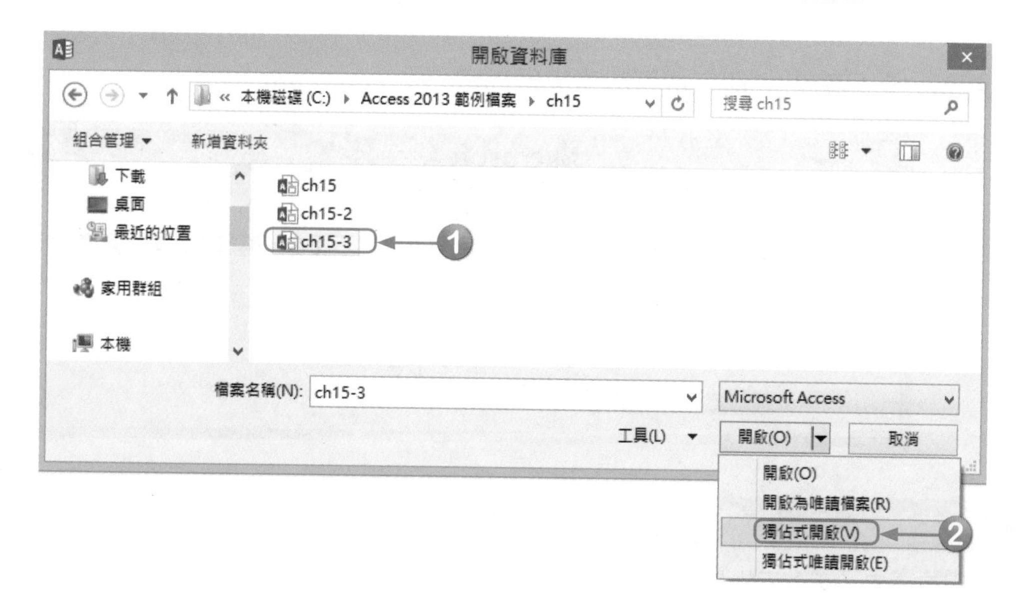

STEP4 按一下「檔案」的「資訊」／「以密碼加密」。

STEP5 輸入密碼後，按「確定」。（密碼與驗證必須相同，才能完成設定）

設定資料庫密碼

密碼(P):

****

驗證(V):

****

確定　取消

STEP6 按「確定」，即完成資料庫密碼加密。

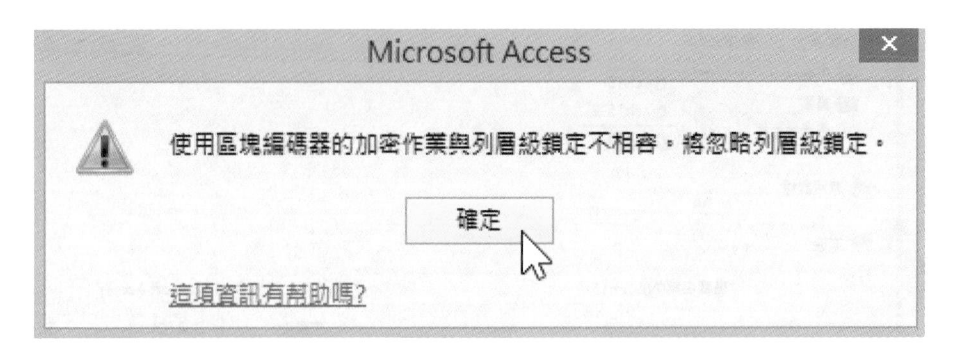

注意。。。。

密碼中若含英文字，大小寫須相符。

15-4-2 取消資料庫的密碼設定

要取消資料庫的密碼設定，請先以獨佔式開啓已加上密碼的資料庫檔案。方法如下：

STEP1 以獨佔式開啓已加上密碼的資料庫檔案「Ch15-3.accdb」。

STEP2 輸入正確資料庫密碼後，按「確定」。

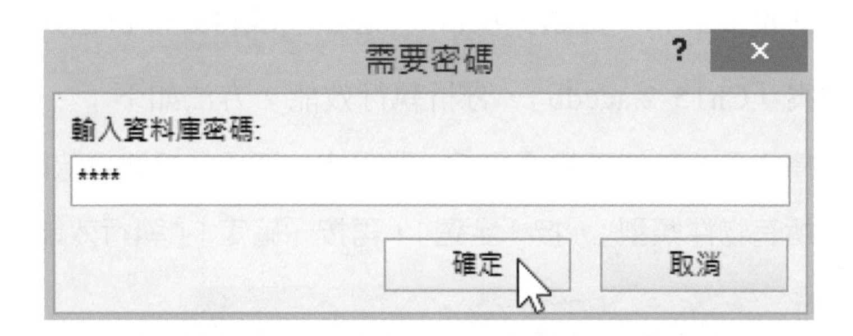

STEP3 按一下「檔案」的「資訊」／「解密資料庫」。

STEP4 輸入正確資料庫密碼後，按「確定」。

15-5 分析執行效能

Access 2013提供了資料庫的「分析執行效能」。Access依照指定的資料庫物件分析，來提供改進執行效能的建議。

「分析執行效能」總共提供三種分析結果：「推薦」、「建議」和「想法」。Access可協助執行「推薦」和「建議」項目。「想法」項目必須自己執行。

開啓資料庫檔案「Ch15-2.accdb」，分析執行效能。方法如下：

STEP1 在「資料庫工具」功能區的「分析」群組按一下「分析執行效能」。

STEP2 按一下「所有物件類型」，按「全選」，再按「確定」，執行效能分析。

STEP3 在「分析結果」項目中選取需要「最佳化」的項目，按「最佳化」，即可執行選取項目的最佳化，再按「關閉」結束（也可按「全選」，一次完成最佳化）。

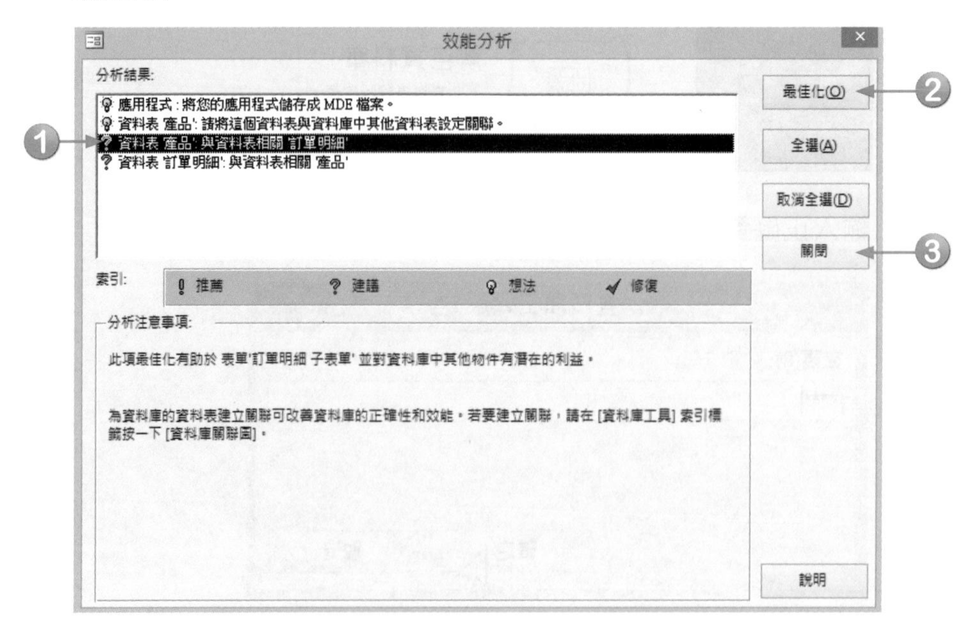

執行後「產品」和「訂單明細」資料表間即自動建立關聯。

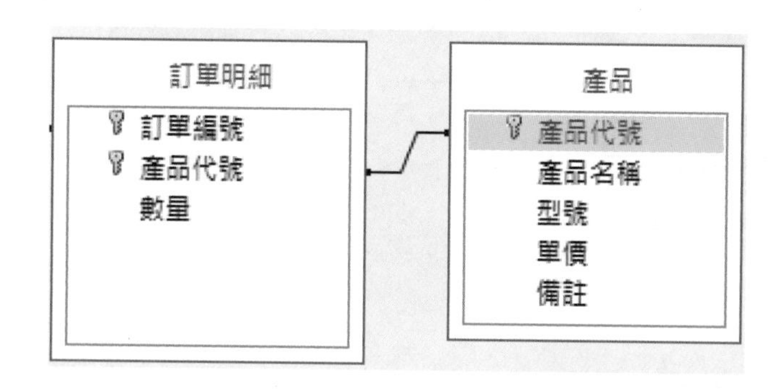

15-6 資料庫文件產生器

資料庫的管理往往是一個團隊的合作。因此，製作資料庫文件以支援團隊的合作也是必要的。設計好的資料庫物件，可以透過「資料庫文件產生器」，自動產生資料庫的相關文件。

開啓資料庫檔案「Ch15-2.accdb」，產生資料庫文件。方法如下：

STEP1 在「資料庫工具」功能區的「分析」群組，按一下「資料庫文件產生器」。

STEP2 選取要產生文件的資料庫物件後，按「選項（O）…」。

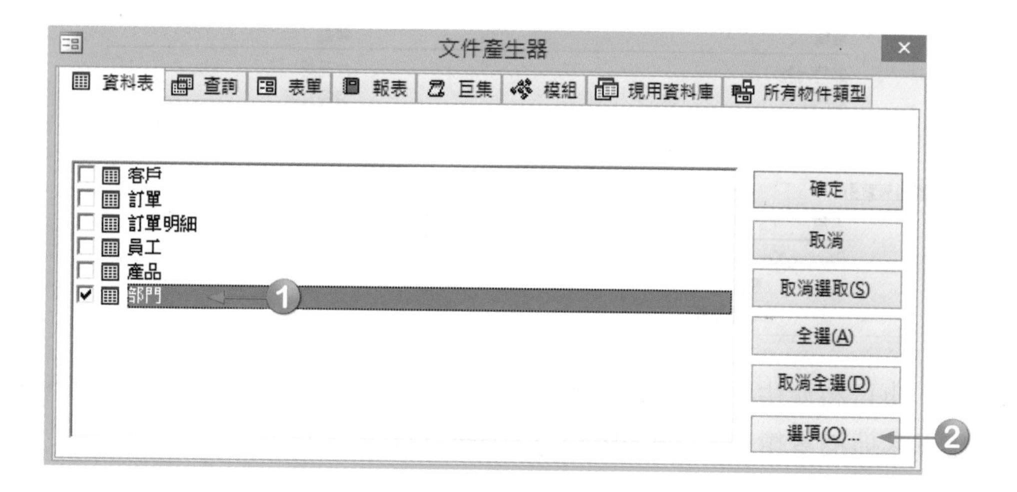

»STEP3 選取要產生的文件內容，按「確定」。

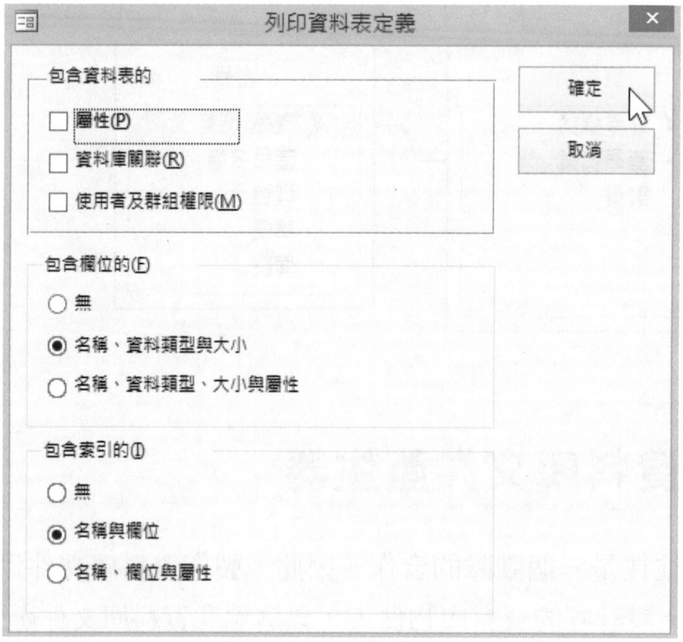

»STEP4 按「確定」，即可產生所要的文件。

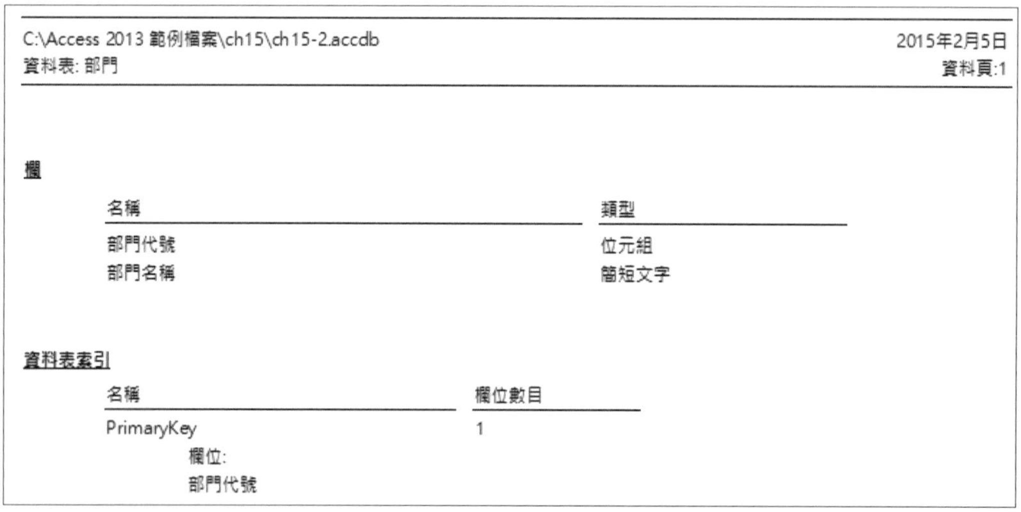

也可將產生的文件，應用「預覽列印」功能區的「資料」群組，將文件匯出爲其他檔案類型。(例如匯出爲Word RTF檔案類型)

15-7 建立Web App 應用程式

Office 2013新增支援雲端辦公室的應用，Access 2013除可建立桌面資料庫外，亦可建立Web應用程式於SharePoint 伺服器或Office 365網站，透過Web瀏覽器，提供多人使用的應用環境。

Office 365網站適用於中小企業，因為其包含簡單的設計工具，可建立及維護網際網路上的網站。SharePoint 伺服器中的網際網路發佈網站是專為需要穩固且具備網頁內容管理、商務功能、多語言變化、業務整合及其他功能之企業規模網站的較大型組織量身訂做。

本例將於Office 365網站匯入Access 物件以建立Web App，再啓用應用程式於Web瀏覽器使用。因Office 365網站和SharePoint 伺服器皆為付費軟體，故本例先於 http://www.microsoft.com/taiwan/office365/ 網址內申請Office 365商務進階版的試用帳號

» STEP1 http://www.microsoft.com/taiwan/office365/網址申請Office 365試用帳號。

» STEP2 在開始畫面上，登入Office 365帳號。

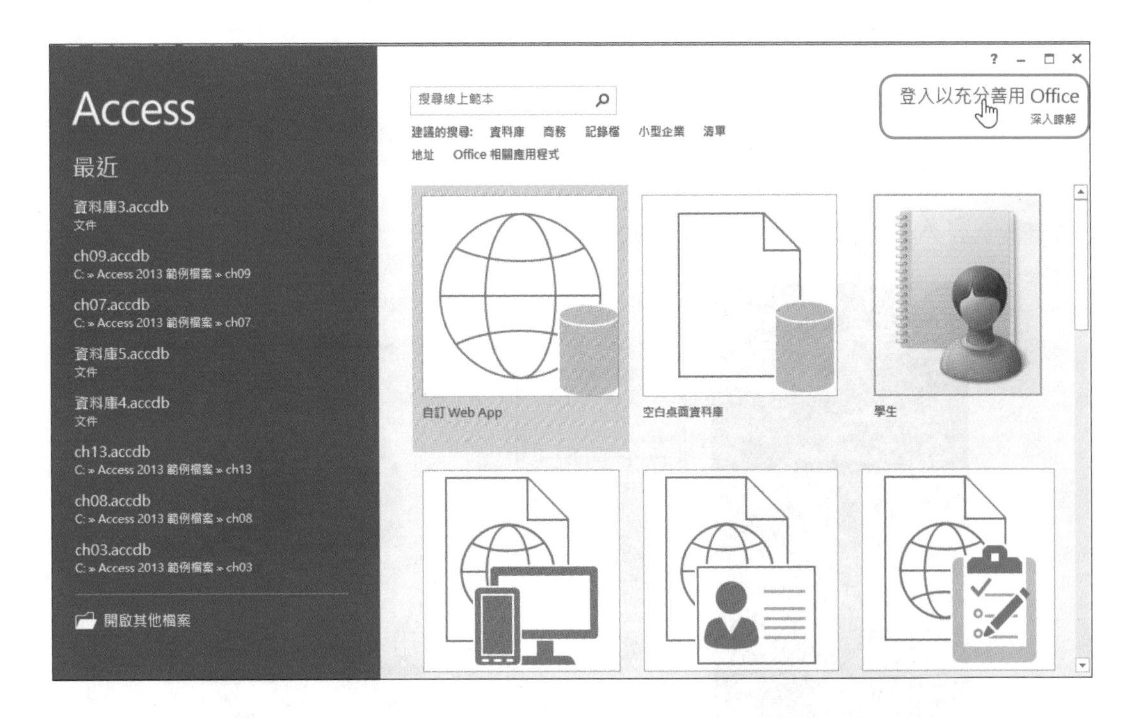

»STEP3 輸入要用於Office 365帳號的電子郵件地址，按「下一步」。

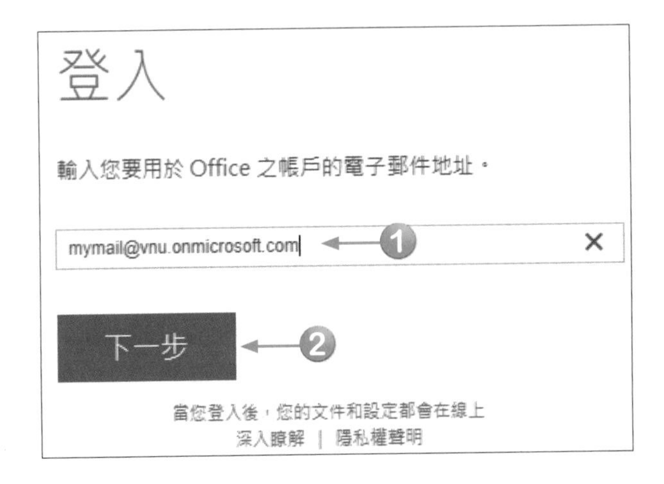

»STEP4 輸入電子郵件地址密碼後，按「登入」。

登入
使用者識別碼:
mymail@vnu.onmicrosoft.com
密碼:
讓我保持登入
登入(S)
無法存取您的帳戶?

»STEP5 登入完成後，按「自訂Web App」。

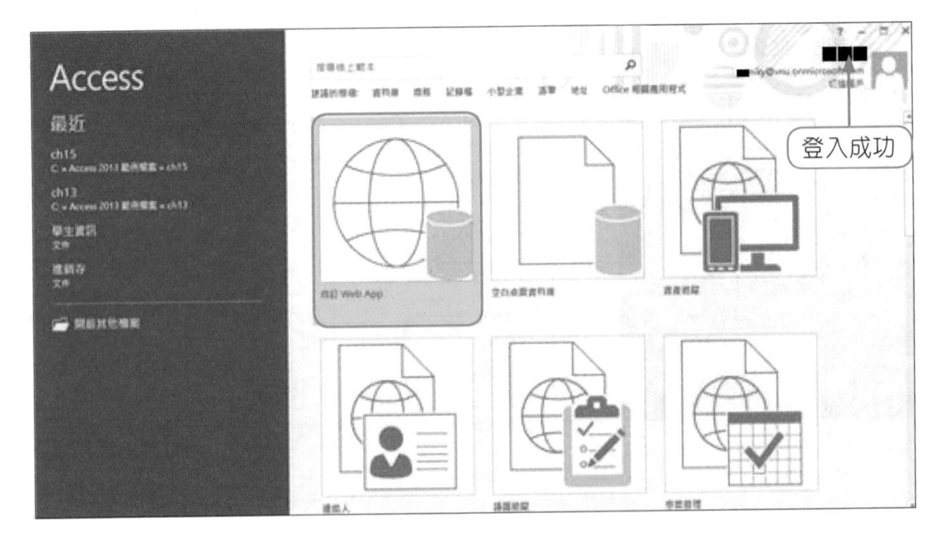

» STEP6 輸入應用程式名稱，選擇可用位置，按「建立」。

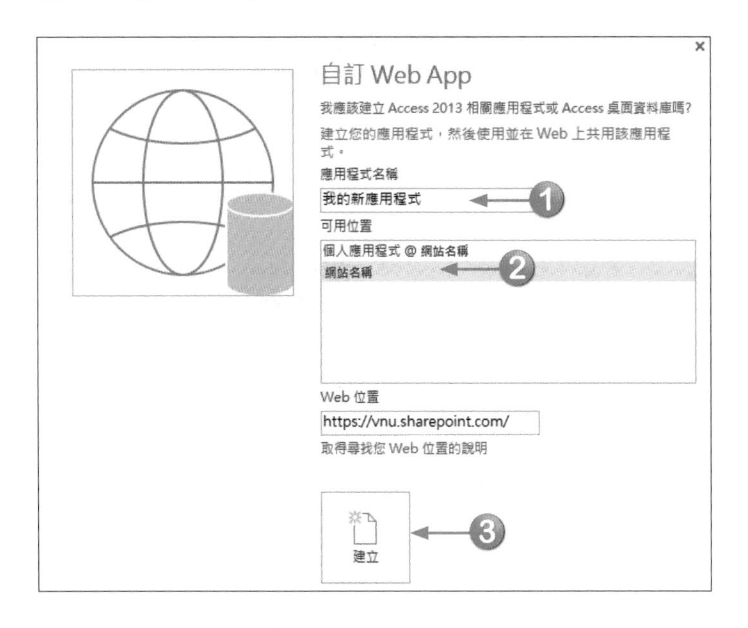

» STEP7 由現有Access資料庫匯入，以建立資料表。

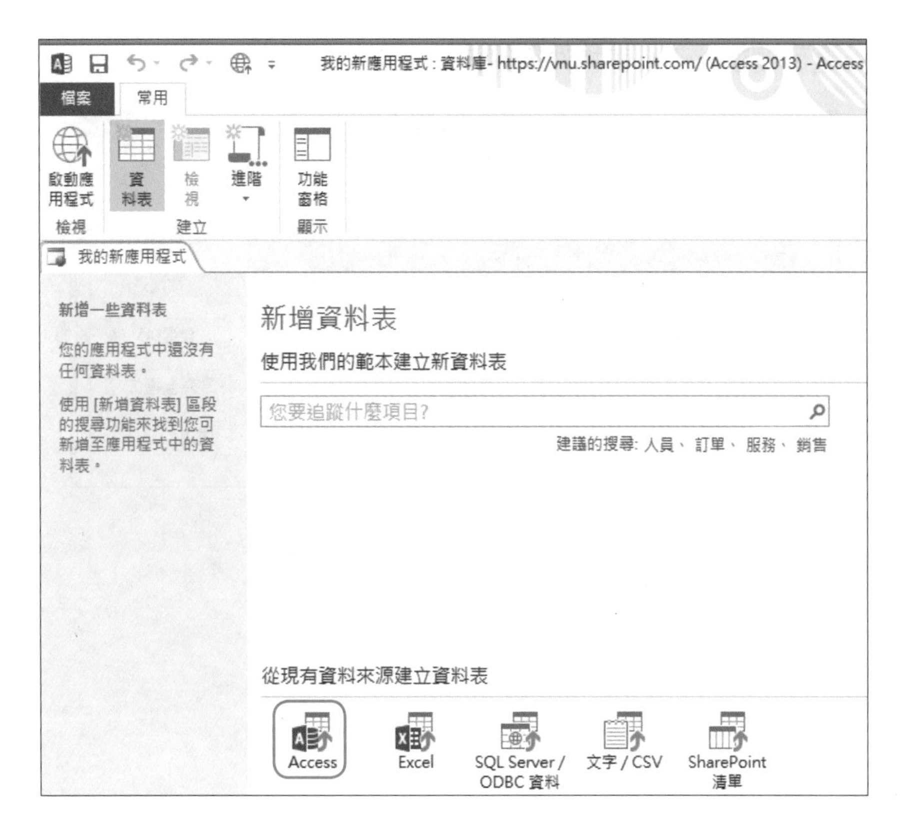

»STEP8 按「瀏覽」選取要匯入的Access資料庫檔案，按「確定」。

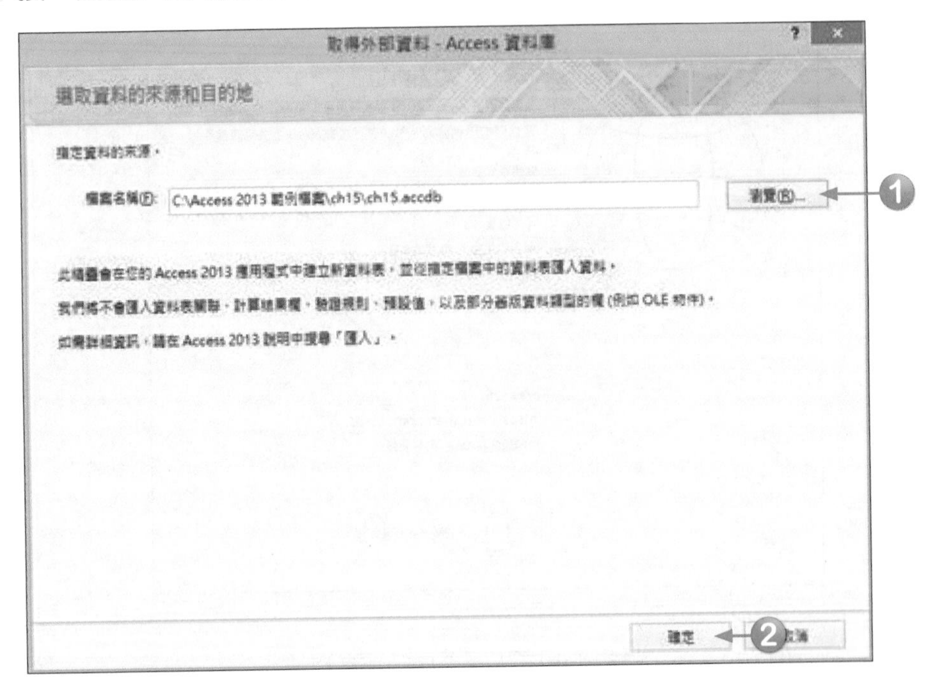

»STEP9 選取要匯入資料表物件後，按「確定」。

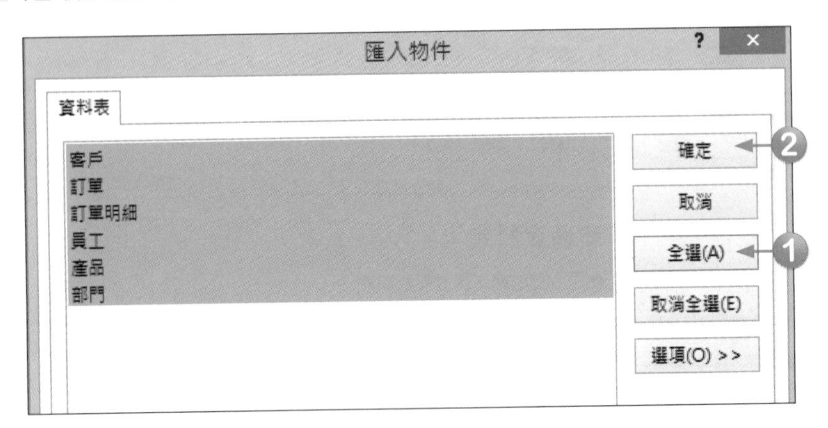

»STEP10 按「啟動應用程式」，即可以Web瀏覽器開啟Web App。

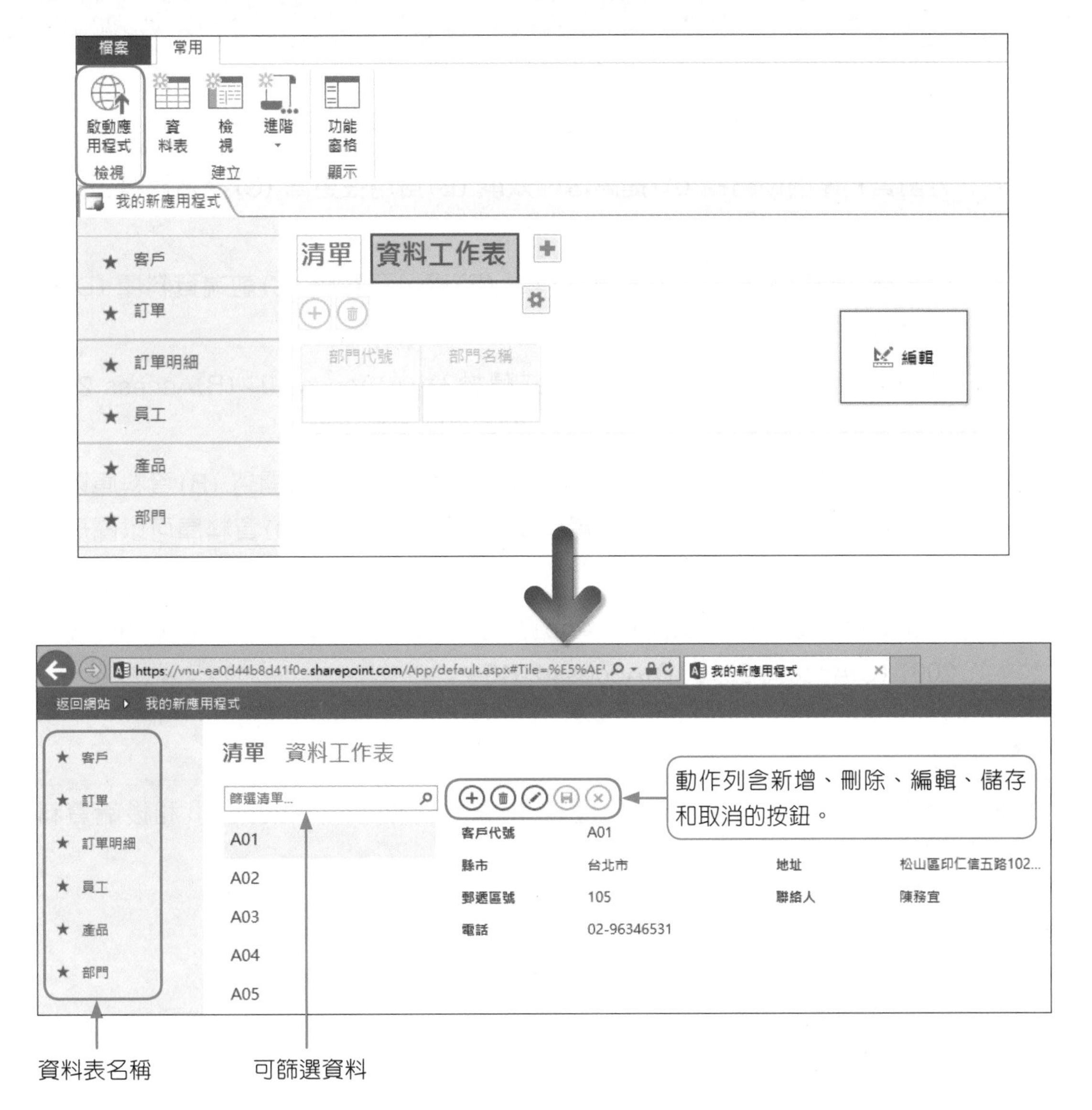

❖選擇題

(　)1. 分割資料庫的優點為 (A)提高傳輸效能 (B)可用性更高 (C)提高資料正確性 (D)提高資料安全性。

(　)2. 可將資料庫分割為 (A)中間層資料庫 (B)備份資料庫 (C)前端資料庫 (D)後端資料庫 。

(　)3. 可將Access 2013資料庫檔案格式轉換為 (A)Access 97 (B)Access 2000 (C)Access 2002-2003 (D)Access 2004 資料庫檔案格式。

(　)4. 以下何者正確？ (A)資料庫以密碼加密前應以非獨佔式開啟 (B)資料庫以密碼加密前應以獨佔式開啟 (C)資料庫無法以密碼加密 (D)資料庫可以圖形加密。

(　)5. 以下哪些版本可建立Web App應用程式？ (A)Access 2003 (B)Access 2007 (C)Access 2010 (D)Access 2013。

❖實作題

1. 請將資料庫檔案「ex15.accdb」分割為前端資料庫「ex15.accdb」和後端資料庫「ex15_be.accdc」

前端資料庫ex15.accdb

所有 Access 物件
資料表
員工
部門
表單
員工
部門
報表
員工資料表
部門資料表

後端資料庫ex15_be.accdc

SQL指令使用範例

在第5、6章裡，已學習如何使用「查詢設計」和「查詢精靈」建立查詢物件。Access 可將所建立的查詢物件轉換成SQL指令，或透過SQL指令建立查詢物件。

學習目標

- 16-1 資料操作語言
- 16-2 資料定義語言
- 16-3 聯集

SQL全名是結構化查詢語言（Structured Query Language），應用於資料庫管理系統資料存取的標準語言，1986年由美國國家標準學會（ANSI, American National Standards Institute）規範，後來國際標準化組織（ISO, International Organization for Standardization）採納後，成爲國際標準。目前ANSI SQL 89及SQL 92皆應用在關聯式資料庫系統。SQL可存取不同廠商開發的資料庫管理系統（例如Microsoft Access，Microsoft SQL Server、Oracle、MySQL等）。但不同的資料庫管理系統，所支援的SQL語法也會有所差異。

SQL包含3個部分：

- 「資料定義語言」（DDL : Data Definition Language）
- 「資料操作語言」（DML : Data Manipulation Language）
- 「資料控制語言」（DCL : Data Control Language）

SQL陳述式也可具有子句。每一個子句都會執行SQL陳述式的某個功能。在MS Access中，若要學習SQL指令，可先建立「查詢」物件，接著在「設計」功能區的「結果」群組，按一下「檢視」中的「SQL檢視」，即可轉換爲對應的SQL指令。也可在「SQL檢視」模式，直接輸入SQL指令，以建立查詢物件。

本章將介紹常用的SQL指令。

16-1 資料操作語言

16-1-1 SELECT查詢資料指令

SELECT陳述式爲查詢資料指令，不會變更資料表中的資訊。

請開啓資料庫檔案「ch16.accdb」

例如：顯示「訂單」資料表中的「訂單編號」、「訂單日期」、「客戶代號」、「數量」欄位資料。

SELECT 陳述式如下：

```
SELECT 訂單編號, 訂單日期, 客戶代號, 數量 FROM 訂單;
```

使用「查詢設計」建立SQL，方法如下：

STEP1 在「建立」功能區中「查詢」群組，按一下「查詢設計」。

STEP2 按一下「關閉」，以關閉「顯示資料表」對話方塊。

STEP3 在「設計」功能區的「結果」群組，按一下「SQL」。

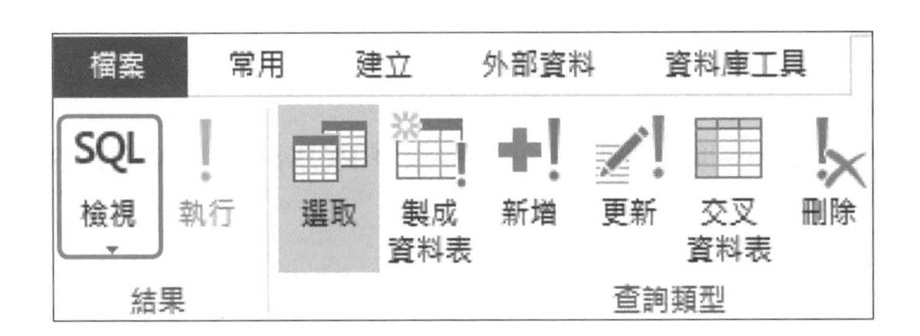

STEP4 在「SQL」檢視窗格中輸入「SELECT 訂單編號, 訂單日期, 客戶代號, 數量 FROM 訂單;」。

STEP5 在「設計」功能區的「結果」群組，按一下「執行」！。即可顯示執行結果。

查詢1

	訂單編號	訂單日期	客戶代號	數量
	1	2015/1/10	A01	20
	2	2015/1/20	A04	25
	3	2015/2/10	A02	13
	4	2015/2/20	A03	6
	5	2015/3/10	A01	8
	6	2015/3/20	A04	30
	7	2015/4/10	A03	7
	8	2015/4/20	A02	12
	9	2015/5/10	A01	22
	10	2015/5/20	A04	8
	11	2015/6/10	A03	26
	12	2015/6/20	A03	16
	13	2015/7/10	A04	18
	14	2015/7/20	A02	35
	15	2015/8/10	A03	14
	16	2015/8/20	A02	10
	17	2015/9/10	A01	3
	18	2015/10/20	A04	6
	19	2015/11/10	A01	11
	20	2015/12/20	A03	5
	21	2016/1/10	A02	20
	22	2016/1/20	A01	2
*	(新增)			

加入WHERE 子句

WHERE 子句：查詢結果的記錄需要符合的欄位準則。

例如：顯示「訂單」資料表中的「訂單編號」、「訂單日期」、「客戶代號」、「數量」欄位資料，篩選條件：客戶代號="A03"。

SELECT 陳述式如下：

```
SELECT 訂單編號, 訂單日期, 客戶代號, 數量 FROM 訂單 WHERE 客戶代號="A03";
```

執行結果如下：

訂單編號	訂單日期	客戶代號	數量
4	2015/2/20	A03	6
7	2015/4/10	A03	7
11	2015/6/10	A03	26
12	2015/6/20	A03	16
15	2015/8/10	A03	14
20	2015/12/20	A03	5

加入ORDER BY子句

ORDER BY 子句：查詢結果的記錄需要排序的方式。

例如：顯示「訂單」資料表中的「訂單編號」、「訂單日期」、「客戶代號」、「數量」欄位資料，依客戶代號由小至大排序，再依訂單日期由大至小排序。

SELECT 陳述式如下：

```
SELECT 訂單編號, 訂單日期, 客戶代號, 數量 FROM 訂單 ORDER BY 客戶代號, 訂單日期 DESC;
```

執行結果如下：

訂單編號	訂單日期	客戶代號	數量
22	2016/1/20	A01	2
19	2015/11/10	A01	11
17	2015/9/10	A01	3
9	2015/5/10	A01	22
5	2015/3/10	A01	8
1	2015/1/10	A01	20
21	2016/1/10	A02	20
16	2015/8/20	A02	10
14	2015/7/20	A02	35
8	2015/4/20	A02	12
3	2015/2/10	A02	13
20	2015/12/20	A03	5
15	2015/8/10	A03	14
12	2015/6/20	A03	16
11	2015/6/10	A03	26
7	2015/4/10	A03	7
4	2015/2/20	A03	6
18	2015/10/20	A04	6
13	2015/7/10	A04	18
10	2015/5/20	A04	8
6	2015/3/20	A04	30
2	2015/1/20	A04	25

加入GROUP BY 子句

GROUP BY子句：查詢結果的記錄依據指定欄位爲群組，計算要統計的欄位。

例如：依「客戶代號」爲群組，計算「數量」的加總。

SELECT 陳述式如下：

```
SELECT 客戶代號, Sum(數量) AS 數量合計 FROM 訂單 GROUP BY 客戶代號;
```

「數量合計」爲「Sum(數量)」欄位別名

執行結果如下：

客戶代號	數量合計
A01	66
A02	90
A03	74
A04	87

加入HAVING子句

HAVING與WHERE類似，決定要選取的記錄。在以GROUP BY將記錄進行群組後，以HAVING設定條件篩選出要顯示的記錄：

例如：依「客戶代號」為群組，計算「數量」的加總，篩選條件：數量的加總>70。

SELECT陳述式如下：

```
SELECT 客戶代號, Sum(數量) AS 數量合計 FROM 訂單 GROUP BY 客戶代號 HAVING Sum(數量)>70;
```

執行結果如下：

客戶代號	數量合計
A02	90
A03	74
A04	87

16-1-2 INSERT INTO新增記錄指令

例如：在「產品」資料表中新增一筆記錄。

INSERT陳述式如下：

```
INSERT INTO 產品(產品代號, 產品名稱, 型號, 單價, 成本) VALUES("W03", "12公斤洗衣機", "WK-12", 25000, 16000);
```

產品

產品代號	產品名稱	型號	單價	成本
F01	三門電冰箱	FR-03	NT$20,000	NT$13,000
F02	五門電冰箱	FR-05	NT$25,000	NT$17,000
T01	32吋電視機	TV-32	NT$12,000	NT$8,000
T02	42吋電視機	TV-42	NT$25,000	NT$18,000
W01	7公斤洗衣機	WK-07	NT$9,000	NT$6,000
W02	10公斤洗衣機	WK-10	NT$18,000	NT$12,000

產品代號	產品名稱	型號	單價	成本
F01	三門電冰箱	FR-03	NT$20,000	NT$13,000
F02	五門電冰箱	FR-05	NT$25,000	NT$17,000
T01	32吋電視機	TV-32	NT$12,000	NT$8,000
T02	42吋電視機	TV-42	NT$25,000	NT$18,000
W01	7公斤洗衣機	WK-07	NT$9,000	NT$6,000
W02	10公斤洗衣機	WK-10	NT$18,000	NT$12,000
W03	12公斤洗衣機	WK-12	NT$25,000	NT$16,000

16-1-3 UPDATE更改記錄指令

例如：將「產品」資料表中產品代號是W03的單價由原來的16000改為27000。

UPDATE陳述式如下：

```
UPDATE 產品 SET 單價=27000 WHERE 產品代號 = "W03";
```

更改單價後，結果如下：

產品代號	產品名稱	型號	單價	成本
F01	三門電冰箱	FR-03	NT$20,000	NT$13,000
F02	五門電冰箱	FR-05	NT$25,000	NT$17,000
T01	32吋電視機	TV-32	NT$12,000	NT$8,000
T02	42吋電視機	TV-42	NT$25,000	NT$18,000
W01	7公斤洗衣機	WK-07	NT$9,000	NT$6,000
W02	10公斤洗衣機	WK-10	NT$18,000	NT$12,000
W03	12公斤洗衣機	WK-12	NT$27,000	NT$16,000

16-1-4 DELETE FROM刪除記錄指令

例如：在「訂單複本」資料表中刪除2015年的記錄。

DELETE陳述式如下：

```
DELETE FROM 訂單複本 WHERE year([訂單日期])=2015;
```

刪除2015年的記錄後，結果如下：

訂單編號	訂單日期	客戶代號	產品代號	業務員編號	數量	售價	付款狀態
21	2016/1/10	A02	F02	14	20	NT$25,000	☐
22	2016/1/20	A01	W01	11	2	NT$9,000	☑

16-2 資料定義語言

16-2-1 CREATE TABLE建立資料表指令

例如：建立還不存在的資料表「部門」，包含欄位「部門代號」-數字，長整數，「部門名稱」-文字，欄位大小：10。

CREATE TABLE陳述式如下：

```
CREATE TABLE 部門(部門代號 integer, 部門名稱 TEXT(10));
```

16-2-2 ALTER TABLE修改資料表指令

例如：將「員工」資料表，「姓名」的欄位大小改為12。

ALTER TABLE陳述式如下：

```
ALTER TABLE 員工 ALTER COLUMN 姓名 TEXT(12);
```

16-2-3 DROP TABLE刪除資料表指令

例如：刪除「部門」資料表。

DROP TABLE陳述式如下：

```
DROP TABLE 部門;
```

16-3 聯集

聯集查詢：使用UNION運算子來合併兩個或兩個以上選取查詢結果的查詢。將二個或多個資料表、查詢中的對應欄位組合成一個欄位。

例如：將「客戶」和「供應商」共同的欄位集合起來。

客戶代號	客戶寶號	縣市	地址	郵遞區號	聯絡人	電話
A01	語田貿易	台北市	松山區印仁信五路102-3號	105	陳務宜	02-96346531
A02	綠構商行	桃園市	中壢區太治北路17號	320	劉認珊	03-8620401
A03	台園國際	台中市	南屯區一忠路2段30號	408	吳匯于	04-46302542
A04	鼎隤商業	高雄市	鼓山區耘耕路603號	813	朱悉信	07-7241277
A05	齊昂商行	新北市	板橋區金威路254號1樓	220	劉凱晉	02-23523512

供應商代號	供應商名稱	聯絡人	聯絡電話	FAX
S01	勤宜商行	劉雨牵	07-2202441	07-2202442
S02	伍任商行	林銪材	03-9822442	03-9822443

公司代號	公司名稱	聯絡人	聯絡電話
A01	語田貿易	陳務宜	02-96346531
A02	綠構商行	劉認珊	03-8620401
A03	台園國際	吳匯于	04-46302542
A04	鼎隤商業	朱悉信	07-7241277
A05	齊昂商行	劉凱晉	02-23523512
S01	勤宜商行	劉雨牵	07-2202441
S02	伍任商行	林銪材	03-9822442

請開啓資料庫檔案「ch16.accdb」

» STEP1 在「建立」功能區中「查詢」群組，按一下「查詢設計」。

» STEP2 連按兩下「供應商」，再按「關閉（C）」。

» STEP3 「設計檢視」窗格設計如下：

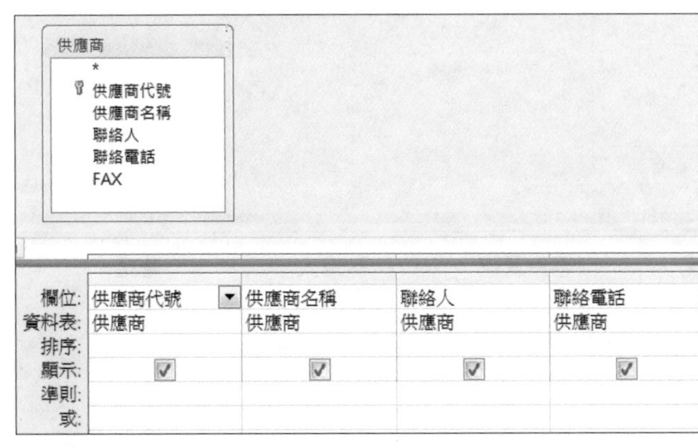

» STEP4 在「設計」功能區中「結果」群組，按一下「檢視」中的「SQL檢視」。

» STEP5 將上述SELECT指令選取後，按右鍵剪下。

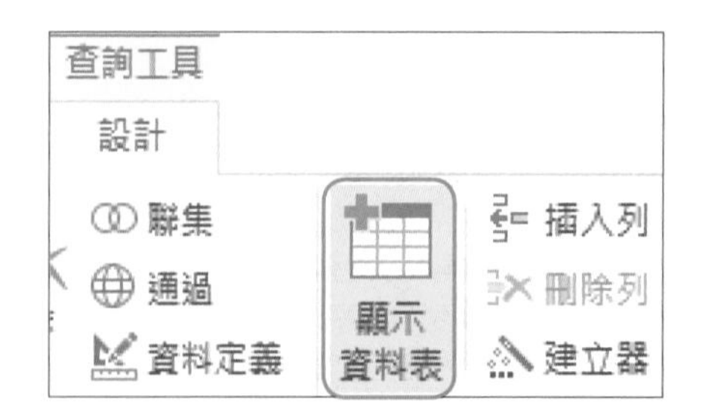

» STEP6 在「設計」功能區中的「結果」群組，按一下「檢視」中的「設計檢視」。

» STEP7 在「設計」功能區中的「查詢設定」群組，按一下「顯示資料表」。

» STEP8 連按兩下「客戶」，再按「關閉（C)」。

» STEP9 「設計檢視」窗格設計如下：

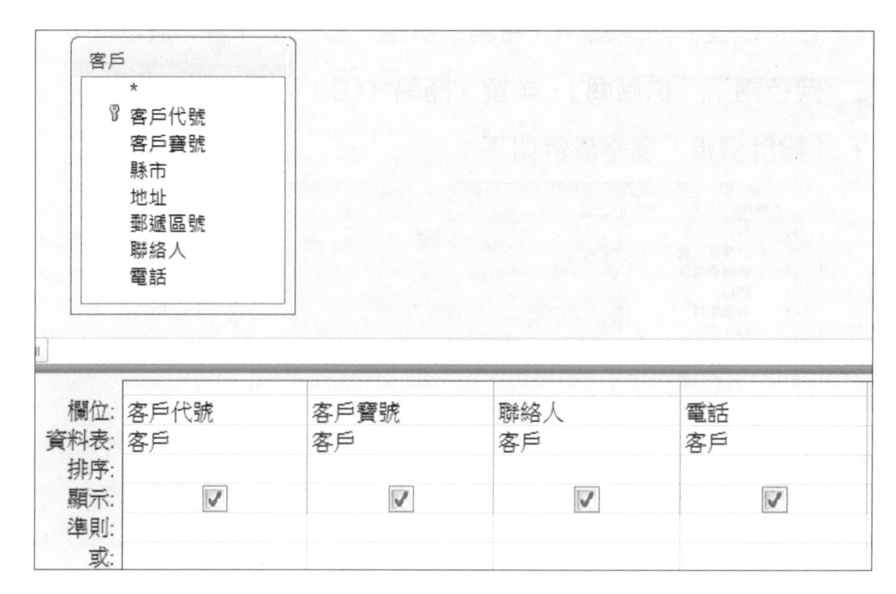

»STEP10 在「設計」功能區中「結果」群組，按一下「檢視」中的「SQL 檢視」。

查詢1

```
SELECT 客戶.客戶代號, 客戶.客戶寶號, 客戶.聯絡人, 客戶.電話
FROM 客戶;
```

»STEP11 刪除「;」字，按「Enter」鍵，輸入「UNION」，按「Enter」鍵，再按「Ctrl」+「V」鍵貼上供應商的SELECT指令

查詢1

```
SELECT 客戶.客戶代號, 客戶.客戶寶號, 客戶.聯絡人, 客戶.電話
FROM 客戶
UNION
SELECT 供應商.供應商代號, 供應商.供應商名稱, 供應商.聯絡人, 供應商.聯絡電話
FROM 供應商;
```

»STEP12 在「設計」功能區中「結果」群組，按一下「執行」!。

查詢1

客戶代號	客戶寶號	聯絡人	電話
A01	語田貿易	陳務宜	02-96346531
A02	綠構商行	劉認珊	03-8620401
A03	台園國際	吳匯于	04-46302542
A04	鼎讀商業	朱悉信	07-7241277
A05	齊昂商行	劉凱晉	02-23523512
S01	勤宜商行	劉雨牽	07-2202441
S02	伍任商行	林銷材	03-9822442

可在欄位名稱上加上別名，改成下述指令。

```
SELECT 客戶.客戶代號 AS 公司代號, 客戶.客戶寶號AS 公司名稱, 客戶.聯絡人,
客戶.電話 FROM 客戶
UNION
SELECT 供應商.供應商代號, 供應商.供應商名稱, 供應商.聯絡人, 供應商.聯
絡電話 FROM 供應商;
```

執行結果如下圖：

查詢1

公司代號	公司名稱	聯絡人	電話
A01	語田貿易	陳務宜	02-96346531
A02	綠構商行	劉認珊	03-8620401
A03	台園國際	吳匯于	04-46302542
A04	鼎讀商業	朱悉信	07-7241277
A05	齊昂商行	劉凱晉	02-23523512
S01	勤宜商行	劉雨牽	07-2202441
S02	伍任商行	林銷材	03-9822442

本章習題

❖選擇題

(　)1. SQL全文為 (A)Sequence Query Language (B)Structured Query Language (C)Structured Query Learning (D)以上皆非。

(　)2. SQL包含(A)資料定義語言 (B)資料操作語言(C)資料控制語言 (D)以上皆非。

(　)3. SQL查詢資料指令為 (A)SELECT (B)UPDATE (C)DELETE FROM (D)INSERT INTO。

(　)4. 建立資料表的SQL指令為 (A)CREATE FIELD (B)CREATE DATA (C)CREATE DATABASE (D)CREATE TABLE。

(　)5. 用來合併兩個或兩個以上選取查詢的運算子為 (A)AND (B)OR (C)UNION (D)Intersection。

❖實作題

開啓資料庫檔案「ex16.accdb」，請寫下以下題目的SQL指令。

1. 選取「訂單」資料表中的所有記錄，但僅包含以下欄位：訂單編號、訂單日期、產品代號、數量。
2. 選取「訂單」資料表中的所有記錄，但僅包含以下欄位：訂單編號、訂單日期、產品代號、數量，依「數量」遞減排序。
3. 選取「訂單」資料表中2015年3月份的記錄，只選取以下欄位：訂單編號、訂單日期、產品代號、數量。
4. 使用UNION運算子來合併兩個資料表「客戶1」、「客戶2」的所有對應欄位資料。

NOTE

Access 2013

國家圖書館出版品預行編目(CIP)資料

Access 2013 圖解與實務應用 / 張育群編著. --
初版. -- 新北市 : 全華圖書, 2015.06
面 ; 公分
ISBN 978-957-21-9815-5(平裝附光碟片)
1.ACCESS 2013(電腦程式)
312.49A42 104005446

Access 2013 圖解與實務應用(附範例光碟)

作者 / 張育群
執行編輯 / 周映君
發行人 / 陳本源
出版者 / 全華圖書股份有限公司
郵政帳號 / 0100836-1 號
印刷者 / 宏懋打字印刷股份有限公司
圖書編號 / 06279007
初版一刷 / 2015 年 6 月
定價 / 新台幣 480 元
ISBN / 978-957-21-9815-5(平裝附光碟片)
全華圖書 / www.chwa.com.tw
全華網路書店 Open Tech / www.opentech.com.tw
若您對書籍內容、排版印刷有任何問題，歡迎來信指導 book@chwa.com.tw

臺北總公司(北區營業處)
地址：23671 新北市土城區忠義路 21 號
電話：(02) 2262-5666
傳真：(02) 6637-3695、6637-3696

南區營業處
地址：80769 高雄市三民區應安街 12 號
電話：(07) 381-1377
傳真：(07) 862-5562

中區營業處
地址：40256 臺中市南區樹義一巷 26 號
電話：(04) 2261-8485
傳真：(04) 3600-9806

歡迎加入 全華會員

● 會員獨享

會員享購書折扣、紅利積點、生日禮金、不定期優惠活動…等。

● 如何加入會員

填妥讀者回函卡直接傳真（02）2262-0900 或寄回，將由專人協助登入會員資料，待收到 E-MAIL 通知後即可成為會員。

如何購買 全華書籍

1. 網路購書

全華網路書店「http://www.opentech.com.tw」，加入會員購書更便利，並享有紅利積點回饋等各式優惠。

2. 全華門市、全省書局

歡迎至全華門市（新北市土城區忠義路 21 號）或全省各大書局、連鎖書店選購。

3. 來電訂購

(1) 訂購專線：(02) 2262-5666 轉 321-324
(2) 傳真專線：(02) 6637-3696
(3) 郵局劃撥（帳號：0100836-1　戶名：全華圖書股份有限公司）
※ 購書未滿一千元者，酌收運費 70 元。

全華網路書店 www.opentech.com.tw
E-mail: service@chwa.com.tw

※ 本會員制如有變更則以最新修訂制度為準，造成不便請見諒。

廣 告 回 信
板橋郵局登記證
板橋廣字第540號

行銷企劃部　收

23671 新北市土城區忠義路 21 號
全華圖書股份有限公司

讀者回函卡

填寫日期：　　/　　/

姓名：＿＿＿＿ 生日：西元＿＿年＿＿月＿＿日 性別：□男 □女

電話：（ ）＿＿＿＿ 傳真：（ ）＿＿＿＿ 手機：＿＿＿＿

e-mail：（必填）

註：數字零，請用 Φ 表示，數字 1 與英文 L 請另註明並書寫端正，謝謝。

通訊處：□□□□□

學歷：□博士 □碩士 □大學 □專科 □高中・職

職業：□工程師 □教師 □學生 □軍・公 □其他

學校／公司：＿＿＿＿ 科系／部門：＿＿＿＿

・需求書類：

□ A. 電子 □ B. 電機 □ C. 計算機工程 □ D. 資訊 □ E. 機械 □ F. 汽車 □ I. 工管 □ J. 土木

□ K. 化工 □ L. 設計 □ M. 商管 □ N. 日文 □ O. 美容 □ P. 休閒 □ Q. 餐飲 □ B. 其他

・本次購買圖書為：＿＿＿＿ 書號：＿＿＿＿

・您對本書的評價：

封面設計：□非常滿意 □滿意 □尚可 □需改善，請說明

內容表達：□非常滿意 □滿意 □尚可 □需改善，請說明

版面編排：□非常滿意 □滿意 □尚可 □需改善，請說明

印刷品質：□非常滿意 □滿意 □尚可 □需改善，請說明

書籍定價：□非常滿意 □滿意 □尚可 □需改善，請說明

整體評價：請說明

・您在何處購買本書？

□書局 □網路書店 □書展 □團購 □其他

・您購買本書的原因？（可複選）

□個人需要 □幫公司採購 □親友推薦 □老師指定之課本 □其他

・您希望全華以何種方式提供出版訊息及特惠活動？

□電子報 □ DM □廣告（媒體名稱＿＿＿＿）

・您是否上過全華網路書店？（www.opentech.com.tw）

□是 □否 您的建議

・您希望全華出版那方面書籍？

・您希望全華加強那些服務？

～感謝您提供寶貴意見，全華將秉持服務的熱忱，出版更多好書，以饗讀者。

全華網路書店 http://www.opentech.com.tw　　客服信箱 service@chwa.com.tw

2011.03 修訂

親愛的讀者：

感謝您對全華圖書的支持與愛護，雖然我們很慎重的處理每一本書，但恐仍有疏漏之處，若您發現本書有任何錯誤，請填寫於勘誤表內寄回，我們將於再版時修正，您的批評與指教是我們進步的原動力，謝謝！

全華圖書　敬上

勘誤表

書號		書名		作者	

頁數	行數	錯誤或不當之詞句	建議修改之詞句

我有話要說：（其它之批評與建議，如封面、編排、內容、印刷品質等・・・）